普通高等教育风景园林专业系列教材

主编 冯志坚

副主编 陈锡沐 翁殊斐

园林植物学（南方版）

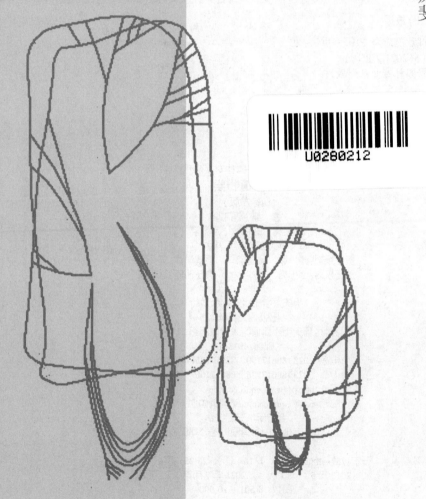

重庆大学出版社

内 容 提 要

本书内容包括绪论、总论与各论 3 部分。总论部分主要阐述园林植物的一些共性内容，包括园林植物的园林特征、栽培养护和分类方法等。

各论中对园林植物的分类，分别为绿荫树类、观赏棕榈类、观赏竹类、风景林木类、花灌木类、绿篱与绿雕塑类、藤蔓类、一二年生花卉类、宿根花卉类、球根花卉类、仙人掌与多浆植物类、水生花卉类、草坪与地被植物类、室内观赏植物类和特色植物类等 15 个基本单元，以大量篇幅对各类型园林植物进行种类介绍。

本书可作为高等学校四年制园林、园艺、城市规划、环境艺术专业的教材，也可作为高等职业学校和中等专业学校园林类专业的参考教材，同时也可作为从事城市绿化、风景旅游区管理、公园管理等相关方面人员的参考书。

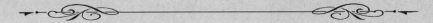

图书在版编目（CIP）数据

园林植物学:南方版/冯志坚主编.—重庆:重
庆大学出版社,2013.5(2021.7 重印)
普通高等教育风景园林专业系列教材
ISBN 978-7-5624-6465-5

Ⅰ.①园…　Ⅱ.①冯…　Ⅲ.①园林植物—植物学—高
等学校—教材　Ⅳ.①S68

中国版本图书馆 CIP 数据核字(2011)第 258964 号

普通高等教育风景园林专业系列教材

园林植物学
（南方版）

主　编　冯志坚
副主编　陈锡沐　翁殊斐
策划编辑:何　明

责任编辑:谭　敏　金建宏　　版式设计:莫　西
责任校对:邬小梅　　　　　　责任印制:赵　晟

*

重庆大学出版社出版发行
出版人:饶帮华
社址:重庆市沙坪坝区大学城西路 21 号
邮编:401331
电话:(023)88617190　88617185(中小学)
传真:(023)88617186　88617166
网址:http://www.cqup.com.cn
邮箱:fxk@ cqup.com.cn(营销中心)
全国新华书店经销
重庆市国丰印务有限责任公司印刷

*

开本:787mm×1092mm　1/16　印张:25.25　字数:630 千
2013 年 5 月第 1 版　　2021 年 7 月第 5 次印刷
印数:8 501—10 500
ISBN 978-7-5624-6465-5　定价:59.00 元

编委会名单

主任　杜春兰

副主任　陈其兵

编委　（按姓氏笔画为序）

丁绍刚　文彤　毛洪玉　王绍增　王霞　冯志坚　申晓辉

刘扬　刘纯青　刘骏　刘福智　刘磊　朱晓霞　朱捷

祁承经　许大为　许亮　齐康　宋钰红　张秀省　张建林

李宝印　杨学成　杨滨章　杨瑞卿　陈宇　周恒

房伟民　林墨飞　武涛　罗时武　段渊古　谷达华

唐红　唐建　唐贤巩　徐海顺　高祥斌　胡长龙　赵九洲

黄凯　董莉莉　董靓　韩玉林　雍振华　管旸　薛秋华　陶本藻　曹基武

总 序

风景园林学,这门古老而又常新的学科,正以崭新的姿态迎接未来。

"风景园林学(Landscape Architecture)"是规划、设计、保护、建设和管理户外自然和人工环境的学科。其核心内容是户外空间营造,根本使命是协调人与自然之间的环境关系。回顾已经走过的历史,风景园林已持续存在数千年,从史前文明时期的"筑土为坛""列石为阵",到21世纪的绿色基础设施、都市景观主义和低碳节约型园林,都有一个共同的特点:就是与人们对生存环境的质量追求息息相关。无论中西,都遵循一个共同的规律,当社会经济高速发展之时,就是风景园林大展宏图之时。

今天,随着城市化进程的飞速发展,人们对生存环境的要求也越来越高,不仅注重建筑本身,更多的是关注户外空间的营造。休闲意识和休闲时代的来临,对风景名胜区和旅游度假区的保护与开发的矛盾日益加大;滨水地区的开发随着城市形象的提档升级越来越受到高度关注;代表城市需求和城市形象的广场、公园、步行街等城市公共开放空间的大量兴建;设计要求越来越高的居住区环境景观设计;城市道路满足交通需求的前提下景观功能逐步被强调……这些都明确显示,社会需要风景园林人才。

自1951年,清华大学与原北京农业大学联合设立"造园组"开始,中国现代风景园林学科已有58年的发展历史,据统计,2009年我国共有184个本科专业培养点。但是由于本学科的专业设置分属工学门类下的建筑学一级学科中城市规划与设计二级学科的研究方向和农学门类林学一级学科下的园林植物与观赏园艺二级学科;同时本学科的本科名称又分别有:园林、风景园林、景观建筑设计、景观学,等等,加之社会上从事风景园林行业的人员复杂的专业背景,从而使得人们对这个学科的认知一度呈现较为混乱的局面。

然而,随着社会的进步和发展,学科发展越来越受到高度关注,业界普遍认为应该集中精力调整发展学科建设,培养更多更好的适应社会需求的专业人才为当务之急,于是"风景园林(Landscape Architecture)"作为专业名称得到了普遍的共识。为了贯彻《中共中央国务院关于深化教育改革全面推进素质教育的决定》精神,促进风景园林学科人才培养走上规范化的轨道,推进风景园林类专业的"融合、一体化"进程,拓宽和深化专业教学内容,满足现代化城市建设的具体要求,编写一套适合新时代风景园林类专业本科教学需要的系列教材是十分必要的。

重庆大学出版社从2007年开始跟踪、调研全国风景园林专业的教学状况,2008年决定启动《普通高等教育风景园林类专业系列教材》的编写工作,并于2008年12月组织召开了"普通

高等院校风景园林类专业系列教材编写研讨会"。研讨会汇集南北各地园林、景观、环境艺术领域的专业教师,就风景园林类专业的教学状况、教材大纲等进行交流和研讨,为确保系列教材的编写质量与顺利出版奠定了基础。经过重庆大学出版社和主编们两年多的精心策划,以及广大参编人员的精诚协作与不懈努力,《普通高等教育风景园林类专业系列教材》将于 2011 年陆续问世,真是可喜可贺!

这套系列教材的编写广泛吸收了有关专家、教师及风景园林工作者的意见和建议,立足于培养具有综合创新能力的普通本科风景园林专业人才,精心选择内容,既考虑到了相关知识和技能的科学体系的全面系统性,又结合了广大编写人员多年来教学与规划设计的实践经验,吸收国内外最新研究成果编写而成。教材理论深度合适,注重对实践经验与成就的推介,内容翔实,图文并茂,是一套风景园林学科领域内的详尽、系统的教学系列用书,具有较高的学术价值和实用价值。这套系列教材适应性广,不仅可供风景园林类及相关专业学生学习风景园林理论知识与专业技能使用,也是专业工作者和广大业余爱好者学习专业基础理论、提高设计能力的有效参考书。

相信这套系列教材的出版,能为推动我国风景园林学科的建设,提高风景园林教育总体水平,更好地适应我国风景园林事业发展的需要起到积极的作用。

愿风景园林之树常青!

编委会
2010 年 9 月

前　言

随着当前教育革命和教学改革的深入发展,将原有的《观赏树木学》(或《园林树木学》)与《花卉学》两门课程加以合并、整合,已是完全必要和可能的了。本教材正是在这一方面的初步尝试。

园林植物是园林景观构成中不可缺少的造景要素,经过艺术化的布局组合,能发挥出其组景、衬景的作用。鉴于其重要性,园林植物学已是园林、城市规划、园艺学等专业的专业基础课程。通过本课程的学习,可为学习园林规划和设计、园林工程及园林植物养护等课程提供植物种类的基本习性、观赏特性的基本知识。

各论的编写是以识别为基础,习性、栽培管理为中心,园林应用为目的,并按其在园林绿化中的用途为主,综合归纳成15类,以便于实际应用。

本教材在编写过程中,力求突出如下特点:

①地方特色。以长江以南各地园林常用植物为重点,实出地方特色。

②课程体系中,突出园林植物的分类、观赏特性和园林用途。

③突出实用性。对园林植物的分类,采取习性与园林用途相结合的综合分类法,在分类体系上将园林植物的应用方式与其分类相结合。

各章的编排按先乔木、灌木,后藤本和草本,先室外植物,后室内植物的顺序。每章种类的编排均按照学名首字母的顺序,以便于熟悉和掌握植物的学名。书后有3个附录,附录1以简明的形式对常用的园林植物种类按类别进行归纳;附录2和3为植物学名索引和汉语拼音索引,收录了各论中介绍的园林植物的学名和中文名,以方便查阅。

本教材由华南农业大学冯志坚副教授担任主编,陈锡沐、翁殊斐担任副主编,参加编写的人员具体分工如下:

绪论、第1章、第3章由陈锡沐编写;第2章由陈锡沐、翁殊斐编写;第4章由翁殊斐、汪跃华编写;第5章由冯志坚、叶向斌编写;第6章、第11票章、第12章、第13章、第14章由冯志坚编写;第7章由翁殊斐编写;第8章由冯志坚、汪跃华编写;第9章、第10章由翁殊斐、周云龙编写;第15~17章由叶向斌编写;第18章由翁殊斐、叶向斌、周云龙编写。

对于书中的错漏、欠妥之处,诚望同行专家、读者指正。

编　者

2011 年 8 月

目　录

0 绪 论

0.1 园林植物与园林植物学

任何园林景观都离不开植物。凡应用于园林景观中,其茎、叶、花、果或其个体、群体具有较高观赏价值的植物种类,称为园林植物或景观植物(Landscape Plant)。其中木本习性的种类,传统习惯上称为观赏树木或园林树木;草本习性的,称为花卉。

然而,观赏树木与花卉之间并没有一条截然的界线。一些以观花或观果为主的灌木或小乔木,如牡丹 *Paeonia suffruticosa*、蜡梅 *Chimonanthus praecox*、月季 *Rosa chinensis*、梅花 *Prunus mume*、桃花 *Prunus persica*、山茶 *Camellia japonica*、石榴 *Punica granatum*、杜鹃 *Rhododendron simsii*、朱槿 *Hibicus rosa-sinensis*、木兰 *Magnolia liliflora* 等,以及一些枝叶优美的灌木或小乔木,如红桑 *Acalypha wilkesiana*、一品红 *Euphorbia pulcherrima*、变叶木 *Codiaeum variegatum*、鹅掌藤 *Schefflera arboricola*、朱蕉 *Cordylie fruticosa*、龙血树类 *Dracaena* 等,也常被列入广义的花卉之内。在实际的园林应用、生产中,两者更是难以截然分开。

园林植物学是研究园林植物的分类、特征、产地、习性、繁殖、栽培、管理及应用等内容的一门学科。园林植物学是园林、园艺、城市规划、环境艺术等专业的一门专业基础课程,也是一门应用学科。本教材本着改革的精神,从理论与实践、基础与应用相结合的原则,结合我国南方地区的园林绿化建设的实际进行选材和安排。全书内容包括绪论、总论与各论3部分。总论部分主要阐述园林植物的一些共性内容,包括园林植物的园林特征、栽培养护和分类方法等。各论的编写是以识别为基础,习性、栽培管理为中心,园林应用为目的,并按其在园林绿化中的用途为主,综合归纳成15类,以便于实际应用。在树种选择上以我国园林中常见栽培的种类为主,面向全国,突出南方特色。限于篇幅,每类园林植物一般选取 10 ~ 20 种(常绿阔叶绿荫树类选取了 50 种)代表性种类详述,同属常用的种类也一并进行介绍。为便于学生识别和快速查阅,我们把重点介绍的植物种类以及次要种类的中文名、学名、习性和特性等列于书后的附录 1。

学习园林植物学的目的,是在识别各种园林植物的基础上,了解其生物学特性、生态学习性和在园林中的观赏应用特点,运用于园林景观的规划、设计中,正确地选择和恰当地配置园林植物,建设美丽、协调的园林景观。由于园林植物种类繁多,地域性差异大,形态、习性各有不同,

在学习上有一定的难度，所以在学习方法上要注意理论联系实际，注重实践。对园林植物的认识和了解，不能只凭书本上的文字描述，更重要的是从实践中学习和加深理解，要多观察记录，勤思考，多分析、比较和归纳工作，并善于抓住要点。在学习或实践中遇到本教材未收编的种类而又不认识时，可以利用其他书籍查找，如《世界有花植物分科检索表》《中国植物志》《中国高等植物图鉴》以及各地方植物志、各类园林植物书籍。此外，当地的专家和园林工作者对当地的园林植物最熟悉，最了解，虚心向他们请教、学习，必有收获。

0.2　园林植物在人类生活中的意义和作用

由于工业生产的大规模发展，造成环境污染，给人类带来很大灾难。改善生态环境，保持生态平衡，维护人类赖以生存的环境，已日益成为当今世界普遍的呼声与行动。大力推行园林绿化，植树种草，改善和恢复人类自身的生态环境，已成为刻不容缓的事业。

园林植物广泛应用于城乡绿化及名胜、古迹、寺庙、风景区的各类绿化中，包括各类公园、植物园、街头绿地、道路、企事业单位、住宅等场合。园林植物是城市绿化的主体材料，在园林景观中具有特殊的功能，起着不可替代的作用。

①园林植物是城乡园林绿化，改善生态环境的重要材料。

随着城镇的日益增加与扩大，人口密度不断增加，维护和净化城镇的生活空间已成为当务之急。一方面应从减少或消除各种污染着手，另一方面必须大量绿化来提高城镇环境的生态质量。

人们都知道，在树林或公园等花草树木多的地方，空气清新，有利于人体的健康。绿色植物是环境中 CO_2 和 O_2 的调节器。据测算，植物在光合作用中每吸收 44 g 的 CO_2 可放出 32 g 的 O_2。通常 1 hm^2 森林每天可消耗 1 000 kg CO_2，放出 730 kg 的 O_2。1 m^2 生长良好的草坪每小时可吸收 1.5 g 的 CO_2。植物分泌的挥发性物质具有杀菌作用。如桉树 *Eucalyptus sp.*、圆柏 *Sabina chinensis*、肉桂 *Cinnamomum cassia*、柠檬 *Citrus limonum* 等树木体内含有芳香油，它们具有杀菌力。据计算，1 hm^2 柏木林 24 h 内，能分泌出 30 kg 杀菌素。城市空气中会有较多有毒物质，植物的叶子能将其吸收解毒或富集于体内而减少空气中的毒物量。树木的枝叶可以阻滞空气中的尘埃，相当于一个滤尘器，使空气变得较清洁。

园林植物的树冠能遮蔽阳光而减少辐射热。当树木成片成林栽植时，不仅能降低林内的温度，而且由于林内、林外的气温不同而形成对流的微风。从人体对温度的感觉而言，这种微风也有降低皮肤温度，有利水分的发散，从而使人们感到舒适的作用。

此外，园林植物还有减少噪声，涵养水源，保持水土，防风固沙等多方面改善城镇生态环境的作用。

②园林植物是人类美化生活空间，丰富精神文化生活不可缺少的内容。

园林植物可构成园林美景，形成各种各样引人入胜的景观。植物本身就是大自然的艺术品，它的叶、花、果、形态，均具有无比的魅力。例如观花植物，有的花型整齐，有的奇异；有的色彩艳丽，有的淡雅；有的花香四溢，有的幽香盈室；有的花姿风韵潇洒，有的丰满硕大；千变万化，美不胜收。更有多种观叶、观果、观形的种类都给人以美的享受。由于植物是活的有机体，随着一年四季的气候变化，即使同一植物在同一地点也会表现出不同的景色，形成各异的情趣。多种植物的列植、丛植或群植更能体现其群体美,从线条、色彩等方面更丰富了美的内容。古今中外无数的诗人、书、画家、摄影师等,无不为她们讴歌作画,挥毫泼墨,留下许多以园林植物为题材的不朽的名作,给人们以崇高的精神享受。人们在与大自然、与植物的接触中,可以荡涤污秽,纯洁心灵,美化身心,陶冶性格,这不仅是一种高尚的精神享受,也是一种精神文明的教育。随着人类社会的进步,人们的环保意识不断增强,园林植物日益成为人们美化生活空间、丰富精神文化生活不可缺少的一部分。它们是美的化身,也是社会文明进步的象征。

③园林植物生产是国民经济的组成部分。

园林植物不仅具有广泛的社会效益,而且具有创造财富的功能,可以形成巨大的经济效益。园林植物的全株或其一部分,如叶、根、茎、花、果、种子以及其所分泌的乳胶、汁液等,许多是可以入药、食用或做工业原料用,有的甚至属于国家经济建设或出口贸易的重要物资,它们的直接经济效益是显而易见的;另一方面,由于运用园林植物提高了园林景观的质量,因而增加了游客量,增加了经济收入,这亦是园林植物经济效益的间接体现。

据联合国粮农组织统计,1975—1987 年世界花卉产品——切花、盆花、观叶植物、仙人掌类出口额增加了 4 倍,达 90 亿美元。1990 年世界鲜花出口额增加到 60 亿美元,目前市场预测,对盆花、切花、观叶植物的需求还将进一步增加。

我国特产园林植物种类极其丰富,一些植物如漳州水仙 *Naricissus tazeta* var. *chinensis*、兰州百合 *Lilium davidii* var. *unicolor*、云南山茶 *Camellia reticulata* 以及盆景等,历年都有大量出口,有着巨大的开发潜力和发展前景。

0.3 我国的园林植物资源概况

我国土地辽阔,地势起伏,气候各异,园林植物资源极为丰富。我国园林植物资源的特点可概括为三多,即种类繁多、特有种多和种质资源多。据初步统计,我国国产的园林植物约 113 科 523 属,达数千种之多。我国是世界园林植物的分布中心,山茶属、杜鹃花属等世界闻名的花卉均以我国为主要的原产地,分布于我国的种数在世界总种数中占有较高的比例(见表 0.1)。

表 0.1 30 属国产园林植物一览

种　类	世界种数	国产种数	国产种数占世界种数的比例/%
木瓜属 *Chaenomeles*	5	5	100
金粟兰属 *Chloranthus*	15	15	100
石莲属 *Sinocrassula*	9	9	100
猕猴桃属 *Actinidia*	54	52	96
山茶属 *Camellia*	220	195	89
丁香属 *Syringa*	30	25	83
绿绒蒿属 *Meconopsis*	45	37	82
油杉属 *Keteleeria*	11	9	82
杜鹃花属 *Rhododendron*	800	650	81

续表

种　类	世界种数	国产种数	国产种数占世界种数的比例/%
结缕草属 *Zoysia*	5	4	80
毛竹属 *Phyllostachys*	50	40	80
独花报春属 *Omphalogramma*	13	10	77
山麦冬属 *Liriope*	8	6	75
石楠属 *Photinia*	60	45	75
槭属 *Acer*	200	150	75
四照花属 *Dendrobenthamia*	12	9	75
蓝钟花属 *Cyananthus*	30	21	70
含笑属 *Michelia*	50	35	70
蜡瓣花属 *Corylopsis*	30	21	70
椴树属 *Tilia*	50	35	70
木犀属 *Osmanthus*	40	27	68
蚊母树属 *Distylium*	18	12	67
溲疏属 *Deutzia*	60	40	67
沿阶草属 *Ophiopogon*	50	33	66
马先蒿属 *Pedicularia*	500	329	66
吊石苣苔属 *Lysionotus*	20	13	65
花楸属 *Sorbus*	80	50	63
紫堇属 *Corydalis*	320	200	63
兰属 *Cymbidium*	40	25	63
报春花属 *Primula*	500	300	60

　　以表 1 列举的 30 属园林植物为例,从国产种类占世界总种数的百分比中说明我国确实是若干园林植物的世界分布中心。

　　我国园林植物的另一个特点是特有的科、属、种众多。我国特有的科有银杏科 Ginkgoaceae、水青树科 Tetracentraceae、昆栏树科 Trochodendraceae、杜仲科 Eucommiaceae、珙桐科 Nyssaceae 等。特有的属有金钱松属 *Pseudolarix*、银杉属 *Cathaya*、水松属 *Glyptostrobus*、水杉属 *Metasequoia*、台湾杉属 *Taiwania*、福建柏属 *Fokienia*、白豆杉属 *Pseudotaxus*、穗花杉属 *Amentotaxus*、青檀属 *Pteroceltis*、伯乐树属 *Bretschneidera*、金钱槭属 *Dipteronia*、八角莲属 *Dysosma*、蜡梅属 *Chimonthus* 等。至于我国的特有种则不胜枚举,许多还有待于我们在园林中进一步引种驯化与推广应用。

　　我国园林植物的第三个特点是种质资源丰富。中国地域广阔,环境变化多,经过长期的演化形成了极为丰富的种质资源。仅以常绿杜鹃亚属为例,无论在植株习性、形态特点、生态要求和地理分布等方面差别极大,变幅甚广。小型的平卧杜鹃高仅 5～10 cm,而大树杜鹃高达

25 m,径围 2.6 m。常绿杜鹃的花序、花形、花色、花香等均千差万别。或单花或数朵或排成多花的伞形花序;花形有钟形、漏斗形或筒形等;花色有粉红、朱红、紫红、丁香紫、玫瑰红、金黄、淡黄、雪白、斑点、条纹以及变色等;至于花香,则有不香、淡香、幽香、浓香等种种变化。

此外,我国尚有在长期栽培中培育出来的独具特色的品种及类型,如黄香梅、龙游梅 *Prunus mume* 'Totorum'、红花檵木 *Loropetalum chinense* var. *rubrum*、红花含笑、重瓣杏花,等等。这些都是杂交育种工作中的珍贵种质资源,为世界性宝贵财富。例如我国的资源在月季花、山茶花、杜鹃花的育种工作中有着不可取代的作用。当今世界上风行的现代月季、杜鹃花、山茶花,虽然品种上百逾千,但大多数都含有我国资源的血缘。又如以中国原产的玉兰 *Magnolia denudata* 和辛夷 *Magnolia liliflora*,19 世纪在法国杂交育成二乔玉兰 *Magnolia soulangeana*,现已广泛应用于许多国家的庭院中。

世界各国园林界对中国的园林植物资源评价极高,视中国为世界园林植物的重要发祥地之一,把中国誉为"园林之母""花卉王国"等。中国的各种名贵园林植物,数百年来不断传至国外,对世界园林事业起了重大作用。据统计,北美引种的中国乔灌木就达 1 500 种以上,意大利引种的中国园林植物约 1 000 种,在德国、荷兰已栽培的植物种类中分别有 50% 及 40% 来源于中国。可以说,凡有引种园林植物的国家,几乎都栽有中国原产的种类。

1 园林植物的园林特性

1.1 园林植物的美学特性

1.1.1 园林植物美学特性的意义和特点

园林植物的重要特性之一,是能给人们美的享受。园林植物的美主要表现在色彩、形态、芳香及感应等方面,而色彩、形态、芳香等又都是通过园林植物的体量、冠形,叶、花、果、枝干、根等观赏器官或观赏载体来体现的。作为应用在园林空间中组景的园林植物,不论是乔木、灌木、藤本、竹类、花卉,它们各有其观赏特点。在植物造景中,我们可以根据需要,选择具有观花、观果、观叶、观枝、观形态等特点的植物,充分发挥它们个体美或群体美的观赏作用,以美学原理为原则进行构图,和园林的其他要素一起,形成朝夕不同、四时互异、千变万化、色彩丰富的景色,使人们感受到动态美和生命的节奏。因此,我们首先要了解不同园林植物的观赏特性,如南洋杉 *Araucaria heterophylla*、侧柏 *Platycladus orientalis*、圆柏等主要是观赏树形;落羽杉 *Taxodium disticum*、水松 *Glyptostrobus pensilis* 等既是观赏树形,又可以作秋色叶树;木棉 *Bombax ceiba*、刺桐 *Erythrina variegata* var. *orientalis*、腊肠树 *Cassia fistula* 等开花时非常茂盛;荔枝 *Litchi chinensis*、黄皮 *Clausena lansium* 等结果时硕果累累;红乌桕 *Euphorbia cotinifolia*、红桑、变叶木等叶色美丽;垂柳 *Salix babylonica* 枝条飘逸。它们各有自己的观赏特性,只有掌握好它们的观赏特性,才能合理配置植物,进行组景。

园林植物美的表现,会因种类、生境等的影响而有差异;对于不同的人,由于年龄、阅历、爱好、文化程度乃至性别、心理状况等的差异,也会产生不同的美感。在个体美的基础上形成的群体美,更增加园林植物美学特性的多样性与复杂性。

植物的器官组成包括根、茎(枝)、叶、花、果等,不同植物的观赏特性各不相同,有些植物属于观叶,有些属于观花、观果,有些属于观树形,它们各有自身的观赏特点。以下是园林植物在美学方面的几个特点:

1) 园林植物美的自然特性

园林植物在生长期中，会呈现出不同的、自己所特有的外部形态，会产生不同的观赏效果，这就是植物所表现出来的自然特性。园林植物的美是以其自然美为特征的。不论是观赏其个体美或是群体美，色彩美或是形体美，等等，它们都具有自然的特性，不能由人随意创造。如南洋杉、圆柏等的树形是圆锥形，它们给人们的感觉是庄严、肃穆；松柏以其苍劲挺拔的形态给人以坚贞不屈的感觉；棕榈科多数植物表现出洒脱的特点；有些植物开花时色彩非常鲜艳夺目，给人热情、奔放的感觉。这些特性都是植物本身特有的。

2) 园林植物的时空特性

园林植物在生长过程中，受生境条件的影响和年龄季节的变化，各种美的表现形式会不断地丰富和发展，在时间上和空间上处于动态变化之中。这个变化包括有两方面：一是植物随一年中季相的变化会表现出"春花盛开，夏树成荫，秋果累累，冬枝苍劲"的四季景象；二是随植物整个生长过程，个体也会发生相应的变化：从幼年期到壮年期，再到老年期，植物就由小苗长成了大树。随着时间的推移，其体量在不断地发生变化，由稀疏的枝叶到茂密的树冠，从很小的苗木长到苍天大树，树干、枝条不断向高和宽延伸，充塞空间。占领空间在不同的时期所表现出的形态特点就有所不同。植物的时空特性，是植物自然生长规律形成的。

3) 园林植物的延伸特性

园林植物的美，除了通过人体感觉器官直接感受之外，还能通过人的思维器官加以比拟、联想，使园林植物的美得到更进一步的扩展、延伸，形成园林植物的风韵美或抽象美，这种美比形式美更广阔、深刻、持久。

由于园林植物的不同自然地理分布，会形成一定的乡土景色和情调；不同民族或地区的人民，由于生活、文化及历史上的习俗等原因，对不同的园林植物常形成带有一定思想感情的看法，有的更上升为某种概念上的象征，甚至人格化了。因此，它们在一定的艺术处理下，便具有使人们产生热爱家乡、热爱祖国、热爱人民的思想感情和巨大的艺术力量。例如，我国人民常以四季常青，抗性极强的松柏类代表坚贞不屈的精神；而富丽堂皇、花大色艳的牡丹，则被视为繁荣兴旺的象征。还有人们所熟知的，如：松、竹、梅被称为"岁寒三友"，象征坚贞、气节和理想，代表着高尚的品质；紫荆 *Cercis chinensis* 象征兄弟和蔼；含笑 *Michelia figo* 表示深情；红豆 *Adenanthera pavonina* var. *microspenda* 代表相思、恋念；桑梓 *Morus alba* 表示故乡；桃李 *Prunus salicina* 比喻门生；等等。在欧洲许多国家，人们以月桂 *Laurus nobilis* 代表光荣；油橄榄 *Olea europaea* 象征和平等，不胜枚举。

1.1.2 园林植物的树形及其观赏特性

在园林空间的植物配置中，园林植物的树形（主要是乔木、灌木）是作为构景的基本因素之一，它在园林的组景中起到巨大的作用。如树形为尖塔形、圆锥形的园林植物，能够增强环境庄严、肃穆的气氛，也有高耸感；自然形、垂枝形的园林植物，能产生飘逸的感觉。不同树形的园林

植物,经过妥善的配置和安排,可产生韵律感、层次感等艺术组景的效果。

不同树种各有其独特的树形,它们彼此之间的差异,主要是由树种的遗传性决定的,但在一定程度上也受环境因子的影响。同时,同一树种的树形也会随着生长发育过程,呈现出规律性的变化。

一般讲某树种是什么树形,是指在正常的生长环境下其成年树的形状而言。通常将园林植物的树形大致分为以下几种类型:

1)乔木类

①圆柱形:如塔柏 *Sabina chinensis* 'Pyramidalis' 等。

②圆锥形:如枇杷 *Eriobotrya japonica*、柏木 *Cupressus funebris* 等。

③尖塔形:如南洋杉 *Aracaria heterophylla* 等。

④卵圆形:如苹婆 *Sterculia nobilis*、梧桐 *Firmiana simplex* 等。

⑤伞形:如合欢 *Albizzia julibrissin* 等。

⑥倒卵形:如桑等。

⑦扁球形:如油茶 *Camellia oleifera* 等。

⑧钟形:如欧洲山毛榉 *Fagus sylvatica*、悬铃木 *Platanus acerifolia* 等。

⑨倒钟形:如槐 *Sophora japonica* 等。

⑩棕榈形:如大王椰子 *Roystonea regia*、假槟榔 *Archontophoenix alexandrae* 等。

⑪芭蕉形:如芭蕉 *Musa basjoo*、鹤望兰 *Strelitzia reginae* 等。

⑫盘伞形:如老年期油松 *Pinus tabulaeformis* 等。

⑬苍虬形:如高山区一些老年期树木。

⑭垂枝形:如垂柳等。

⑮自然形:如木麻黄 *Casuarina equisetifolia*、柠檬桉 *Eucalyptus citriodra* 等。

⑯圆球形:如黄皮等。

⑰风致形:为由于自然环境因子的影响而形成的各种富于艺术风格的体形,如高山上或多风处之树以及老年树或复壮树,等等,像黄山上的迎客松就属此类。

⑱馒头形:如台湾相思 *Acacia confusa* 等。

2)灌木类

①丛生形:如玫瑰 *Rosa rugosa* 等。

②球形:如海桐 *Pittosporum tobira*、九里香 *Murraya paniculata* 等。

③倒卵形:如刺槐 *Robinia pseudoacacia* 等。

④半圆形:如金露梅 *Dasiphora fruticosa* 等。

⑤匍匐形:如铺地蜈蚣 *Cotoneaster horizontalis*、南迎春 *Jasminum mesnyi* 等。

⑥偃卧形:如鹿角桧 *Sabina chinensis* 'Pfitzeriana' 等。

⑦拱枝形:如连翘 *Forsythia suspense* 等。

⑧悬崖形:如生于高山悬崖隙中的松树等。

3)园林植物的人工造型

园林植物除了有各种天然生长的树形以外,有些枝叶密集、不定芽萌发力强的耐修剪植物,可将树冠修剪成所需要的形态,如朱槿 *Hibiscus rosa-sinensis* 可修剪成圆柱形、球形、立方形;福建茶 *Carmona microphylla* 可修剪成立方形、圆弧形、波浪形;宝巾 *Bougainvillea glabra* 可修剪成花瓶、花篮等各种形状。

各种树形给人以不同的感觉,它们的美化效果可以依据配置的方式及周围景物的影响而有不同的变化。有时可根据不同的环境气氛选择不同的树形,以加强此环境的观赏效果。如在纪念性园林绿地中,一般选择尖塔形、圆锥形的植物配置,用来烘托其庄严、肃穆的气氛。或利用耐修剪的植物修剪成某种形状,与环境相协调。我们应了解不同园林植物的树形,以便充分发挥其美化功能。

1.1.3 园林植物的叶及其观赏特性

园林植物叶子的大小差异很大,叶形千变万化,叶色极其丰富多彩,质地等也各有差异。不同叶片的大小、形状、色彩、质地等,具有不同的观赏特性。

1)叶的大小和形状

以园林植物叶的大小而言,大的叶片长度可达 20 米以上,小的仅长几毫米。一般热带湿润气候的植物叶子都较大,如旅人蕉 *Ravenala madagascariensis*、假槟榔、大王椰子、蒲葵 *Livistona chinensis* 等;寒带、寒温带的植物叶子大多较小,如侧柏、垂柏等。

棕榈科植物具有热带情调,像蒲葵、棕榈 *Trachycarpus fortunei* 的掌状叶形给人以朴素感;长叶刺葵 *Phoenix canariensis*、椰子 *Cocos nucifera*、假槟榔等的羽状叶给人以洒脱感;像变叶木、银杏 *Ginkgo biloba*、芭蕉、琴叶榕 *Ficus pandurata*、龟背竹 *Monstera deliciosa* 等叶形奇特的植物,都有很高的观赏价值,皆可选择其叶形作为主要观赏特性来配置。

2)叶的色彩

运用叶色的变化配置植物,是园林组景的常用手法。既有各种色彩差异大的叶子,又有同一色系深浅有变化的叶子。将叶子颜色深浅或各异的植物按美学原理配置,能产生美丽的层次,丰富的色感。可以根据植物叶色的特性,大致分类如下:

(1)深绿色 南洋杉、苏铁 *Cycas revoluta*、侧柏、山茶、桂花 *Osmanthus fragrans*、榕树 *Ficus microcarpa*、印度橡胶榕 *Ficus elastica*、福建茶、塞楝 *Khaya senegalensis* 等属此类。

(2)浅绿色 水杉 *Metasequoia glyptostroboides*、落羽杉、散尾葵 *Chrysalidocarpus lutescens*、假连翘 *Duranta erecta*、玉堂春等属此类。

(3)异色 紫锦木、变叶木、红桑、彩叶草 *Solenostemon hybridus*、吊竹梅 *Zebrina pendula* 等属此类。

(4)双色 红背桂 *Excoecaria cochinchinensis*、红背竹芋 *Calathea sanguinea*、蚌花 *Rhoeo spathacea* 等属此类。

有些植物叶色会因季节不同而发生变化,它们有的春季叶色发生显著变化(春色叶树),有

的秋季叶色发生显著变化(秋色叶树),有的春秋两季与夏季叶色有很大差异,根据造景需要,分为以下几种:

(1)春色叶树　玉堂春、黄葛榕 *Ficus virens* var. *sublanceolata*、小叶榄仁 *Terminalia mantaley* 等属此类。

(2)秋色叶树　南天竺 *Nandina domestica*、乌桕 *Sapium sebiferum*、无患子 *Sapindus mukorossi*、银杏、水杉、落羽杉、槐、爬山虎 *Parthenocissus tricuspidata* 等属此类。

(3)既为春色叶又是秋色叶　紫薇 *Lagerstroemia indica*、大花紫薇 *Lagerstroemia speciosa* 等属此类。

还有一些园林植物的叶子颜色以绿色为基调,上面分布有各色各样规则或不规则的斑纹或线条,我们把它们称之为彩叶植物,如变叶木、金脉爵床 *Sanchezia speciosa*、花叶万年青 *Dieffenbachia picta*、金边虎尾兰 *Sansevieria trifasciata* var. *laurentii*、金边吊兰 *Chlorophytum capense* 'variegatum' 等。

3)叶的质地

由于叶片质地的不同,观赏效果也各异。革质或厚革质的叶片,具有很强的反光能力,植物在太阳光的照射下,有光影闪烁的效果,如印度橡胶榕、山茶、荷花玉兰 *Magnolia grandifolra* 等。纸质、膜质的叶片常给人以恬静的感觉。叶片粗糙多毛的植物,则富有野趣。

叶子除了以上的观赏特性外,还可以形成声响的效果。中国园林自古以来就有松林中"听松涛"、窗口和屋檐下"雨打芭蕉"的景色,它们是自然界里的天籁之声。另外,叶子的单叶或复叶,以及叶子在枝条上的排列方式等,都能产生美丽的观赏效果。因此,只有深刻了解并掌握园林植物叶部的特性,细致搭配,才能创造出优美的景色。

1.1.4　园林植物的花及其观赏特性

园林植物的花朵有各种形状和大小,色彩更是千变万化、绚丽灿烂。植物的花朵又因它们在枝条上的排列顺序不同而产生不同的观赏效果。园林中的观花植物就是由花本身的形状、色彩、香味等方面而取胜。

1)花形

植物在进化过程中,花器官产生了各种各样的变化,形成千姿百态的花形,极富观赏性。有些观花植物的花有比较奇特的花形,我们利用此特点来组景,能收到较好的效果,如仙客来 *Cyclamen pensicum* 开花时,像一个个小兔子一样活泼可爱;文心兰 *Oncidium sphacelatum* 开花时,像翩翩起舞的女孩;鹤望兰、拖鞋兰 *Paphiopedilum*、蝴蝶兰 *Phalaenopsis amabilis* 等,它们都有奇特、可爱的形状,能给游人深刻的印象。

2)花色

植物的花色极其繁多,它们的色彩效果是观花植物的主要观赏因素之一。现将植物的几种基本花色系列列举如下:

(1)红色系花　桃、红玫瑰 *Rosa rugosa* var. *rosea*、石榴、凤凰木 *Delonix regia*、朱槿、木棉、夹竹桃 *Neriun indicum*、红绒球 *Calliandra haematocephala*、红千层 *Callistemon rigidus*、五星花 *Pentas lanceolata* 等。

(2)黄色系花　相思树 *Acacia* spp. 、黄兰 *Michelia champaca*、南迎春、腊肠树、黄花夹竹桃 *Thevetia peruviana*、黄槐 *Cassia surattensis*、黄蝉 *Allamanda schottii*、软枝黄蝉 *Allamanda cathartica* 等。

(3)紫色系花　五爪金龙 *Ipomoea cairica*、大花紫薇、紫薇、红花羊蹄甲 *Bauhinia blakeana*、长春花 *Catharanthus roseus*、雪茄花、紫茉莉 *Mirabilis jalapa* 等。

(4)蓝色系花　紫藤 *Wisteria sinensis*、紫罗兰 *Matthiola incana*、假连翘、鸢尾 *Iris tectorum*、蓝花鼠尾草 *Salvia farinacea*、羽扇豆 *lupiuns polyphyllus* 等。

(5)白色系花　白兰 *Michelia alba*、茉莉 *Jasminum sambac*、百合花 *Lilium*、荷花玉兰、木荷 *Schima superba*、栀子 *Gardenia jasminoides*、狗牙花 *Tabernaemontana divaricata*、白玫瑰、昙花 *Epiphyllum oxypetalum* 等。

还有一些自然界比较少见的花色如绿菊、黑玫瑰、黑牡丹等,它们的花色是极其珍贵的,观赏价值极高,可以利用盆栽形式观赏。

3)花香

很多植物的花是有香味的,有些香味很浓,有的很淡。不同的花香会引起人们不同的反应。有的能引起人兴奋,有的能使人镇静,有的能使人陶醉,有的却会引起反感。在园林造景中,这些不同的作用应引起足够重视。

以花的芳香而论,可以大致分为清香(如茉莉等)、淡香(如玫瑰、米兰 *Aglaia odorata*、阴香 *Cinnamomum burmanii* 等)、甜香(如桂花、含笑等)、浓香(如白兰、栀子等)、奇香(如鹰爪花 *Artabotrys hexapetlus* 等)。

4)花相

不同植物的花在植株上的分布不同,有些是零星生长,有些却是花团簇锦。虽然有些植物就其单朵花而言,很小,毫不起眼,但当这些小花排成巨大的花序后,有时会比具有大花的种类还要美观。根据花或花序着生在树冠上所表现出的整体面貌,可分成以下几种不同花相:

(1)干生花相　花着生于茎干之上,如槟榔 *Areca cathecu*、鱼尾葵 *Caryota ochlandra*、大王椰子、椰子、菠萝蜜 *Artocarpus heterophyllus* 等。

(2)线条花相　花排列在小枝上,形成长形的花枝,如一串红 *Salvia splendens*、假连翘、猫须草 *Clerodendranthus spiralis*、随意草 *Physostegia virginiana*、飞燕草 *Consolida ajacis* 等。

(3)星散花相　花朵或花序数量较少,散布在全树冠各部位,如白兰、含笑、茉莉、山茶、大红花、黄蝉等。

(4)团簇花相　花朵或花序形大而多,就全树而言,花感较强烈,但每朵或每个花序的花簇仍能充分表达其特色,如腊肠树、刺桐、银桦 *Grevillea robusta*、黄槐等。

(5)覆盖花相　花或花序着生于树冠的表层,形成覆伞状,如凤凰木、大花紫薇、合欢、瓜叶

菊 *Senecio cruentus*、美女樱 *Verbena hybrida* 等。

（6）密满花相　花或花序密生全植株各小枝上，使树冠形成一个整体的大花团，花感最为强烈，如樱花 *Prunus serrulata*、榆叶梅 *Prunus triloba* 等。

对于园林空间的组景，我们既可以选观花植物单株种植，也可以运用不同观花植物的相同或不同花期进行造景。如把数种同一花期的观花植物配置在一起，可构成繁花似锦、缤纷夺目的景观；也可以用多种观花植物，按不同花期配置或同一观花植物，不同花期的品种配植成丛，则能得到"四时花开"、连绵不断的景色。通过观花植物的花色、花形、花香、花相等的组合，创造出绚丽多彩的景色。

1.1.5　园林植物的果及其观赏特性

许多植物具有美丽的果实或种子，它们像花一样也同样有千变万化的形色，而且有些具有很高的经济价值。苏轼的诗："一年好景君须记，正是橙黄橘绿时。"说出了植物的果实有着很高的观赏效果。园林中为观赏目的而选择观果植物时，多是从形与色两方面去考虑。

1）果形

如果选择观果植物的果形作为观赏对象，一般形状以奇、巨、丰等为准。

（1）奇　即形状奇特。如佛手 *Citrus medica* var. *sarcodactylus*，果形像佛的手；小叶罗汉松 *Podocarpus macrophyllus* var. *maki*、罗汉松 *Podocarpus macrophyllus* 的种子形似一个个罗汉在打坐；腊肠树、猫尾木 *Dolichandrone cauda-felina* 等的果实形同树名。

（2）巨　就是体形大。如菠萝蜜、柚子 *Citrus grandis*、榴莲等能给人以惊喜。

（3）丰　即是多。无论单果或果序，应有一定丰盛的数量。如荔枝、黄皮等，果压枝头，给人以硕果累累、沉甸甸的感觉。

2）果色

果实或种子也有丰富的色彩，与花相似、也有多色系。

（1）红色系　石榴、草莓 *Fragaria ananassa*、柿 *Diospyros kaki*、洋蒲桃 *Syzygium samarangense*、小叶罗汉松、罗汉松等。

（2）黄色系　柚子、橘 *Fortunella* spp.、橙 *Citrus sinensis*、芒果 *Mangifera indica*、香蕉 *Musa nana*、佛手、番木瓜 *Carica papaya*、枇杷等。

（3）蓝紫色系　葡萄 *Vitis vinifera*、桂花、杨梅 *Myrica rubra*、海南蒲桃 *Syzygium cumini* 等。

（4）黑色系　常春藤 *Hedera nepalensis* var. *sinensis*、金银花 *Lonicera japonica*、女贞 *Ligustrum lucidum* 等。

除了以上的基本色系外，还有白色、绿色等以及果实上带有各色各样的花纹。

观果植物的配置，可弥补秋冬季节缺乏姹紫嫣红的色彩，营造另外一个仪态万千的世界。

另外，园林植物的茎干、枝条、树皮、刺毛等也都有一定的观赏价值，有些并不亚于植物的叶、花、果的观赏效果。我们只有充分了解植物的各个组成部分的观赏特性，才能很好地进行植物组景。

1.2　园林植物的园林应用

1.2.1　应用园林植物造景

在园林绿地中,植物造景就是应用乔木、灌木、藤本、竹类及花卉植物来创造景观,充分发挥植物本身形体、线条、色彩等自然美或经修剪后构成图案的人工美,配植成一幅幅美丽动人的画面。

要创造出丰富多彩的植物景观,首先要有丰富的植物材料,掌握园林植物的特点、习性,并能恰当地应用。

1) 植物造景的形式

园林植物的多姿多彩给我们造景提供了条件。利用植物材料可以创造富有生命活力的园林景观。世界上没有任何物体可以像植物这样生机勃勃、千变万化。

运用植物的时空特性在园林中形成富有季相变化的景观,使人们游览时能看到"春天繁花盛开,夏季绿树成荫,秋季红果累累,冬季枝干苍劲"的四时景象,由此产生的"春暖花开、绿满枝头""霜叶红于二月花"的特定景观。如在水岸边种植桃树、垂柳,当春天来时,一片桃红柳绿的江南水乡春景;北京香山红叶秋季时的火红景色等真是美不胜收,让人流连忘返。

园林中植物造景的形式有规则式和自然式。规则式的植物景观具有庄严、肃穆的气氛,也有整洁、雄伟、壮观气势,例如在广场上种植整齐一致的高大乔木;又如在大草坪上种植华丽的观花或观叶植物,组成大型的图案,会给人壮观的感觉。自然式的植物景观,模拟自然界植物生长的景观,体现植物的自然个体美及群体美而进行配植所得的景。自然式的植物景观体现出宁静、深邃、活泼的气氛。

园林植物独特的形态、色彩、风韵等决定其形成的景观将丰富多彩、特色鲜明。运用植物配置的各种方式来造景可以形成千姿百态的各种景点。如在开阔的空间中栽植美丽的单株树或丛植几株高耸的大树构成观赏中心;在起伏变化的地形里把植物配置成一个整体,构成树林;利用色彩缤纷的草本花卉按一定的构图方式配植成花坛,布置在广场中心、大门口、建筑前等比较显著的位置上,获得较好的观赏效果。

2) 园林植物的意境创作

中国传统园林造园讲究意境的创作,赋予情意境界,寓情于景、寓意于景,情景交融,联想生意。借助植物抒发情怀。例如以松柏来比拟坚贞不屈、万古长青的气概;竹象征虚心有节、清高雅洁的风尚;梅比喻不畏严寒,纯洁坚贞的品质;兰象征居静而芳、高风脱俗的情操;荷花 *Nelumbo nucifera* 象征廉洁朴素、出污泥而不染的品格。利用人们公认的植物象征的特点,创造出有诗情画意的园林景观来。

完美的植物景观设计必须具备科学性与艺术性两方面的高度统一,即既满足植物与环境在生态适应性上的统一,又要通过艺术构图原理,体现出植物个体及群体的形式美及人们在观赏

时所产生的意境美。

3）植物造景中的美学原理

在植物造景设计中，植物配置同样要遵循绘画艺术和造园艺术的基本原理。即多样与统一、对比与调和、节奏与韵律、均衡与稳定。

（1）多样与统一　植物景观设计时，树形、色彩、线条、质地及尺寸等都要有一定的差异和变化，产生多样性，但它们之间还应保持相似性，达到和谐统一。行道树绿带是最具统一感的：等距种植同种同龄乔木或乔灌木间种。又如同种不同树龄的植物配置成单纯林，或在以绿色为基调的植物配置时，选用深浅不一的绿色叶子植物搭配在一起，就能既统一又变化。

（2）对比与调和　不同植物配置在一起时，要注意互相联系与配合，体现调和原理，使人具有柔和、平静、舒适和愉悦的美感。但单有调和会单调，只有加入对比，才使景观生动活泼、丰富多彩。如在植物造景上，绿色的乔木和灌木、圆锥形树冠与伞形树冠的搭配，有明显的对比，它们本身又是协调的；体量大小的显著差异可以产生对比。如蒲葵与棕竹 *Rhapis excelsa* 的配合，它们同是掌状叶，但高度差异很大。色彩明显差异的植物组合更能引人注目，突出主体。常利用"万绿丛中一点红"的对比手法来进行植物造景，如在池岸边种桃植柳，春天来临时，一片桃红柳绿，红绿两色产生了强烈的对比，给人深刻的印象。

另外，运用高耸的乔木和低矮的绿篱配植会产生高低、方向等的鲜明对比；植物有疏有密的种植会产生明暗虚实、开合等的对比。在这些对比中，注意它们之间的相似性，就能协调起来。在植物造景设计时，如果我们只考虑对比而忽视调和，创造出的景观就会适得其反，不是美，而是丑。例如一些城市道路分隔带上，用美人蕉和九里香配植，给人感觉很零乱。

（3）节奏与韵律　在植物组景中，植物配植有规律地重复，又在重复中发生变化，就出现了韵律与节奏。植物配植的韵律节奏方式很多，如等距种植黄葛树或黄葛树与含笑间种作为行道树，前者形成简单韵律，后者形成交替韵律；不同植物高低错落配置形成起伏曲折韵律；在形状相同的花坛中种植不同的观叶植物而形成的拟态韵律等。

在运用韵律节奏来配置植物时，可单独采用某种方式，也可几种方式用于同一布置中，关键要看功能和造景的需要。

（4）均衡与稳定　自然界静止的物体都要遵循力学原则，以平衡的状态存在。当用植物配置形成景观时，构图要考虑均衡，才能使景物显得稳定。最简单的方法是规则式种植植物，如在轴线两侧等距离位置上各种植一株大小相同的小叶罗汉松或南洋杉。在自然式种植时，为了达到均衡稳定，体量大的，数量应少；体量小的，则数量多些，配置在一起时，才能稳定。如在园路两旁，一侧种一株大花紫薇，另一侧种成丛的花灌木。

在植物造景时，要充分发挥植物独特的观赏价值，做到植物快生和慢生、常绿和落叶、乔木和灌木的结合以及各花木的物候期的合理搭配，使之季相变化有着连续性。配置时，还要主次分明，疏密有致，实现如宋代诗人欧阳修的诗句所述："浅深红白宜相间，先后仍须次第栽，我愿四时携酒去，莫教一日不开花"的景观，做到月月有花赏，季季有景观，花开花落，此起彼伏，构成一幅幅富有诗情画意的图画。

1.2.2　运用园林植物与其他景物的配合

除园林植物本身的配置形成丰富多彩的景观外,园林植物与其他景物的结合,在园林绿地中几乎是无处不在的。植物使得其他景物更加生动活泼、丰富多彩。

1) 园林植物与建筑物的配置

园林植物与建筑的配植是自然美与人工美的结合,处理得当,二者关系可求得和谐一致。植物丰富的自然色彩、柔和多变的线条、优美的姿态及多姿多彩的风韵都能给建筑增添美感,使建筑与周围的环境更为协调,产生出一种生动活泼而具有季节变化的感染力。处理不当,却会适得其反。

园林植物能使建筑柔和。建筑的线条往往都比较生硬,而植物的线条却比较柔和活泼,配合在一起就会使建筑的生硬感削弱。广州双溪宾馆走廊中配置的龟背竹,犹如一幅饱蘸浓墨泼洒出的画面,不仅增添走廊中活泼气氛,并使浅色的建筑色彩与浓绿的植物色彩及其线条形成了强烈的对比。

一般体形较大、立面庄严的建筑物附近,应选树干高大粗壮、树冠开展的植物;小巧玲珑的建筑物,选枝叶纤细的树种。

某些园林建筑本身并不吸引人,可利用植物配置,把建筑物不足之处遮挡住,完善建筑物的外观。如园林绿地里的管理类建筑,周围就可以用植物遮挡。

植物如果与建筑配置得当,可以对建筑起到衬托、强调作用,还可以突出建筑的性质、功能。在建筑入口两侧对称种植两株体量合适的同种树,就能强调建筑。北京颐和园的知春亭小岛上栽柳植桃,桃柳报春信,点出知春之意;杭州岳飞庙的"精忠报国"影壁下种植杜鹃,是借"杜鹃啼血"之意,表达人们对岳飞的敬仰与哀思,突出了主题。

古典园林不同类型的建筑,其旁的植物主要根据这些建筑物的外形特征及意境进行配置。建筑物周围空间要模拟大自然创造一种感人的气氛,在很大程度上依赖植物的配置。例如在园林建筑中,亭的应用最常见,亭的形式多样,性质不同,对环境植物的要求也就不同。在古典园林中,有将亭建于大片丛林之中,使亭若隐若现,令人有深郁之感。在亭子周围也可以配孤植树,丛植树作为陪衬。如拙政园的荷风四面亭,四周柳丝飘飘,池内莲荷环绕,夏季清香四溢,刻画出"四壁荷花三面柳,半潭秋水一房山"的意境;苏州虎丘后山的揽月榭,四面竹树成林,景色幽静宜人。

苏州网师园的看松读画轩旁,在自然式的湖石树坛中,栽以姿态古拙的白皮松 *Pinus bungeana*、圆柏、罗汉松等,曲桥、湖池、山丘、亭廊隐约于后,好一幅秀丽的江南山水画。园林建筑风格不同,相应的植物配置也有不同的要求。

许多寺庙园林设有塔院,它的绿化应表现其崇拜和寄思的功能,塔内常以七叶树 *Aesculus chinensis*、龙柏 *Sabina chinensis* 'Kaizuca'、香樟、菩提树 *Ficus religiosa* 等为基调,适当点缀花灌木。北京潭柘寺塔院中的七叶树,其塔形花序与塔院环境极为协调。

在风景区中建筑与绿化的结合更为紧密,大部分建筑掩映于绿色丛林、山际、林冠线之内,正如《园冶》里所说"杂树参天,楼阁碍云霞而出没,繁花覆地,亭台突池沼而参差"。宛若天然不落斧凿。

总之,园林中的各种建筑物,无论位于山上或水际,如能与植物合理配置,便会使之成为园林整体中一个完美的组合。

2) 园林植物与山石的配置

山的形态多姿多彩,具有很高的审美价值,但如果没有丰富的植物与之相配,则山就失去了婀娜与妩媚。"山藉树而为衣,树藉山而为骨。树不可繁,要见山之秀丽,山不可乱,要显树之光辉。"山如配以得体的植物,则相得益彰。

园林中的山有土山、石山、土石结合之山。

土山因其全为土,可根据山体的高矮选择树种。四周都可以配置植物,既可同种成片种植,又可异种混植。苏州沧浪亭山上老林古树,藤萝垂挂,竹影婆娑,使人仿佛置于绿林野谷之中。

石山山体全部用石,体形较小。由于山上无土,植物配置于山脚,为显示山之峭拔,树木既要数量少,又要低矮,植物宜具有古朴,沧桑感的灌木。

土石结合之山,配置植物时,可根据不同位置的土层深度,选择植物做到适地适树,乔木与灌木相配,林下植地被植物。

较矮之山,不宜选择高大乔木。山体植物配置还应考虑一年四季有景可观,变化丰富。

石除叠山外,还可置石。置石可用峰状石头单体设置来欣赏,其植物配置宜以低矮的花木为宜,如杜鹃、南天竺、书带草 *Ophiopogon japonicus*、佛肚竹 *Bambusa ventricosa*(灌木型)、凤尾竹 *Bambusa spp.*、长春花、马樱丹 *Lantana camara* 等;也可群置石块来欣赏。群置石块可形成岩石园,植物配置宜选择植株低矮、生长缓慢、叶小、花开繁茂、色彩艳丽的种类。

3) 园林植物与水体的配置

水是构成景观的重要因素。在各种风格的园林中,水体均有其不可代替的作用。水体无论其在园林中是主景、配景或小景无一不借助植物来丰富水体的景观。"画无草木,山无生气;园无草木,水无生机。"可见,园林水体的植物配置是造景不可缺少的素材。运用植物材料进行造景,能创造出更丰富多彩的水体景观,给人们以美的享受和情操的陶冶。

水体的植物配置可分为岸边和水面。

(1)岸边的植物配置 水岸线有规则的和自然的两种,进行植物配置时,要根据岸线的形式配置植物。

自然式水体岸边植物配置切忌等距种植及整形式修剪,以免失去画意。栽植片林时,要留出透景线,利用树干、树冠框以对岸景点。我国园林中自古水边也主张植以垂柳,造成柔条拂水,湖上新春的景色,此外,在水边种植落羽杉、池杉 *Taxodium ascendens*、水杉及具有下垂气根的小叶榕等均能起到线条构图的作用。另外,岸边植物栽植的方式,探向水面的枝条,或平伸,或斜展,或拱曲,在水面上都可形成优美的线条。华南植物园内湖岸有几处很优美的植物景观,采用群植式,大片的落羽杉林、假槟榔林、散尾葵群,颇具热带园林风光。

园林中,水岸的处理直接影响水景的面貌,自然式土岸边的植物应结合地形、道路和曲折的岸线,配置成有远有近、疏密有致的自然效果。杭州植物园的一个自然式水池,岸边以香樟、紫楠 *Phoebe sheareri*、枫杨 *Pterocarya stenoptera* 等高大的乔木,池岸是草皮土驳岸,一泓水池,倒影摇曳,却也显出大自然的朴素和宁静。英国园林中自然式土岸边的植物配置,多半以草坪为底

色,为引导游人到水边赏花,种植大量的宿根球根花卉,如要观赏倒影,可植孤植树、丛植树及花灌木,特别是变色叶树种,可在水中产生虚幻的斑斓色彩。

规则式的石岸线条生硬、枯燥,柔软多变的植物枝条可补其拙。石岸的岸石有美有丑,植物配植时要露美遮丑,一些大水面往往应用花灌木、藤本及一些草本植物等作局部遮挡。苏州拙政园规则式的石岸边种植垂柳和南迎春,细长柔和的柳枝条及南迎春枝条下垂至水面,遮挡了石岸的丑陋。

水边绿化树种应选择具备一定耐水湿能力的植物,另外还要符合设计意图中美化的要求。我国从南到北常见应用的树种有:水松、蒲桃、洋蒲桃、小叶榕、高山榕、水翁 *Cleistocalyx operculatus*、印度橡胶榕、木麻黄、椰子、蒲葵、落羽杉、池杉、水杉、大叶柳 *Salix magnifica*、垂柳、旱柳 *Salix matsudana*、串钱柳 *Callistemon viminalis*、乌桕、苦楝 *Melia azedarach*、悬铃木、水石榕 *Elaeocarpus hainanensis*、枫香 *Liquidambar formosana*、枫杨、三角枫 *Acer buergerianum*、重阳木 *Bischofia polycarpa*、柿、榔榆 *Ulmus parvifolia*、桑、柘 *Cudrania tricuspidata*、柽柳 *Tamarix chinensis*、梨属 *Pyrus*、白蜡属 *Fraxinus*、香樟、棕榈、棕竹、无患子、蔷薇、紫藤、南迎春、连翘、棣棠 *Kerria joponica*、夹竹桃、桧柏、蟛蜞菊 *Wedelia chinensis*、马樱丹等。

(2)水面的植物配置 水面具有扩大空间的作用,但水面平直,显得单调,应考虑在水中配置水生植物。配置植物时,可以成片种植布满整个水面,杭州曲院风荷湖上一边全是荷花,盛夏时,产生"接天莲叶无穷碧,映日荷花别样红"的壮观场面;也可在水中小局部配置,在小水面里植少量荷花,深秋时,有"留得残荷听雨声"的意境。

4) 园林植物与道路的配置

城市道路及园林道路为了美观和遮阴,均要考虑应用植物进行配置。

(1)城市道路的植物配置 城市道路绿化包括行道树绿带、分隔带、人行道绿带(包括游息林荫道)、高速公路、交叉口(包括立交桥)等的绿化。

①行道树绿带:是指车行道与人行道之间种植行道树的绿带。行道树种植可分树池式和种植带式两种。树池式是指除植物种植点所形成的种植池(边长或直径不少于1.5 m)外,地面的其余部分用铺装材料覆盖。种植带式是在人行道与车行道之间留出一条不加铺装的种植带。种植带在人行横道处或人流比较集中的公共建筑前面中断。行道树绿带除了高大的遮阴树外,树下可间种灌木(种植带式可形成绿篱)及草本类植物,但不能配植成绿墙的形式,以免废气扩散不掉,使道路空间污染严重。

行道树绿带的立地条件较差,并且常受城市各种空中电缆、地下各种管网的影响,绿带一般较窄,常约1~1.5 m。选择行道树种时要考虑到以上因素。选择的树种应能适应各种环境因子,抗病虫害力强,苗木宜找成活率高的乔木。它们应具备树冠大、枝叶茂密、树干挺直、形体优美、开花艳丽、芳香或观叶植物,还应无飞絮、毒毛、刺、臭味污染的种子或果实,并且寿命长、耐修剪。

我国地域辽阔,地形和气候变化大,植被类型分布也各不相同,因此各地应做到适地适树,选择在本地区生长最多和最好的树种来做行道树。如湛江市海滨公园旁的主干道种植了椰子树作为行道树,突出了海滨城市的风貌;广州许多道路种植生长良好的木棉、小叶榕、黄葛榕等作行道树,增加道路沿线的美感。行道树绿带除了乔木外,可选一些较美观的灌木与之交替种植。行道树绿带为城市增加了一道亮丽的风景线。

华南地区行道树可考虑香樟、阴香、榕属、木棉、台湾相思、塞楝、麻楝 *Chukrasia tabularia*、羊蹄甲属、凤凰木、猫尾木、黄槿 *Hibiscus tiliaceus*、悬铃木、银桦、大王椰子、椰子、假槟榔、蒲葵、木菠萝、扁桃 *Mangifera pergiciformis*、芒果、人面子 *Dracontomelon duperreanum*、蝴蝶果 *Cleidiocarpon cavaleriei*、白千层 *Melaleuca leucadendron*、石栗 *Aleurites moluccana*、盆架子 *Alstonia scholaris*、白兰、黄兰、荷花玉兰、大花紫薇等。

②人行道绿带:指车行道边缘至建筑红线之间的绿化带。除行道树绿带外,还有步行道绿带及建筑基础绿带。由于绿带宽度不一,植物配置亦各异。基础绿带一般用藤本植物作墙面垂直绿化,用直立的植物植于墙前作分隔。如果绿带宽度大,则可在此绿色屏障前配植各种灌木、花卉及草坪,再在外缘用绿篱分隔,防止行人破坏。国外的基础绿带很受重视,在无须行道树遮阴的城市,以各式各样的基础种植来构成街景。

建筑物的窗台、阳台等处可考虑栽植盆花、悬挂花篮。绿带宽度如果超过 10 m 的可用规则式或自然式的配植方式形成花园式休闲林荫道。

③分隔带绿化:为了保证行车安全,在一般干道的分隔带上不能种植乔木,可以种植绿篱、灌木、花卉、草皮之类,但其高度不宜超过 70 cm。分隔带应适当分段,一般采用 75～100 m 为宜。

交叉口绿地、高速公路绿带等配置植物时,也要美观和行车安全相结合。

(2)园路的植物配置　园路是园林的骨架和脉络,不仅起导游的作用,而且其本身是园中之景。植物配置的优劣会影响全园的景观。园路按其性质和功能分,一般有主路、次路和小路,植物与之有相应的配置方法。

①主园路的植物配置:主园路是指从园林入口通向全园各景区中心、各主要广场、主要建筑、主要景点及管理区的道路。道路两旁应充分绿化形成树木交冠的庇阴效果。对笔直的主园路,用规则式方式配置植物,前方如有造型漂亮的建筑作对景时,园路两旁可密植植物,形成夹景;对于曲折的主园路,则宜以自然式方式配置植物,形成有疏有密、有高有底的视觉效果。为了使园路的景观丰富有趣,可以考虑植物多种配置方式,形成以下的植物景观:草坪、花境、灌木丛、树丛、孤植树、植物图案等。

主园路无论远近,若有景可观,则在配置植物时,应留出透视线。园路旁的树种应选择主干优美、树冠浓密、高低适度、能起画框作用的树种。如无患子、香樟、大花紫薇、小叶榕等。

对于主园路的植物,可以单一种类种植,也可以两种以上种植,但不宜过多过杂,应以某一树种为主,间以其他树种,统一中求变化。

②次园路和小路的植物配置:次园路是园林中各景区内的主要道路,连接各景区内的景点,通向各主要建筑;小路主要供散步、休息,引导游人更深入地到达园林的各个角落。次园路和小路两旁植物可灵活配置,根据园路所处的园林空间进行考虑,应用丰富多彩的植物,形成野趣之路、幽深之路、花径、竹径等,产生不同趣味的园林意境。由于路窄,有的只需在路的一旁种植乔、灌木,就可达到既遮阴又赏花的效果。如广州中山大学的小路有的只在一旁种植榕树和大红花,有的配置成复层混交群落,使人感到幽深。如华南植物园一条小路两旁种植大叶桉、长叶竹柏、棕竹、沿阶草四层的群落,另一条小路用的是竹子配植形成"竹径通幽"的景观;国外则常在小径两旁配植花镜或花带。

1.2.3 运用园林植物组织空间

在园林设计中,空间的组织是非常重要的,它是组织景区,形成丰富园林景观不可缺少的条件。在组织空间时,可以利用园林的各组成要素进行组织。利用植物组织空间是其中之一。

在园林绿地中运用园林植物组织空间,就是运用不同大小、高低的植物配置来控制人们的观赏视线。通过视线控制(有两种情况,即引导与遮挡),形成以下空间组织的几种情况。

1) 用并列延续的植物序列引导视线,形成视线通道

在比较狭长的地方,如道路、街巷、河流、溪谷等的两侧可以运用乔木列植或植物种植成树墙的方式把游人的视线引导到前方,植物所围合的空间就成了视线的通道。这个通道的前方如果有景观,就形成了夹景。在主园路前方设有一主景,为了使游人视线能集中在主景上,可在园路两旁配植密集的植物,构成极强烈的长廊形空间,自然地就将游人的视线引向前方的景物上。

2) 形成框景

植物对可见或不可见景物,以及对展现景观的可见序列,都有直接影响。植物以其大量的叶片、枝干封闭了景物两旁,为景物本身提供开阔的、无阻拦的视野,从而达到将观赏者的注意力集中到景物上的目的,在这种方式中,植物如同众多的遮挡物,围绕在景物周围,形成一个景框。如在建筑物两侧、出入口两侧等处配置对植树、树丛,把视线集中在植物所围合的景物中,这就是框景。

3) 利用植物的延续使不同性质的空间产生渗透和交融

在园林规划设计时,需要组织各种不同性质的空间以供游人欣赏、活动、休息等,这些不同的空间之所以能够成为一个整体,是因为有某些因素把它们联系起来。如可以利用某种或几种植物配置在这些空间里,这些植物就作为园林绿地的基调树,使绿地里的空间能够交融。从一个空间进入另一个空间的过程中,还可以运用植物的配置,使两空间能自然过渡:在这个过渡空间的植物里,既有前一个空间所种植的植物,又有后一个空间的植物,即可以使它们顺利自然地过渡。

在园林建筑空间的处理上,利用植物配置使室内外空间有机联系起来。如建筑物入口及门厅对植植物,既强调了出入口,又可以起到从外部空间进入建筑内部空间的一种自然过渡和延伸的作用,有室内外动态的不间断感。

植物景观不仅能使室内外空间互相渗透,也有助于它们连接、融为一体。如广州白天鹅宾馆内庭的"故乡水",在水池边配置了各种耐阴的植物,使室内空间有了蓬勃的生机,室内空间的人为性被大大减弱了,人们在其中倍感亲切。

4) 划分虚空间

植物像建筑物的地面、天花板、围墙、门窗一样,可以用于空间中的任何一个平面。在地平面上,以不同高度和不同种类的地被植物或矮灌木来暗示空间的边界,在此情形上,植物虽然不是以垂直面的实体来限制着空间,但它确实在较低的水平面上以实体来限制着空间。如一块草

坪和一片地被植物之间的交界处,虽然不具有实体的视线屏障,但却暗示着空间范围的不同;又如在大草坪中利用几丛低矮的灌木大致形成活动和休息空间的分隔,此两空间并没有完全分开,游人可以在它们之间穿越。这些空间的分隔都是虚隔,也就是属于虚空间。

5)遮挡视线,分割空间

在园林绿地中,因功能不同、风格不同、动静要求不同需要分割成不同的绿地空间,使它们相对独立。可以利用绿篱、疏林、密林、树丛等植物的配置形式来组织。

根据视线被挡的程度和方式可分为全部遮挡、漏景、部分遮挡。

①全部遮挡一方面可以挡住不佳的景色,另一方面可以挡住暂时不希望被看到的景物内容以控制和安排视线。如公园管理区,可配植密集的植物形成树墙的方法加以隐蔽,与其他观赏景区分隔开来,成为一个完全封闭的空间,具有强烈的隐秘性和隔离感;又如活动空间与休息空间之间配置高篱或密林,使人们的视线被分别限制在两空间里,达到了互不干扰的目的。为了避免园中景物一览无遗,入口场地边缘往往种植树林或树丛,暂时挡住游人视线。

②漏景利用植物稀疏的枝叶、较密的枝干能形成面,把另外一个空间的景观透过来,景物只是隐约可见,这种相对均匀的遮挡产生的漏景若处理得好便能获得一定的神秘感。

③部分遮挡可以用来挡住不佳部分,吸收较佳部分。如把园外的景物用植物遮挡加以取舍后,留出透景线,把好的景物借到园内来,扩大视域。

在园林设计中,应遵循"嘉则收之,俗则屏之"的原则,运用植物组织好视线。

总之,在运用植物构成空间时,首先应明确设计目的和空间性质,然后相应选取和组织设计所要求的植物,借助植物材料作为空间限制的因素,将视线的"收"与"放"、"引"与"导"合理地安排到空间构图中去,就能创造出许多类型不同的、有一定感染力的空间。

1.2.4 运用园林植物修饰地形

园林中地形有平地、坡地、山体、水体等,这些高低起伏、变化丰富的地形,不仅是园林组景的需要,也是园林绿地功能的要求,处理得当的地形能增强空间变化,让处于其中的人产生新奇感和好奇感,从而增加园林的艺术性。

利用园林植物能改善地形的外观。例如在坡地或山体较高处种植较高大的乔木或灌木,能加强地形高耸的感觉;植于凹处,则会削弱地形的起伏变化,使地形趋于平缓。在具有高差显著的上下两级地形中,如果在较高的一层上种植高耸的植物,会使上层的地形显得更高,而在较低的一层种植植物,将减小两级地形的高差。

1.2.5 运用园林植物的季相变化加强园林景物的季节特点

植物因其自然的生长规律会随着时间的变化而呈现出不同的观赏效果,尤其是随一年中四季的交替会有显著的季相变化。在园林绿化中可利用植物的这种季相变化有意强调季节的交替,使景物在不同的季节有大异其趣的景观效果。落叶树在春季萌生新叶时,或满树碧绿,生机盎然,或繁花似锦,灿烂热烈,是组织春景的最好选择,如垂柳、桃树、紫薇(春叶)、大花紫薇(春叶)、木棉(春花)、刺桐(春花)、杜鹃(春花)等。

形成夏景特色的园林植物有：大花紫薇（夏花）、紫薇（夏花）、腊肠树（夏花）、黄槐（夏花）、荔枝（夏果）、芒果（夏果）、荷花（夏花）、枇杷（夏果）等。

秋季造景的植物有：大花紫薇（秋叶）、紫薇（秋叶）、乌桕（秋叶）、无患子（秋叶）、落羽杉（秋叶）、银杏（秋叶）等。

冬季具有特色的植物有：大花紫薇（枝及果）、中国槐（冬枝）、一品红（冬花）等。

除了一年四季各有特点的植物外，还有很多四季变化不大的常绿树，可在园林中用作基调树，以衬托各季之景，如榕属植物、海桐、福建茶等；另外有些色彩艳丽的观叶植物，它们在园林中不同的季相景观里，起到丰富色彩的作用，如红桑、彩叶草、花叶垂榕 *Ficus Goldenprincess*、水竹草 *Tradescantia* spp. 等。

1.3　园林植物的配置

1.3.1　园林植物配置的任务

在园林绿地中，进行植物配置，就是要根据植物的生活习性，按一定的美学原则进行合理搭配，组成优美的园林景观，供人们观赏。

1）充分发挥不同植物的美学特性，达到最佳的艺术效果

在植物造景时，应根据设计意图选择植物配置。如建造反映热带风光的景区，选择的植物应是热带、亚热带植物，湛江海滨公园的植物配置就是很好的例子，以椰子树为主，配置了各种棕榈科的植物，形成了典型的热带海滨景观。又如纪念性园林绿地的植物，往往是选择南洋杉、柏树类等常绿针叶树和一些深绿色叶、树形整齐的常绿阔叶树规则式种植，以增强庄严、肃穆的气氛。

2）适应不同植物的生态习性，形成合理的人工植物群落

植物都各有本身特有的生活习性，有些属阳性树，有些属耐阴树；有些是水生植物，有些却不耐水湿。在植物造景时，要做到适地适树：水面配置植物，应选择水生植物，没有物体遮挡，阳光充足之处，应选择阳性树种。人工植物群落是仿照自然界植物群落而配植的，群落里的植物，应将喜阳的植物安排在上层，耐阴或阴生植物宜种植在林内、林缘或树荫下，这样植物才能生长正常，表现出植物群落的自然美。如果在阔叶树下配植阳性植物或者在阳光充足处种植阴生植物，就是违反了植物生长的自然规律，植物都不能正常生长，也就没有美观可言。总之，植物配置就是要根据具体环境配置合适的植物，使它们能正常生长，表现出其本身的观赏特点。

3）发挥某些植物的特殊功用

在园林绿化设计中，有时候会用到植物的某些特殊功用。如利用植物隔声、防火、滞尘、吸收环境中的污染物、医疗保健、营造香味园等。有浓密树冠的树木具有良好的隔声效果，在处于喧闹环境中的园林，需要创造安静区域时，常常用植物群进行隔声。用含笑、桂花、瑞香（*Daphne*

odora）、兰花等香花植物营造一种不仅美观,而且充满花香的景观,这种情况下,花香往往是更重要的。据现代医学的研究,有些植物挥发的香味具有医疗保健的作用,如在疗养院这样的园林环境中,就可以专门配置具有医疗保健作用的植物。有些植物具有吸收有害化学物质净化环境的作用,例如臭椿 *Ailanthus altissima*、夹竹桃、罗汉松、龙柏、广玉兰、银杏等植物有极强的吸收二氧化硫的能力。女贞、泡桐 *Paulownia*、刺槐、大叶黄杨 *Euonymus japonicus* 等植物有较强的吸氟能力。构树 *Broussonetia papyrifera*、荷花、紫荆、木槿 *Hibiscus syriacus* 等植物有较强的抗氯和吸氯的能力。樟树、悬铃木、连翘等有良好的吸臭氧能力。喜树 *Camptotheca acuminata*、梓树、接骨木 *Sambucus williamsii* 等植物有吸苯能力。

1.3.2 园林植物配置的原则

植物配置的水平高低直接影响到园林景观效果,在植物配置时要考虑多方面的因素,合理配置植物,就要遵守以下的原则:

1)植物配置的美观要求

园林植物有外形之美、色彩之美、风韵之美以及与建筑物、山石、水体等配合的协调之美。在配置时,应做到在满足植物习性的基础上讲求美观,植物高低错落、参差有致。植物的美要以生长健康为基础,充分发挥植物自然面貌、表现自身的典型美点,正确选用植物,各得其所,发挥其特长与典型之美。没有健康,就没有美可言。

2)植物配置的适用要求

"适用"就是要做到适地适树。各种园林植物在生长发育过程中,对环境因子有不同的要求,在植物配置时,首先要满足植物的习性要求,根据立地条件选择合适的植物,使它们能正常生长。其次要合理搭配,将喜光与耐阴、速生与慢生、深根性与浅根性等植物相互配置,定出合适的种植距离,使各种植物有足够的营养空间生长发育,形成较为稳定的层次丰富的植物群落。

3)植物配置的经济要求

在植物配置中,要以充分发挥植物的主要功能为前提,尽量设法降低成本:
①多用乡土树种,另选用经过引种驯化后适合本地生长的外来优良树种与之配合。
②尽量控制名贵树种,只在重点的地方合理使用。
③尽量使用大苗和大树,减少使用古树,以避免古树原生境的生态破坏和古树移栽死亡后所造成的景观缺失。
④切实贯彻适地适树,把握好种间的关系,避免返工和计划外的大调整。

4)绿地的功能要求

不同的园林绿地有不同的功能要求,在绿地中植物的配置对其他景物起到强调和衬托的作用,同时,植物配置也是植物造景本身的需要。如行道树的要求是选择生长健壮、树冠高大浓密、抗性强的树种;对于儿童活动的绿地,则应选用色彩艳丽、无毒无刺、无臭味、姿态优美的观

花、叶、果植物,并以乔木为主(乔木不妨碍儿童的活动),所以,植物配置首先应满足绿地的功能要求。

5)植物配置的景观要求

园林绿地中由于有了丰富多彩的植物景观,能给人以视觉、听觉、嗅觉上的美感。在植物配置上要进行合理搭配,做到因地、因时、因材制宜,充分发挥植物"美"的魅力。

不同的绿地,性质不同、功能不同,在植物配置时要根据具体的性质、功能体现不同风格。公园要求四时景观不同,色彩丰富,选择植物时要考虑春夏秋冬四季不同的变化。绿地中,作为"点景"的建筑物,如亭子,应配置姿态优美、色彩缤纷的植物。

"四时花香、万蛰鸟鸣",要求在绿地中,四季常青,季相变化明显、花开不断。因此,在植物配置时要做到四季有景可观,可选用不同季相的植物,采用各种配置方法来丰富每一个季相。如春季可选海棠 *Malus spectabilis*、桃树、垂柳、木棉、刺桐等植物;凤凰木、紫薇、大花紫薇、石榴、夹竹桃等可作夏秋的景观植物用;以茶花、槐树、一品红、蜡梅 *Chimonanthus praecox* 等点缀冬景。另外再配置常绿树、观叶树,做到四时有景,避免单调。

植物的观赏特性千差万别,给人感受不同,运用植物的观赏特性创造意境,是中国古典园林的常用手法。植物有些可观形、有些可赏色、有些可闻香、有些可听声,还有的由于其本身的姿态、气质、特点给人不同的感受而产生比拟联想。如"松、竹、梅"——"岁寒三友""梅、兰、竹、菊"——"四君子"等,将植物人格化,了解这一点,加上完美的搭配,就能创造出无限的意境。所以,充分了解植物的各种特点,才能创作出生动感人的景观。

1.3.3 园林植物配置的方式

所谓植物配置方式,即是指植物搭配的样式。植物配置的方式有规则式和自然式两种。根据植物的特点,我们把植物分为树木和花卉两类分别讨论。

1)树木的配置

(1)规则式配置 树木按一定的株行距和角度栽植成整齐的几何图形的方式,即为规则式。

①中心植:在广场、花坛等构图中心位置,种植树形整齐、轮廓鲜明、生长慢的常绿树木,如苏铁、圆柏、海桐、南洋杉、散尾葵等。

②对植:凡乔灌木以相互呼应栽植在构图轴线两侧的称对植。种植形式有对称种植和非对称种植两种。

对称种植:大小一致、外形整齐的同种两株树分布在轴线两侧,与轴线垂直距离相等。如公园或建筑物进出口对称两侧均可种植。

非对称种植:树种最好也统一,但体形大小和姿态可以有所差异,与轴线的垂直距离大者距离要近,小者要远,才能左右均衡。多用在自然式园林进出口两侧以及桥头、登道两旁。

对植也可以在一侧种一大树,另一侧种同种的两株小树;或者分别在左右两侧种植组合成为近似的两个树丛或树群。

对植常用的树种有:南洋杉、小叶罗汉松、圆柏、海桐、苏铁、棕竹等。

③列植:植物按一定的株距成行种植。通常有单行、双行、多行,一般为同种、同龄树种组成,列植多用于行道树、林带、绿篱、规则式广场及水岸边等。

④三角形植:株行距按等边或等腰三角形排列。

⑤正方形植:按方格网在交叉点种植植物,株行距相等。

⑥长方形植:是正方形栽植的一种变形,行距大于株距。

⑦环形或多角形植:由单环、双环、多环、半环、弧形、单星、复星、多角星等几何图案组成,可使园林构图富于变化。

(2)自然式配置　指植物没有一定的株行距和固定的排列方式,自然灵活、参差有致,是一种师法自然植物群落构图的配置方式。

①孤植:是指在空间中只种植一株树(或两、三株同种树紧密种植在一起,如同一株丛生树干)。主要表现的是植物的个体美,树种选择要求是体形要特别巨大,树冠轮廓要富于变化,姿态要优美,开花繁茂、硕果累累、香味浓郁、叶色美丽或变色的乔木,如榕树、樟树、南洋杉、垂柳、白兰、黄兰、大花紫薇、腊肠树、凤凰木、荔枝、龙眼、乌桕、无患子等。

孤植树一般作主景,所以它的配置位置应该十分突出,一般最适合的视距为树高的4倍左右。

②丛植:丛植树可以由2~10株乔木组成,如加入灌木,则总数可到15株。树种选择时,既要考虑群体美,也要考虑个体美。

两株配合:在构图上二树必须既有调和又有对比,二者成为对立的统一体。树应选择同种树(或外形十分相似的),但在姿态、大小上应有差异,达到既调和又对比,生动活泼。两株间的距离应小于两树冠之和,太大容易形成分离现象。

三株配合:最好是同种树,也可以是两种树,忌选三个都不相同的树种。三株树的大小应有差异,配植时,不应在同一直线上,也不应成为等边或等腰三角形。最大和最小的距离近些。如果是两种树,则最大的和最小的不能是同种树。

四株配合:仍取姿态、大、小各异的同种树或两种树,最大和最小的不能成为一组,采用3:1的组合,每两株树的距离都不应相等,形成的图形是不等边三角形或不等边四边形。如果是两种树,则应是大的和中等大小的两株为同种,小的为另一种,或中等大小的两株与小的为同种,大的为另一种。

五株配合:可以选一个或两个树种,分成3:2或4:1两组。若为两个树种,其中一种为三株,另一种为两株,两组里都应有两种树,三株一组的组合原则与三株树丛的组合相同,两株一组的组合原则与两株树丛的组合相同,两组距离不能太远。平面形状有五边形、四边形、三角形。

六株以上的配合:是二、三、四、五株基本形式的组合,所以《芥子园画传》有"以五株既熟,则千株万株可以类推,交搭巧妙,在此转关"之说。

③群植:十多株以上到七八十株以下的乔木或灌木混合组成的群体。群植主要表现群体美,对个体要求不严格。树种不宜过多,规模不可过大,一般长度不大于60 m,长宽比不大于3:1。群植有单纯和混交两种配植方式。单纯配植是由同种树木组成;混交配植是由乔灌木搭配组成,它们必须符合生态要求,灌木应在外缘,树冠线应起伏错落,平面轮廓线要曲折变化,树木之间距离要疏密有致。群体中不能有园路穿越。

④林植:是较大规模成带成片的种植方式。林植有密林和疏林两种。

密林:是指郁闭度在0.7~1.0,阳光很少透入林下。密林有单纯和混交之分。单纯密林是由同一树种组成,往往采用异龄树种造林。混交密林是一个具有多层结构的植物群落,由大乔木、小乔木、大灌木、小灌木、高草、低草等组合形成不同层次、季相变化丰富的群落,要注意常绿与落叶、乔木与灌木的比例,以及要符合生态要求。

疏林:是指郁闭度在0.4~0.6,常与草地相结合,也称草地疏林。一般采用混交种植方式,种植时,要三五成群、疏密相间。

2)花卉的配置

花卉植物除了盆栽或单株种植观赏外,多数是群体栽植,组成变幻无穷的图案和多种艺术造型。花卉的配置方式有花坛、花镜、花丛、花池、花台、图案式种植。

(1)花坛 凡在具有一定几何轮廓的植床内种植各种不同色彩的观花或观叶的植物,从而构成有鲜艳色彩或华丽图案的称为花坛。花坛大多布置在道路交叉点、广场、庭园、大门前的重点地区。花坛的类型主要有:

①独立花坛:根据花坛内种植植物所表现的主题不同分为花丛式花坛和图案式花坛。

花丛式花坛:栽植的植物必须开花繁茂,花期一致,可以是不同种类的植物,也可以是同一种类的不同品种,使用的植物材料多为一二年生花卉。表现的是华丽的色彩。

图案式花坛:栽植的植物一般是各种不同色彩的观叶或叶花兼美的植物,表现的是华丽的图案。

②花坛群:由两个以上的个体花坛组成一个不可分割的构图整体。花坛群内的铺装场地及道路是允许游人活动的。

③花坛组群:由几个花坛群组合成为一个不可分割的构图整体。

④带状花坛:是宽度在1 m以上,长短轴比超过1:4的长形花坛。

⑤连续花坛群:是由许多个独立花坛或带状花坛成直线排列成一行,组成一个有节奏的,不可分割的构图整体。

⑥连续花坛组群:由许多花坛群成直线排列成一行或几行,或是由好几行连续花坛群排列起来,组成一个沿直线方向演进的,有一定节奏规律的和不可分割的构图整体。

花坛在园林中可作主景,也可作配景。作为主景处理的花坛,外形是对称的,采用独立花坛形式。作配景处理的花坛,总是以花坛群的形式出现,配置在主景主轴两侧,个体花坛外形最好是不对称的。花坛植床不宜太高,一般高出地面7~10 cm。作为个体花坛,面积不宜太大,一般图案式花坛直径或短轴8~10 m为宜,花丛式花坛直径或短轴为15~20 m,草皮花坛可以大些。

(2)花境 花境是园林中从规则式到自然式构图的过渡形式,其平面轮廓与带状花坛相似,植床两边是平行的直线或有轨迹可寻的平行曲线,并且最少在一边用常绿木本或草本矮生植物镶边。植床内植物配置是自然式的,主要欣赏其本身所特有的自然美以及植物组合的群落美为主。花境有单面观赏(2~4 m)和双面观赏(4~6 m)两种。单面园林植物配置由低到高形成一个面向道路的斜面。双面观赏中间植物最高,向两边逐渐降低。花境常在建筑、围墙、挡土墙、栏杆、植篱前和道路沿线等处布置。

(3)花丛 花丛是园林绿地中花卉的自然式种植形式,是绿地中花卉种植的最小单元或组

合。每丛花卉由3株至十几株组成,按自然式分布组合。每丛花既可是同一品种,也可以是不同品种的混交。花丛一般在自然式或混合式的园林绿地中布置,起点缀装饰的作用,常选择多年生花卉或能自行繁衍的花卉。

(4)花池、花台　花池是指边缘用砖石围护起来的植床,其内灵活自然地种植参差不齐、错落有致的园林植物以供平视欣赏植物本身的姿态、线条、色彩和闻香等综合美。土面的高度一般与地面标高相差甚少,最高在40 cm左右。当花池的高度达到40 cm以上,在80 cm以内的,称为花台。它们一般是规则式的几何形体,是古典园林中特有的花坛形式。花池和花台在中国式庭园或古典园林中应用颇多,可作主景也可作配景。在我国现代园林规划设计实践中,花台的处理手法有较大的创造和发展,利用对景位置设置,如广州友谊剧院贵宾室花池。有时也把花池与主要观赏点结合起来,成为盆景式花池,如广州白云宾馆屋顶花园盆景式花池。目前在大型园林中的广场、道路交叉口、建筑物入口的台阶两旁以及花架走廊之侧也多有应用,在形式上也有所发展,如组合花池、花台的出现不仅式样新颖,而且别具一格。

在西洋古典园林中与花池相似的花卉种植形式有花盆、花瓶。

(5)图案式种植　图案式种植属于规则式绿化种植,强调人工美,一般用在规则式的园林或半规则式的现代园林中。精心设计和施工的图案种植往往能收到立竿见影,艳丽夺目的效果。图案种植选用的图案要注意不能太复杂,太复杂的图案不仅加大施工的难度,而且种植的实际效果往往不理想。也不能太过简单,否则难以发挥"图案美"。大型的图案种植应尽量设计成由较小的单元组合而成,以便于施工。种植图案的背景地应平整光顺,否则会影响图案的效果。

用于图案种植的植物要注意具有良好的群体效果,株型大小要接近,色彩要统一,如果是灌木要注意选用耐修剪、易整形的品种。在华南地区常用于图案种植的植物有黄叶假连翘 *Duranta repens* 'Dwarf Yellow'、福建茶、四季米仔兰 *Aglaia duperreana*、九里香、海桐花、变叶木、红桑、驳骨丹 *Gendarussua vulgaris*、希美丽 *Hamelia patins*、长春花、紫雪茄 *Cuphea articulata*、红绿草 *Alternanthera bettzickiana*、大叶红草 *Alternanthera dentata* 'Rubiginosa'、金叶榕 *Ficus microcarpus* 'Golden Leaf'、四季秋海棠 *Begonia semperflorens*、何氏凤仙 *Impatiens hawkeri* 等。

2 园林植物的栽培与养护

园林植物的栽培技术和养护措施,包括繁殖,栽植,土、肥、水管理,修剪与整形和花期调节等,都是建立在园林植物的生长发育特性的基础之上。只有充分了解和掌握这方面的知识,有关技术措施才能取得成效。

2.1 园林植物的生长发育

植物的生长通常是指植物体重量和体积不可逆的增加过程。植物发育则是植物体器官和机能经过一系列复杂质变以后产生与其相似个体的过程。植物生长发育的特性受基因控制,但也受到各种外界因子的影响。植物体的整体性,形态结构与生理功能的协调性,植物生长的年周期和生命周期的变化以及植物与环境的统一性,都是植物生长发育的重要规律。

2.1.1 园林植物的生长

1)光合作用(Photosynthesis)

光合作用是指绿色植物吸收光能,把水和二氧化碳合成有机物,同时释放氧气的过程。光合作用是提供植物生长所需物质最重要的一个过程。所有生命有机体均需要有机物质作为养分以构筑它们的结构和提供化学能,以完成各种生命活动。光合作用所制造的有机物质不仅供应植物本身的需要,而且是地球上有机物质的基本源泉。叶是植物体进行光合作用的主要器官,直观而言,植物是靠叶片来生活的,成熟、健康的叶片越多,营养面积就越大。任何影响叶片生长的因子如光、水、温度、二氧化碳浓度等,都会对光合作用的效果产生影响。

园林植物的价值和其所起的生态作用,很大程度上是与叶子和叶幕密切相关。叶幕是指叶在树冠内集中分布区。随着植株年龄和整形方式的不同而形成的叶幕,其形状与体积不相同。经人工整形的植株,它的叶片充满整个树冠,因此树冠的形状与体积,也是叶幕的形状与体积。园林植物修剪、整形的目的除了形成美观的叶幕外,还在于提高光合能力和光能的利用率。

2) 呼吸作用 (Respiration)

呼吸作用是指生活细胞内的有机物,在酶的参与下,逐步氧化分解并释放能量的过程。呼吸作用与光合作用共同组成了绿色植物代谢的核心。光合作用所同化的碳元素及其贮存的能量大部分都必须经过呼吸作用的转化,才能变为构成植物体的成分和有效能量。植物体内不同器官对能量的需求有所不同,生殖器官的呼吸强度是叶片的两倍。凡是生长旺盛,生理活性高的部位都有强的呼吸强度。呼吸强度受许多内外因素,如氧气与二氧化碳的浓度、温度等的影响。

利用氧气进行的有氧呼吸过程使有机物分解完全;而在缺乏氧气的情况下,植物的无氧呼吸会使有机物分解不完全,产生酒精等有害的产物。如果植物或植物器官(如根),因为水浸或土壤板结造成氧气不足,酒精发酵作用产生的有毒物质会导致根系的死亡。盆栽园林植物,浇水过量易引起烂根和引致真菌旺长。播种育苗,须保证种子吸水达到适宜程度,并有相适应的温度与空气,促使有氧呼吸占优势,充分利用种子本身的贮藏物质,加速胚芽与胚根的生长。故宜适当浅播,注意土壤湿度,保证萌发与壮苗。

2.1.2 园林植物的发育

园林植物在整个一生中既有生命周期(即种子萌芽、幼期、成熟、衰老和死亡的过程)的变化,也有年周期(即生长、开花、结果、停止生长或休眠)的变化。在个体发育中多数种类经历种子休眠和萌发、营养生长和生殖生长三大时期(营养繁殖的种类可以不经过种子时期)。种子萌发及幼苗期,易受病虫侵害和出现生理失调,故必须提供良好的环境条件和细致的照顾。营养生长阶段可根据栽培的目的,人为调控园林植物的大小和外形以及进行营养繁殖。生殖生长则是以观花和观果为最终目的的园林植物最重要的阶段,依据各种植物花芽分化的特点、光周期情况等,可调控花期。在植物的个体生长发育过程中,营养生长和生殖生长是两个既有明显差别又相互重叠的阶段。故要了解植物生长发育规律,要了解它们的营养生长和生殖生长的特点和规律,以整体和系统的思想,考虑植物体内各器官之间的相关性。

1) 营养生长

植物的营养生长是指其营养器官(根、茎、叶等)的生长。在营养生长阶段,植物体的营养物质(主要是碳水化合物)主要是供给根、茎、叶等的生长。此阶段的特点是树冠(主要是乔、灌木)和根系的离心生长快速;光合和吸收面积迅速扩大;同化物质累积逐渐增多,为生殖生长准备条件。

在营养生长阶段,经常采用的如摘心、轻剪等技术,都与茎端、枝端和叶腋处着生的芽的特性密切相关。芽作为植物适应不良环境和延续生命活动的重要器官,作为枝、叶、花的原始体,与种子有相似的特点。所以芽是园林植物生长、开花结实、营养繁殖的基础。了解芽的特性,如异质性、萌芽力、潜伏力、顶端优势和层性,对研究和制订园林植物的树形、整形与修剪等技术有重要作用。

2)生殖生长

植物的生殖生长是指其生殖器官(花芽、花、果、种子等)的生长和发育。生殖生长的发生，必须在营养生长开始减弱时(如新梢生长减缓或停止)才能进行；同时，生殖生长又要求一定的营养生长作为基础。即营养生长阶段是积累，而生殖生长阶段是转化和繁育后代。

(1)花芽分化　由叶芽状态开始转化为花芽状态的过程称为花芽分化。首先是营养生长的茎原体转变为花原体，即所谓的生理分化。然后是花器官的发育，即形态分化。由生理分化到花蕾或花序形成的全过程，称花芽形成。花芽分化和发育在植物一生中是关键的阶段，对于以观花和观果为目的的园林植物，花芽的多少和质量不但直接影响观赏效果，而且也影响到种子的生产。

植物花芽开始分化的时间及完成分化全过程所需时间的长短，因种类、品种及环境条件等而不同。早春开花的中国水仙、郁金香 *Tulipa gesneriana* 等来自上年夏季所形成的花芽；白兰、紫薇等则是当年形成花芽，当年开花的。桂花、月季、含笑等的花芽分化期，既相对集中又有些分散，分期分批陆续分化形成，这与着生花芽的新梢(春、夏、秋梢)在不同时期分期分批停止生长，以及停止生长后新梢处于不同的内外条件有关。一般是新梢停止生长后和采花后各有一个分化高峰，这种花芽分化的特性决定了上述品种以及茉莉、香石竹 *Dianthus caryophyllus* 等观花植物一年能多次发枝并多次形成花芽，一年中多次采花。

各种植物由叶芽向花芽转变的生理分化期是花芽分化临界期。在此时期生长点原生质处于不稳定状态，对内外因素有高度敏感性，易于改变代谢方向，因此，是控制花芽分化的关键时期。

花芽分化学说最有代表性的是 E. J. Kraus 和 H. R. Kraybill(1918 年)提出的碳氮比(C/N)学说，指出植物体碳水化合物与氮素化合物的比例关系有特殊意义，当碳水化合物占优势时才有开花的可能。C/N 学说从一个侧面反映了通过改变营养条件，可以控制植物生长发育的进程，对成花过程产生影响的相关关系，因为它的简单和易于操作，对生产有一定的指导意义。当然，对于花芽分化如此复杂的生理过程，仅以 C/N 解释还不够。一般认为花芽能否形成决定于结构物质、能量物质、生长调节物质和遗传物质 4 个条件的存在水平，以及四者的相互关系。碳、氮营养作为能量物质和结构物质的基础，必然与花芽分化密切相关。

花芽分化的外部条件是通过刺激内部因素的变化并启动有关开花的基因，然后在有关开花的基因指导下合成特异蛋白质，从而促进生理分化和形态分化。

(2)光周期作用　植物的光周期现象是美国园艺学家加纳和阿拉德(W. W. Garner and H. A. Alard)在 1920 年育种实验中偶然发现的，光周期(指一日的日照长度)对植物生长发育有重要影响，是植物生育中一个重要的因素，不仅可以控制某些植物的花芽分化、发育和开放过程，而且还影响植物的其他生长发育现象，如打破种子和芽的休眠、落叶。

根据植物开花对光周期的反应，一般可将植物分为三种类型：即短日植物(Short-day Plant, SDP)、长日植物(Long-day Plant, LDP)、日中性植物(Day-neutral Plant, DNP)。短日植物指在 24 h 昼夜周期中，日照长度短于一定时数才能开花的植物。对这些植物适当延长黑暗或缩短光照可促进或提早开花，如瓜叶菊、伽蓝属 *Kalanchoe*、菊属 *Chrysanthemum* 的植物等。长日植物指在 24 h 昼夜周期中，日照长度长于一定时数，才能开花的植物。对这些植物延长光照可促进或提早开花；相反，如延长黑暗则推迟开花或不能成花，如一品红、香石竹(虽然四季均可开花，但

在长日处理下,更为理想)等。日中性植物这类植物的成花对日照长度不敏感,只要其他条件满足,在任何长度的日照下均能开花,如朱槿、非洲菊 *Gerbera jamesonii* 等。许多植物成花有明确的极限日照长度,即临界日长。长日植物的开花,需要长于某一临界日长;而短日植物则要求短于某一临界日长。须注意的是,这种分类并不是说长日植物开花所需的临界日长一定长于短日植物所需要的临界日长,而主要根据植物在超过或短于一临界日长时的反应,即重要的不是它们所受光照时数的绝对值。另外,一个很有趣的暗期中断试验表明,用一很短暂的光照将短日植物的暗期中断,就相当于将短日植物暴露在长日照下,开花受到阻碍。而对长日植物来说,这样恰好促进其开花。

光周期现象对草本园林植物的成花非常重要,根据不同类型植物光周期的特性,生产上可用白炽灯来延长或缩短日长度的方法控制开花期。应用最广泛的是在菊花的周年供应以及春节年花的生产上。

(3)春化作用　这是指某些植物在个体生育过程中要求必须通过一个低温周期,才能继续下一阶段的发育,即低温促进植物发育的现象。春化一词包括种子对低温的要求以及其他时期,特别是花芽分化时期植物对低温的感受。春化作用对开花起诱导作用,是温带植物发育过程表现出来的特征。不同植物所要求的低温值和通过的低温持续时间各不相同,对大多数要求低温的植物来说,$1 \sim 2 \ ℃$是最有效的春化温度。但只要有足够的时间,$-1 \sim 9 \ ℃$范围内都同样有效。

植物的春化作用和光周期反应两者之间有许多相似之处,它们对环境刺激所产生的反应似乎很难区分,它们密切相关。因一般在自然条件下,长日和高温、短日和低温总是相互伴随着出现,故短日照处理在某种程度上可以代替某些植物的低温要求;相反,在某些情况下,低温也可以代替光周期的要求。许多要求低温春化的植物是属于长日植物。但有实验证实光周期反应与春化作用有不同的作用效果。如大多数两年生植物,当给予所需要的低温后,仍不一定开花,除非置于合适的日长之下。与此类似的,可以赤霉素代替低温作用的植物,其花芽分化也必须到给予适当日长时才发生。在实践中涉及花芽分化和种子萌发等问题时都必须把光周期和温度因子结合起来分析考虑。

2.1.3　园林植物的整体性

植物的某一器官的生长发育,常能影响另一器官的形成和生长发育,这种表现为相互促进、抑制或补偿的关系,称为相关性。相关性的出现,主要是由于植物体内营养物质的供求关系和激素等调节物质作用的结果。

1)地上器官与地下器官的相关性

植物地下器官(根)的生长与地上器官(茎、叶、花、果)的生长要经常保持适当的比例,即合适的根冠比。根系相当于地下的树冠,它除了把植株固定在土壤之中,吸收水分,矿质养分和少量的有机物质,以及贮藏一部分养分外,还能将无机养分合成为有机物质(如某些激素物质),并通过木质部导管向上运输,供给地上部生长。同时,根靠叶而生,根系生命活动所需的营养能源物质和某些特殊物质,主要来自地上部枝叶的光合产物,这些物质沿枝干的韧皮部向下运输供给根系生长。在年周期中,地上部生长与地下部生长有节奏地交替进行。植物通过这种自动

调节,解决养分供应的矛盾。植物在正常的生长过程中,地下部与地上部经常保持着动态的相对平衡状态。如果受病虫害危害、自然灾害及修剪等,破坏和改变了地上部与地下部原有的协调平衡关系,植物具有再生出新器官的能力,以恢复建立新的平衡。若伤害过重,平衡无法恢复,植物就会死亡。在园林植物的栽培中可通过改良土壤促进根系生长;通过"缩坨断根"促进多发吸收根,以提高移栽成活率;通过修剪调节根系和枝叶的生长。

2)营养生长和生殖生长的相关性

园林植物在其生命周期或年周期中,营养生长和生殖生长是一对矛盾的统一体。当营养生长优于生殖生长时,碳水化合物的利用多于积累;当生殖生长优于营养生长时,碳水化合物积累多于利用,更多的碳水化合物贮藏起来。营养生长与生殖生长平衡时,利用和积累也平衡。良好的生殖器官必须以生长健壮的营养器官为基础;若没有一定的叶面积,花、果的数量和质量必大受影响。但若营养器官徒长,消耗了过多养分,就影响了生殖器官的形成和发育,甚至只长叶不开花。另一方面,生殖器官的生长发育需要消耗较多的养分,必然会影响营养生长。如在月季生产上,在不适合于生产切花的季节(如广州的夏季,花质较差)时,以除蕾、修剪等措施,减少营养物质的消耗。

综上所述,园林植物体各部位和器官间的相关性表现为既相互依赖构成整体,又作为整体的一部分具有相对的独立性。同时,在不同的生命周期和年周期中,植物生长呈现阶段性。

2.2 园林植物栽培设施

园林植物的种类极为繁多,各类园林植物对环境条件的要求各有不同。同一地区不可能具备各类园林植物所要求的环境条件,而人们往往有在同一地区,同一时期能欣赏到各类园林植物的要求。为此,就需要提供一个人工的环境设施。

园林植物栽培设施是指一切改变局部环境条件以适应园林植物生长发育的一切设施,包括温室、塑料大棚和阴棚等。设施栽培园林植物的主要目的,其一是通过改变小环境的气候条件,以达到调节产期或提高品质的目的;其二可控制病虫的危害;其三可节省劳动力和计划生产。

2.2.1 温室

以有透光能力的材料作为全部或部分围护结构材料,建成的一种特殊建筑,能够提供适宜植物生长发育的环境条件。温室是花卉栽培中最重要、最广泛使用的栽培设施之一。其对环境因子的调节和控制能力较其他栽培设施更强,更全面。

温室根据用途可分为:展览温室(专供陈列展览之用的温室,一般设置于公园或植物园内,外形要求美观、高大、净空高)、栽培温室(以花卉生产为主的,建筑形式适合栽培需要和经济实用)、繁殖温室(专供大规模繁殖之用的温室)、光照试验温室(专供各种植物遮光或补光处理试验使用的温室)等;依建筑结构可分为:钢筋混凝土结构温室、钢结构温室、钢铝混合结构温室、铝合金结构温室;根据采光材料可分为:塑料薄膜温室、玻璃温室、双层充气薄膜温室、双层硬塑料板温室、双层玻璃温室、夹层充气玻璃温室等。

国外温室大多采用铝合金结构,具有大型化、规模化和自动化(温、光、湿度、CO_2浓度等电脑自动化控制)的特点。20 世纪 80 年代初广东曾从荷兰、日本等国直接引进温室,因不太适宜南方的气候,无法解决好夏季降温等问题,而且生产成本太高,生产出的产品质量差,未能很好地发挥其作用。20 世纪 90 年代的温室有所改进,通过遮阴、喷水、开天窗及侧窗、使用湿帘降温系统等达到了内部降温的目的。

2.2.2　塑料大棚

塑料大棚俗称冷棚,是一种简易实用的保护地栽培设施,采用竹木、钢材等材料,建成拱形棚并覆盖塑料薄膜,调节棚内的温度和湿度,能使花卉提早生长或延迟休眠。

通常大棚的宽度为 4,6,8 m 或 10 m,高 2.5 ~ 3 m,长度依实际而定。市面上有不同规格、不同质量的镀锌管棚架供选购,可自行安装、厂家或经销商代安装;也有自行设计的连栋式。薄膜的宽度有 2 ~ 12 m 与之相配套。一般国内生产的 PE 膜或 EVA 膜,经过一段时间就会老化,变脆和易破损。国外有一种长效膜,具有抗高温及强风的多种优良特性,且使用寿命最高可达 5 年。

塑料大棚除了利用阴网遮光以外,还可用自然雾系统来调节温湿度,即利用高压泵喷出几乎悬浮于空中的微小水滴,通过温湿自动感应控制,使炎热的夏季仍维持在 26 ~ 27 ℃。

2.2.3　阴棚

指在固定的遮阴网下栽培花卉的设施。阴棚为园林植物栽培必不可少的设施。室内观赏植物大部分属于阴性或半阴性植物,不耐夏季的强光和高温;另外,嫩枝扦插及播种等均需在阴棚下进行。根据使用时间的长短可分为永久性阴棚和临时性阴棚。相应的主架可选用木、铁或水泥柱制作,遮阴材料可用苇帘、竹帘、木板条或黑色塑料网。亦可攀缘植物。遮光网宽度有1.5 ~ 10 m 等多种规格,颜色有黑色或银灰色供选择。遮光网的遮光度可根据植物的需要选择45% ~ 95%。

2.3　园林植物的繁殖

园林植物的繁殖,与生长、发育、遗传、变异一样,也是一种重要的生命活动,通过繁殖,繁衍后代,增加变异,增强适应环境的能力,使物种不断地进化。不同种类的园林植物各有不同的繁殖方法和最适时期。一般把园林植物的繁殖方法分为四大类:有性繁殖、营养繁殖、组织培养和孢子繁殖。

2.3.1　有性繁殖

有性繁殖也称为种子繁殖,是以植物的种子作为繁殖体进行植物繁殖的一种方法。有性繁殖的方法简单易行,繁殖快,短时间内培育出大量的苗木,在观赏树木、一二年生花卉苗木繁殖

以及花卉新品种的培育中广泛采用。最常用的方法,也用以作为木本香花植物的砧木,如扁桃、千日红 *Gomphrena globosa*、一串红、大王椰子、九里香、黄兰 *Michelia champaca* 等。

1)影响种子萌发的环境因子

多数园林植物的种子在适宜的水分、温度和氧气的条件下都能顺利萌发;仅有部分种子要求光照感应或者打破休眠才容易萌发。

(1)水分　种子萌发首先需要吸收充足的水分,使种子内的蛋白质及淀粉等贮藏物质在酶的作用下分解、转化,输送到胚,使胚开始生长。对于一些种皮较厚或较硬的种子,如千日红、美人蕉 *Canna indica* 等为了使水分进入种子内可采用浸种、刻伤种皮等处理方法促进种子萌发。

(2)温度　园林植物种子萌发的适宜温度,依种类及原产地的不同而有差异,一般来说萌发适温比其生育适温高 3 ~ 5 ℃。原产温带的一二年生花卉,多数种类的萌芽适温为 20 ~ 25 ℃,适于春播;部分原产热带的一二年生花卉其萌芽适温较高,可达 25 ~ 30 ℃,如鸡冠花 *Celosia cristata*、大花马齿苋 *Portulaca grandiflora* 等。

(3)氧气　氧气是园林植物种子萌发的条件之一,供氧不足就妨碍种子萌发。但对于水生花卉来说,只需少量氧气就可使种子萌发。

2)种子的贮藏方法

根据种子的特性,常见的贮藏方法有以下三种。

(1)干燥贮藏法　一二年生花卉种子多用此法。为使种子降低含水量使之干燥,多采用在通风环境下晾晒,并经常翻动,使含水量均匀。强光暴晒,脱水过快,会使细胞结构受到损伤,不利保持种子生活力。经充分干燥的种子可根据其耐贮性及贮藏时间的长短等,采用 1 ~ 5 ℃ 的低温贮藏或常温密封或纸袋贮藏。

(2)层积贮藏法　把种子与湿沙交互地作层状堆积。休眠的种子用这种方法处理,可以促进发芽。如扁桃、牡丹等的种子,采收后可采用沙藏层积贮藏。

(3)水藏法　某些水生园林植物的种子,如睡莲属 *Nymphaea*、王莲属 *Victoria* 等的种子必须贮藏于水中才能保持其发芽力。

3)播种时间

播种时间的确定,应依据园林植物的生物学特性和各地的气候条件不同而定。不同品种种子的成熟时间可查看有关资料。大多数园林植物的种子最好随采随播,贮藏则易降低萌芽率或丧失生活力,有后熟期的种子则应在经过后熟阶段后再进行播种。

2.3.2　营养繁殖

营养繁殖是指利用园林植物营养器官的一部分,进行繁殖而获得新植株的繁殖方法。通常包括扦插、压条、分株、嫁接等方式。它是利用植物的再生能力、分生能力以及与另一植物通过嫁接合为一体的亲和力来进行繁殖的。再生能力是指园林植物营养器官的一部分,能够形成自己所没有的其他部分的能力,如用叶插长出芽和根,用茎或枝插长出叶及根。分生能力是指某

些园林植物能够长出专为营养繁殖的一些特殊的变态的器官,如鳞茎、球茎、根蘖、匍匐枝等。一般认为,长期采用营养繁殖苗易引起种质的退化。

1)扦插繁殖

不同种类园林植物的生物学特性不同,扦插成活的情况也不同,即使是同种植物的不同栽培品种其生根情况也有差异。这除了与种本身的特性有关外,也与插条的选取以及温度、湿度、生根介质等环境条件有关。影响生根的内因主要是植物生长素、枝条积累的碳水化合物、氮化物及发育状况等。

枝条上保留叶和芽对生根有很大的影响,芽的影响主要在于产生生长素,而叶则在于产生碳水化合物以及别的辅助因子促进生根。因此,带叶之插穗,在其生长过程中,由于激素、碳水化合物辅助因子向下运输,其生根成活率均比不带叶者高。但对未生根之插穗而言,叶片增加了蒸腾,易使插条枯死,故为了保持吸水与蒸腾之间的平衡,应适当限制叶数或采用喷雾增湿。在温度、生根介质、光(对绿枝插而言)适宜的条件下,湿度是扦插繁殖的关键因数。扦插最适时间的选择往往是根据经验,但大多数园林植物在开春到端午节期间最适宜。

扦插繁殖的方法按材料不同可分为硬枝插、绿枝插和叶插三种。在扦插的再生作用中,器官的生长发育依从于植物的极性现象。即扦穗总是在它的上部抽生新梢,在它的下部形成新根,故扦插时不能枝条倒置。硬枝插是利用充分成熟的一年生枝进行扦插。园林植物中灌木类的繁殖多采用此法。扦插前将枝条剪成具 3 ~ 4 芽的枝段,长 10 ~ 15 cm。绿枝插是利用未木质化的枝条在生长期进行扦插。大部分草本花卉的繁殖用此法。采插穗时间以清晨含水量最多而空气凉爽时为好,插条上端留 2 ~ 3 片叶,下端斜削或平削,使切口平滑。多浆植物如仙人掌科 *Cactaceae*,景天属 *Sedum* 等应使切口干燥后扦插,且须注意不要过湿,以免引致腐烂。适于叶插繁殖的园林植物主要是秋海棠属 *Begonia*、大岩桐 *Sinningia speciosa*、非洲紫罗兰 *Saintpaulia ionantha*、虎尾兰 *Sansevieria trifasciata* 等。

促进插穗生根最常用的方法是用植物生长素处理,栽培中常用吲哚丁酸(IBA)、萘乙酸(NAA)、吲哚乙酸(IAA)三种生长素,它们对于枝插生根均有显著促进作用,但使用浓度应掌握好。可用其药液浸插穗基部或溶于羊毛脂中涂基部。

2)压条繁殖

压条为不离母体的新个体再生繁殖,通常在枝上进行环状剥皮后包上基质或直接把枝条压入土中。其优点是:母体供给新个体的水分、养分,尤其是碳水化合物、激素,直到新个体能制造养分和激素为止。此法适用于扦插较难成活的某些木本园林植物,如四季米仔兰、茶花等,不适于短期内大量产生新个体。

3)分株繁殖

园艺上利用一些园林植物本身具有的自然分生能力,并加以人工处理,加速其繁殖。新植株直接长自母株,并靠母株供给养分,能保持母株的遗传性状,繁殖方法最简单,成活容易,成苗较快。但繁殖系数低,且须注意分株的时间和方法。草坪植物狗牙根 *Cynodon dactylon*,部分龙舌兰属 *Agave* spp. 的观叶植物常用此法。

4)嫁接繁殖

嫁接系由组织的再生使两植物结合在一起的方法。用作嫁接的枝或芽称为接穗,承受接穗的部分称为砧木。园林植物中使用较多的是一些不结籽的乔灌木的繁殖,以及新引种的木本优良品种的推广,如白兰无种子,多以黄兰作砧木繁殖,新引进的乳斑榕 *Ficus microcarpa* var. *crassifolia* 'Milky Stripe' 是以榕树作砧木,可较快得到较大型的植株。两种植物之间的嫁接亲和力,一般是亲缘关系愈近,亲和力越强,同品种或同种间嫁接亲和力最强,最易成活;同属异种间的亲和力因树种而异。

2.3.3　组织培养

将植物体的细胞、组织或器官的一部分,在无菌的条件下接种到一定培养基上,在密闭的容器内进行培养,从而得到新植株的繁殖方法。组织培养在园林植物中应用最多的是快速繁殖和无病毒植株的获得。目前组培大量生产的园林植物主要为观叶植物,如天南星科白鹤芋属 *Spathiphyllum*、安祖花属 *Anthurium* 和凤梨科 *Bromeliaceae* 的一些栽培品种,及以观花为主的蝴蝶兰、石斛兰 *Dendrobium* 等附生兰。并非任何植物都适合采用组织培养快繁,必须具备下述条件:须脱毒;无籽品种;原种很少,而又急需推广,以传统的繁殖方法无法在短期内获得相应品质的苗木。

2.3.4　孢子繁殖

孢子是由蕨类植物孢子体直接产生的,它不经过两性结合,因此与种子的形成、繁殖有本质的不同。孢子离开植物体后,能直接萌发成一新的植物体。蕨类植物中有不少种类为重要的观叶植物,如波士顿蕨 *Nephrolepis exaltata* 'Bostoniensis'、巢蕨 *Neottopteris nidus* 等,除采用分株繁殖外,也可采用孢子繁殖法。

2.4　园林植物的栽植

正确而细致的栽植是园林植物健康成长的先决条件。栽植对于园林植物,尤其是乔木而言,就像地基对于房屋一样重要,没有好的基础,房屋就不会牢靠。

栽植前要做好准备工作,按园林设计图纸,定点放线,准备好相应规格的苗木,准备好基肥、支撑材料、栽植工具、运输工具和装卸机械,组织劳力和了解水源情况等。

2.4.1　乔灌木的栽植步骤

(1)起苗　起苗是栽植成活很关键的第一步。首先对待移栽的乔灌木的树冠进行修剪,因为移栽会损伤部分根系,植物地上部分的水分供应受影响,通过修剪、浇水、喷水,减缓蒸腾作用引起的脱水,逐步建立新的水分平衡。

其次,要根据各种园林植物的根系特点起苗。大多数双子叶植物的实生苗,如扁桃、九里香等其根系是直根系;双子叶植物的营养繁殖苗和大多数单子叶植物,如大王椰子,细叶结缕草(*Zoysia tenuifolia*)等其根系属须根系。直根系的植物一般为深根性,须根系的植物一般为浅根性。除了落叶树在落叶期移栽可裸根外,其余的种类移栽时都要求带泥球。泥球须包扎好,以防泥头散落而影响成活率。

再者,是注意保护好茎干。茎干损伤对树木的成活影响极大,既影响成活率,也影响树干的美观。

(2)挖大植穴,施足基肥 根深才能叶茂,良好的地下环境是植物形成强大根系的基础,使得植物尽管是面对较为恶劣的地上环境,仍能健康成长。此项措施对新栽植物前几年的生长有明显的效果,对园林树木的健康生长具有深远的影响。

在定点放线的位置上挖植穴,植穴的大小和深浅依苗木的大小和土质的情况而定。一般乔木的植穴不小于 1 m×1 m×1 m,各种球形灌木和绿篱的坑穴不小于 1 m×1 m×0.5 m。挖大植穴,施足基肥,对新栽乔灌木前几年的生长有明显的效果。每穴施用量因基肥种类不同而不同,如鸡粪、猪粪可 5 kg,土杂肥 10 kg 等。基肥与表土充分拌匀后回填于植穴,再填土深约 20 cm,不可让根系直接接触肥料,以免有机质发酵生热烧根。

(3)适时种植 强调"因地制宜"和"因树制宜"。栽植时间的确定,原则上落叶树是在落叶期栽植,常绿树则除了炎热的 7 月、8 月和较干冷的 12 月、1 月外,均可栽植,但最好是植树节至端午节前后。若必须在不利气候条件下移栽,则尽量选择容器苗(盆苗或袋苗)或已预早断根的地苗(假植苗)。

应避免在雨天和雨后土地泥泞、大风等不利天气移栽。最理想是微风、阴天或多云的天气。有人误以为下雨天栽树最好,其实雨天土壤粘结,根系无法与新土充分粘贴,易形成空隙,根系易受旱又易过湿,严重影响成活。

(4)疏枝减叶,齐直种植 苗木出圃前已剪去部分枝叶,但往往不够细致,种植前还须视情况修剪病虫枝和折断枝,并适当剪稀树冠内部较密的弱小枝,使树冠内部枝条分布均匀。"齐直种植"是指栽植时植株要纵向垂直,若是行道树,则要前后左右对齐。

(5)深浅适度,根土密贴 栽植深浅的标准以根茎(即根与茎交接处)与地面相平或稍高为宜,带土球的乔灌木,以原土球与周围地面相平为宜,过深易因积水而死亡。"根土密贴"就是把带土球的苗放入穴中,高低合适后,边填土边用木棍将土夯实,使根与新土密贴无间隙。泥球的包扎材料,不管是稻草、营养袋还是编织袋等都须弃除,以免影响根系生长。特别是炎热多雨的季节,稻草腐烂发热还会伤根。

(6)淋定根水,上下透湿 园林植物栽好后,要立即浇透水,使泥土充分吸收水分并与根充分粘贴,以利根的吸收和生长。若土质过于黏重,水很难往下渗透,应边填土边淋水,但水量不能多。对保留有较多叶片的树、较难移栽的树,喷水比浇水更为重要,即对地上部喷水,保持树干和枝叶湿润。淋水和喷水的工作至少维持 1 周。

(7)支柱护树,盖草保湿 移栽的乔灌木愈大,预防因风吹造成新根断裂的措施愈要完善。立柱支撑可保护树木不受机具和人为摇动的损伤;固定根系;支撑树干,保持直立状态。在炎热的夏季栽植完毕,可用草料覆盖在树盘的土面上,降低辐射热,增加土壤湿度。

(8)预备大苗,及时补植 尽可能栽植较大规格的苗,以及尽可能使用容器苗,以便能及早达到预计的植物景观效果。对已经死亡的植物,应该认真进行如土壤质地、植物习性、泥土干

湿、种植深浅、水位高低、病虫危害、有害气体、人为损伤、杂草覆盖等的调查研究,在分析了植物的死亡原因并采取改进措施后,再行补种。为使补植植株大小、生长一致,应预先备足大苗,并对补植树加强管理。只有这样才能保证补种的植物生长繁茂。

2.4.2　园林植物的盆栽

盆栽园林植物场地的选择除根据栽培植物的习性选择向阳或蔽阴的环境外,还应力求地势平整。否则,盆栽植物会因地势不平,生长不正直影响商品价值。盆栽所用的花盆式样、大小和种类颇多,应依园林植物的种类和用途适当选择。一般以素烧瓦盆为宜,通气排水性能好,价格低廉,栽植效果良好。栽植室内观赏植物一般直接用各种不同规格的胶盆。

培养土是盆栽观赏植物的基础,在容积有限的花盆内,只有配制排水良好、肥沃、疏松而富含腐殖质的培养土,才能满足观赏植物生长发育的需要。盆栽一二年生花卉的栽培基质,一般用塘泥加园土。盆栽室内观赏植物的栽培基质多用泥炭土或椰糠、园土和沙,再加一定比例的化肥混合而成。

盆栽的观赏花卉一般先在苗床育苗(多为种播苗),然后上盆,每盆栽 3~5 株苗。在盆栽观赏植物的过程中,为快速得到具有商品价值的盆栽,需要经常的换盆(把盆栽的植物换到另一盆中去的操作)或换袋。如组织培养的成品苗一般经历筛苗阶段到营养袋苗阶段再到盆苗阶段。从组培室移栽至室外的筛苗阶段,首先是要清洗干净培养基而不伤根系;二是保持较高的空气湿度;三是及时喷洒杀菌剂;四是经过数日的缓苗,植株恢复生长后,及时追施化肥和生长调节剂。

2.4.3　观赏草坪的栽植

观赏草坪的栽植技术较为简单,主要环节有整地、铺设与管护。整地是重要的一环,要根据地形需要平整好土地,并清除粗石、硬块等杂物。铺设可用草皮铺设或播种的方法。草皮铺种后须及时充分灌水,然后拍打或滚压草坪,并及早清除杂草。采用播种法成效较慢,但成本较低,且能形成均匀细密的草地,现多用于高尔夫球场、高速公路和铁路边坡等草地的营建。

2.5　园林植物的土、肥、水管理

"三分种,七分养"概括了栽植与养护的关系;"有收无收在于水,收多收少在于肥",则指出了"水"与"肥"两个关键因子在植物生命活动中所起的作用。可知,在园林植物栽培养护管理中,做好土、肥、水管理极为重要。

2.5.1　土壤管理

观赏树木的土壤改良和管理,关键的措施是在定植时下足基肥,并且于每年追施复合肥和有机质肥;若在酸性土壤中,还须施石灰以中和土壤酸性和提高土壤中的有效养分,并适时松土、除草和地面覆盖。

因浇水、降雨或其他原因,常使植物根旁的土壤板结,影响园林植物的生长。因此在生长季节应中耕除草2~3次。根部土壤经常保持疏松,有利于施肥和浇水,同时使空气流动,利于根系的生长和发育。树盘及周围若有杂草,特别是藤蔓,会影响园林植物的生长,要及时除去。除草结合松土时,要注意不能过深或过浅,过深会伤及根系,过浅则达不到应有的效果。一般除草的深度以掌握在6 cm左右为宜。

利用有机物和活的植物体覆盖土面,可以防止或减少水分蒸发,减少地面径流,增加土壤有机质。调节土壤温度,减少杂草生长,有效地促进观赏树木的生长。覆盖的植物以紧伏在地面的多年生地被植物占多数。作为园林绿地的覆盖物,要求适应性强,有一定的耐阴能力,繁殖容易,与杂草的竞争力强,但与观赏树木的矛盾不大,同时还有一定的观赏或经济价值,如韭兰、铺地锦、麦冬等。

2.5.2　施肥

园林植物生长需N、P、K、Ca等大量元素,尚需Fe、B、Cu等微量元素,这些元素之间既有相助作用,又有拮抗作用。如N可促进营养生长,使枝繁叶茂,茎健壮,提高光合效能。但N过多,植物体徒长,花芽分化不良,抗寒性降低;N过少,引致植物体营养不良,降低植物体抗逆性,叶色淡化、黄化。P促进花芽分化和增强抗逆性,利于花果硕大而色艳。K能加强N的吸收和蛋白质的合成,增进叶色美丽,根系健壮,提高抗寒力。

在一个多世纪以前,德国科学家李比希(J. V. Liebia)所创的"最小养分定律",即在各种生长因子中,如有一个生长因子含量最少,其他因子即或丰富,也难以提高作物产量。可较为形象的理解为一个由许多木片组成的木桶,木桶的装水量受制于最短一块木片的高度。这一均衡理论及其引申,几乎适用于园林植物栽培的各个环节,对生产具有重要的指导作用。

1)肥料种类

按肥料施用的时间和所起的作用,可分为基肥和追肥。

(1)基肥　以有机肥为主,可供较长时期吸收利用的肥料。如粪肥、堆肥、绿肥、饼肥等经过发酵腐熟后,按一定比例与细土均匀混合埋施于树木的根部,有机质逐渐分解后,可供树体吸收。根系具趋肥性,为使根系向深、广处发展,施基肥宜适当深一些。

有机质肥除作为基肥在栽植时施用外,对于木本园林植物而言,每年还须在冬季施用,一方面可增强园林植物的越冬性;另一方面,经过冬天的分解,来年春季可及时供给植物吸收和利用,促进根系和枝叶生长。

(2)追肥　这是指在园林植物生长季节,根据需要施用速效肥料,促使园林植物生长的措施。追肥的施用是为了补充基肥的不足和满足园林植物在不同生育期的特殊需要。在生命周期中,追肥一般在苗期、旺盛生长期、开花前后及果实膨大期间进行。在年周期中,追肥一般在开春天气转暖,园林植物生长高峰到来之前施用和秋季根生长高峰前施入;以观花为主的园林植物,可在开花前和开花后施肥。春肥以氮肥为主,以促枝叶生长;接近花芽分化时,以磷、钾肥为主。生产实践中,可通过调节施肥时期,以避开某些病虫的危害。

2)肥料施用

(1)施肥时间　有机质肥除作为基肥在栽植时施用外,对于木本园林植物而言,每年还须在入冬前施用,一方面可增强园林植物的越冬性;另一方面,经过冬天的分解,来年春季可及时供给植物吸收和利用,促进根系和枝叶生长。

追肥的施用是为了补充基肥的不足和满足园林植物在不同生育期的特殊需要。在生命周期中,追肥一般在苗期、旺盛生长期、开花前后及果实膨大期间进行。在年周期中,追肥一般在开春天气转暖,园林植物生长高峰到来之前施用和秋季根生长高峰前施入;以观花为主的园林植物,可在开花前和开花后施肥。春肥以氮肥为主,以促枝叶生长;接近花芽分化时,以磷、钾肥为主。生产实践中,有时通过施肥时期的调节,以避开某些害虫的危害。

(2)施肥方法　施肥方法主要有土壤施肥和根外追肥。

土壤施肥有穴施、沟施及撒施等,具体采用什么办法,须根据园林植物的种类、肥料种类、土质等而定。有实验表明,尿素直接撒施而不覆土,其肥效仅30%左右,若入土5 cm左右,肥效可达80%。对于大多数木本园林植物而言,开沟、开穴最适合的位置是树冠垂直投影线的前后,因此处的吸收根最多。每年变换不同的施肥位置,使根系生长平衡。撒施主要适用于观赏草坪和地被及小灌木。广州花农有用水浸泡饼肥一段时间,然后作为追肥施用的习惯。园林植物也因此生长快且健壮、叶色亮绿,成品率高。根外追肥也叫叶面施肥,肥料利用率较高,肥效较快,主要用于盆栽的园林植物和一些木本观花植物(结合生长调节剂一起施用)。

3)施肥注意事项

①要选择天气晴朗、土壤干燥时施肥,阴雨天由于树根吸收水分慢,不但养分不易吸收,而且肥料还会被雨水冲失,造成浪费。

②有机质肥必须充分腐熟,并用水稀释后施用,这样才不致伤根,吸收也快,肥料在腐熟过程中杀灭害虫、病菌和杂草种子,对植物生长有益。

2.5.3 水分管理

水和植物的生命活动紧密联系,没有水就没有生命,没有植物。首先水是绿色植物的主要组成成分,其含量占植物鲜重的70%～90%,水使细胞和组织处于紧张状态,使植株挺立;其次,水是光合作用的物质来源之一。植物含水量的多少与其生命活动强弱常有密切的关系,在一定范围内,植物组织的代谢强度与其含水量成正相关。可知,水对植物生理活动起了决定性作用。陆生植物必须不断地从土壤中吸收水分,以保持其正常含水量。但另一方面它的地上部分,尤其是叶子又不可避免地要向外散失水分(蒸腾作用),吸收与散失是一个相互依赖的过程,也正是这个过程的存在,植物体水分总是处于运动状态。吸收到体内的水分除少部分参与代谢外,绝大部分补偿蒸腾散失。植物体内的水分平衡对于植物生叶长枝、开花结果极为重要。水分的亏缺,引致叶片量减少,净光合作用减弱,营养积累减少;与此同时,呼吸作用却增强,蒸腾减弱,植物体温度增高,加快养分消耗。但水分过多,也不利于吸收,易引致烂根。

园林植物的水分管理主要是植物的浇灌、排水、减少耗水和提高水的利用率等几个方面。

1）浇灌

（1）浇灌方法　最常用的浇灌方法有喷灌、用胶管浇灌和用水车运水浇灌三种。在城市园林绿地中，喷灌以其经济、高效而应用得越来越广泛，特别是花灌木类和草坪。喷灌洒水面积较大而均匀，基本上不会引起地表径流，可减少对土壤的破坏；喷灌不会产生深层渗漏，可节约用水20%以上；还能调节公园及绿化小区的小气候，提高了空气的湿度，减低高温、干风对园林植物的影响；喷灌还可以配合施肥、喷药及除草剂，节省管理用工。但喷灌也有其不足之处：在风较大的情况下，难以做到灌水均匀，而且蒸发损失、地面流失都会较高；早春或夏季经常性的喷灌，对一些易感病的品种有加重白粉病和其他真菌性病害的可能。后两种浇灌方法虽然容易引起地表径流，且水的利用率较低，但由于无须预先埋设管道，操作灵活也被广泛采用。

（2）浇水量　浇水量可从土壤质地、气候和园林植物特性三方面加以考虑，并在实践中灵活掌握运用"见干见湿"和"灌饱浇透"这两个原则，目前还没有通用的定量指标。一些养护水平高的草坪，是以表土15 cm处湿润为"度"。同量的水，作一次深灌，要比分2~3次浅灌维持得更久，抗旱能力更强。

（3）浇水时间　浇水时间主要取决于温度，夏季宜在清晨或傍晚浇，中午气温太高，浇水使土温骤降，抑制根系吸水，同时，蒸腾作用因表面突然冷却而骤减，造成植物体内温度高，易造成植株萎蔫。冬季则适宜在中午浇水，这时温度较高，水比较容易被吸收。

（4）盆栽观赏植物　因为根系局限在盆土中，生长范围狭窄，易受肥水伤害，也易缺肥缺水，更要精细管理，才能获得良好效果。盆花浇水的次数和时间与观赏植物种类、生育时期、自然气候条件和季节、植株的大小、花盆的种类和大小、盆栽基质类型等相关。浇水时，一般以盆底刚好有水流出为"度"。若在烈日下，因盆土过干使盆栽观赏植物嫩枝低垂，叶片萎蔫，这种情况下，不可立即浇很多的水，否则很易导致植株死亡。宜先把花盆置于半阴处，少量浇水，并在叶面喷少量水，待枝叶挺立后，才浇透水，以防伤根和叶片黄化脱落。

2）排水

园林植物的苗圃地多数在平地或低丘陵地，在建场时必须注意排水，特别是南方夏季多大雨和暴雨，排水更为重要。一般采用明沟排水和地表排水，有条件也可暗沟排水。

园林绿地的排水，则主要是在施工时平整园地，不使坑洼或隆起，栽植不宜过深，雨季注意植穴底是否积水，并及时引排。土质黏硬坚实，要加深加大植穴，客入肥土，然后才种植。

2.6　园林植物的整形和修剪

园林植物的整形是指在木本园林植物生长前期（幼树时期）为构成一定的外形而进行的骨干枝生长调整，也包括植物年生长周期中的形状再调整；所谓修剪，是指植株成形后的枝梢修整，目的是维持和发展这一既定树形。

保持丰满而健康的树冠与园林植物正常的生长和发育是密切相关的，只有这样才能使植物生长苗壮，充分发挥其功能。正确的整形、修剪可以起到平衡植株的营养生长和生殖生长，改善

植树结构,加速植株生长等作用。而不恰当的修剪,会造成植株吸收水分和营养物质的减少,引致根量减少,从而使园林植物,尤其是观赏乔木因干旱或风害致死的危险性增加。

整形修剪是栽培管理中一项极为重要的技术,生产上应用要与土壤管理、施肥、水分管理及病虫害防治等紧密配合。凡是进行修剪的园林植物,冬季必须施足基肥,早春才能抽发强健新梢。夏剪过后,一定要及时追肥;否则,修剪令枝芽大量萌生,一旦营养元素供不应求,使地上、地下部分失去平衡,轻则造成枝叶枯黄、脱落、落花,重则因负担过重,使植株早衰。适时修剪还可减少病虫危害。

2.6.1 整形与修剪的原理和方式

植物生长通常具有顶端优势。所谓顶端优势是指一切植物及其各级枝条,从基部到顶端,其顶芽萌发的枝在生长上总是占着优势的现象。这种相关性是由于茎顶产生的生长素抑制了侧芽的生长。若剪除一个顶芽(或枝条的先端)就可解放临近顶芽的一大批腋芽,即除去一个枝端,可以得一大批生长中庸的侧枝,从而使代谢功能增强,生长速度加快,有利于花朵形成。在根系的发育上,也可以看到类似的现象。为此,在园林植物栽培上,常根据需要,保持或截于饱满芽处,以保护或选培领导枝和主枝或主枝延长枝和侧枝,保持自然树形,如尖叶杜英 *Elaeocarpus apiculatus*、木棉,或以截顶来扩大树冠和增加枝叶量,如九里香、海桐等,也可以采取打顶方法促使茉莉、含笑等多分枝、多开花。

在树木生活的不同时期,有所谓的"生长中心",即生长最旺盛的部分,有机养分多流向当时的生长中心。故可通过修剪有计划地将植物体内的养分重新分配,使过分分散的养分集中起来,重点供给某个生长中心。如培养高直的主干时,将生长前期的部分低矮侧枝剪除,使营养集中供应主干顶端这个生长中心,促进主干向高生长。

常用整形修剪的方式有自然形修剪和造型修剪。前者是指根据园林植物分枝习性,以自然生长形成的树冠形状为基础进行的修剪。园林植物都有其固有的树形,自然树形能体现园林的自然美。造型修剪也称人工形体式修剪,指为了达到某种特殊目的,人为地将园林植物修剪成各种特定的形状。这种修剪形式在西方园林中应用较多,常将树木或灌木修剪成各种几何形体状(正方形、球形、圆锥形等)或不规则的鸟兽形、亭、门等绿雕形,以及为绿化墙面把四向生长的枝条,整成扁平的垣壁式。造型修剪因不符合树木生长习性,需经常花费人工来维持,费时费工,应尽可能少用。

2.6.2 修剪方法

修剪方法的选择应根据修剪整形的目的、时间(包括年周期和生命周期)而定。幼树以整形为主,对各主枝要轻剪,以求扩大树冠,迅速成型。成年树以平衡树势为主,要掌握壮枝轻剪,缓和树势;弱枝强剪,增强树势的原则。衰老树复壮更新,通常要加以重剪,使保留芽得到更多的营养而萌发壮枝。对于以观花为主的木本园林植物的修剪,修剪必须先了解其花芽分化期、花芽位置和树种的特性,不能乱剪,以免影响开花。

修剪强调要有总体的观念,意在行前。然后根据树形要求"先剪大,后剪小;先剪上,后剪下;先剪膛内枝,后剪外围枝"。若"先剪小,后剪大",到最后从树形要求看,发觉某枝大枝完全

是多余,且不剪会妨碍其他枝生长,这时候再锯大枝,前面的工作就归无效。

修剪的基本方法有短截、疏枝和摘心等。

短截是指剪去枝梢一部分的修剪方法。短截有利于促进生长和更新复壮。短截可改变顶端优势的位置,故为调节枝势的平衡,可采取不同长度的短截,如重短截和轻短截。前者是剪至枝条下部 1/5～1/4 的半饱芽处,因为剪去枝条大部分,刺激作用很大,适用于弱树、老弱枝的复壮更新;后者仅轻剪枝条的顶梢,目的是剪去枝条顶端大而壮的芽,刺激其下多数半饱芽的萌芽,分散枝条养分,促进产生多量中短枝,用于各类观赏乔木骨干枝、延长枝的培养。考虑到伤口的愈合容易及减少水的积留,短截剪口离芽 5～8 mm,稍倾斜切除最好。

疏枝是把枝条从基部剪去的修剪办法。通过疏去过密枝、衰老枝、病虫枝、交叉枝、徒长枝,可减少树冠内枝条的数量,改善通风透光,增强光合作用,促进花芽分化。当需要锯除较粗大(≥10 cm)的枝干时,为避免枝条劈裂,可先在确定锯口位置稍向枝基处由枝下方向上锯一切口,深度为枝干粗的 1/5～1/3(枝干越呈水平方向,切口越深),然后再在上面离锯口 5 cm 处向下锯断,最后修平锯口,涂以保护剂。相较于短截,疏枝对全树起削弱生长的作用。园林中绿篱和各种各样的球形修剪,常因短截造成枝条密生,致使树冠内枯死枝、光秃枝过多,故必须与疏剪交替应用。

总之,短截与疏枝要应用得法,必须因地制宜,在实践中不断地探索和总结,不能生搬硬套,毕竟修剪和整形工作比任何一项的栽培措施都更讲求经验和操作技能。

一二年生花卉最常用摘心的方法,即在生长季节,随新梢伸长而随时摘去其幼嫩顶尖。其目的是促分枝,达到植株丰满花数增多,并能控制枝条徒长,控制植株高度及延长花期。摘心应根据不同种类园林植物的生长习性来决定。植株高大分枝少的就需摘心,植株矮小抽枝密集的树种不但无需摘心,还要适当除芽。花芽过多时,为保证顶蕾开放苗壮,可适当摘除侧蕾。

2.6.3 修剪时间

落叶树的修剪宜在春季萌发前进行。若萌芽生长后才修剪,贮存养分分散使用,达不到修剪的目的;常绿树在春季有一个集中的换叶期,故在寒冷已逝,新叶抽出前修剪最为适宜。

夏季,是园林植物生长的旺季,枝叶繁茂,无用枝也最多,扰乱树形,妨碍通风和透光,宜疏剪枯枝、弱枝、过密枝,重短截徒长枝,对健壮枝摘心或轻短截。

秋季一般较少修剪,若未夏剪或夏剪不细致,也可补剪。

冬季,植物处于相对休眠期或说不太活跃的时期,修剪对植物的伤害最小,宜重点进行。在花圃和园林绿地中可结合清园,采用疏枝方法,整理枝叶,消除病虫害枝,喷洒保护性的杀虫与杀菌剂和施肥,为来年园林植物生长奠定良好基础。

2.7 园林植物的花期调节

各种观花植物都有其不同的开花时期,这种差别是由植物的遗传性决定的,但也受外界因素制约。开花比自然花期早的栽培方式称为促成栽培;开花比自然花期迟的栽培方式称为抑制栽培。促成栽培和抑制栽培都是在充分了解园林植物正常生长发育规律后,用人为的方法来控

制环境因子,满足其要求,使它依照人们的意志在指定的时间开放。花期调节可使不同种类集中在同一时期开花,以举办展览会;又能为节日或其他需要定时提供色彩艳丽的鲜花;也能使同一种类的花卉在不同时期开花,均衡生产,解决市场的旺淡矛盾,达到周年供应。因此,花期调节在以观花为主的园林植物的栽培中,占有相当的位置。

2.7.1　花期调节的原理

花期调节的理论依据,主要是花芽的形成和发育。绝大多数植物都是先开始营养生长,继而进入开花结实阶段,而植物开花与以下几方面的条件有关:首先,植物必须达到一定大小、年龄或发育阶段,即必须有足够的营养积累和一定的激素水平;其次,植物的光周期反应和春化作用的影响;再次,是环境条件的影响。目前,控制园林植物开花的重要环境因子是光、温、水。

不同植物进行花芽分化,对温度要求不同,有些园林植物在高温下进行花芽分化,如牡丹、郁金香等,有些在低温下进行花芽分化,如非洲紫罗兰、瓜叶菊等,但都要求有满足某一高温或低温限度的积温。一般而言,已完成花芽分化的植物,置于合适的环境条件下,达到一定的积温就能开花,如杜鹃由现蕾到开花所需积温是 600~750 ℃,荷花则为 300~500 ℃ 等。同种不同栽培品种之间有差异。了解不同种、品种各生育阶段所需的积温量,是科学调控花期的重要依据。

光对开花的影响主要是光照强度和光周期现象。一般盆栽园林植物,在花期,为延长开花时间或保持花色艳丽,可适当减少强光照,如月季、菊花等,但有些花卉则恰恰相反,只有在强光照条件下才开花良好,如荷花、大花马齿苋等。光照强弱对花蕾开放时间也有很大影响。如大花马齿苋、酢浆草 Oxalix corniculata 等须在强光下开放,晚香玉 Polianthes tuberosa、紫茉莉等在光照较弱的傍晚时开放。

调控园林植物的花期,尤其是大多数的木本园林植物,水分是一个关键因子。大部分园林植物花芽形成是在夏秋季。在花芽分化临界期之前短期适度控制水分(60% 左右的田间持水量),抑制新梢生长,有利于光合产物的积累和花芽分化。如叶子花 Bougainvillea spectabilis,如遇秋季多雨的天气,则原来正常的花芽都会变成叶芽。广州花农调节盆桔开花期的主要措施之一就是夏季控制浇水。

2.7.2　花期调节的方法

进行花期调节,首先要了解被调节植物的生物学特性,特别是花芽分化、开花、结果特性,自然情况下的花芽分化期、开花期和结果期,当地的气候条件等,并选取生长健壮的植株作处理材料。

1)调节温度

(1)增加温度　对于花芽已形成,正处于强迫休眠状态的园林植物,用加温处理可使之开花。如牡丹欲在春节期间开花,可在春节前 2 个月从洛阳或菏泽运来广州,并依品种的不同,分别于春节前 53~47 天上盆栽植,施行一系列的栽培管理,就能依时开花。成败的关键是掌握不同品种从现蕾到开花的积温数,再根据未来的天气预测,确定培植天数。

有些园林植物在适当温度下,有不断生长,连续开花习性,如美人蕉、大丽花 *Dahlia pinnata* 等,只要提供继续生长的条件,温度维持 22 ℃左右,就可延长开花期。

(2)降低温度　低温处理一般用于为满足园林植物的休眠要求或对已形成花蕾的园林植物起抑制生长的作用。

①冷藏抑制生长,推迟开花期需注意。适用于晚花品种,控制在 1 ~ 4 ℃的低温和弱光下。最重要的是计算准冷藏天数,培育好植株,在花蕾未着色时开始冷藏,过早花蕾发育差,花形小,过迟花瓣易焦枯。冷藏期常检查土壤干湿状况。

②提前休眠,春花秋开。为使早春开花的种类,于秋季再次开花,可在春季不让开花或花后加强肥水管理后又控制浇水促花芽分化,然后降温、制水、摘叶、温度维持 4 ~ 5 ℃,造成一个人为的冬天环境,约一周后即可进入休眠。经低温休眠后,置自然气温下,即能在晚秋二次开花。

2)调节光照

(1)短日照处理促使短日照植物开花　菊花、一品红、叶子花等短日照植物,在其完成生长阶段后,进行人工遮光处理,每天仅给 8 ~ 10 h 光照,其余时间均置暗处,经一定天数便开花。如叶子花需 45 天;一品红单瓣品种需 45 d,重瓣品种需 60 d。

(2)长日照处理抑制短日照植物开花　为使短日照植物推迟花期,可用人工光源,延长光照时间。如菊花欲延迟花期,则采用晚菊品种在 9 月中旬花芽分化前给以长日照处理,保持室温 20 ℃,一个月后,可延至元旦开花。

(3)颠倒昼夜,白天开花　夜间开花的园林植物,如昙花,可选将要开花的植株,于将开花的前一周,白天遮光,晚上人工照光,使其处于昼夜颠倒的环境,则能在白天开放。

3)控制水肥

球根和鳞茎等在干燥环境中,分化出完善的花芽,直至供水时才生长开花。只要掌握吸水至开花的天数,就可用开始供水的日期来控制花期。如水仙一般在春节前 23 天浸水,就可如期开放。

4)应用生长调节物质

利用生长调节物质可调节花期,但往往必须与其他因素配合进行。赤霉素在花期控制上效果最显著,用 0.02% ~ 0.05% 的"920"点抹牡丹的休眠芽,几天后就萌动;待牡丹混合芽展开后,再点在花蕾上,可加强花蕾生长优势。但往往高浓度的生长调节剂对开花有抑制作用。

5)调整播种期

观赏花卉春天播种、当年夏秋季开花结实的,称为春播草花;秋天播种,第二年春夏开花结实的,称为秋播草花。对生长和开花的温度范围要求较宽的种类,往往早播早开花,迟播迟开花。故调整播种期,可使其在预定时期开花。

6) 栽培技术调节植株生长速度和开花期

用摘心、修剪、摘蕾、摘叶等措施,调节植株生长速度,对花期控制有一定的作用。常采用摘心方法控制花期的有一串红、万寿菊 *Tagetes erecta*、孔雀草 *Tagetes patula*、大丽花等。在当年生枝条上开花的园林植物用修剪法控制花期,在生长季内,早修剪使早长新枝,早开花;晚修剪则晚开花。月季、大丽花等在开花后,剪去残花,可陆续开花。

花期控制的各项措施,有的起主导作用,有的起辅助作用;有同时使用,也有先后使用。必须按照不同植物生长发育特性及各种有关因子,加以选择,使被调控的植物在预定时期开花。

3 园林植物的分类

园林植物的种类极多、范围甚广,不仅包括有花植物,还有苔藓和蕨类植物,据不完全统计,地球上植物的总种数达 50 余万种,原产我国的高等植物有 3 万种以上。当然,目前园林中栽培利用的园林植物仅为其中很小部分,大量的种类尚未被认识与利用。面对如此浩瀚的种类,必须首先有科学、系统的识别和整理的分类,才能科学合理地利用它们。

各种园林植物大都是来自人们对野生植物长期的人为选择、引种驯化的结果。尽管它们在形态、习性、用途等方面千差万别,但总是在某些方面存在着共性和本质上的必然联系。通过适当的分类,尤其是植物系统分类,可以探索植物进化演变的历史,揭示植物的生长发育特点及相互间的亲缘关系,为我们在育种、繁殖、栽培、应用等方面提供科学依据。许多亲缘关系相近的种类,常有相同的地理起源,相同的环境要求与生态习性,相同的病虫害以及相同的生理与细胞学特点等,可据此采取相同或相似的栽培管理措施;某些亲缘相近的种间,有着相似的形态结构与化学成分,一致的生理代谢特点,亲和力大,易于相互杂交与嫁接。

遵循不同的分类方法,把众多的园林植物分门别类,有助于我们科学合理地进行园林规划设计和植物配置,为我们快速、直观、正确地选用合适的园林植物种类提供方便。例如,垂直绿化应在主要为藤蔓习性的科属中选择种类;多数针叶树种四季常青,树冠尖塔形,适用于庄严、肃穆的场合;木兰科、蔷薇科以及豆目三科等大量种类花相美观,色彩斑斓,适合用作观花植物。

随着地区间、国际间种质资源交流日益频繁,园林植物种类的正确鉴定、识别与分类,也是保证种苗顺畅流通和商品化生产的必然要求。

因此,园林植物的分类不仅是培育、应用园林植物的基础,也是进一步深入研究园林植物的前提,具有理论上与实践上的重要意义。

3.1 园林植物分类的方法

园林植物具有种类繁多、习性各异、生态条件复杂以及栽培技术不一等特点。长期以来,人们从不同的角度,对园林植物采用各种不同的分类方法,每一种分类方法各有其优点和缺点,各国学者、专家间的观点既有相同处也有相异处,至今仍没有一种统一的公认的园林植物分类方法。

总的来说,园林植物的分类方法可以分为两大类,一是植物系统分类法,二是园林植物实用分类法。植物系统分类法,也称植物分类学方法,它主要是通过研究和描述植物变异,探讨这种变异的因果关系,并对植物进行鉴定、命名、分类,建立自然分类系统,按门、纲、目、科、属、种等主要分类单位,依照一定的阶层系统排列,将各种植物分门别类。植物系统分类是各种应用植物学科的基础,也是研究园林植物学科所应具备的基础,我们将在第二节做进一步的介绍。

园林植物实用分类法,是以植物系统分类法中"种"为基础,根据园林植物的生长习性、观赏特性、园林用途等方面的差异及其综合特性,将各种园林植物主观地划归不同的大类。常见的是根据生长习性的不同,将园林植物分为木本的观赏树木和草本的花卉两大类,然后再进一步细分。例如观赏树木又可分为乔木类、灌木类、藤蔓类,花卉又分为一二年生花卉、球根花卉、宿根花卉、水生花卉等;按主要的观赏性状分类,可大致分为观花类、观叶类、观果类、观形类、观茎类、芳香类及其他等;按主要的园林用途分类,可大致分为风景林木类、防护林类、行道树类、孤散植类、垂直绿化类、绿篱类、造型类及树桩盆景、盆栽类、花坛类、盆花类、地被类、室内绿化装饰类等。此外,还有按环境条件要求的分类,按经济用途的分类,按自然分布的分类,按栽培方式的分类,等等。这些分类都是从某一方面出发对园林植物进行的分类,从不同角度表明园林植物在各种分类方法中的地位及用途,对生产实践有一定的实用价值。但这些分类方法遵循的分类依据较为单一,带有一定的片面性,难免顾此失彼,性状又常彼此交叉重叠,受人为主观意志支配较大,在不同程度上均有其局限性与片面性。

3.2　植物系统分类法

植物系统分类法是依照植物亲缘关系的亲疏和进化过程,把所有植物种类排列到一个有界、门、纲、目、科、属、种等由高到低的分类等级单元组成的阶层系统中。

3.2.1　物种的概念

物种又简称为"种"(species),它是分类学上的基本单位。但对于物种的概念,分类学家之间的认识并未完全同一,存在着许多的争论。目前较为被接受的概念是:"种"是在自然界中客观存在的类群,这个类群中的所有个体都有着极其近似的形态特征和生理、生态特性,个体之间可以自然交配产生正常的后代而使种族延续,它们在自然界占有一定的分布区域。种与种之间有明显界限,除了形态特征的差别外,还存在着"生殖隔离"现象,异种之间不能交配产生后代,即使产生后代也不能具有正常的生殖能力。

"种"具有相对稳定的特征,但它又不是绝对固定永远一成不变的,它在长期的种族延续中是不断地产生变化的。所以在同一种内会存在具有差异的种下类群,分类学家依照这些差异的大小,又在"种"下分为亚种(subspecies)、变种(varietas)和变型(forma)。一般来说,"亚种"是在形态构造上有显著的变化,在地理分布上也有较大范围的地带性分布区域的"种"内变异类群;"变种"是在形态构造上有显著变化,但没有明显的地带性分布区域的"种"内变异类群。"变型"是指在形态特征上变异较小的类型,例如花色不同,花的重瓣或单瓣,毛被的有无,叶面上有无色斑,等等。

此外,在园林、农业、园艺等应用科学及生产实践中,还存在大量由野生植物经人工培育而成的植物种类。这类由人工培育而成的植物,当达到一定数量成为生产资料时即可称为该种植物的"栽培品种"(cultivar)。

3.2.2 分类等级及分类系统

要形成一个分类系统,必须有一套完整的分类等级(阶层)。植物分类的基本单位如表3.1:

表3.1 分类单位等级名称

分类等级			举 例	
中 文	拉丁文	英 文	中 文	拉丁文
亚纲	Subclassis	Subclass	蔷薇亚纲	Rodide
目	Ordo	Order	蔷薇目	Rosales
亚目	Subordo	Suborder	蔷薇亚目	Rosineae
科	Familia	Family	蔷薇科	Rosaceae
亚科	Subfamilia	Subfamily	李亚科	Prunoideae
族	Tribus	Tribe		
亚族	Subtribus	Subtribe		
属	Genus	Genus	桃属	*Amygdalus*
亚属	Subgenus	Subgenus	桃亚属	subg. *Persica*
组	Sectio	Section	孔核组	sect. *Persicae*
亚组	Subsectio	Subsection		
系	Series	Series		
亚系	Subseries	Subseries		
种	Species	Species	桃	*Amygdalus perdica*
亚种	Subspecies	Subspecies		
变种	Varietas	Variety		
亚变种	Subvarietas	Subvariety		
变型	Forma	Form	碧桃	*A. persica* f. *duplex*
亚变型	Subforma	Subform		

按照上述的等级次序,植物分类学家即以"种"作为分类的基本单位,然后集合相近的种为"属",相近的属为"科",相近的科为"目",进而集目为纲,集纲为门,集门为界,形成一个完整的自然分类系统。由于分类学家们对于植物亲缘关系的观点和进化观点不一,形成了不同的分类系统。目前,我国较常用的有下列两个系统:

(1)恩格勒(A. Engler)系统 这个系统是以假花学说为依据,有德国的恩格勒的两部巨

著,即《植物自然分科志》(1887—1899)和《植物分科志要》(1924)而建立的。其后 Diels (1936),Hans Melchier (1964)又做了许多修改。恩格勒系统较为稳定、实用,因此世界许多国家和我国北方多采用。《中国树木分类学》《中国高等植物图鉴》《中国植物志》等均采用该系统。

(2)哈钦松(J. Hutchinson)系统 该系统是以真花学说为依据,由英国的哈钦松在其著作《有花植物志》(1926 和 1934)中建立的。许多学者认为哈钦松系统以多心皮植物为被子植物的原始类群,较为合理,我国南方,如广东、云南的标本室和书籍均采用该系统。

此外,较为著名的分类系统还有塔赫他间(Takhtajan)系统、克郎奎斯特(Croquist)系统、佐恩(F. Thorne)系统和达格瑞(R. Dahgren)系统等。

3.2.3　植物的命名

给植物一个名称,是人类社会历史之初就自然地开始了的,它是人们用以交流对植物的认识、生产和利用的经验的特定信息载体。但是,每一种植物,各国均有不同的名称,即使在同一国内,各地的叫法亦常常不同。例如玉兰,在湖北叫应春花,浙江叫迎春花,河南叫白玉兰,江西叫望春花,广东叫玉堂春。同名异或同物异名必然造成混乱,阻碍科学的发展。为了科学上的交流和生产利用上的方便,作出统一的名称非常必要。

在国际上,是以按照《国际植物命名法规》(International Code of Botanical Nomenclature,ICBN)规定确定的植物学名(scientific name)作为国际通用的标准的植物名称。一个种的学名必须符合双名法(binomial nomenclature),即用两个拉丁词或拉丁化的词组成,第一个词为属名,属名第一个字母必须大写;第二个词为种加词,种加词的第一个字母一律小写。完整的学名还要求在双名法之后附上命名人(姓氏缩写)。例如,银杏的学名为 *Ginkgo biloba* L. 。有些植物的学名是由两个人命名的,则应在二人姓氏之间加上连词"et"或"&";如果某种植物是由一个人命名但由另一个人代为发表的,则应在原命名人姓氏与代发表人姓氏之间加一介词"ex"。其他命名法详细规定可进一步参考有关的植物分类学书籍。

种以下的亚种、变种、变型等的学名,则在种名之后加上等级的缩写字"ssp.""var.""f."等,再写上该亚种(变种、变型)加词和命名人。例如,红玫瑰的学名为 *Rosa rugosa* Thumb. var. *rosea* Rehd.

栽培品种的学名,可参照《国际栽培植物命名法规》(International Code of Nomenclature for Cultivated Plants,ICNCP)。1995 年版的法规规定,种名后将品种加词用大写或正体写于单引号内(即用单引号('…')将品种加词括起来),首字母均要大写,其后不必附命名人。双引号("…")和缩写"cv.""var."均不能用于品种名称中表示加词。例如,绒柏(日本花柏的一个栽培品种)的学名为 *Chamaecyparis pisfera* 'Squarrosa'。

中文名的统一远没有学名的统一这么顺利。在这里,我们认为中文名是指得到《中国植物志》等国内权威著作认可的正式的中文名称。中文名和学名是一对一的关系,每种植物只有一个学名和一个中文名。当然,它还可以有相应的英文名和不同的地方名或俗名。但在正式发表的研究文章必须使用正确的学名和中文名,以免混乱。

3.3 实用综合分类法

目前,没有哪一种分类方法是十全十美的,总有互相交叉,顾此失彼的地方。没有哪一个分类系统是完整的、终结的,还有一个不断完善的过程。本教材采用以园林植物的主要园林用途为主,结合其生长习性和观赏特性的综合分类法,取长补短,即便于区分,更有利于实用。

按这种分类法我们将园林植物分为以下 15 类:

3.3.1 绿荫树类

绿荫树类包括庭荫树、园景树和行道树等三类。在园林应用中,这三类树种往往是相通的,如榕树、樟树等均为优良的园景树、庭荫树和行道树,因此,为节省篇幅,避免重复,我们把它们归在一类。

庭荫树是指栽植于园林绿地中以其绿荫供游人纳凉防晒为主要目的,兼具观赏价值的树种。庭荫树应选择树冠宽广、整齐美观、枝叶浓密;花果香艳,而无恶臭;树干光滑,而无棘刺的树种。南方以常绿阔叶树为主,如蝴蝶果、人面子;北方则以常绿针叶树和落叶阔叶树为主,如银杏、刺槐。园景树又称为独赏树、孤植树或赏形树,指栽植于园林绿地中常独立成为中心景物(或视觉焦点),主要表现树木体形之美的树种。园景树应选择树体高大雄伟,树形优美而具特色者,如圆锥形、尖塔形、垂枝形、圆柱形等,且寿命较长的树种,针叶树类与阔叶树类均可,如雪松、尖叶杜英。在配植方面上,庭荫树多植于路旁、池边、廊、亭前后或与山石建筑相配,或在局部小景区三、五成组地丛植,形成有自然情趣的布置;亦可在规整的有轴线布局的地区进行规则式配植。园景树则常配植于广场中心、道路交叉路口或坡路转角处。在园景树的周围应有开阔的空间,最佳的位置是以草坪为基底以天空为背景的地段。行道树是指栽植于园林绿地的道路系统中以美化、遮阴、防护和保护路面为主要目的的树木,如悬铃木、槐等。

本章分针叶绿荫树和阔叶绿荫树两大类进行论述。针叶树以其叶多细窄坚韧而得名。为使学生具有分类系统和进化的概念,属于裸子植物的苏铁纲和银杏纲的植物也放在该节中介绍。阔叶树以其叶片宽阔,叶形多样而得名。在阔叶树中,有不少种类是国家重点保护和珍稀濒危的植物,如鹅掌楸、喜树。在城市园林中,阔叶树以其庞大的树冠、翠绿的叶色、优雅的花姿、艳丽的花色、多样的果实而得到广泛的应用。

3.3.2 观赏棕榈类

棕榈类是指棕榈科的观赏植物。棕榈科植物的主要形态特征是:乔木、灌木或藤本。干常不分枝,单干或丛生,常覆以残存的老叶柄基部或叶脱落后留有环状痕迹。叶常聚生于茎顶或在攀援种类中散生于茎上,羽状或掌状分裂。棕榈类的树型、叶姿优美,具有热带风情。而且抗性强、落叶少、易管理。因此,棕榈科植物在热带亚热带地区受到普遍的喜爱,不少种类已成为优良的绿化美化树种。也有不少种类可作盆栽观叶应用。园林中常可见到大王椰子、假槟榔、鱼尾葵、董棕、丝葵、椰子、酒瓶椰子、三角椰子 *Neodypis decaryi*、霸王棕、狐尾椰子、槟榔、棕榈、

蒲葵、国王椰子、金山葵、阔叶假槟榔、长叶刺葵、桃椰、海枣、软叶刺葵等。

3.3.3　观赏竹类

观赏竹类是指以禾本科中有明显观赏价值的竹类植物。竹类为多年生常绿乔木或灌木。依竹竿的生长方式不同,亦可将竹类分为丛生竹和散生竹。丛生竹的竹竿密集成丛,而散生竹常在地面形成散生的竹竿。竹类的竹竿挺拔秀丽,枝叶潇洒多姿,形态多种多样,且四季青翠,姿态优美,幽雅别致,情趣盎然,独具风韵。竹类虽经严寒而不凋,素与松、梅一起,被誉为"岁寒三友",具有高尚的气质。自古迄今,广泛被配植于庭园,或于墙边角隅,置瘦石二三坑,植修竹数竿,以粉墙为背,再以洞门框之,甚为别致;或以竹为主景,创造各种竹林景观。南方园林中常用的竹类有青丝黄竹、青皮竹、佛肚竹等。

3.3.4　风景林木类

风景林木类是指栽植于风景名胜区、郊野公园、森林公园、城市绿化隔离带、动植物园等风景林区,具有较好的生态功能和群体景观的一类乔木树种。风景林木的栽植区域对城市居民休闲生活的影响较大,其主要功能偏重生态环境保护、景观培育、减灾防灾、观光旅游、郊游探险、自然和文化遗产保护等。风景林木类以体现地带性植被特色的乡土树种为主,如中亚热带典型常绿阔叶林地带的木荷、醉香含笑、红锥、红楠、樟树、枫香等,南亚热带季风常绿阔叶林地带的红花荷、格木、异叶翅子树、藜蒴、壳菜果等。在配植上,常采用单树种或多树种丛植、群植、林植等方式。在进行树种间的配置时,须充分考虑树种的生物学特性、生态学习性及功能,如生长的速度、对光线的需求、花期、果期等,力求在景观多样性、物种多样性方面具有较好的效果。

3.3.5　花灌木类

花灌木通常指有美丽芳香的花朵或色彩艳丽的果实的灌木和小乔木。本类型的园林植物在园林中应用广泛,具有多种用途。在配植应用的方式上多种多样,可以孤植、对植、丛植、列植、或修剪整形应用于园林中。花灌木在园林中不但能独立成景而且可为各种地形及设施物相配合而产生烘托、对比、陪衬等作用,例如植于路旁、坡面、道路转角、坐椅周边、岩石旁,或与建筑相配作基础种植用,或配植湖边、岛边形成水中倒影。花灌木可依其特色布置成各种专类花园,亦可依花色的不同配植成具有各种色调的景区。有些可作园景树兼庭荫树,有些可作行道树,有些可作花篱或地被植物用。在南方常用花灌木有:梅花、桃花、樱花、桂花、月季、山茶、杜鹃、茉莉、茶梅、洋金凤、黄槐、金丝桃、含笑。北方常用的花灌木有连翘、玉兰、锦带花、丁香、牡丹、木芙蓉、紫珠、火棘、枸骨等。

3.3.6　绿篱和绿雕塑类

绿篱植物是指成列或成行地栽植,常通过人工修剪以形成一定的外形,充当篱笆、屏障、防风固沙等功能的植物。绿雕塑植物是指对孤植、列植或群植的植物进行整形修剪,以形成各种

几何形状或动物外形,用来美化环境,供人们观赏的植物。传统绿篱的功能,主要是起到围护土地、防止侵入、屏障视线、遮蔽强光、降低气温、减弱风速、减低噪音、彰显庭园美景、遮蔽建筑基础、增加绿色景观的作用。在现代城市的道路绿地中,常在中央分隔带栽植绿篱,以阻挡对面车辆的眩光,增进行车安全;在车行道与人行道之间的绿篱则起到安全与绿化的作用。常用的树种有山指甲、福建茶、九里香、驳骨丹、宝巾、假连翘、栀子、海桐、尖叶木樨榄、红背桂、黄榕、大红花、四季米仔兰等。

3.3.7　藤蔓类

"藤"泛指植物的匍匐茎和攀援茎;"蔓"指的是蔓生植物的茎枝;藤蔓类植物就是木质藤本和草质藤本的总称。藤蔓植物的特点是生长迅速,具有深扎的根系和细长而坚韧的茎蔓,依靠特殊的攀援器官或本身的缠绕特点向上或向四周生长。藤蔓植物可提供阴蔽、降低温度、营造休闲空间;覆盖地表和保持水土;消除噪音和减缓覆盖面温度变化。在城市园林绿地中应用越来越广泛。藤蔓植物主要应用于花架、棚架以及庭石、实体围墙、高架桥、建筑物等墙面的垂直绿化,也可栽植于建筑物或挡土墙的顶部,让其悬垂生长。常用的树种有紫藤、凌霄、络石、爬山虎、常春藤、薜荔、葡萄、金银花、铁线莲、素馨、炮仗花等。

3.3.8　一二年生花卉类

一二年生花卉包括三大类:一类是一年生花卉,这类花卉一般在一个生长季内完成其生活史,通常在春天播种,夏秋开花结实,然后枯死,如鸡冠花、百日草、半支莲等;另一类是二年生花卉,在两个生长季内完成其生活史,通常在秋季播种,次年春夏开花,如须苞石竹、紫罗兰等;还有一类是多年生作一二年生栽培的花卉,其个体寿命超过两年,能多次开花结实,但在人工栽培的条件下,第二次开花时株形不整齐,开花不繁茂,因此常作一二年生栽培,目前许多重要的一二年生草花均属此类,如一串红、金鱼草、矮牵牛等。

3.3.9　宿根花卉类

宿根花卉是指生活多年而没有明显木质茎的植物。宿根花卉大致可以分为两类:①落叶性宿根花卉:耐寒性花卉冬季地上茎叶全部枯死,地下部分进入休眠状态。其中大部分种类的耐寒性强,在中国大部分地区可以露地过冬,春天再萌发。②常绿性宿根花卉是指冬季茎叶仍为绿色,但温度低时停止生长,呈半休眠状态。宿根花卉和球根花卉的种类繁多,在园林中得到了广泛应用。许多著名的宿根花卉及球根花卉以其绚丽多姿的花形、丰富多彩的花色组成了各类植物专类园,如鸢尾园、菊园、兰圃、水仙园等。此外,宿根、球根花卉还可用来布置缀花草坪、庭院、街道、居住区。

3.3.10　球根花卉类

球根花卉是指地下部分肥大呈球状或块状的多年生草本花卉。依地下肥大部分特征的不

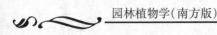

同,分成球茎类、鳞茎类、块茎类、根茎类、块根类,其中球茎类的地下茎呈球形或扁球形,外被革质外皮,内部实心,质地坚硬,顶部有肥大的顶芽,侧芽不发达,如唐菖蒲、仙客来;鳞茎类的地下部分极短缩,形成鳞茎盘,如朱顶兰、百合、郁金香;块茎类的地下茎呈不规则的块状或条状,新芽着生在块茎的芽眼上,须根着生无规律,如大岩桐、花叶芋等;根茎类的地下茎肥大呈根状,肉质有分枝,具明显的分枝,具明显的节,每节有侧芽和根,每个分枝的顶端为生长点,须根自节部簇生而出,如美人蕉、姜花等;块根类的主根膨大呈块状,外被革质厚皮,新芽着生在根茎部分,根系从块根的末端生出,如大丽花。

3.3.11　仙人掌与多浆植物类

多浆植物是指原产于热带、亚热带干旱地区或森林中,植物中茎、叶具有发达的贮水组织,呈现肥厚而多浆的变态状植物类型。全世界多浆植物包括了 50 多个科共约 1 万余种,其中仅仙人掌科就有 140 余属 2 000 种以上。在分类上,它们包括仙人掌科与番杏科的全部种类及景天科、大戟科、龙舌兰科、百合科、萝藦科的相当一部分种类,此外在菊科、凤梨科等中也有一部分。在多浆植物中,其中仙人掌科的多浆植物种类较多,除个别种类外,多原产在南、北美洲热带、亚热带大陆及附近岛屿,多生于干旱的环境,部分种类生于森林中;且它们具有刺座这一特有的结构,故常将仙人掌科植物从多浆植物中单列出来。这一类植物生态特殊,种类繁多,体态清雅而奇特,花色艳丽而多姿,颇富趣味性。

3.3.12　水生花卉类

水生花卉是指生长于水中、沼泽地或湿地的观赏植物。水生花卉长期对水生或湿生环境的适应,在形态、生态习性上都表现与中生植物有所不同,因而要求的栽培措施也有所不同。水生花卉分为 4 个不同的类型:挺水类、浮水类、漂浮类和沉水类。这类植物其根系扎于水下泥土中,茎叶沉于水中。

水生花卉大多数都喜欢光照充足、通风良好的环境;不耐干燥,一旦失水,植株极易死亡。沉水类还要求较好的水质,水的透明度差,会影响生长。

3.3.13　草坪与地被植物类

草坪与地被植物同属于地面覆盖植物范畴,是组成绿色景观、改善生态环境的重要物质基础。草坪植物是指一些适应性较强的矮性禾草。目前具有较高应用价值的草坪植物绝大多数都是属于禾本科的多年生草本植物,如结缕草、狗牙根等,也有部分是属于莎草科的多年生草本植物,如异穗苔草、白颖苔草等。它们均具有叶丛低矮而密集,具有爬地生长的匍匐茎或匍匐枝,或具有分生能力较强的根状茎的特点。地被植物则是指除草坪植物以外,紧贴地表生长的低矮植物。在园林中,地被植物常在庭石旁丛植,或在草坪内、林荫下较大面积地片植。地被植物种类非常丰富,主要是一些多年生的低矮草本植物,如沿阶草、大叶仙茅。

3.3.14 室内观赏植物类

室内观赏植物是指主要以叶子作为观赏对象(包括部分叶和花共赏的品种),适宜室内较长期摆放和观赏的一类植物。室内观赏植物的叶片除为绿色外,很多品种还有花叶或彩叶。它们大多数原产于热带地区森林的下层,故此类植物一般对光周期不敏感,比较耐阴,喜散射光,畏直射光,喜高温多湿的气候,如马拉巴栗、澳洲鸭脚木等。

3.3.15 特色植物类

我们把具有独特观赏效果的分类群或反映地域特色的一类植物,统一归入特色植物类。其中包括常用于室内外园林的观赏蕨类、兰科花卉,以及体现中国传统艺术特色的盆景树类。

1)观赏蕨类

蕨类植物多数原产于森林的下层,及沟边等阴湿环境下,耐阴性强。虽然没有鲜艳的花朵与美丽的果实,但其千姿百态的叶姿和四季常青的叶色,使其独树一帜,具有较高的观赏价值,为优良的观叶植物。丛植、片植于室外园林或盆栽于室内观赏,均可营造出清幽、素雅、自然、野趣的氛围。桫椤、笔筒树等常作为大型盆栽布置于公共场所的大堂或内庭,铁线蕨、凤尾蕨摆设于茶几、书桌,巢蕨、鹿角蕨等作吊盆,布置室内空间或附生于大树树干上,肾蕨、翠云草等还可作为地被,配置于建筑物的内庭或公园。此外,观赏蕨类种类众多,不仅可作专类园,而且其翠绿的叶色很适合切叶,作为插花的配材。

2)兰科花卉

兰科花卉是指兰科植物中具有观赏价值的种类。兰科植物在形态、生理、生态上都有其共同性和特殊性,在栽培上将其作为一个独立的栽培类型。兰科植物是单子叶植物,种类十分丰富,全科约有700多属,20 000多种。

3)盆景树类

盆景指以植物、山石、土、水等为材料,经过艺术处理和园艺加工,在盆钵中集中、典型地表现大自然的优美景色,同时以景抒情,创造深远的意境,达到缩龙成寸、小中见大的艺术效果。盆景以自然物本身为主要材料,具有天然的神韵和生命的特征,它能够随时间的推移和季节的更替,呈现出不同的景色,是自然美和艺术美的有机结合。根据创作材料、表现对象及造型特征,把盆景分为桩景类(即树桩盆景)、山水类(即山水盆景)和树石类(即水旱盆景)三大类型。

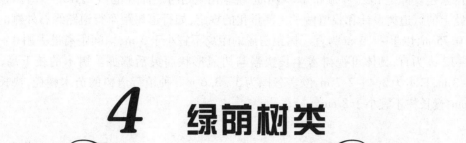

4 绿荫树类

4.1 绿荫树类概述

绿荫树类包括庭荫树、园景树和行道树等三类。绿荫树类均为乔木,从许多角度而言,乔木都应该是整个园林绿化的主体。首先,从景观效果考虑,乔木能构成室外环境的基本结构和骨架,从而使布局具有立体的轮廓,体现地方特色;其二,从生态效应考虑,乔木借着其宽大的树冠,在改善、优化城市环境质量方面,起着灌木和地被植物无法代替的作用;其三,从经济角度考虑,乔木生命周期长,养护费用远比灌木和地被植物少得多。

庭荫树是指栽植于园林绿地中以其绿荫供游人纳凉防晒为主要目的的,兼具观赏价值的树种。庭荫树应选择树冠宽广、整齐美观、枝叶浓密;花果香艳,而无恶臭;树干光滑,而无棘刺的树种,南方以常绿阔叶树为主,如蝴蝶果 *Cleidiocarpon cavaleriei*、人面子 *Dracontomelon duperreanum*、榕树等,北方则多以常绿针叶树和落叶阔叶树为主,如银杏 *Ginkgo biloba*、刺槐 *Robinia pseudoacacia*。园景树又称为独赏树、孤植树或赏形树,指栽植于园林绿地中常独立成为中心景物(或视觉焦点),主要表现树木体形之美的树种。园景树应选择树体高大雄伟,树形优美而具特色者,如圆锥形、尖塔形、垂枝形、圆柱形等,且寿命较长的树种,针叶树类与阔叶树类均可,如雪松 *Cedrus deodora*、尖叶杜英 *Elaeocarpus apiculatus*。在配植方面上,庭荫树多植于路旁、池边、廊、亭前后或与山石建筑相配,或在局部小景区三五成组地丛植,形成有自然情趣的布置;亦可在规整的有轴线布局的地区进行规则式配植。园景树则常配植于广场中心、道路交叉路口或坡路转角处。在园景树的周围应有开阔的空间,最佳的位置是以草坪为基底以天空为背景的地段。

行道树是指栽植于园林绿地的道路系统中以美化、遮阴、防护和保护路面为主要目的的树木,如悬铃木 *Platanus acerifolia*、杨、槐 *Sophora japonica* 等。行道树应选择深根性、分枝点高、冠大荫浓、生长健壮、适应城市道路环境条件,且落叶、落花和落果对行人不会造成危害、不污染街道环境;若为落叶树,则要求发芽早、落叶迟而且落叶延续期短的树种。

在配植上行道树一般均采用规则式,大都在道路的两侧以整齐的行列式进行种植。其中又可分为对称式及非对称式。当道路两侧条件相同时多采用对称式,否则可用非对称式。从配植的地点来看,世界各国多将行道树配植于道路的两侧,但亦有集中于道路中央的,例如德国和比利时多用后一种方式。

国家建设部于 1997 年颁布了《城市道路绿化规划与设计规范》(CJJ75—97)。该规范对城市道路上的行道树设计和栽植做了一些量化的规定,如行道树距车行道路缘石外侧的距离不应少于 0.75 m,以 1~1.5 m 为宜。树距房屋的距离不宜小于 5 m,株间距离过去用 4~8 m,实际以 8~12 m 为宜,具体可视树木生长快慢与树冠形状而灵活掌握。树木的枝下高,我国多为 2.8~3 m,日本为 2.4~2.7 m,欧美各国为 3~3.6 m。种植行道树的苗木胸径,快长树不得小于5 cm,慢长树不宜小于 8 cm。

4.2 常用针叶绿荫树类

针叶树一词是裸子植物亚门 Gymnospermae 松杉纲 Coniferae 或 Coniferopsida 植物的通俗名称,因其叶多细窄坚韧而得名。在针叶树中,不仅有世界珍贵、稀有的子遗植物,如水杉、落羽杉,还有世界著名的五大园景树,南洋杉 *Araucaria heterophylla*、雪松、日本金松、金钱松 *Pseudolarix amabilis*、巨杉(世界爷)。在城市园林中,针叶树以其悠长的树龄、苍劲的雄姿、翠绿的枝叶、常青的风格及体态多样而得到广泛的应用,尤其是在北方的园林中。

4.2.1 南洋杉 *Araucaria heterophylla* (Salisb.) Franco.

图 4.1 南洋杉

1—3.枝叶;4.球果;

5—9.苞鳞背腹面、侧面及俯视

(引自中国植物志)

别名:诺福克南洋杉。南洋杉科,南洋杉属。

常绿乔木,高 10~30 m。树皮横裂,暗灰色。分枝平展,大枝轮生;侧生小枝平展或微下垂,排列成羽状。叶二型,幼树及侧枝的钻形,向上弯曲,有 3~4 棱,长 6~12 mm,大树及果枝上的叶卵状三角形,长 5~9 mm。花单性,雌雄异株;雄球花圆柱形;雌球花圆球形。球果卵形或椭圆形,直立,苞鳞宽大,木质扁平,先端厚,具反曲的尖头。种子椭圆形,与种鳞合生,两侧具结合生长的宽翅。花期夏季,秋末冬初果熟。

原产大洋洲诺福克岛,世界热带、亚热带多有栽培。我国上海、厦门、广州、昆明等地均有栽培。

喜光,喜温暖湿润气候,不耐寒,不抗风。喜土层深厚、肥沃湿润、排水良好酸性土,黏重板结地生长较差,忌积水地。种子繁殖。

树形高大,树冠塔形,树姿苍劲挺拔,整齐优美,为世界著名的园景树和行道树,适宜于花坛中心、庭院、公园、水滨及建筑物前等处行植、丛植或孤植。

同属**肯氏南洋杉(猴子杉)** *A. cunninghamia* D. Don,圆锥状塔形树冠;树皮暗褐色,粗糙,横裂;侧生小枝紧密,下垂;叶钻形,通常两侧扁,具 3~4 棱;苞鳞刺状且尖头向后显著反曲。原产澳大利亚及新几内亚。

4.2.2　雪松 *Cedrus deodara*（D. Don）G. Don. f.

别名:喜马拉雅雪杉。松科,雪松属。

常绿乔木,高可达50 m;树皮深灰色,裂成鳞片块状;枝条不规则轮生,有长短枝之分,短枝为发育枝,长枝为生长枝;叶针形,长1～5 cm,横切面3棱形,稀4棱形,幼时有白粉,呈灰绿色;雌雄异株,稀同株;球花单生枝顶;球果卵形,长7～12 cm,直立,顶端平;种鳞木质,扇状倒三角形,排列紧密,背面密生锈色短绒毛,熟时自中轴脱落;成熟前绿色,熟时红褐色;种子上部具宽大的膜质种翅;花期10—11月,翌年10月果熟。

原产喜马拉雅山西部。我国温带、北亚热带和中亚热带地区广为栽培,以长江流域最普遍且生长良好,如南京、武汉、成都等地的雪松很有特色。

喜光,喜温暖、凉爽、湿润气候,能耐短期－25 ℃低温。喜中性土壤,在碱性土中生长不良。根系较浅,抗风力弱,不耐水湿。抗污染能力较弱,对二氧化硫、氯气等有害气体及烟尘均不适应。繁殖采用播种、扦插和嫁接等方法。

树体高大,树冠塔形,雄伟壮观,宜孤植于草坪中央、建筑物前、庭园中心或列植园门入口处、干道两侧等。

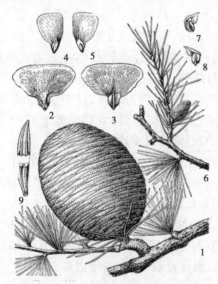

图4.2　雪松

1.球果枝;2.种鳞背面及苞鳞;3.种鳞腹面;
4,5.种子背腹面;6.雄球花枝;7,8.雄蕊背腹面;9.叶
（引自中国植物志）

图4.3　柳杉

1.球果枝;2.种鳞背面及苞鳞上部;
3.种鳞腹部;4.种子;5.叶
（引自中国植物志）

4.2.3　柳杉 *Cryptomeria japonica*（L. f.）D. Don var. *sinensis* Miq.

别名:孔雀杉、泡杉、长叶柳杉。杉科,柳杉属。

常绿乔木,高可达40 m。树皮红褐色,纵裂成长条片脱落。大枝近轮生,平展或斜展;小枝绿色,细长下垂。叶互生,螺旋状排列略成5行,钻形,先端向内微弯,基部显著下延。球果单生枝顶,近球形,径1.2～2 cm;种鳞木质,盾形,约20枚,上部肥大,先端具3～7齿裂,背部中央有

一个三角状分离的苞鳞尖头，长 2~4 mm；发育种鳞具 2~5 粒种子。种子近椭圆形，长 4~6.5 mm，周围有窄翅。花期 4 月，球果 10—11 月成熟。

我国特有种，产于浙江、福建、江西及四川等省。南方各地均有栽培。

喜光，喜温暖湿润气候，略耐寒，在深厚、肥沃、排水良好的酸性土壤中生长良好。抗空气污染能力强。采用扦插及种子繁殖。

树冠卵状圆锥形，树干粗壮，枝叶茂密，是优良的绿荫树种，孤植、丛植、群植或列植均可。

4.2.4　苏铁 *Cycas revoluta* Thunb.

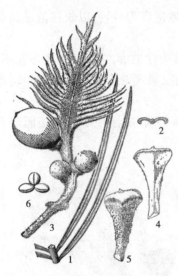

图 4.4　苏铁
1. 羽状叶的一段；2. 羽状裂片的横切片；
3. 大孢子叶及种子；4,5. 小孢子叶的背腹面；6. 聚生的花药
（引自中国植物志）

别名：铁树、凤凰蕉、凤尾蕉、避火蕉。苏铁科，苏铁属。

常绿乔木，树干粗大，高 2~3 m；通常不分枝，密布鳞状叶痕；大型羽状深裂叶浓绿亮泽，集生茎顶。羽状叶具多数狭窄的羽片，条形，厚革质而坚硬，长 9~18 cm；边缘显著反卷，先端具刺状尖头，背面疏生褐色柔毛。花单性，雌雄异株；雄球花塔形，小孢子叶密被黄褐色绒毛；雌球花圆球形，大孢子叶扇形，先端羽状分裂，密生黄褐色绒毛；胚珠 2~6 枚，生于大孢子叶柄两侧，被绒毛。种子卵球形，红褐色或橘红色，被灰黄色短绒毛。花期 7—8 月，种子 10 月成熟。

原产福建、广东、台湾等省区，日本、菲律宾及印度尼西亚也有分布。在我国热带、亚热带地区广泛栽培，华南、华东、华中、西南均可露地栽培。

喜光，树性强健，抗大气污染，耐旱，耐半阴，不耐寒，但耐霜冻，忌积水，宜生在肥沃、湿润的微酸性沙质土壤。生长缓慢，寿命长。播种及分株、扦插繁殖。

野生状态的苏铁属的所有种均为国家一级保护植物。树冠倒伞形，体态优雅端庄，终年苍劲翠绿，富有热带风光的观赏效果，宜孤植、对植或丛植，常用于花坛、建筑物门前、天井中、草地边隅，也可盆栽，北方需室内越冬。

同属的**华南苏铁（刺叶苏铁）*C. rumphii* Miq.**，与苏铁的主要区别在于叶片较长，叶背不反卷，背无毛，叶柄两侧有短刺，大孢子叶顶端披针形或菱形，无羽状孢片而具细尖短齿，华南多有栽培。**云南苏铁（暹罗苏铁）*C. siamensis* Miq.**，树干矮小，叶柄长，约为先端羽状叶的 1/3，裂片基部两侧收缩并常对称，种子外种皮硬而光滑，原产云南，西南多栽培。**四川苏铁 *C. szechuanenesis* Cheng et L. K. Fu**，与苏铁极相似，但叶的裂片较大，几近大 1 倍，大孢子叶着生胚珠亦多，原产四川。**广东苏铁（台湾苏铁）*C. taiwaniana* Carruth.**，其营养叶与华南苏铁相似，但大孢子叶绿色，宽卵形，密生黄褐色或锈色绒毛，成熟后脱落，原产广东、福建、台湾等地。

4.2.5　福建柏 *Fokienia hodginsii* (Dunn) A. Henry et H. Thomas.

别名:建柏、滇柏、滇福建柏、阴沉木。柏科,福建柏属。

常绿乔木,高可达 25 m。树皮紫褐色,平滑。生鳞叶小枝扁平,排成一平面,三出羽状分枝。鳞叶二型,长 4~7 mm,先端尖或钝尖,小枝上、下和中央之叶较小,平伏,两侧之叶较大,背面有粉白色气孔带而呈淡蓝白色。雌雄同株,球花单生枝顶;雌球花具 6~8 对珠鳞。球果近圆形,径 2~2.5 cm,熟时褐色,发育的种鳞具 2 粒种子。种子卵形,长约 5 mm,上部有两个大小不等的种翅。花期 3—4 月,球果翌年 10—11 月成熟。

原产我国华中、华南至西南以及越南北部,是我国中亚热带至南亚热带的乡土树种。

喜光,幼树喜阴蔽,喜温暖湿润气候,较耐寒,略耐干旱,在富含腐殖质的酸性黄棕壤中生长良好。萌发力强,耐修剪。种子繁殖。

该种植物的野生种为国家二级保护植物和珍稀濒危植物。树姿优美而高雅,鳞叶紧密浓绿,形态奇异,为优良的绿荫树种,可列植作公园的行道树,或于庭园、草坪内孤植或群植。

图 4.5　福建柏
1.球果枝;2.鳞叶枝;3.种子
(引自中国植物志)

图 4.6　银杏
1.雌球花枝;2.雌球花上端;3.长短枝及种子;
4.去外种皮的种子;5.去外、中种皮的种子纵切面
(示胚乳与子叶);6.雄球花枝;7.雄蕊
(引自中国植物志)

4.2.6　银杏 *Ginkgo biloba* L.

别名:白果、公孙树、鸭掌树。银杏科,银杏属。

落叶乔木,高达 50 m。树皮灰褐色,深纵裂。大枝近轮生,有长枝和短枝之分。叶扇形,先端二裂或波状缺刻;在长枝上螺旋状散生,在短枝上簇生;叶柄长,5~8 cm。雌雄异株,雄球花菜荑花序状,具多数雄蕊,花粉萌发时产生 2 个有纤毛能游动的精子;雌球花生于短枝,具长梗,梗端分 2 叉,叉顶具盘状珠座,其上各着生 1 枚直立胚珠。种子核果状,倒卵形或近球形,长 2.5~3.5 cm;外种皮成熟时淡黄色或橙黄色,肉质,有臭味,被白粉;中种皮白色,骨质,具 2~3 纵脊;内种皮淡红褐色,膜质;胚乳肉质,味甘略苦,可食。花期 3—4 月,种子 9—10 月成熟。

我国特有种,浙江天目山有野生植株。栽培分布区北起沈阳,南至广州,西到云南和四川,东达沿海,以江南一带较多。世界温带各国园林均有栽培。

喜阳,喜温暖湿润气候,稍耐旱,不耐严寒和全年湿热,适生于土层深厚、湿润肥沃、排水良好的酸性至中性土壤。主要用种子繁殖,为得到大量雌株以生产种实或得到大量雄株供绿化栽植时,可用扦插和嫁接繁殖。

该种植物的野生种为国家一级保护植物和珍稀濒危植物。幼年及壮年树冠圆锥形,老树树冠广卵形,树干挺直,树姿雄伟,叶形奇特,叶色秀丽,春为淡绿、夏为深绿、秋为金黄,微风吹过,无数碧玉般的扇形小叶飒飒做响,甚为壮观。为优美的园林树种,最适宜作绿荫树、行道树或独赏树。银杏树型古朴典雅,枝叶扶疏,盎然可爱,为川派树桩盆景的代表树种之一。

4.2.7　水松 *Glyptostrobus pensilis*(Staunt.)K. Koch.

图4.7　水松
1.球果枝;2.种鳞背面及苞鳞先端;3.种鳞腹面;
4,5.种子背腹面;6.着生条状钻形叶的小枝;
7.着生条状钻形叶(上部)及鳞形叶(下部)的小枝;
8.雄球花枝;9.雄蕊;10.雌球花枝;11.珠鳞及胚珠
(引自中国植物志)

杉科,水松属。

落叶或半常绿乔木,高可达25 m。树干具扭纹,生于湿生环境者基部膨大成棱脊与沟槽,具膝状呼吸根;小枝绿色。叶互生,异型;条状钻形叶及条形叶大,柔软,冬季与无芽的小枝一同脱落;条形叶常排成羽状2列,长1~3 cm;条状钻形叶排成3列,叶两侧扁,背腹隆起成脊,长4~11 mm;鳞形叶小,长2~4 mm,背部隆起,脊上有一腺点,螺旋状排列而紧贴小枝,冬季宿存。球花单生枝顶。球果倒卵圆形,长2~2.5 cm;种鳞木质,扁平肥厚,背部上缘具6~10微向外反曲的三角状裂齿,近中部有一反曲的尖头,发育种鳞具2粒种子。种子椭圆形,基部有向下的长翅,连翅长0.9~1.4 cm。花期1—2月,球果10—11月成熟。

我国特有种,产于福建、江西、广东、广西及云南。长江流域以南许多城市,如上海、南京、杭州、武汉、昆明、成都、广东等均有栽培。

喜光,喜温暖湿润气候,不耐寒冷与干燥,除盐碱土外,均能生长,耐水湿,在沼泽地或冲积土可聚生成林。播种或扦插繁殖。

该种植物的野生种为国家一级保护植物和珍稀濒危植物。树姿优美,最宜配置于河边湖畔或沼泽地带,也可作护堤树。

4.2.8　水杉 *Metasequoia glyptostroboides* Hu et Cheng.

杉科,水杉属。

落叶乔木,高可达40 m。树皮灰色或灰褐色,浅裂成窄长条片脱落,树干基部膨大。小枝对生;冬芽显著,对生。叶交互对生,基部扭转排成羽状列,冬季与侧生无芽小枝一同脱落;叶条形,柔软,浅绿色,长0.6~4 cm,宽1.5~2 mm。雄球花单生叶腋,排成总状花序或圆锥花序状;雌球花单生去年生枝顶或近枝顶,珠鳞多数,交互对生。球果单生,近球形,具长梗,熟时深褐色;种鳞木质,盾形,发育的种鳞具5~9粒种子。种子倒卵形,周围有窄翅。花期2—3月,球果10—11月成熟。

我国特有单种属。原产湖北、四川和湖南三省交界处,现在国内外广泛栽培。

适应性强,喜光,不耐阴,不耐干旱和瘠薄,较耐寒,喜湿润但不耐积水,对大气污染有较强抗性,宜植于肥沃、深厚、湿润、排水良好的酸性土。播种和扦插繁殖。

该种植物的野生种为国家一级保护植物和珍稀濒危植物。树冠尖塔形,树干高大通直,树姿优美,叶色秀丽,秋叶转棕褐色,甚为美观,为优美的园景树,宜配植于公园、校园、居住区等水滨处。

图4.8 水杉
1.球果枝;2.球果;3.种子;4.雄球花枝;
5.雄球花;6,7.雄蕊背腹面
(引自中国植物志)

4.2.9 竹柏 *Nageia nagi* (Thunb.) Kuntze.

别名:竹叶松、挪树。罗汉松科,竹柏属。

常绿乔木,高10~15 m。树皮红褐色,光滑;幼枝绿色。叶对生或近对生,革质,卵形至椭圆状披针形,长3.5~9 cm,宽1.5~2.5 cm,先端渐尖,基部渐狭成短柄,具多数平行细脉,无主脉。雄球花穗状,腋生,常成分枝;雌球花单个生于叶腋。种子核果状,球形,径1~1.5 cm,成熟时假种皮黑紫色,被白粉;苞片不发育成肉质种托,种托稍厚于种柄。花期3~5月,果熟期8~11月。

原产我国华东和华南以及日本。我国南方常有栽培。

喜阴,喜温热潮湿气候,不耐寒,不耐干旱和瘠薄,抗大气污染。对土壤要求严格,在排水良好、土层疏松深厚的酸性沙壤土生长良好。不耐修剪,故不宜作绿篱。播种与扦插繁殖。

树冠椭圆状塔形,枝叶浓密,叶面光泽,翠绿可鉴,似竹非竹,似柏非柏,整洁秀丽,宁静雅致,是优良的庭荫树和行道树,可孤植、对植或列植于庭院、公园、建筑物较阴

图4.9 竹柏
1.雌球花枝;2.种子枝;3.雄球花枝;
4.雄球花;5,6.雄蕊
(引自中国植物志)

的东北侧等处。幼树也可盆栽作为室内观赏植物。

同属的**长叶竹柏(大叶竹柏)** *N. fleuryi* (Hickel) de Laubenf.,与竹柏的主要区别是叶交互对生,厚革质,宽披针形,长8~18 cm,宽2.2~5 cm;雄球花3~6枚簇生于总梗上;雌球花有

梗,梗上具数枚苞片,轴端的苞腋着生 1~3 枚胚珠,仅 1 枚发育成熟;成熟时假种皮蓝紫色。该种植物的野生种为国家珍稀濒危植物。

4.2.10 白皮松 *Pinus bungeana* Zucc. ex Endl.

图 4.10 白皮松

1.球果枝;2,3.种鳞背腹面;
4.带翅的种子;5.种翅;6.种子;
7.一枚针叶的腹面;8.针叶的横切面;
9.雌球花;10.雄球花枝;11.雄蕊背腹
(引自中国植物志)

别名:白松、白骨松、虎皮松、蛇皮松、蟠龙松。松科,松属。

常绿乔木,高 17~33 m。有明显主干或从树干近基部分成数干;幼树树干光滑,呈灰绿色;7~8 年生后,树皮及暴露地面之根部,渐为不规则之鳞状薄片剥落,内皮粉白色,外皮灰褐色;一年生枝灰绿色,无毛;大枝轮生。针叶 3 针一束,色暗绿而质坚硬,长 5~10 cm,径 1.5~2 mm;树脂道 6~7 个,边生;叶鞘早落。球果卵圆形或圆锥状卵圆形,长 3~7 cm,径 4~6 cm,熟时淡黄褐色,种鳞张开;鳞盾大,近菱形,横脊显著,鳞脐位鳞盾中央,有三角状短尖刺,尖头向下反曲。种子倒卵形,长约 1 cm,种翅短,有关节,易脱落,可食。4—5 月间开花,球果翌年 10—11 月成熟。

我国特有种。河北、河南、湖北、山西、四川、陕西、甘肃等省均有分布。国内许多城市,如北京、上海、南京、杭州、厦门等均有栽培。

喜光,幼树较耐阴;喜冷凉气候;深根性树种,喜生长在土质较燥,排水良好的酸性土壤,对二氧化硫及烟尘污染抗性较强。寿命长。种子繁殖。

树形多姿,苍翠挺拔,树皮闪闪发光,斑斓可爱,别具特色,是优良的园景树。白皮松以其树皮斑斓如白龙,故封建时代只许于帝王陵寝及寺院内栽植。适于配植于庭园的亭侧,或与石山、墓碑相间配置,墓道两侧列植亦可。

同属的**湿地松 *P. elliottii* Engelm**.,树皮纵裂,鳞片状剥落,针叶 2 针,或 2 针、3 针一束共存,针叶刚硬,深绿色,背腹两面都有气孔线。原产美国东南部各州,长江以南各地广为引种。**马尾松 *P. massoniana* Lamb**.,树冠广伞形,树皮裂成不规则鳞状;针叶 2 针一束,细柔;球果成熟时栗褐色。原产秦岭、淮河流域以南,为长江以南造林先锋树种。**火炬松 *P. taeda* L**.,树皮鳞片状脱落,每年生长枝条多轮;针叶 3 针一束,粗硬,蓝绿色;球果成熟时暗红褐色。原产北美东南部,长江以南各地广为引种。

4.2.11 侧柏 *Platycladus orientalis*（L.）Franco

别名:柏树、扁柏、黄柏、香柏、扁桧。柏科,侧柏属。

常绿乔木,高 10~20 m。树皮浅褐色,条状纵裂。生鳞叶的小枝直展或斜展,排为一平面。叶鳞形,在扁平的小枝上交互对生,长 1~2 mm,叶基下延,中间的鳞叶背面中央有条状腺槽。

雌雄同株,球花单生顶端;雄球花黄色,卵球形;雌球花蓝绿色,近球形,被白粉,具4对珠鳞,仅中间的2对珠鳞各着生1~2枚直立胚珠。球果近卵圆形,长1.5~2.5 cm,成熟时近肉质,蓝绿色,被白粉,熟后褐色或红褐色,开张;种鳞木质,扁平,厚,背部顶端的下方有一弯曲的钩状尖头,中部的种鳞发育,各有1~2粒种子。种子卵形,无翅,长6~8 mm。花期3—4月,球果9—10月成熟。常见栽培品种:**短金柏'Aurea Nana'**,树冠圆形至卵圆形,灌木,小枝顶部叶为黄绿色,后变绿。**金塔柏'Bever leyensis'**,树冠塔形,新叶金黄色,老叶变绿。**垂丝柏'Filiformis'**,小枝下垂,鳞叶紧贴如线。**千头柏(凤尾柏)'Sieboldii'**,树冠球形或卵形,丛生灌木,枝密生,球果大。

在我国分布广泛,尤集中于黄河流域。各地均有栽培。

喜半阴,适应性强,能适应冷凉、温暖、潮湿等不同气候,对土壤要求不严,对盐碱抗性较强,忌生长于地下水位过高或低洼积水处。浅根性,抗风力较弱。寿命长,萌芽能力强,耐修剪。种子繁殖。

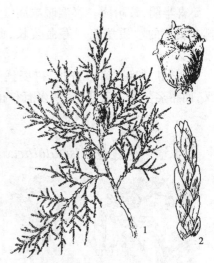

图4.11 侧柏
1.球果枝;2.鳞叶小枝;3.球果
(引自中国植物志)

树冠幼树呈尖塔形,老树呈椭圆形。树干苍劲,气魄雄伟,肃静清幽,可孤植、列植或群植于公园、陵园、庙宇和名胜古迹等地,也可修剪作绿篱。中国人喜欢把侧柏植于寺庙或书院旁边,浓绿的塔形树冠和扁平的分枝,别具一种风味;且喜在婚嫁礼物上插上侧柏枝条,以示吉祥喜庆、百年偕老之意。侧柏树龄长,我国寺庙、陵园、墓地及庭园中常有1 000年以上古树,如北京的天坛、曲阜的孔庙中均有成片的侧柏与圆柏林,泰山岱庙的"汉柏"、陕西轩辕庙的"轩辕柏"均负盛名。

4.2.12 **罗汉松** *Podocarpus macrophyllus* (Thunb.) D. Don

图4.12 罗汉松
1.种子枝;2.雄球花枝
(引自中国植物志)

别名:罗汉杉、土杉。罗汉松科,罗汉松属。

常绿乔木,高10~20 m。树皮薄鳞片状剥落。叶螺旋状排列,条状披针形,长7~10 cm,宽5~10 mm,先端短渐尖或尖,基部狭窄为叶柄状,两面中脉显著。雌雄异株;雄球花穗状,3~5簇生;雌球花单生叶腋,有梗,基部有数枚苞片,最上部生有1枚倒生胚珠。种子核果状,卵球形,长1~1.2 cm,全部为肉质假种皮所包,假种皮熟时紫色或紫红色,被白粉,着生于肥厚肉质、红色或紫红色的种托上。花期4~5月,种子10—11月成熟。变种有**短叶罗汉松(小叶罗汉松)var. maki Endl.**,叶短小而密集,长2.5~7 cm,宽3~7 mm,先端较钝。**斑叶罗汉松'Argentens'**,叶面有白色斑点。

原产我国长江流域以南及日本。我国南方的庭园、寺庙中多有栽培。

喜半阴,较耐阴。喜温暖湿润气候,耐寒性弱,抗风力较强,抗大气污染,栽培要求肥沃、排水良好的沙质壤土。寿命较长,萌枝力强,耐修剪。种子繁殖,也可用扦插法与高压法繁殖。

树冠广卵形,树形古雅,树姿优美。其种子似头状,种托似袈裟,全形宛如披袈裟之罗汉,而得名。南方寺庙、宅院多有种植,可孤植于庭园或对植于建筑物前,亦可作盆景观赏。

4.2.13　金钱松 *Pseudolarix amabilis* (J. Nelson) Rehd.

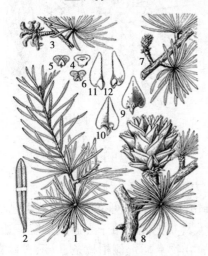

图 4.13　金钱松
1.长、短枝及叶;2.叶的下面;
3.雄球花枝;4—6.雄蕊;7.雌球花枝;
8.球果枝;9.种鳞背面及苞鳞;
10.种鳞腹面;11,12.种子
(引自中国植物志)

别名:金松、水树。松科,金钱松属。

落叶乔木,高可达 40 m。树干通直,树皮深褐色,深裂成鳞片状;大枝轮生平展;枝分长枝与短枝;芽鳞先端长尖。叶在长枝上螺旋状散生,在短枝上簇生,条形,柔软,长 2~5.5 cm,宽 1.5~4 mm,先端尖。球花单性,雌雄同株;雄球花有柄,数个簇生短枝顶端;雌球花单生短枝顶端。球果卵形,直立,长 6~8 cm,径 4~5 cm,熟时淡红褐色或褐色;种鳞木质,卵状披针形,熟后或干后自宿存的中轴脱落。种子白色,卵圆形,上部具翅,种子连翅几与种鳞等长。花期 4—5 月,球果 10—11 月成熟。

我国特有单种属。分布于江苏南部、浙江、安徽南部、福建北部、江西、湖南、湖北西部和四川东部。

喜光,幼时稍耐阴。喜温暖湿润气候,适于深厚肥沃,排水良好的酸性或中性砂质土壤。不耐干旱,不适合于盐碱地和积水的低洼地,耐寒性强,深根性,抗风力强,具有较强的抗火性。种子繁殖。

该种植物的野生种为国家二级保护植物和珍稀濒危植物。树冠尖塔形,树体高大,树姿优美,因新春、深秋叶呈金黄色,及短枝上叶簇生呈圆形如钱,而名。适于池畔或溪旁、瀑口孤植或丛植,也可于公园列植或群植,为著名的庭园观赏树种。为现代孑遗植物,乃世界著名五大观赏树种之一。

4.2.14　圆柏 *Sabina chinensis* (L.) Ant.

别名:桧柏、刺柏、红心柏、珍珠柏。柏科,圆柏属。

常绿乔木,高可达 20 m。树皮灰褐色,纵裂成窄长条片;幼树枝条斜展,老树下部大枝近平展。叶 2 型,鳞叶或刺叶;刺叶通常 3 枚轮生,基部下延生长,鳞叶交互对生,背面具腺体;幼龄树全为刺叶,老龄树全为鳞叶,壮龄树鳞叶与刺叶兼有。雌雄异株,球花单生枝顶;雄球花具 4~8 对雄蕊;雌球花具 4~8 枚交互对生或 3 枚轮生的珠鳞,胚珠 1~2 枚生于珠鳞腹面的基部。球果肉质,浆果状,近球形,径 6~8 mm,熟时暗褐色,被白粉。种子卵圆形。花期 4 月,翌年 10 月果熟。常见的栽培品种有:**金星柏 'Aurea'**,矮型灌木,鳞叶初发时为金黄色,后渐变为绿色;

球柏'**Globosa**',矮型丛生灌木,树冠圆球形,枝细密,多为鳞叶,间有刺叶;**龙柏** '**Kaizuca**',乔木,树冠圆锥状塔形,侧枝螺旋向上,多为鳞叶;**金龙柏** '**Kaizuka Aurea**',形似龙柏,唯枝端的初生叶呈金黄色;**鹿角桧** '**Pfitzerlana**',丛生灌木,树形圆锥形,枝开展,小枝下垂。

分布于华北各省、长江流域至两广北部及西南各省区。朝鲜和日本亦有分布。世界温带至亚热带广为栽培。

喜半阴,幼树耐阴性强,能适应冷凉及温暖气候,耐寒,耐干旱及瘠薄,忌水湿,抗大气污染能力较强,在酸性、中性或钙质土壤中均能生长。萌芽力强,耐修剪,易整形,寿命甚长。繁殖以扦插为主,也可种子繁殖。

图 4.14 圆柏
(引自中国植物志)

枝叶密集葱郁,幼树呈美丽的尖塔形,老树千姿百态,雄伟壮观,自古以来多配植于庙宇、陵墓作墓道树,或丛植于公园、庭园等地,也可修剪为绿篱或剪扎成各种形态。

4.2.15 **落羽杉** *Taxodium distichum*（L.）Rich.

别名:落羽松。杉科,落羽杉属。

落叶乔木,高 10～20 m。树皮裂成长条片脱落;树干尖削度大;树干基部膨大,生水湿处常有膝状呼吸根;大枝平展,侧生小枝排成 2 列。叶互生,条形,先端尖,长1～1.5 cm,在无芽小枝上排成羽状 2 列,冬季与小枝一同脱落。雌雄同株,雄球花多数,集生于下垂的枝梢上,排成圆锥花序状;雌球花单生枝顶,珠鳞数个,苞鳞与珠鳞几全部合生。球果近圆球形,约 2.5 cm,具短梗,熟时淡褐黄色,被白粉;种鳞木质,盾状,苞鳞与种鳞仅先端分离,发育的种鳞有 2 粒种子。种子不规则三角形,褐色,长 1.2～1.8 cm,具 3 个锐棱脊,棱脊有厚翅。开花期3—5 月,球果 10 月成熟。变种**池杉**(**池柏**) var. *imbricatum* (**Nutt.**) **Croom**,与落羽杉的区别在于叶异型,条形叶 2列排列,冬季与小枝一同脱落;钻形叶,稍内曲,在小枝上

图 4.15 落羽杉
1.球果枝;2.种鳞顶部;3.种鳞侧面
(引自中国植物志)

螺旋状排列,冬季宿存。

原产北美洲东南部,生于沼泽地带。我国南方各省均有引种栽培。

喜光,喜温暖多湿气候,性好水湿,不耐干旱和严寒,喜生长于富含有机质,微酸性至中性的土壤,生长快速旺盛。扦插和种子繁殖。

树冠圆锥形,树姿端庄秀丽,叶在小枝是排列呈羽毛状,色翠绿,入秋叶变黄再变为褐红,后

连同小枝一起脱落,而得名,是优良的秋色叶树种。广州羊城八景之一的"龙洞琪琳",就是位于华南植物园内湖边落羽杉林的秋景。奇特的呼吸根凸出地面或池水,奇趣可爱,引人入胜。可列植、丛植、群植于河岸、湖旁、池畔观赏,也可作为农田水网的防护林树种。

同属的墨西哥落羽杉 *T. mucronatum* Tenore,为常绿或半常绿乔木,树冠广圆锥形,侧生小枝不排成 2 列;叶条形,排列紧密,在一平面上成羽状 2 列。原产墨西哥及美国,在积水沼泽地上栽培表现很好。

4.3 常用阔叶绿荫树类

阔叶树一词是被子植物亚门 Angiospermae 双子叶植物纲 Dicotyledoneae 木本植物的通俗名称,以其叶片宽阔,叶形多样而得名。在阔叶树中,有不少种类是国家重点保护和珍稀濒危的植物,如鹅掌楸 *Liriodendron chinense*、喜树 *Camptotheca acuminata*。在城市园林中,阔叶树以其庞大的树冠、翠绿的叶色、优雅的花姿、艳丽的花色、多样的果实而得到广泛的应用,尤其是在气候炎热、日照充足的南方园林。

4.3.1 七叶树 *Aesculus chinensis* Bunge

图 4.16 七叶树
1.花枝;2.两性花;3.雄花;
4.果实;5.果实横剖以示种子
(引自中国植物志)

别名:梭椤树。七叶树科,七叶树属。

落叶乔木,高可达 25 m。小枝光滑、粗壮;顶芽卵形而大,芽鳞交互对生,淡褐色,无毛。掌状复叶对生;小叶 5~9 枚,以 7 枚为常,倒卵状椭圆形或长椭圆形,长 8~20 cm,先端渐尖,基部楔形,叶缘有细密锯齿,背面沿脉疏生毛,小叶有柄。圆锥花序顶生,长约 25 cm;花杂性,花小,白色,花瓣 4 枚,红黄白色小花连总花梗。蒴果扁球形,径 3~5 cm,栗壳色,密生疣点。种子深褐色,形如板栗。花期 5—6 月,果期 9—10 月。

原产黄河流域,陕西、河南、山西、河北、江苏、浙江等省均有栽培。

亚热带及温带树种。喜光,稍耐阴,喜温暖至凉爽气候,耐寒,畏干热,在肥沃、湿润的土壤中生长良好。深根性树种,生长较慢。种子繁殖,也有用压条及嫁接繁殖。

树冠庞大,枝叶扶疏,树形整齐,叶形美丽,开花时硕大的花序竖立于叶簇中,似一个个华丽的大烛台,为世界珍贵的观赏树种。可孤植、丛植于公园、庭园作绿荫树,尤适宜作为城市道路的行道树。

4.3.2　石栗 *Aleurites moluccana*（L.）Willd.

大戟科,石栗属。

常绿乔木,高 12～18 m。幼枝被灰褐色柔毛;嫩叶和花序各部分均被星状柔毛。叶互生,卵形至阔披针形,长 10～18 cm,先端渐尖,基部宽楔形、或近心形,全缘或 3～5 浅裂,掌状脉;表面有光泽,老叶上面无毛或近无毛,下面被星状柔毛;叶柄长,6～12 cm,顶端有 2 个浅红色小腺体。圆锥花序顶生,花小,6～8 mm,繁多,乳白色至乳黄色,单性同株。核果近球形,长 5～6 cm,被星状毛,熟时蓝黑色;有种子 1～2 粒。春、夏、秋三季均可开花。

原产马来西亚。热带地区广为栽培,我国华南地区栽培也十分普遍。

喜光,喜温暖多湿气候,不耐寒,耐旱;深根性,萌芽力强,生长迅速,枝叶繁茂,枝条易折,抗风力弱;除湿地外,普通土质均能发育,以沙质壤土为佳。种子繁殖。

树冠椭圆形,树枝健壮,绿荫常青,可于公园、道路绿地等处孤植或列植作庭荫树、行道树。

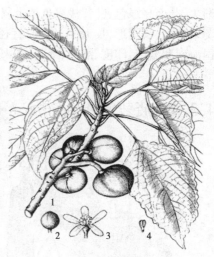

图 4.17　石栗
1. 果枝;2. 雄花蕾;3. 雄花;4. 雄蕊
（引自中国植物志）

4.3.3　糖胶树 *Alstonia scholaris*（L.）R. Br.

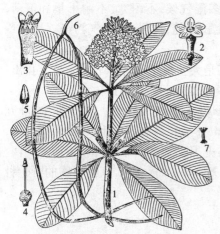

图 4.18　糖胶树
1. 花枝;2. 花;3. 花冠一部分;4. 雌蕊;
5. 雄蕊背面观;6. 菁葵;7. 种子
（引自中国植物志）

别名:黑板树、盆架子、灯架树。夹竹桃科,鸡骨常山属。

常绿乔木,高可达 30 m。具乳状汁液,大枝分层轮生。叶 3～8 枚轮生,倒卵状长圆形或倒披针形,长 7～28 cm,宽 2～11 cm,革质,顶端圆、钝或微凹,基部楔形,灰绿色;侧脉多数,密生而平行。聚伞花序顶生;花多数,细小,白色,花冠高脚碟状,花冠筒圆筒形,裂片 5,向左覆盖;雄蕊 5 着生于冠筒中部以上;雌蕊由 2 个离生心皮所组成,子房上位,密被柔毛。菁葵果离生,细条形,长 20～57 cm,直径 2～5 mm。种子长圆形,红棕色,两端被红棕色缘毛。开花期 6—11 月,果期 10 月至翌年 4 月。

原产我国广西、云南,亚洲热带地区及澳大利亚也有分布。广东、福建、台湾、海南等省区普遍栽培。

喜光,喜高温多湿气候,不择土壤,但须排水良好,抗风,抗大气污染,通风不良,易引致虫害发生。播种或扦插繁殖。

树冠近椭圆形,树干通直,分枝轮生,枝叶繁茂,叶色终年亮绿。盛花期满树小白花,清丽雅致;细线形的蓇葖果,悬垂枝梢,别具一格。为优良的园景树、庭荫树或行道树,可孤植或列植于公园或城市道路等地。

同属的**盆架树 A. rostrata C. E. C. Fischer**,叶 3~4 枚轮生,长椭圆形,厚纸质,顶端尾尖或渐尖,叶面亮绿色,叶背浅绿色稍带灰白色;雌蕊由 2 个合生心皮所组成,子房半下位,无毛;蓇葖果合生,长圆形,长 18~35 cm,直径 1~1.2 cm;种子长椭圆形,两端被棕黄色缘毛。原产我国海南和云南,印度、缅甸、泰国、马来西亚和印度尼西亚也有分布。

4.3.4 菠萝蜜 *Artocarpus heterophyllus* Lam.

图 4.19 菠萝蜜
1. 带果植株一段;2. 雄花;3. 雌花;4. 核果
（引自中国植物志）

别名:木菠萝、树菠萝。桑科,桂木属(菠萝蜜属)。

常绿乔木,高 8~15 m。树皮厚,黑褐色;小枝有环状托叶痕,植物体含乳汁。叶互生,厚革质,深绿色,两面无毛,倒卵状椭圆形,长 7~25 cm,宽 3~12 cm,先端钝尖,基部楔形,全缘(幼树的叶有时 3 裂);托叶抱茎。花雌雄同株,雄花序顶生或腋生,圆柱形,长 2~8 cm;雌花序生于大枝及树干上,近球形。聚花果大型,长圆形,长 25~60 cm,直径 25~50 cm,成熟时黄色;内含若干个瘦果,白色,卵形,长约 3 cm,宽 1.5~2 cm,每个瘦果被肉质的花萼包围,并藏入肉质花序轴内,充分发育的果实外皮有六角形瘤状突起。2—4 月开花,6—8 月果熟。

原产印度及东南亚。现广植于热带地区,我国福建南部、广东、广西、海南、台湾、云南南部等地均有栽培。

喜光,喜高温多湿气候,不耐寒,不耐干旱和瘠薄,在深厚肥沃之地生长最佳,抗风,抗大气污染。播种或嫁接繁殖。

树冠半圆形或圆头形,叶色浓绿亮泽,绿荫宜人,尤其是大型聚花果自树干或老枝上长出,极富热带特色。果实为著名的热带水果,既可观果,又是优良的庭荫树和行道树。

同属的**桂木(红桂木)A. nididus Tréc. ssp. linganensis(Merr.)Jarr.**,常绿乔木;叶互生,两面绿色,革质,椭圆形,长 5~15 cm;雄花序腋生,长 6~8 mm;雌花序腋生;聚花果近球形,平滑,直径 5 cm,熟时红色或黄色。花期 3—5 月,果期 5—9 月。原产广东、海南、云南和广西。耐半阴,与菠萝蜜园林用途相同。**白桂木 A. hypargyreus Hance**,叶背白色,该种植物的野生种为国家珍稀濒危植物。

4.3.5 红花羊蹄甲 *Bauhinia × blakeana* Dunn

别名:香港樱花、洋紫荆、红花紫荆、艳紫荆。苏木科,羊蹄甲属。

常绿乔木,高 5~10 m。叶互生,革质,绿色,圆形或广卵形,长 8~13 cm,叶基圆形至心形,顶端 2 裂至叶全长的 1/4~1/3,裂片顶端浑圆。总状花序顶生或腋生,花大而显著,花萼裂成佛焰苞状;花紫红色,花瓣 5,披针形,上部(近轴)的一枚在最内面,余为覆瓦状排列;发育雄蕊 5 枚,3 长 2 短。几乎全年均可开花,盛花期在秋、冬两季。通常不结果。

原产我国香港,为一杂交种。世界热带地区广为栽培,我国南方普遍栽培。

喜光,喜温暖至高温湿润气候,适应性强,不耐寒,耐干旱和瘠薄,喜生长于肥沃、土层深厚的土壤上,抗大气污染,但不抗风,遇台风吹袭,易倾斜或折断。幼时应将下枝善为修剪,使枝下高符合城市行道树的要求。压条或嫁接繁殖。

树冠开展如伞,树姿婆娑,枝条柔软低垂,绿荫效果甚佳;叶形奇特,花大艳丽,花期甚长,为优良的观花乔木。可孤植或列植于公园、庭园、居住区、广场、水滨或道路等地,作园景树、庭荫树或行道树,也可丛植、群植作为背景林。1965 年被定为香港市花,1997 年 7 月 1 日香港回归祖国,该花的图案被定为香港特别行政区区徽。

图 4.20　红花羊蹄甲
1. 花枝;2. 花除去萼和花瓣是雄蕊和雌蕊
(引自中国植物志)

同属的**白花羊蹄甲 B. acuminata** L.,叶裂片顶端尖;花白色,发育雄蕊 10 枚。**羊蹄甲(紫羊蹄甲) B. purpurea** L.,顶端 2 裂至叶全长的 1/3~1/2,裂片顶端稍尖或钝;花淡紫色、淡红色或粉白色,花萼裂为几乎相等的 2 裂片,花瓣倒披针形,发育雄蕊 3~4 枚;荚果扁条形。花期 10—11 月。原产我国福建、广东、广西、云南和台湾等省区,越南、缅甸、印度、马来西亚等也有分布。**宫粉羊蹄甲(洋紫荆) B. variegata** L.,叶宽大于长,长 7~10 cm,顶端 2 裂至叶全长的 1/4~1/3,裂片顶端浑圆;伞房花序,花粉红色,萼先端 5 齿裂,花瓣卵状矩圆形,发育雄蕊 5 枚;荚果扁条形,长约 20 cm。花期 2—4 月。原产我国福建、广东、广西、云南等省,越南、印度均有分布。

4.3.6　秋枫 *Bischofia javanica* Bl.

图 4.21　秋枫
1. 果枝;2. 雄花
(引自广东植物志)

别名:常绿重阳木、水苋木、茄苳树。大戟科,重阳木属。

常绿乔木,高 15~20 m。树皮红褐色,薄鳞片状剥落。3 出复叶互生;小叶革质,卵形至长椭圆形,长 7~15 cm,宽 4~8 cm,先端渐尖,基部楔形,边缘具粗钝锯齿(2~3 个/cm)。圆锥花序腋生,下垂,花小,黄绿色,单性,雌雄异株;萼片 5,雄花萼片镊合状排列,雌花为覆瓦状排列;无花瓣;雌花序 15~27 cm,雌花具 3~4 个花柱,子房 3 室,每室 2 胚珠。浆果球形,径 0.8~1.5 cm,熟时蓝黑色。花期 3—4 月,9—10 月果熟。

原产我国南部以及印度、马来西亚、菲律宾至大洋洲,热带地区广为栽培。我国福建、台湾、广东、广西、海南等地均生长繁茂。

喜光,喜温暖至高温多湿气候,不耐寒,抗风,抗大气污染,喜湿润肥沃之地,耐水湿,通常生于溪边或河谷排水良好之处,生命力强。种子繁殖。

树冠圆盖形,干形端直,新叶淡红色,枝叶繁茂,遮阴效果好,常列植作行道树,亦可孤植或丛植于公园、庭园等地,作园景树和绿荫树。

同属的**重阳木 _B. polycarpa_（Levl.）Airy-Shaw**,落叶,高达 15 m;树皮褐色,纵裂;3 出复叶,小叶卵圆形或椭圆状卵形,长 5~9 cm 先端突尖或突渐尖,基部圆形或近心形,边缘有细钝齿(4~5个/cm);总状花序,雌花具 2 个花柱;浆果球形,径 0.5~0.7 cm,熟时红褐色。花期4—5 月,10—11 月果熟。原产秦岭、淮河流域以南至广东、广西北部,在长江中下游各省常见栽培。

4.3.7　木棉 _Bombax ceiba_ L.

图 4.22　木棉

1.叶枝;2.花枝;3.花的纵切面;

4.雄蕊;5.子房横切面;6.果

（引自广州植物志）

别名:红棉、英雄树、攀枝花。木棉科,木棉属。

落叶大乔木,高可达40 m。树干通直,幼树树干和老树枝条上有圆锥状皮刺,分枝平展近于轮生。掌状复叶互生,小叶 5~7枚,椭圆状披针形,长 10~20 cm,全缘,无毛;叶柄较小叶为长。花单生,聚生近枝端,直径 10~12 cm,鲜红色;花萼环状;花瓣5;雄蕊多数,集成 5 束。蒴果椭圆形,长 15 cm,木质,开裂,果皮内侧有丝状棉毛,种子埋于其中。2—4 月开花,5—6 月果熟。

原产我国南部及亚洲其他热带地区至澳大利亚。热带、南亚热带地区普遍栽培,海南、广东、云南、广西、四川、台湾等省区常见栽植。

喜光,喜高温湿润气候,适应性强,耐干旱,耐瘠薄;深根性,抗风,抗大气污染,不耐水湿。对土壤要求不严,在日照充足和排水良好处生长迅速。种子繁殖。

树体高大雄伟,树冠伞形,大枝分层;春天先花后叶,满树红花,光彩夺目,是极富热带色彩的观花乔木。既可供近赏,更适宜远眺,为优美的园景树和行道树。是广州市的市花。

4.3.8　串钱柳 _Callistemon viminalis_（Gaertn）G. Don f.

别名:垂枝红千层,瓶刷子树、垂花红千层。桃金娘科,红千层属。

常绿灌木或小乔木。幼枝被柔毛。叶互生,革质,披针形,细长如柳,全缘,具透明油腺点,小而多。穗状花序生于枝顶,较稀疏,下垂,花后枝顶仍继续伸长成为具叶的新枝;花无梗;萼管卵形或钟形,基部与子房合生;花瓣5,绿色,脱落;雄蕊多数,鲜红色,分离,比花瓣长数倍;子房下位。蒴果半球形,包于萼管内,顶端开裂。1—4 月开花,夏秋间果熟。

原产澳大利亚。我国南方有栽培。

喜光,喜高温高湿气候,不耐寒,不耐荫,耐修剪,抗大气污染。喜肥沃、湿润和排水良好的壤土。主根长、侧根短,移栽较难,栽植宜用容器苗。播种或扦插繁殖。

图 4.23　串钱柳

枝叶繁茂,树姿整齐,雄蕊花丝细长,色泽艳丽。开花后花序轴继续生长,发出新叶,形如瓶刷子,故别名为:"瓶刷子树",为热带地区常见的园景树。枝、叶、花下垂,婀娜多姿,常作为滨水植物,栽植于水池和湖边观赏。

同属的**红千层** *C. rigidus* **R. Br**.,与串钱柳相近,相异处主要为叶条形,坚硬而尖,透明油腺点少而大;穗状花序较稠密。夏至秋季开花,秋至冬季果熟。原产澳大利亚。

4.3.9 喜树 *Camptotheca acuminata* Decne

别名:旱莲木、千丈树、水桐树。紫树科(蓝果树科、珙桐科),喜树属。

落叶乔木,高 15 ~ 20 m。枝条髓心松软并有片状分隔;小枝常呈绿色,有明显皮孔。叶互生,椭圆状卵形或椭圆形,长 12 ~ 20 cm,先端渐尖,基部宽楔形,上面亮绿,下面疏生短柔毛,脉上较密;叶柄常带红色。头状花序,具长柄,排成圆锥状;花杂性;雌雄同株;雌花序顶生,雄花序腋生;花萼 5 齿裂;花瓣 5,淡绿色,外面密被短柔毛;雄蕊 10;子房下位,1 室。瘦果窄椭圆形,长 2 ~ 2.5 cm,具 2 ~ 3 纵脊,有窄翅,聚合而成球状果序,熟时呈黄褐色。花期 4—7 月开花,10—11 月果熟。

单属种,原产长江流域及以南各地。

中亚热带至南亚热带的乡土树种。喜光,喜温暖湿润气候,耐寒,不耐干旱和瘠薄,耐水湿,宜植于土层深厚、肥沃、湿润之地,抗烟尘能力较弱。生长迅速。种子繁殖。

该种植物的野生种为国家二级保护植物。树冠倒卵形,树干挺直,姿态端直雄伟,果实形态奇特,是优良的园景树和绿荫树,也可列植作为公园、居住区或校园等地的行道树。

图 4.24 喜树
1. 花枝;2. 翅果;3. 翅果的内面和外面
(引自中国植物志)

4.3.10 橄榄 *Canarium album*(Lour.)Raeusch.

图 4.25 橄榄
1. 花枝;2. 果枝;3. 花及其纵切面
(引自广州植物志)

别名:白榄、黄榄、青榄。橄榄科,橄榄属。

常绿乔木,高 8 ~ 15 m。树皮光滑,灰色;树脂有胶黏性,芳香。奇数羽状复叶互生,长 50 cm;小叶对生或近对生,7 ~ 15 枚,具短柄,略偏斜,革质,长椭圆形或卵状披针形,长 4 ~ 20 cm,宽 2.5 ~ 6 cm,全缘,上面深绿,下面黄绿;细脉在两面均明显突起,下面网脉较粗糙,常有小窝点;叶揉碎有特殊香味。圆锥花序顶生或腋生,较复叶为短,花两性或杂性,芳香;花萼 3 裂;花瓣 3 ~ 5,白色;子房上位,每室 2 胚珠。核果椭圆形至卵形,长 2.5 ~ 3 cm,熟时黄绿色,可食;核两端尖。4—6 月开花,10—11 月果熟。

原产于我国东南部至西南部以及越南。广东、广西、福建、海南、台湾、重庆、四川、云南等省区亦多栽培。

喜半阴,喜高温湿润气候,不耐寒,耐干旱,不耐水湿,在深厚肥沃的微酸性土中生长良好;深根性,抗风力强。直根性,移栽宜慎。播种和嫁接繁殖。

树干端直,姿态秀丽,枝叶茂密,绿荫如盖,除为岭南特色水果栽培外,亦为优美的园景树、绿荫树和行道树。因根深叶茂,抗风力强,可作为海边防风林树种。

同属的**乌榄(黑榄)C. pimela Leenh.**,与橄榄特性相似,主要区别是羽状复叶长30~65 cm,小叶15~21枚,长椭圆形,较橄榄大,长5~15 cm,宽3.5~6 cm,叶面深绿色,叶面的叶脉凸起,叶背面平滑,揉碎后香气较橄榄浓;花序长于复叶;果实成熟时呈紫黑色,较橄榄大,长3~4 cm,可食;核两端较钝。花期3~4月,果8—9月成熟。原产我国南部和越南。

4.3.11 黄槐 *Cassia surattensis* Burm. f.

图4.26 黄槐
1. 花枝;2. 花;3. 花瓣;4. 雄蕊;5. 托叶;6. 果
(引自中国植物志)

别名:黄槐决明。苏木科,决明属。

常绿小乔木,高4~7 m。偶数羽状复叶互生,叶柄及叶轴有2~3枚棒状腺体;小叶对生,7~9对,长椭圆形至卵形,长2~5 cm,先端钝,托叶线形,早落。总状花序腋生,花序长8~12 cm;花鲜黄色至深黄色,花瓣5,上部(近轴)的一枚在最内面,余为覆瓦状排列,花径约2 cm;雄蕊10,全发育。荚果带状,扁平,长7~10 cm,果皮革质;种子间有隔膜。几乎全年均可开花结果,以秋、冬、春季为最盛。

原产亚洲南部、东南亚至大洋洲,世界热带地区广为栽培。广东、海南和台湾普遍栽培。

喜光,耐半阴,喜温暖多湿气候,耐轻霜,耐干旱,不抗风,适应性强,但以肥沃、疏松、排水良好土壤生长良好。种子繁殖。枝下高较低,作行道树时须注意修剪。

枝叶茂密,树姿优美,花繁耀目,花期甚长,富热带特色,为优良的观花乔木。唯受风后,树干歪斜或折断,影响景观效果。宜于避风处栽植,可作为园景树、行道树孤植、丛植或列植于公园、庭园、居住区或水滨处。

同属的**腊肠树(阿勃勒)C. fistula L.**,常绿乔木,高15~20 m;偶数羽状复叶,小叶4~8对,宽卵形或椭圆状卵形,长8~15 cm,顶端急尖,基部楔形,叶柄和叶轴无腺体;总状花序疏散,下垂,长30~50 cm,花淡黄色至金黄色;荚果圆柱形,熟时黑褐色。花期5—8月,9—11月果熟。原产印度、缅甸、斯里兰卡。**铁刀木 C. siamea Lam.**,常绿乔木,高约10 m;偶数羽状复叶,小叶6~11对,椭圆形至矩圆形,先端钝圆微凹,具短尖头,叶柄及叶轴无腺体;圆锥花序顶生,有多数花,花黄色;荚果扁平。花期9—12月,种子翌年春季成熟。原产印度及东南亚各地。

4.3.12 美丽异木棉 *Ceiba insignis* (Kunth) Gibbs et Semir

别名:美人树、异木棉。木棉科,异木棉属。

落叶乔木,高10~15 m。树干基部膨大;幼树树皮绿色,密生圆锥状皮刺;侧枝近水平伸展。掌状复叶互生,小叶5~9枚,具长柄;小叶椭圆形,长12~14 cm,先端长渐尖,基部宽楔形,叶缘有细锯齿。花大而显著,两性,单生或成圆锥花序;花萼5裂;花瓣5,淡紫红色,最内面有乳白色及红褐色斑纹,反卷;花丝合生成雄蕊管,包围花柱。蒴果木质,椭圆形,长约 10 cm,内含绵毛,种子埋于其中,开裂。秋、冬季开花,翌年春季果熟。

原产巴西、玻利维亚及阿根廷,热带地区多有栽培。我国南方近年引入栽培。

喜光,不耐阴,喜高温多湿气候,不耐寒,抗风,不耐旱,对土质要求不严,但排水须良好。生长迅速,4~6 年树龄的嫁接苗便可开花。种子繁殖或嫁接繁殖,以木棉为砧木。

树冠伞形,掌状复叶青翠可爱,成年树干呈酒瓶状,花大色艳,富热带特色,为优良的观花乔木。盛花期满树姹紫,秀色照人,故称"美人树"。宜作为园景树和行道树,孤植、丛植或列植公园、居住区或校园等地。

图 4.27　美丽异木棉
1. 叶片;2. 花枝;3. 果实

4.3.13　麻楝 *Chukrasia tabularis* A. Juss.

图 4.28　麻楝
1. 花枝;2. 花;3. 雄蕊管展开;4. 果
（引自海南植物志）

楝科,麻楝属。

落叶乔木,高 10~20 m。树皮灰褐色,具粗大皮孔,内皮红褐色;芽被粗毛,枝赤褐色。偶数羽状复叶互生,长 30~50 cm;小叶互生,10~16 枚,纸质,卵形至长椭圆状披针形,长 7~10 cm,宽 3.5~4.5 cm,基部两侧不对称,下面脉腋具簇毛;幼苗为 2~3 回羽状复叶。圆锥花序顶生,花两性,黄色,芳香;萼杯状,裂片 4~5;花瓣 5;雄蕊 10,花丝合生成筒状,花药着生于雄蕊筒顶部口的边缘上,突出;子房上位,具短柄。蒴果木质,近球形,径 3~4 cm,灰黄褐色,先端具小凸尖,表面粗糙,有淡褐色的小瘤点,成熟时 3~5 瓣裂;种子多数,扁平,下部有膜质的翅,连翅长 1.2~2 cm。花期 5—6 月,果 11 月至翌年 2 月成熟。变种**毛麻楝 var. *velutina*（Wall.）King**,叶两面具柔毛。

原产我国广东、海南、广西、云南以及越南至印度。我国南方普遍栽培。

喜光、喜温暖至高温湿润气候,不耐寒,抗风、抗大气污染,不耐干旱、瘠薄,要求深厚、肥沃的壤土。生长迅速。种子繁殖。

树冠伞形,树枝开展,富季相变化,嫩叶鲜红,是常见的庭荫树、行道树。

4.3.14　樟树 *Cinnamomum camphora*（L.）J. Presl.

别名:香樟、乌樟、芳樟、樟木。樟科,樟属。

常绿乔木,高可达 30 m。树皮幼时绿色,平滑,老时褐色,不规则纵裂;全株具樟脑香气。叶互生,薄革质,卵形或椭圆状卵形,长 4.5~8.6 cm,宽 2.5~5.5 cm,先端急尖或近尾尖,基部宽楔形

图4.29 樟树
1. 花枝;2. 花纵剖;3.1,2 轮雄蕊;
4. 第3 轮雄蕊;5. 浆果
（引自中国高等植物图鉴）

至圆形,全缘,微呈波浪状;离基3 出脉,脉在叶上面突起,脉腋有明显的腺窝;叶面深绿色,叶背灰绿色,微被白粉;叶柄长2～3 cm。圆锥花序腋生,花小,两性,长约2 mm,花被片6,绿色或黄绿色。浆果球形,径6～8 mm,熟时近紫黑色;果托杯状,顶端平截。花期4—6 月,果实8—11月成熟。

原产我国长江流域以南和台湾,越南、朝鲜和日本也有分布。我国亚热带地区广为栽培。

喜光,耐半阴,喜温暖湿润气候,耐寒,成年树能耐－7 ℃短期低温;多生于酸性的黄壤、红壤或中性土中,喜土层深厚、肥沃、排水良好的土壤,忌积水,不耐干旱和瘠薄。对氯气、二氧化硫、氟等抗性强。深根性树种,萌芽性强,生长快,寿命长,是我国常见的古树树种。种子繁殖。

该种植物的野生种为国家二级保护植物。树冠广卵形,树体雄伟,枝叶茂密翠绿,绿荫效果甚佳,为优良的庭荫树、行道树及园景树,孤植、丛植、群植均甚相宜。其幼叶及将落之叶常红色,益增色彩变化。根深叶茂,也可作为风景林树种。此树是长沙市的市树。

同属的**阴香 C. burmanii**（Nees）**Bl.**,树皮灰褐色,光滑,树皮、枝叶有肉桂香味;叶革质,亮绿色,先端渐尖,主脉的脉腋无腺窝;花稍大,长4～5 mm;浆果卵形,成熟时橙黄色;春至夏季为开花期,秋季为果熟期。原产我国福建、广东、海南、广西、云南以及亚洲其他热带地区。宜配植于半日照,土层深厚、肥沃、疏松之绿地,除作为庭荫树和行道树外,也可利用其挥发性的肉桂香味,营建风景林,还可作为经济作物肉桂的砧木。

4.3.15 蝴蝶果 *Cleidiocarpon cavaleriei*（Lévl.）Airy-Shaw.

别名:山板栗、唛别、密壁。大戟科,蝴蝶果属。

常绿乔木,高可达30 m。树皮黄灰色或褐色;枝具瘤状突起及皮孔。叶互生,集生于小枝顶端,椭圆形或矩圆状椭圆形,长6～22 cm,宽1.5～5 cm,先端渐尖,基部楔形,全缘,羽状脉;叶柄顶端稍膨大呈关节状,有2 枚黑色小腺体。圆锥花序顶生,花淡黄色,无花瓣,单性,雌雄同株;雄花的花萼4～5 深裂,裂片镊合状排列,雄蕊4～5;雌花的萼片不规则覆瓦状排列,子房1 室,1 胚珠,柱头3 深裂,裂片顶端再次2～3 羽状开裂。核果近球形,径3～4 cm,密被星状毛,具宿萼,成熟时黄绿色。花期3—4 月,8—9月果熟;有时9月又开花,次年3月果熟。

原产云南东南部、广西西部和贵州南部。我国华南地区普遍栽培。

喜光,喜温暖至高温多湿气候,不耐寒,对土壤要求不严,树冠浓密,抗风力较弱。种子繁殖。

图4.30 蝴蝶果
1. 花枝;2. 雄花;3. 花药;4. 雌蕊;
5. 雌蕊和退化雄蕊;6. 果;7. 果(一室发育)
（引自广东植物志）

该种植物的野生种为国家珍稀濒危植物。树姿挺拔，冠形优美，枝叶婆娑，绿荫浓密，宜于公园、校园、居住区等地孤植、列植作园景树、庭荫树和行道树。

4.3.16　水翁 *Cleistocalyx operculatus*（Roxb.）Merr. et Perry.

别名：水榕。桃金娘科，水翁属。

常绿乔木，高可达 15 m。树干多分枝；嫩枝压扁，有沟。叶对生，薄革质，长圆形至椭圆形，长 11～17 cm，先端急尖或渐尖，基部阔楔形或略圆，羽状脉较疏，侧脉通常在近叶缘连合成边脉，透明腺点明显。圆锥花序生于无叶的老枝上；花无梗，2～3 朵簇生，绿白色；花萼合生成一帽状体，花开放时帽状体整块脱落；萼管半球形，先端有短喙；雄蕊多数。浆果阔卵圆形，成熟时紫黑色。花期 5—6 月，果期 7—9 月。

原产广东、广西、海南及云南。东南亚及大洋洲等地也有分布。

喜光，喜高温至温暖湿润气候，不耐寒，耐水湿，喜生于湖岸边或小溪边。根系发达，抗风力强。种子繁殖。

树冠浓密，生长迅速，根系能净化水源，宜配植于庭园、公园等水滨处，作固堤树种，也可孤植作绿荫树和园景树。

图 4.31　水翁
（引自广东植物志）

4.3.17　凤凰木 *Delonix regia*（Hook.）Raf.

图 4.32　凤凰木
1.花枝；2.荚果
（引自广东植物志）

别名：火树、红花楹、金凤树。苏木科，凤凰木属。

落叶乔木，高 10～20 m。树皮灰褐色，粗糙。二回偶数羽状复叶互生，长 20～60 cm；羽片 10～24 对，对生，长 7～15 cm；每羽片有小叶 20～40 对，对生，矩圆形，长 3～7 mm，宽 2 mm，先端钝，基部偏斜，两面均被柔毛，中脉明显，侧脉不显；托叶羽状分裂。伞房式总状花序，花大，径 7～10 cm；花萼绿色，5 深裂，镊合状排列；花瓣 5，圆形、具长爪，鲜红色，上部的一枚在最内面，有黄色及白色斑纹，其余花瓣覆瓦状排列；雄蕊 10；子房无柄。荚果木质，扁平带状，长 15～50 cm，宽 4～5.5 cm，黑褐色。花期 5—8 月，10—11 月果熟。

原产马达加斯加岛及热带非洲。现世界热带地区广为栽植，我国台湾、福建、广东、广西、云南等省区栽培较多，生长良好。

喜光，喜高温多湿气候，极不耐寒；不耐干旱和瘠薄，喜肥沃、富含有机质的沙质壤土；根系发达，抗风力强，抗大气污染。生长旺盛而迅速，但大面积栽植易发生虫害。种子繁殖。

树冠广伞形，树姿优雅秀美，叶片大型而柔嫩；花大艳丽，上部花瓣有黄色条纹，遥望如烽火当空，故名"火树"，具热带特色，是优良的观花乔木，宜作为园景树、庭荫树或行道树孤植、列植

于公园、校园或城市道路,也可于低丘群植作为背景林。

4.3.18 大花五桠果 *Dillenia turbinata* Fin. et Gagn.

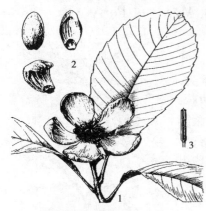

图4.33 大花五桠果
1.花枝;2.萼片;3.雄蕊
(引自广东植物志)

别名:大花第伦桃、毛五桠果、枇杷树。五桠果科,五桠果属。

常绿乔木,高可达25 m。嫩枝被绣褐色茸毛。叶互生,长圆形,长15~30 cm,革质,侧脉多而密,边缘有锯齿。总状花序有2~4朵花,花大,直径10~13 cm;花萼淡黄绿色,萼片5,基部厚;花瓣5,鲜黄色;雄蕊两轮,内轮较长。浆果球形,径4~5 cm,被膨大的萼片包裹,成熟时红色,可食。3—5月为开花期,7—9月种子成熟。

原产我国海南、云南、广东、广西以及越南。我国南方各地有栽培。

喜光,耐半阴,喜高温湿润气候,喜土层深厚,腐殖质丰富的沙质壤土,抗风力强。种子繁殖。播种或扦插繁殖。

树冠浓密,树干通直,叶大翠绿,花果鲜艳美丽,肉质化的萼片包裹果实,常被误以为是含苞待放的花蕾。宜作为公园、居住区和庭园的园景树、庭荫树和行道树。

同属的**五桠果(第伦桃)*D. indica* L.** ,叶大,20~40 cm;花单生枝顶,直径9 cm,花瓣白色,有绿色条纹,芳香;浆果球形,径7~8 cm,成熟时黄绿色。原产云南、广西及东南亚各国。

4.3.19 猫尾木 *Dolichandrone cauda-felina* (Hance) Benth. et Hook. f.

别名:猫尾树。紫葳科,猫尾木属。

常绿乔木,高可达15 m。树皮灰黄色,平滑,有薄片状脱落;小枝有明显叶痕。奇数羽状复叶对生;小叶对生,6~7对,亮绿色,卵形或长椭圆形,长6~15 cm,先端尾状渐尖,基部宽楔形或圆形,边缘波浪状,两面被短绒毛;无托叶,叶柄基部常有退化的单叶而极似托叶,近圆形。总状花序顶生,花大,径10~12 cm;花萼在花蕾时封闭,开花时沿一边开裂直达基部而成佛焰苞状,外面和花轴均密被褐黄色绒毛;花冠漏斗状,裂片5,边缘有皱纹,檐部黄色,其余部分暗紫色;发育雄蕊4。蒴果圆柱形,悬垂,密被褐黄色绒毛,长30~60 cm;种子椭圆形,具膜质翅。花期9—12月,翌年3—5月果熟。

图4.34 猫尾木
1.小叶的一部分;2.花;
3.花的纵剖面;4.果
(引自广州植物志)

原产我国广东南部、海南、广西和云南南部以及泰国、老挝和越南。

喜光,稍耐阴,喜高温湿润气候,要求土层深厚、肥沃、排水良好的土壤。树性强健,萌枝力强,生长迅速。播种和扦插繁殖。

树姿婆娑,枝叶浓密,花大而美丽,蒴果形态奇异,酷似巨型猫尾,宜在公园、庭园、居住区等绿地孤植、丛植作园景树。

4.3.20　人面子 *Dracontomelon duperreanum* Pierre.

别名:人面果、仁面果、银捻。漆树科,人面子属。

常绿乔木,高 10～20 m。有板状根;小枝有三角形叶痕,幼枝被灰色绒毛。奇数羽状复叶互生,长 30～45 cm;小叶互生,11～19枚,近革质,长椭圆形,长 5～14 cm,宽 2.5～4.5 cm,先端渐尖,基部偏斜,全缘;网脉两面凸起,两面沿中脉被毛,下面脉腋具白色簇毛;叶轴和叶柄疏生柔毛。圆锥花序顶生,被柔毛,长 10～23 cm,花小,两性,白色;萼 5 裂,裂片覆瓦状排列;花瓣 5,近直立,镊合状排列;雄蕊 10;子房 5 室,花柱 5,厚而直立,顶部靠合。核果扁球形,径约 2.5 cm,熟时黄色,果核上部具 5 个大小不等的萌发孔;种子 3～4 粒。花期 4—5 月,果 8 月成熟。

原产云南、广西、广东,越南也有分布。我国南方普遍栽培。

喜光,喜温暖湿润气候,不耐旱,不耐寒,宜栽植于土层深厚、湿润、肥沃之地,萌芽力强,适应性强,生长迅速,抗风,抗大气污染。种子繁殖。

板根发达,树冠圆伞形,树干通直,树姿优美,绿荫浓郁,遮阴效果好,是优良的行道树、庭荫树和园景树。

图 4.35　人面子
1. 花枝;2. 花;3. 果;
4. 果的横切面;5. 果的纵切面
（引自海南植物志）

4.3.21　尖叶杜英 *Elaeocarpus apiculatus* Mast.

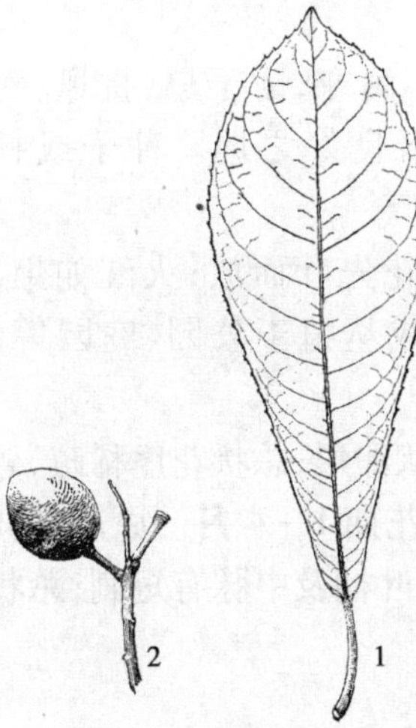

别名:长芒杜英。杜英科,杜英属。

常绿乔木,高 10～30 m。有板根,分枝有层次地假轮生。叶互生,革质,倒卵状披针形,长 10～20 cm,宽 4～8 cm,基部耳垂形,叶缘有波状浅牙齿,叶面中脉粗大而隆起。总状花序生于分枝上部叶腋,长 4～7 cm;萼片 5;花瓣 5,长 1.3～1.5 cm,白色,芳香,边缘流苏状;雄蕊多数,花丝分离,花药线形,2 室,顶孔开裂;子房上位,2～5 室。核果圆球形,绿色,直径约 2.5 cm。花期 4—5 月,种子秋末成熟。

原产我国海南、云南南部以及中南半岛至马来西亚。我国南方广泛栽培。

喜光,喜温暖至高温湿润气候,较耐干旱和瘠薄,但在肥沃、湿润、富含有机质的土壤上生长茂盛和快速。深根性树种,抗风力较强。种子繁殖。

树干通直,大枝轮生形成塔形树冠,雄伟挺拔,成年树干基部的板根别具特色;盛花期一串串洁白的花朵悬垂于枝梢,散发

图 4.36　尖叶杜英
1. 叶;2. 果
（引自中国植物志）

阵阵幽香,盛果期翠绿小果如橄榄状,十分可爱,是优良的观花乔木,宜作为园景树、庭荫树和行道树对植、列植于公园、庭园和居住区等处。

本属植物落叶前常变红色,花色素雅,花瓣先端撕裂,核果可招引鸟类等食果动物,是一类具有较高观赏和生态价值的种类,园林中常用种类还有**水石榕(海南杜英)E. hainanensis Oliv.**,叶狭披针形或倒披针形,长 7 ~ 15 cm,宽 1.4 ~ 2.8 cm,叶基渐窄下延至叶柄,边缘有细密锯齿;总状花序腋生,着花 2 ~ 6 朵,花大,白色,边缘流苏状,苞片显著;核果纺锤形。花期 4—6 月。原产我国海南、广西、云南以及越南。**秃瓣杜英 E. glabripetalus Merr.**,幼枝有棱;叶纸质,倒披针形,长 8 ~ 13 cm;基部窄而下延,有光泽,边缘有小锯齿;总状花序,先端撕裂,裂片 14 ~ 18 条;核果椭圆形。原产广东、广西、浙江、福建、江西、湖南、贵州、云南。

4.3.22　刺桐 *Erythrina variegata* L. var. *orientalis* (L.) Merr.

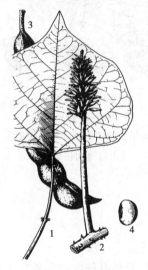

图 4.37　刺桐
1. 顶生小叶;2. 幼花序;
3. 荚果;4. 种子
(引自中国植物志)

别名:山芙蓉。蝶形花科,刺桐属。

落叶乔木,高 12 ~ 15 m。树皮薄,灰色,干、枝上有圆锥形刺。叶互生,小叶 3 枚,顶生 1 枚较大,菱形,长 10 ~ 20 cm;小叶的托叶变为宿存腺体。总状花序腋生,长 15 cm,密集;萼佛焰苞状,萼口偏斜,由背开裂至基部;花冠蝶形,鲜红色,花瓣 5,覆瓦状排列;最上部一枚花瓣在最外面,名旗瓣,长约 4 cm,狭长圆形,顶端尖;侧面 2 枚多少平行,名翼瓣,下部 2 枚在内,下面边缘合生,名龙骨瓣,翼瓣与龙骨瓣近相等;花盛开时,旗瓣与翼瓣及龙骨瓣成直角;雄蕊 10,单体或两体。荚果念珠状。种子红色。花期 1—4 月,10 月果熟。

原产亚洲热带地区。广东、福建、云南、广西、台湾等省区广为栽植。

喜光,喜温暖至高温湿润气候,不耐寒,耐干旱,抗风,对土壤无苛求,喜生长在土层深厚而排水良好之地。种子或扦插繁殖。

枝叶茂密,树姿扶疏,叶形美观,花先叶而放,火红如炬,富热带色彩,可为园景树、庭荫树孤植或丛植于公园、庭园等地。

树形似桐而干有刺,而得名。

同属的**龙牙花 E. corallodendron L.**,干和枝散生皮刺;小叶菱状卵形;总状花序稀疏,萼截头形,钟状,花冠深红色,花盛开时,旗瓣与翼瓣及龙骨瓣近平行。花期 1—4 月。原产美洲热带。**鸡冠刺桐(美丽刺桐)E. crista-gallis L.**,小叶椭圆形或长卵形,叶柄及中脉有短刺;总状花序,花密生,花萼及花冠均为红色。花期几乎全年。原产巴西。

4.3.23 南洋楹 *Falcataria moluccana*（Miq.）Barneby et J. W. Grimes

含羞草科,南洋楹属。

常绿乔木,高可达45 m。树干通直,树皮灰青色或灰褐色,不裂,稍粗糙,皮孔明显;小枝淡绿色,微具棱。2回羽状复叶互生,羽片11～20对,常对生;每一羽片有小叶10～21对,小叶菱状长圆形,长1～1.5 cm,宽3～6 mm,先端急尖,基部钝或楔尖,中脉稍偏于上缘,基部3小脉,两面被短毛,无柄;叶柄基部具椭圆形腺体1个,叶轴上有圆形腺体2～5个。头状花序排成穗状,腋生,花小,整齐;花瓣常在中部以下合生,花冠漏斗形;雄蕊多数,花丝细长,基部合生,淡白色,无梗。荚果狭扁条形,长8～13 cm,宽1.4～2 cm,熟时开裂;种子卵形,细小。花期5—7月,果期7—9月。

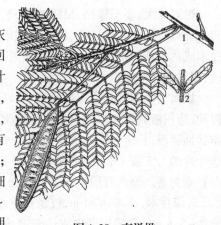

图4.38 南洋楹
1. 果枝;2. 小叶
（引自中国植物志）

原产马六甲与印度尼西亚,热带地区广为栽植。我国华南和台湾南部有栽培。

热带树种。喜光,不耐荫,喜高温多湿气候,喜肥沃、湿润之土壤,不耐干旱和瘠薄。根系发达,萌芽力强,但寿命短,易于衰退。种子繁殖。

树冠宽阔如伞形,树干通直,树形挺拔,盛花期形成的覆被花相,十分壮观,是优良的园景树和庭荫树,孤植、列植或群植均有良好的景观效果。生长十分迅速,根瘤丰富,落叶多而易腐,是改良土壤提高地力的良好树种,也可作为风景林或速生用材林树种。

4.3.24 榕树 *Ficus microcarpa* L. f.

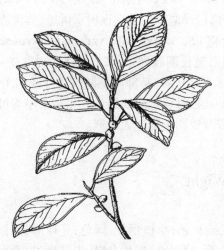

图4.39 榕树
（引自广东植物志）

别名:小叶榕、细叶榕。桑科,榕属。

常绿乔木,高可达25 m。富含乳汁,枝干上有气生根,枝上有环状托叶痕。叶互生,革质,亮绿,卵状椭圆形或倒卵形,长4～8 cm,宽2～4 cm,先端钝尖,基部楔形,全缘;叶柄长1～1.5 cm。隐头花序;花多数,细小,生于顶端开口、中空花序托的内壁。隐花果常1～2个聚生于叶腋,肉质,近球形,径6～8 mm,淡黄色或淡红色,熟时紫红色;瘦果卵形。几乎全年均可开花结果。常见的变种金叶榕(黄金榕)'Golden Leaves',嫩叶或向阳的叶呈金黄色;乳斑榕'Milky',叶面具乳白色斑,常以榕树为砧木嫁接。

原产我国东南部至西南部,亚洲热带其他地区及大洋洲。在我国南方已有悠久的栽培历史,百年至数百年的古树屡见不鲜。

喜光,喜高温多湿气候,不耐寒,耐潮湿,耐瘠薄,抗风,抗大气污染。耐强度修剪,可作各种造型,适应性强,移植容易,生长迅速,寿命长,是华南最常见的古树树种。扦插或种子繁殖。

树冠庞大,姿态雄伟,绿阴浓郁,遮阴效果好,是华南最常见的庭荫树和行道树,常配植于公园、庭园、建筑物旁或村前、村后及城市道路等地。粗壮的气生根入土后,形似树干,形成独特的独木成林景观。该树种还是岭南盆景的主要材料。金叶榕和乳斑榕常修剪成灌木状,作花坛镶边、绿篱或球形灌木。

该属植物均具有适应性强,生长旺盛,枝叶繁茂的特点,是我国南方城市园林绿地中的骨干树种,应用极其普遍。同属的**高山榕 F. altissima Bl.**,常绿乔木,高可达 30 m;叶厚革质,亮绿,卵状椭圆形,长 7~27 cm,宽 4~17 cm,顶端钝急尖或稍钝,侧脉 5~6 对,基部两侧脉直举,约达叶片的 1/3 或 1/2;隐花果球形,径 1.5~2.5 cm,深红色或橙黄色。几乎全年均可开花结果,以春季为盛。原产我国广东、广西、云南以及亚洲南部至东南部。**垂榕(垂叶榕)F. benjamina L.**,常绿乔木,高可达 30 m;枝条稍下垂,节部生有许多气根;叶薄革质,椭圆形,长 3.5~10 cm,宽 2~5.8 cm,顶端短渐尖或长渐尖,侧脉多,纤细而密,近边缘处连接,叶柄长 0.7~2 cm;隐花果球形,径 1~1.5 cm,黄色或淡红色。几乎全年均可开花结果。原产我国南部至西南部以及亚洲南部至大洋洲。**斑叶垂榕 F. benjamina L. 'Variegata'**,叶比原种小,长 6~8 cm,叶面有黄绿色的斑纹。**雅榕 F. concinna Miq.**,常绿乔木,高 10~15 m;叶薄革质,倒卵状长圆形或椭圆形,长 4.5~10 cm,宽 2~5.5 cm,顶端具钝的短尖头,与叶柄交界处具关节,侧脉 7~10 对,网脉在两面均明显,叶柄长 1~4 cm,腹面具纵沟;花序成对,腋生或生于叶痕处;隐花果球形,径 5~8 mm,熟时蓝紫色。花果期 5—10 月。原产我国广东、广西、云南、福建和亚洲南部至东南部。**橡胶榕(印度橡胶榕)F. elastica Roxb.**,常绿乔木,高达 45 m;叶厚革质,有光泽,长椭圆形,长 8~30 cm,宽 5~8 cm,侧脉互相平行,细而密,托叶大,淡红色或绿色,包被幼芽,叶柄粗,长 2~7.5 cm。花果期 9—11 月。原产印度至马来西亚。**菩提榕(思维树)F. religiosa L.**,落叶乔木,高 15 m;叶革质,心形或卵圆形,长 7~17 cm,宽 6~12.5 cm,顶端急尖成长尾状,尾尖长约为叶片长的 1/4~1/2,侧脉 6~8 对,疏离,叶柄纤细,长 6.5~13 cm;隐花果球形,径约 1 cm,熟时暗紫色。几乎全年均可开花结果。原产印度。相传佛祖释迦牟尼是在该树下悟道,故佛教僧侣视为神圣之树,在寺庙中普遍栽植。**黄葛树(大叶榕)F. virens Ait. var. sublanceolata(Miq.)Cornor**,落叶乔木,高 15~25 m;叶薄革质,长圆形至长圆状卵形,长 6~15 cm,宽 2~7.5 cm,顶端钝短尖或钝短渐尖,基部圆形或近心形,侧脉 5~10 对,基部两侧脉仅达叶片的 1/5,叶柄长 2~6 cm;花序无总花梗;隐花果球形,径 5~8 mm,熟时黄色或淡红色。几乎全年均可开花结果。为笔管榕的变种,原产我国东南部至西南部以及亚洲南部至大洋洲。

4.3.25 梧桐 *Firmiana simplex*(L.)W. Wight.

别名:青桐、桐麻树。梧桐科,梧桐属。

落叶乔木,高 15~20 m。幼树皮绿色,老树皮灰绿色或灰色;小枝粗壮,绿色;芽球形,密被深褐色毛。叶互生,3~5 掌状裂,叶长 15~20 cm,基部心形,有腺点;裂片全缘,先端渐尖,表面光滑,背面密被或疏生星状毛;叶柄约与叶片等长。圆锥花序顶生,长 30~50 cm,有短绒毛;花单性同株;花萼瓣状,淡黄绿色,5 深裂,线状披针形,向外卷曲;无花瓣;雄蕊 15 合生成筒状,花药聚生于雄蕊柱顶端;子房有柄,基部分离,上部靠合。蓇葖果未成熟即开裂,果皮匙形,膜质或纸质,网脉明显,每果皮边缘有种子2~4;种子球形,棕黄色,熟时种皮皱缩。花期6—7月,9—10月果熟。

原产我国亚热带地区和日本。华北至华南、西南各省区广泛栽培。

喜光,稍耐阴,喜温暖湿润气候,耐寒,耐瘠薄,对土质选择不严,但喜生长于土层深厚的石灰质土壤,耐干旱,不耐水湿,对多种有害气体均具有较强抗性。浅根性,移栽易成活,但易遭风害。生长快,萌芽力弱。发叶较晚,落叶最早,因而有"梧桐一叶落,天下尽知秋"的诗句。种子繁殖。

图4.40 梧桐
1.叶枝;2.花枝;3.雄花;4.两性花;5.果
(引自广东植物志)

树冠圆形,树干通直,树姿优雅,宜于庭园、公园、校园等处的草坪及窗前孤植、群植,作园景树、庭荫树和行道树,也可作为石灰岩山地荒山造林树种。

4.3.26 白蜡树 *Fraxinus chinensis* Roxb.

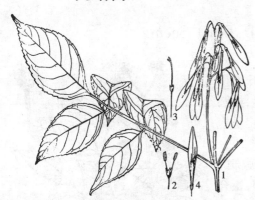

图4.41 白蜡树
1.果枝;2.雄花;3.雌花;4.翅果
(引自中国植物志)

别名:梣、青榔木、白荆树。木樨科,白蜡树属。

落叶乔木,高可达20 m。树皮灰褐色;冬芽褐黑色。奇数羽状复叶对生,叶柄在基部膨大;小叶对生,5~9枚,椭圆形或椭圆状卵形,长3~10 cm,宽1~4.5 cm,先端渐尖,基部楔形,边缘有细锯齿,下面沿主侧脉具疏柔毛;近无柄或具短柄。圆锥花序顶生或腋生,长8~15 cm,花单性;花萼钟状;无花瓣。翅果倒披针形,长3~4.5 cm,宽4~6 mm;内具种子1~2粒。花期3—5月,9—10月果熟。

产地以长江流域为中心,远至南北各省,分布广泛,朝鲜和越南也有分布。

喜光,较耐阴;喜温暖湿润之地,耐湿,对土壤要求不严,耐干旱瘠薄,石灰质土壤发育尤佳,耐寒性较强;对有害气体和尘烟的抗性较强;生长旺盛,萌芽力强,耐修剪。种子繁殖。

树干通直,树冠圆形或倒卵形,枝叶繁茂,是防风固沙,护路护堤,工厂绿化的优良树种,宜作为庭荫树、行道树栽植于公园、庭园或道路、堤岸边。

4.3.27 银桦 *Grevillea robusta* A. Cunn. ex R. Br.

别名:银橡树。山龙眼科,银桦属。

图4.42 银桦
1.花序;2.花,示花被和花柱;3.雌蕊
和花盘;4.果枝;5.果片;6.种子
(引自广东植物志)

常绿乔木,高可达20 m。小枝、芽及叶柄密被锈褐色粗毛。叶互生,2回羽状深裂,长20~27 cm;裂片5~10对,近披针形,长5~10 cm,先端渐尖,边缘外卷,上面深绿色,下面密被银灰色绢毛。总状花序腋生,长10~16 cm;花两性,偏于一侧,橙黄色;花萼花冠状,4裂,未开放时呈弯曲管状,开裂时裂片下卷;无花瓣;雄蕊4,与花萼裂片对生;子房1室,有柄。蓇葖果卵状矩圆形,长1.4~1.6 cm顶端具细长宿存花柱,熟时棕褐色,沿腹缝线开裂;种子2,倒卵形,周边有膜质翅。4—5月开花,7—8月果熟。

原产澳大利亚,世界热带及亚热带地区多有栽培。我国江西、福建、广东、广西、云南、重庆、四川等省有栽培。

喜光,喜温暖湿润气候,对土壤条件要求较严,在土层深厚、肥沃、排水良好的微酸性土壤中生长最佳;根系发达,较耐旱,忌洼地积水;对烟尘及有毒气体抗性较强。种子繁殖。

树冠圆锥形,树干端直,枝叶茂密,自然下垂,叶形别致。可于公园、校园、居住区等地孤植于草地中,或列植作行道树,或群植作背景树。

4.3.28 幌伞枫 *Heteropanax fragrans* (D. Don) Seem.

别名:罗伞树。五加科,幌伞枫属。

常绿乔木,高10~30 m。单干直立,少分枝。叶聚生于顶部,叶大,3~5回羽状复叶,长达1 m;小叶对生,椭圆形,先端渐尖,全缘,光亮无毛;托叶与叶柄基部合生,呈抱茎状。由多数伞形花序组成的圆锥花序,顶生,长30~40 cm,主轴及分枝密被星状绒毛;花杂性,在花序顶部的为两性花,在花序侧脉的为雄性花;萼近全缘;花瓣5,镊合状排列,淡黄白色,芳香;雄蕊5;子房下位,2室,花柱2,分离。浆果卵球形,直径3~5 mm,黑色。花期秋冬季,翌年春季果熟。

原产我国海南、广东、广西和云南南部,印度、印度尼西亚、缅甸、越南均有分布。华南各地有栽培。

喜光,耐半阴,喜高温多湿气候,不耐寒,不耐旱,土质以肥沃湿润的壤土为佳。生长旺盛。种子繁殖,也可用扦插繁殖。

植株挺拔,树冠圆形,亭亭如盖,望如幌伞,雄伟壮丽,为优美的园景树。幼年植株,可作大型栽植,摆设于大厅、门廊两侧等处。大树宜配植于庭园、公园、居住区的草地上、园路旁或水滨处,展示热带园林风光,也可列植作行道树。

图4.43 幌伞枫
1.复叶部分;2.果序部分;3.果
(引自中国高等植物图鉴)

4.3.29　黄槿 *Hibiscus tiliaceus* L.

别名:水杞、杜花、海麻。锦葵科,木槿属。

常绿乔木,高4~7 m。叶互生,革质,广卵形,长7~15 cm,掌状脉,基部心形,全缘;表面深绿色被星状毛,背面灰白色并密生柔毛;有托叶。花单生或数朵排成总状花序;花萼钟形,花瓣5,旋转状排列,黄色,径8~10 cm,总苞状副萼基部合生,上部9~10齿裂、宿存的杯状体;雄蕊多数,花丝合生成柱状;子房上位。蒴果卵形,长约1.5 cm,被柔毛,5瓣裂。花期5—9月,种子秋末至冬初成熟。

原产我国台湾、海南岛,日本、印度、马来西亚及大洋洲也有分布。多生于热带海岸边。

喜光,喜温暖湿润气候,不耐寒;适应性强,生长快,耐干旱和瘠薄,耐盐、抗风、抗大气污染。种子或扦插繁殖。

树冠圆伞形,树姿秀丽,树荫浓密,花繁叶茂,花色艳丽,花期长,为常见的观花乔木,宜作庭荫树、园景树或行道树,尤其适于作为海岸地带防风固沙林树种。

图4.44　黄槿
1.花枝;2.子房横切面
（引自海南植物志）

4.3.30　铁冬青 *Ilex rotunda* Thunb.

冬青科,冬青属。

常绿乔木,高5~15 m。树皮淡灰色,小枝具棱,幼枝及叶柄常为紫黑色。叶互生,薄革质,椭圆形、卵形或倒卵形,长4~10 cm,先端渐尖,基部楔形,全缘,上面有光泽,侧脉纤细;叶柄长1~2 cm。聚伞花序腋生,花黄白色;花单性,雌雄异株,雄花的萼裂片、花瓣、雄蕊为4数,雌花为5~7数;花瓣基部合生。浆果状核果球形,长6~8 mm,熟时红色。花期春季,果熟期秋冬季。

原产我国长江流域以南各地,朝鲜、日本亦有分布。

喜光,耐半阴,喜温暖湿润气候,耐寒;喜生于肥沃的疏林中或溪边,适应性强,耐干旱和瘠薄,抗风,抗大气污染能力较强。种子繁殖。

树冠伞形,叶色终年浓绿亮泽,果多密集,鲜红夺目,果期长,为优良的庭荫树和观果乔木,宜孤植或列植于公园、庭园、校园及居住区等处。

图4.45　铁冬青
1.果枝;2.雌花序
（引自中国高等植物图鉴）

4.3.31　蓝花楹 *Jacaranda mimosifolia* D. Don

别名:紫云木。紫葳科,蓝花楹属。

图 4.46 蓝花楹

1. 花枝；2. 侧生小枝；3. 顶生小枝；4. 果实

（引自海南植物志）

落叶乔木，高可达 15 m。2 回羽状复叶对生；羽片对生，通常在 16 对以上；每羽片小叶对生，16 ~ 24 对，椭圆状披针形，先端锐尖，长 6 ~ 12 mm。圆锥花序顶生，花多数；萼筒小；花冠筒直或弯曲，裂片 5，稍二唇形，蓝色；发育雄蕊 4，花盘厚；子房 2 室。蒴果木质，扁圆形；种子扁平，有翅。每年春末夏初和秋季两次开花。

原产巴西、玻利维亚和阿根廷。世界热带地区有栽培，在广州、深圳、香港等地栽培，生长良好。

喜光，喜高温和干燥气候，耐干旱，不耐寒，对土壤要求不严，但须排水良好。播种、扦插或压条繁殖。

树干伞形，树姿优美，盛花期满树蓝花，清秀雅丽，宜孤植或列植作为园景树和行道树。

4.3.32 非洲楝 *Khaya senegalensis*（Desr.）A. Juss.

别名：塞楝、非洲桃花心木、仙加树。楝科，非洲楝属。

常绿乔木，高可达 30 m。树皮灰色，平滑或呈鳞片状剥落。偶数羽状复叶互生，长 30 ~ 40 cm，簇生枝顶；小叶对生，5 ~ 6 对，革质，椭圆形，长 5 ~ 6 cm，先端凸尖，网脉明显，两面深绿色，有光泽。圆锥花序顶生或生于上部叶腋，花小；萼片 4；花瓣 4，旋转而开展，黄白色；雄蕊 8，花丝合生成壶形，花药近无柄，内藏。蒴果木质，球形，径达 5 cm，熟时褐色，自顶端 4 瓣裂；种子多数，扁平，周围有薄翅。花期 4—5 月，翌年 5—7 月果熟。

原产热带非洲和马达加斯加。台湾南部、福建、广东和广西的中南部、云南南部有栽培。

热带树种。喜光，喜温暖至高温湿润气候，不耐寒，耐旱，宜栽培于土层深厚、肥沃的壤土。适应性强，主根深，根系发达，生长迅速，萌发力强，抗风力强，抗大气污染。种子繁殖。

图 4.47 非洲楝

1. 幼果枝；2. 幼果；3. 花；4. 子房横剖

（引自《园林树木学》

庄雪影主编 华南理工大学出版社）

树冠广阔，树姿挺拔，枝叶婆娑，为优良的行道树、园景树和庭荫树，可孤植、丛植或列植于道路绿地、公园、庭园等处，也是一种珍贵的用材树种。在沿海地区作为城市道路行道树栽植时，宜于台风季节来临以前适当疏枝剪叶，避免由于树冠庞大而招致风害。

4.3.33 复羽叶栾树 *Koelreuteria bipinnata* Franch.

别名：国庆花、西南栾树。无患子科，栾树属。

落叶乔木,高可达 20 m。2 回奇数羽状复叶互生,长 45～70 cm,羽片 5～10 对;每羽片有小叶 9～17 枚,小叶卵状披针形或椭圆状卵形,长 3.5～7 cm,宽 2～3.5 cm,先端短渐尖,基部圆形,边缘有尖锯齿,下面密被柔毛,脉腋有簇毛;叶轴和叶柄被短柔毛。圆锥花序顶生,长 40～65 cm,开展;花瓣具爪,黄色。蒴果中空,膨大如囊状,椭圆形或近球形,淡紫红色,长 4～7 cm,先端圆形,有突尖,3 瓣裂;果瓣膜质,有网纹;种子球形,径 6 mm,黑色。花期 7—9 月,9—10 月果熟。

原产我国西南部和南部。广东各地多有栽培。

喜光,喜温暖湿润气候,不耐寒;耐旱,抗风,抗大气污染,对土质要求不严;适应性强,生长迅速,萌发力强。种子繁殖。

树冠宽阔呈伞形,枝繁叶茂,花果艳丽,色彩富于变化,宜孤植、丛植或列植作园景树、庭荫树和行道树。

同属的**栾树 _K. paniculata_ Laxm.**,奇数羽状复叶,有时或因部分小叶深裂而成不完全的 2 回羽状复叶,叶缘具锯齿或羽状分裂;花淡黄色,中心紫色;蒴果三角状长卵形,长 4～6 cm,先端尖,有膜质果皮 3 片。6—7 月开花,9—10 月果熟。原产我国东北、华北、陕西、甘肃、华东、西南,朝鲜和日本也有分布。

图 4.48 复羽叶栾树
1. 花枝;2. 雄花;3. 雌花;
4. 雄蕊;5. 花盘及雌蕊;6. 果
(引自《园林树木学》
庄雪影主编 华南理工大学出版社)

4.3.34 大花紫薇 _Lagerstroemia speciosa_ Pers.

别名:大叶紫薇。千屈菜科,紫薇属。

落叶乔木,树高可达 15 m。叶对生或近对生,椭圆形至卵状椭圆形,长 15～25 cm,先端渐尖,基部圆形,全缘,具短柄。圆锥花序顶生或腋生,长 10～25 cm,花大,两性;花萼陀螺状,有 12 条纵棱,具 6 裂片,宿存;花瓣 6,具短爪,淡紫色或紫红色,边缘有皱波状;雄蕊多数,花丝细长;子房上位,6 室,柱头头状。蒴果球形,直径约 2.5 cm,成熟时室背开裂,6 瓣,宿存;种子多数,种子顶端有翅。花期 5—9 月,10—11 月果熟。

原产东南亚及澳大利亚。我国南方广泛栽培。

喜光,耐半阴;耐高温高湿气候,不耐寒,对土壤要求不严,但在肥沃、湿润、疏松的酸性土上生长良好,耐干旱和瘠薄,耐水湿;生长迅速,抗风,抗大气污染。种子繁殖,也可扦插繁殖,在春季新叶萌发前取枝扦插,成活率甚高。

树冠呈半球形,枝叶繁茂,叶色翠绿,落叶前叶色变为黄色或橙红色,富色彩之美;花序和花均硕大而显著,紫色艳丽,花期长,是优良的观花乔木,适合作为庭荫树、园景树和行道树,配植于公园、庭院、湖畔及沿河水滨等处,孤植或丛植、群植均相宜。枝下高较低,作行道树时,应及时修剪下部枝条。

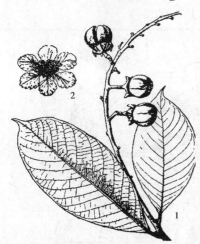

图 4.49 大花紫薇
1. 果枝;2. 花
(引自中国高等植物图鉴)

4.3.35 女贞 *Ligustrum lucidum* Ait.

图 4.50 女贞
1.果枝;2.花;3.果
(引自中国高等植物图鉴)

别名:腊树、大叶女贞。木樨科,女贞属。

常绿乔木,高可达 15 m。树皮灰色,平滑不裂;枝无毛。叶对生,革质,卵形、椭圆形或卵状披针形,长 6～12 cm,先端渐尖,基部宽楔形,光滑无毛,表面深绿色,有光泽,背面苍白色,全缘。圆锥状花序顶生,长 12～20 cm,无毛,花小,两性;花萼钟状,具 4 齿牙;花冠合瓣,呈漏斗状,白色,花冠筒与花萼及花冠裂片近等长,先端 4 裂;雄蕊 2,约与花冠裂片等长;子房上位,2 室,每室 2 胚珠,花柱长不超过雄蕊。浆果状核果矩圆形,蓝紫色,具种子 1～4 粒。6—7 月开花,11—12 月果熟。

原产于我国秦岭、淮河流域以南,南至广东、广西,西至四川、云南、贵州。山东、山西、河南等省的南部地区亦有栽培。

喜半阴,喜温暖湿润气候;在湿润肥沃的酸性土中生长良好,不耐干旱和瘠薄;对氟化物有一定的吸收能力,对有毒气体抗性强;深根性树种,侧根亦发达,生势强健,萌芽力强,耐修剪。种子、扦插和压条繁殖。

树冠倒卵形,树姿端庄,枝叶茂盛,夏季细花芳香,适宜作为庭荫树、园景树或修剪成绿篱。因其抗污染力强,常作为城市道路的行道树、厂矿绿化的主要树种。

4.3.36 鹅掌楸 *Liriodendron chinense* (Hemsl.) Sarg.

别名:马褂木。木兰科,鹅掌楸属。

落叶乔木,高可达 40 m。树皮灰色,交叉纵裂;小枝灰色或灰褐色,有环状托叶痕;枝叶无毛;冬芽被两枚托叶所包。叶互生,长 4～18 cm,先端截形,两侧各具一深裂,形如马褂状,下面有白粉或具乳头状突起;叶柄细长,托叶痕不延至叶柄。花单生枝顶,径 5～6 cm,花两性;萼片 3,花瓣状;花瓣 6,长 3～4 cm,黄绿色,杯状;雄蕊多数,分离;雌蕊群心皮离生,多数,胚珠各 2 枚。聚合果纺锤形,长 7～9 cm,由具翅小坚果组成,果翅先端钝;种子 1—2。花期 4—5 月,果期 10 月。

原产江西、湖北和四川。长江流域各省区栽培较多。

喜光,喜温暖湿润至凉爽气候,耐寒性不强,不耐干旱和水湿,在深厚肥沃、湿润的酸

图 4.51 鹅掌楸
1.花枝;2.外轮花被片;3.中轮花被片;4.内轮花被片;
5.花去花被片及部分雄蕊示雄蕊群及雌蕊群;6.雄蕊
腹面;7.雄蕊背面;8.雄蕊横切面;9.聚合果
(引自中国植物志)

性土壤上生长迅速。寿命较长。种子和嫁接繁殖。移栽较困难,宜于落叶期进行。

该种植物的野生种为国家二级保护植物和珍稀濒危植物。树冠圆锥形或长椭圆形,树形端正,叶形奇特,花大而美丽,为世界珍贵的庭园观赏树,宜于公园、庭园及广场中,孤植或列植为庭荫树、园景树和行道树。

同属的**北美鹅掌楸 *L. tulipifera* L.**,与鹅掌楸的主要区别点是小枝褐色或紫褐色;叶较宽短,两侧 1~3 裂,形如鹅掌,叶端常凹入,幼叶背面有细毛;花较大而形似郁金香,花瓣长 4~5 cm,黄绿色而内侧近基部橙红色;果翅先端尖或突尖。花期 6 月。原产北美东南部,我国青岛、庐山、南京、杭州、昆明等地有栽培。

4.3.37　荷花玉兰 *Magnolia grandifolra* L.

别名:广玉兰、洋玉兰、大山朴。木兰科,木兰属。

常绿乔木,高可达 30 m。树皮灰色,平滑;枝、芽、叶下面及叶柄密被锈褐色短绒毛;小枝灰褐色,皮孔明显,托叶与叶柄相连并包裹嫩芽,脱落后在枝上留下环状托叶痕。叶互生,厚革质,椭圆形或倒卵状矩圆形,长 10~20 cm,宽 6~10 cm,先端钝尖,基部楔形,表面绿色有光泽,背面灰绿色,叶缘微反卷;叶柄粗壮,长约 2 cm,叶柄处无托叶痕。花单生枝顶,芳香;花被 9~12 片,通常为 6 片,白色,覆瓦状排列,径 15~23 cm,宛如荷花,而得名。聚合蓇葖果圆柱形,外被有锈色绒毛,先端外弯喙状,成熟时沿背缝线开裂;种子 1~2 粒,假种皮鲜红色。花期 4~7 月,10—11 月果熟。变种**狭叶荷花玉兰 var. *lanceolata* Ait.**,树冠比荷花玉兰稍窄;叶较小,椭圆状披针形,背面光滑或有少量绒毛;花较小,观赏价值稍逊于正种。

图 4.52　荷花玉兰
(引自广东植物志)

原产北美洲东南部。我国长江流域及以南城市均有栽培。

喜半阴,喜温暖湿润至凉爽气候,耐寒,不耐瘠薄,要求深厚肥沃土壤。生长中等至慢,深根性,抗风能力颇强,抗大气污染及吸收有毒气体的能力均较强。扦插、压条与种子繁殖。

树冠圆形或椭圆形,树形端庄雄伟,叶大浓郁,花朵硕大,洁白如玉,芳香馥郁,是名贵的观花乔木,宜于庭园、公园、校园等地孤植、列植作园景树、庭荫树或行道树。在南京、武汉、湘潭、成都等地多用作行道树,景观效果很好。

4.3.38　杧果 *Mangifera indica* L.

别名:芒果、檬果。漆树科,杧果属。

常绿乔木,高可达 25 m。树皮暗灰色,或近于黑色;枝叶搓之有杧果香味。叶互生,革质,长椭圆形至披针形,长 12~30 cm,宽 2.5~5 cm,先端渐尖,基部楔形或近圆形;中脉粗壮,侧脉在两面凸起,网脉显著,全缘,边缘波状;叶柄长 3.5~5 cm。圆锥花序顶生;花小、杂性,芳香,4~5 数,花瓣淡黄色或黄绿色;雄蕊 5,通常仅 1 枚发育;子房 1 室。肉质核果长卵形或扁圆形,

图4.53 杧果
1.花枝;2.两性花;3.雄花;4.果
(引自广州植物志)

长8~15 cm,熟时绿色、黄色或紫色,可食;核大而扁平,具多数纤维。2—5月开花,5—9月果熟。

原产亚洲东南部,即从印度东北部至菲律宾和新几内亚一带。我国海南、广东、广西、福建、台湾等地区普遍栽培。

热带树种。喜光,喜高温多湿气候,不耐寒,不耐干旱和瘠薄,喜生长于土层深厚、肥沃的砂质壤土;主根发达,侧根较少,生长繁茂,寿命长,抗风,抗大气污染。种子或嫁接繁殖。

树冠广卵形或伞形,树姿端整,枝叶茂密,嫩叶紫红色或古铜色,花色淡雅,芳香扑鼻,硕果累累,味甜芳香,是著名的热带水果,宜丛植、列植作园景树、庭荫树和行道树配植于庭园、公园和城市道路。

同属的**扁桃 M. persiciformis** C. Y. Wu et T. L. **Ming**,树冠球形;叶狭长椭圆形,长10~15 cm;圆锥花序顶生;肉质核果近圆形,略扁,较杧果小,熟时淡黄色。原产广西、贵州、云南和海南,华南地区广为栽培。

4.3.39 人心果 *Manilkara zapota*(L.)P. Royen

山榄科,铁线子属。

常绿乔木,高6~10 m或更高。树皮暗褐色,纵横龟裂;枝褐色,有明显叶痕;树皮及树体各部分(枝、叶、花、果)均能分泌白色乳汁汁液。叶互生,聚生枝顶,革质,长圆形至卵状椭圆形,长6~19 cm,全缘,侧脉甚密,叶柄细长。花两性,数朵簇生于叶腋内,花梗常被黄褐色绒毛;花萼6,2列,卵形,外被锈色短柔毛;花冠裂片6,白色,卵形,每一裂片的背面有2枚等大的花瓣状附属体;雄蕊6,退化雄蕊6,花瓣状,与花冠裂片互生。浆果椭圆形,卵形或球形,黄褐色,长4~8 cm,果肉黄褐色,可食;种子黑色。周年均可开花结果,开花至果实成熟需9~10个月。

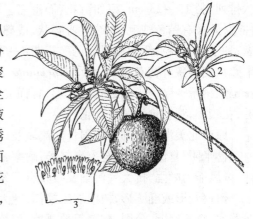

图4.54 人心果
1.果枝;2.花枝;3.花冠展开
(引自中国植物志)

原产墨西哥与中美洲。广东、广西、福建、云南、海南、台湾等省区有栽培。

喜光,较耐阴,性高温湿润气候,不耐寒,对土壤适应性较强,但以肥沃、疏松、排水良好的沙土、沙壤土为佳。枝条坚韧,抗风力较强。能吸收有害气体,对二氧化硫、氯气等抗性较强。播种、嫁接和压条繁殖。

树冠圆形或塔形,树形优美,四季开花,花果同存,是热带、南亚热带地区优良的观赏树木,宜作园景树和庭荫树。除作观赏外,其浆果果肉鲜嫩味甜,是独具特色的热带水果;其树干流出的乳状胶质更是口香糖的最佳原料。

4.3.40　白千层 *Melaleuca quinquenervia*（Cav.）S. T. Blake

别名:白树、脱皮树、阔叶白千层。桃金娘科,白千层属。

常绿乔木,高 8～12 m。树皮灰白色,厚而疏松,呈海绵状薄层剥落。叶互生,全缘,披针形,革质,长 4～10 cm,有透明油点,纵脉 5 条。穗状花序顶生,长 10～15 cm,淡黄白色,花序轴在开花时或花后能继续延长形成新枝;花无梗;花萼与花瓣分离,不合生成花盖,萼筒近球形,基部与子房合生;花瓣长 2～3 mm;雄蕊多数,花丝基部合生成 5 束,长约 1 cm,与花瓣对生;子房下位。蒴果簇生于枝条上,木质,先端扁平,由顶部开裂为 3 果瓣。花期 10 月至翌年 1 月,果秋冬成熟。

原产澳大利亚,印度、菲律宾、马来半岛等地。热带地区广泛栽培,我国南方普遍栽培。

喜光,喜高温多湿气候,不耐寒,耐水湿,不甚耐旱,喜肥沃、湿润和排水良好之壤土;主根深,侧根少,移植较难,抗风、抗大气污染。种子繁殖。

图 4.55　白千层
1. 花枝;2. 花;3. 果枝;4. 果
（引自福建植物志）

树冠长椭圆形,枝条略下垂,树姿优雅,宜列植于水滨或道路两侧,作园景树和行道树,也可群植作为热带沙地的防护林。

4.3.41　白兰 *Michelia alba* DC

图 4.56　白兰
1. 花枝;2. 花;3. 去掉萼片和
花瓣的花,示雄蕊群和雌蕊群
（引自福建植物志）

别名:白兰花、白玉兰、白缅桂。木兰科,含笑属。

常绿乔木,高 10～17 m。枝有环状托叶痕;幼枝及芽密被淡黄色白色绢毛,一年生枝无毛。叶互生,薄革质,椭圆状披针形,长 10～27 cm,宽 5～9 cm,先端渐尖,基部楔形,全缘;叶柄长 1.5～3 cm,托叶痕约为叶柄长的 1/3 或 1/4。花单生叶腋,两性,芳香;花被片披针形,长 3～4 cm,白色;雌蕊群具柄,超出雄蕊群之上,每心皮具胚珠 2 枚以上。聚合蓇葖果,但多不结实。花期长,以 5—6 月和 9—10 月为最盛。

原产东南亚至南亚,世界热带地区广为栽培。我国广东、广西、福建、台湾、云南、四川等省区广泛栽培。长江流域需盆栽置温室或室内越冬。

喜光,喜温暖至高温湿润气候,不耐寒;栽培要求肥沃、排水良好的微酸性沙质壤土;根属肉质,不耐旱,忌过湿,尤忌积水,忌盐碱;枝叶茂盛,幼枝较脆,易被强风折断。嫁接和压条繁殖。

树冠宽卵形,树姿幽雅、恬静,分枝茂密,叶色碧绿,花洁白如玉,芳香宜人,是热带、亚热带地区优良的观花乔木。可作为园景树、庭荫树和行道树配

植于庭园、公园、校园或城市道路等处。花可作襟花、熏制花茶，花、叶均可蒸取香精油。

同属的**黄兰 M. champaca L.**，外形与白兰很相似，但叶背疏被淡黄色绢毛，叶柄上的托叶痕达叶柄长的 2/3 以上；花黄色，香气更浓郁；聚合蓇葖果，种子秋末冬初成熟。花期 5—8 月，果期 9—10 月。原产我国西藏、云南以及印度、缅甸和越南。**乐昌含笑 M. chapensis Dandy**，嫩芽被灰色微毛，小枝无毛；叶倒卵状长圆形，顶端突尖，基部楔形；花白色，芳香。花期 3—5 月，果期 10—11 月。原产我国江西、湖南、广西、广东以及越南。**金叶含笑 M. foveolata Merr. ex Dandy**，芽、幼枝、叶柄、叶背、花梗密被赤铜色短绒毛；叶阔披针形，网脉两面明显突起，14～26 对，叶基两侧不对称，叶柄上无托叶痕；花乳黄色。花期 3—4 月，果期 10—11 月。原产我国云南、贵州、湖北、湖南、广西和广东以及越南。

4.3.42　海南红豆 *Ormosia pinnata*（Lour.）Merr.

图 4.57　海南红豆
1.果枝；2.去花瓣的花；3.旗瓣；4.翼瓣；
5.龙骨瓣；6.雄蕊；7.荚果内部(示种子着生)
(引自中国植物志)

别名:胀果红豆。蝶形花科、红豆树属。

常绿乔木，高 15～20 m。树皮灰褐色，浅纵裂。奇数羽状复叶互生，小叶 7～9 枚，对生，薄革质，披针形，长 12～14 cm，亮绿色。圆锥花序顶生，长 20～30 cm；花冠蝶形，花瓣 5，黄白色略带淡红色，有爪；雄蕊 5～10 枚，全分离。荚果微呈念珠状，长 3～7 cm，熟时两瓣裂，黄色；种子椭圆形，种皮深红色。花期 8—10 月，10—11 月果熟。

原产我国广东西南部、广西南部、海南以及越南和泰国。我国南方广泛栽培。

喜光，耐半阴，喜高温湿润气候，不耐寒；适应性强，抗风，抗大气污染，在肥沃、湿润壤土上生长旺盛，不耐干旱。种子繁殖。

树冠圆伞形，树姿高雅，枝叶繁茂，嫩叶淡红褐色，成熟叶深绿而有光泽，以素洁的花序和念珠状的荚果而独具特色，为优良的庭荫树、园景树和行道树。

4.3.43　悬铃木 *Platanus × acerifolia*（Ait.）Willd.

别名:二球悬铃木、英国梧桐。悬铃木科、悬铃木属。

落叶乔木，高可达 35 m。树皮灰绿色，不规则大薄片状剥落，内皮淡绿白色，平滑；幼枝及幼叶密被淡褐色叠生星状毛，成长后近无毛。叶互生，截形或心形，9～15 cm，3～5 裂片，约达叶片全长 1/3(较三球悬铃木为浅，而较一球悬铃木为深)，裂片三角状卵形，边缘具疏锯齿，中裂片长宽近于相等，基部心形或截形；叶柄基部呈帽状而罩于芽外；托叶长约 1.5 cm。花单性，雌雄同株，密集成单性的头状花序，下垂。多数坚果聚合成球形聚花果，通常二球生于一个果序轴上，径 2.5～3.5 cm，表面花柱宿存，粗糙，常宿存树上，经冬不落。花期 4—5 月，9—10 月果熟。

本种是三球悬铃木与一球悬铃木的杂交种，在上海、南京、武汉、郑州、西安、青岛等地广泛栽植。

喜光,喜温暖湿润气候,略耐寒,对土壤的适应能力极强,能耐干旱瘠薄;树势强壮,生长迅速,耐修剪,耐移植,抗污染能力较强,寿命长。播种或扦插繁殖。

树形优美,树干挺拔,叶形奇特,绿荫浓密,球形花序和聚花果下垂,十分别致,为世界著名的行道树和园景树,被誉为"行道树之王"。

悬铃木的父本——**球悬铃木(美国梧桐)** *P. occidentalis* L. ,树高40~50 m;树皮乳白色,小片状剥落;叶3~5浅裂,中裂片宽大于长,边缘疏生粗锯齿,托叶长2~3 cm;聚合果通常单生。原产北美洲。悬铃木的母本**三球悬铃木(法国梧桐)** *P. orientalis* L. ,树高达40~50 m;树干灰褐色;叶5~7深裂,裂片长大于宽,边缘疏生锯齿;托叶长不及1 cm;果序3~7个生在一个果序轴上。原产欧洲东南部、亚洲西部、印度及喜马拉雅地区。

图4.58　悬铃木
1.花枝;2.雄花;3.雌花;4.坚果
(引自广东植物志)

4.3.44　加拿大杨 *Populus × canadensis* Moench.

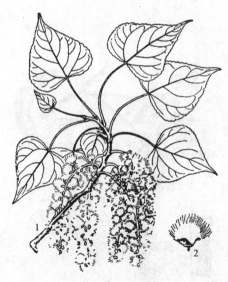

图4.59　加拿大杨
1.花枝;2.花
(引自中国高等植物图鉴)

别名:加杨、美国大叶白杨。杨柳科,杨属。

落叶乔木,高可达30 m。树皮灰绿或灰褐色,基部粗糙;小枝在叶柄下具3棱,皮孔明显,无毛或微有短绒毛。叶互生,近等边三角形,短枝上叶长6~10 cm,长枝上叶长10~20 cm,先端长渐尖,基部截形,表面深绿色,有光泽,背面青色;叶缘具波状锯齿;在叶缘近叶柄处或叶柄先端有时具腺体,叶柄扁平,带红色。雌雄花均成下垂的葇荑花序,风媒传粉;无花被;雌花具短梗,基部托以杯状花盘;雄花序粗壮,无总梗,长6~8 cm,雄蕊15~25。果穗长10~20 cm,蒴果卵圆锥形,2~4瓣裂,具宿存花盘。花期3—4月,5月果熟。

为**美洲黑杨** *P. deltoides* 与**欧洲黑杨** *P. nigra* 之杂交种。我国华北及长江流域普遍栽培。

喜光,喜温凉气候及湿润土壤,也能适应暖热气候,耐水湿和盐碱土。扦插繁殖。

树冠卵圆形,侧枝开展,姿态雄伟,树势健旺,绿荫宜人,生长迅速,很适宜作为行道树及防护林树种。

同属的**意大利杨** *P. euramevicana*,落叶乔木,树冠长卵形;树皮灰褐色,浅裂;叶三角形,基部心形,有2~4腺体,叶深绿色,质较厚,春季萌芽早,落叶较晚。生长迅速。原产意大利。

4.3.45　紫檀 *Pterocarpus indicus* Willd.

别名:印度紫檀、青龙木。蝶形花科,紫檀属。

图4.60　紫檀
1. 花枝;2. 荚果
(引自广东植物志)

落叶乔木,高15~25 m。幼树树皮光滑、浅灰色,成年后变粗糙;小枝常具皮孔。奇数羽状复叶互生;小叶5~7片,互生,卵形,长6~11 cm,先端渐尖,基部圆形,两面无毛。圆锥花序顶生或腋生,花多,被褐色短柔毛;蝶形花冠,花瓣5,有长柄,黄色,边缘皱波状;雄蕊10,单体,最后分为5+5的两体。荚果圆形,扁平,偏斜,宽约5 cm,不开裂。种子略被毛且有网纹,周围具宽翅。花期4—5月,8—10月果熟。

原产印度、菲律宾、印度尼西亚和缅甸。我国台湾、福建、广东、广西和云南等地有栽培。

喜光,喜高温湿润气候,不耐寒,适应性强,在土层深厚、排水良好之地生长快速。播种和扦插繁殖,移栽容易,枝下高较低,作行道树时,需及时修剪下部枝条。

该种植物的野生种为国家二级保护植物。树姿优美,树大荫浓,生势强健,是优良的园景树、庭荫树和行道树,可配植于公园、庭园及城市道路等地。

4.3.46　刺槐 *Robinia pseudoacacia* L.

别名:洋槐、德国槐。蝶形花科,刺槐属。

落叶乔木,高可达20 m。树皮灰褐色至黑褐色,纵裂;在总叶柄基部常有大小、软硬不相等的2托叶刺;无顶芽,柄下芽。奇数羽状复叶互生;小叶7~25枚,对生,椭圆形,全缘,先端圆,微凹或有小刺尖,基部圆形或宽楔形。总状花序腋生,长10~20 cm,下垂;蝶形花冠,白色,芳香;雄蕊2束。荚果带状长椭圆形,长4~10 cm,沿腹缝线有窄翅,熟时开裂;种子扁肾形,褐绿色、紫褐色或黑色。4—5月开花,7—9月果熟。

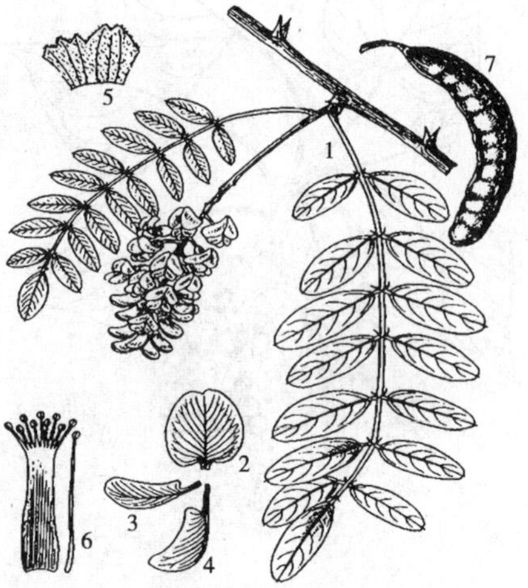

原产北美。我国辽宁南部、黄河流域、长江流域、四川,福建均有栽培。

喜光,不耐阴,喜干冷气候及湿润、肥沃土壤,不耐严寒及高温、高湿,对土壤的适应性强,耐干旱瘠薄,忌水湿。浅根性树种,易风倒;萌蘖能力强。播种及分株繁殖。

树冠近卵形,树势健旺,生长迅速,春季白花满树,素洁芳香,可作行道树、庭荫树和绿化先锋树,也是一种上等的蜜源植物。

图4.61　刺槐
1. 花枝;2. 旗瓣;3. 翼瓣;4. 龙骨瓣;
5. 花萼展开;6. 雄蕊;7. 荚果
(引自广东植物志)

4.3.47　垂柳 *Salix babylonica* L.

别名:水柳、柳树、垂杨柳。杨柳科,柳属。

落叶乔木,高可达 18 m。树皮纵裂;小枝细长,下垂;冬芽具 1 枚芽鳞;无顶芽。叶互生,披针形或狭披针形,长 8~16 cm,宽 1~2 cm,先端长渐尖,边缘有细腺锯齿,表面绿色,背面灰绿色,幼叶微有柔毛,老叶无毛;叶柄长约 1 cm。荑荑花序具总梗,花单性,雌雄异株;雄花序长 2~4 cm,雌花序长至 5 cm,常下垂;苞片卵圆状披针形,淡黄绿色;无花被;雄花腺体 2,雌花腺体 1;雄蕊 2,基部有柔毛。蒴果 2 瓣裂;种子细小,基部围有白色长毛,随风飞散,即所谓的"柳絮"。3—4 月开花,5—6 月果熟。

原产我国华中地区。以长江流域为中心,南至广东,西至四川,北至华北平原均广泛栽培。

喜光,耐半阴,喜温暖湿润气候,不耐炎热和寒冷;极耐水湿,多生于水边或湿润之地;喜湿润黑色之壤土。适应性强,吸收二氧化硫的能力极强;不定根发达,生长迅速,移栽容易,寿命短。扦插繁殖。在华南地区栽植,生长较慢,虫害较多。

树形倒广卵形,枝叶细长柔软,树姿婀娜。配植于水边,长长的柳枝水上水下相接,随风飘逸,其景观效果甚佳,故常丛植于塘旁、河堤、湖岸、桥头等水滨处。

图4.62 垂柳
1.叶片;2.枝条;3.子房
(引自《园林树木学》 庄雪影主编
华南理工大学出版社)

4.3.48 无患子 *Sapindus mukorossi* Gaertn.

图4.63 无患子
1.果枝;2.花序;3.花;4.萼片;5.花瓣;
6.雌蕊;7.花盘、雄蕊及雌蕊
(引自《园林树木学》 庄雪影主编
华南理工大学出版社)

别名:肥皂树、木患子。无患子科,无患子属。

落叶乔木,高可达 20 m。树皮灰褐色,平滑;小枝无毛,皮孔多而明显,芽叠生。羽状复叶互生,长 50 cm;小叶 8~16 枚,对生或近对生,薄革质,椭圆状披针形,长 6~15 cm,宽 3~5.5 cm,基部偏斜,无毛,全缘,侧脉纤细,网脉明显。圆锥花序顶生,花小,黄白色。核果球形,径 1.5~2 cm,果皮肉质,熟时褐黄色,径 1.5~1.8 cm;种子黑色,无假种皮。5—6 月开花,10 月果熟。

原产我国长江流域以南地区和台湾,印度、越南、日本也有分布。

喜光,耐半阴,喜温暖湿润气候,在酸性土、钙质土上均能生长,常生于山谷、丘陵土层深厚之地。深根性,抗风力强。对二氧化硫抗性较强。种子繁殖。

树形高大,树冠圆伞形,枝条开展,绿荫稠密,冬季落叶前,叶色变为金黄色,富季相变化,是优美的庭荫树、园景树和行道树,宜孤植、丛植或列植于公园、校园、居住区或城市道路等地。还可与其他针阔叶树混栽,以形成自然景观。

其种仁可以榨油,果肉富含皂素,可代肥皂,种子可制念佛珠,故在寺庙中多植之。

4.3.49　蒲桃 *Syzygium jambos*（L.）Alston

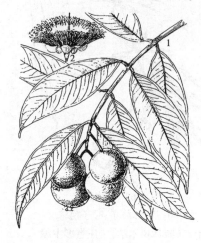

图4.64　蒲桃
1.果枝;2.花
（引自广东植物志）

别名:水蒲桃。桃金娘科,蒲桃属。

常绿乔木,高达 10 m。树皮光滑,灰褐色;分枝开展。叶对生,革质,披针形,长 12～25 cm,宽 2.5～5 cm,先端渐尖,基部楔形,全缘;侧脉至近边缘处汇合而成边脉;有透明油腺点。聚伞花序顶生,有花数朵,花黄白色,径达 3～4 cm;萼 4齿裂,宿存;花瓣 4,脱落;雄蕊多数,花丝伸出于花瓣之外;子房 2 室。浆果球形,径 4～5 cm,黄白色或杏黄色,具玫瑰香,可食;种子 1～2 粒。几乎周年均可开花结果,广州 1—2 月、4月、11 月开花比较集中,花后 1.5～2 个月果熟。

原产印度及马来西亚群岛。我国南方普遍栽培。

喜光,喜高温湿润气候,怕寒冷,喜水湿,不耐干旱和瘠薄,喜深厚、肥沃的中性或酸性土壤。能吸收二氧化硫等有害气体,抗大气污染。根系强大,抗风力强。播种或嫁接繁殖。

树冠广阔,树姿婆娑,叶色浓绿亮泽,花形如绒球,果实光莹可爱,为著名的热带水果,是观形、观花、观果俱佳的乔木。宜于公园或庭园的草地、广场等孤植、列植作园景树或庭荫树,尤适宜配植于水边。也可作为热带沿海的防风固沙树种。

同属的**乌墨(海南蒲桃、密脉蒲桃)** *S. cumini*（L.）Skeels,树皮纵裂;叶交互对生,椭圆形至长椭圆形,长 6～14 cm,宽 3～4.5 cm,先端钝或渐尖,基部阔楔形,侧脉细密平行,叶柄长 1.5～2 cm;核果紫黑色,长 1～2 cm,种子 1 粒。花期4—5 月,7—8 月果熟。原产华东、华南至西南各省区,东南亚及澳大利亚也有分布。**洋蒲桃(连雾)** *S. samarangense*（**Bl.**）**Merr. et Perry**,与蒲桃的用途基本相同,形态区别是叶椭圆形,较蒲桃宽,基部浑圆或狭心形,叶柄极短;浆果钟形或洋梨形,粉红色或红色。几乎周年均可开花结果。原产马来半岛。

4.3.50　榄仁树 *Terminalia catappa* L.

别名:法国枇杷、山枇杷。使君子科,榄仁树属。

半落叶乔木,高可达 20 m。有板根,分枝假轮生。叶互生,集生枝顶,倒卵形,长 12～25 cm,先端钝、圆或急尖,基部渐窄而为耳垂形,全缘;叶柄粗壮,顶端有 2 个黄色腺体。穗状花序腋生,有毛;花杂性,小;萼筒与子房合生,上部渐缢缩,5 裂,裂片镊合状排列,黄白色;无花瓣;雄蕊 8～10;子房下位,1 室,胚珠 2。果橄榄形,长 3～5 cm,两侧压扁,有棱脊,熟时青黑色。夏季至秋季为开花期,秋季至初冬果熟。

原产我国台湾、海南、云南,印度、马达加斯加及马来半岛也有分布。我国海南、广东、广西、云南和台湾有栽培。

热带树种。喜光,耐半阴;喜高温多湿气候,不耐寒,不择土壤,耐湿,喜生于滨海沙滩地区。深根性,抗风性强;生长快,寿命长,抗大气污染。种子繁殖。

树冠宽阔呈伞形,枝繁叶茂,落叶前叶色变红,新叶嫩绿色,富明显的季相变化,是优良的园景树和庭荫树,宜孤植、丛植于草地或水滨等处,也可作为公园、庭园等地的行道树。

　　同属的阿江榄仁(阿珍榄仁)*T. arjuna* (DC) **Wight et Arn.**,树皮色如黄牛皮;叶背近基部有一对腺体,冬季落叶前,叶色不变红;核果果皮坚硬,近球形,有 5 条纵翅。原产东南亚。马尼拉榄仁(嘉榄仁)*T. calamansanai* (Blanco) **Rolfe**,侧枝有层次地放射状水平展开,形成塔形树冠;叶倒卵形,长 2 ~ 3 cm;冬季落叶前,叶色变红。原产东南亚。**小叶榄仁(文榄仁)***T. mantaley* **H. Perr.**,落叶乔木;主干通直,侧枝假轮生呈水平伸展;叶轮生,提琴状倒卵形,长 3 ~ 8 cm,脉腋有簇毛;核果橄榄形。原产马达加斯加。**美洲榄仁(卵果榄仁)***T. muelleri* **Benth.**,叶倒卵状椭圆形,长 8 ~ 10 cm,冬季落叶前,叶色变红;核果椭圆形,长 2 ~ 2.5 cm,熟时为紫黑色,无纵棱。原产热带美洲。

图 4.65　榄仁
1.花枝;2.果序的一部分;
3.花的纵切面;4.雄蕊
(引自海南植物志)

　　除以上所介绍的针叶绿荫树种和阔叶绿荫树种外,棕榈科的许多种类,如大王椰子、假槟榔、蒲葵、长叶刺葵、银海枣等都是优良的园景树和行道树,在华南地区广泛栽培,是营造热带园林景观的骨干树种,详见第 7 章观赏棕榈的相关描述。在中国和日本的古典园林中,均很注重竹子在庭园中的运用,如苏州的"个园",运用竹子可营造出清幽、脱俗的意境,有关观赏竹类的论述详见第 6 章。在第 7 章风景林木类论述的种类中,有不少的种类,如朴树、格木等,都是优良的绿荫树种。植物种类多样性是植物景观多样性的基础,乔木在植物造景中常占据主导的地位,限于篇幅,无法详细介绍更多的种类,更多绿荫树的种类,以表格的形式列于书中附录 1 部分。

5 观赏棕榈类

5.1 观赏棕榈类概述

观赏棕榈类是指棕榈科的园林植物。棕榈科植物的主要形态特征是:乔木、灌木或藤本。干常不分枝,单干或丛生,常覆以残存的老叶柄基部或叶脱落后留有环状痕迹。叶常聚生于茎顶或在攀援种类中散生于茎上,羽状或掌状分裂;叶柄基部常扩大成鞘状。花小,常辐射对称,两性或单性,雌雄同株或异株,有时杂性;组成分枝或不分枝的肉穗花序;佛焰苞1至多枚,鞘状、管状或舟状;萼片和花瓣各3片,分离或合生;雄蕊常6枚,2轮排列,花药2室,纵裂;子房上位,1~3室,或3心皮分离或基部合生;每室1胚珠;花柱短或无,柱头3裂。果为浆果、核果或坚果,外果皮常为纤维质或鳞片状。胚小,胚乳均匀或嚼烂状。

本科约有217属2500种,分布于热带、亚热带地区,尤以美洲热带和亚洲热带地区种类最多。我国有18属90余种,产西南部至东南部。

在系统分类上,棕榈科可分为6个亚科:贝叶棕亚科 Coryphoideae、槟榔亚科 Arecoideae、省藤亚科 Calamoideae、水椰亚科 Nypoideae、腊材椰亚科 Ceroxyloideae、象牙椰亚科 Phytelephantoideae。

棕榈科植物由于有优美的叶姿和树型,具有热带风情的观赏效果,而且抗性强、落叶少、易管理。因此,棕榈科观赏植物受到普遍的喜爱,不少种类已成为优良的绿化美化树种,也有不少种类可作盆栽观叶应用。观赏棕榈植物的栽培应用已成为热带、亚热带地区观赏植物生产的重要组成部分,各地纷纷开展引种栽培。

目前,棕榈科植物在应用中,已从原来的景观造园和庭院栽培为主,向室内观叶与造园应用两方面平衡发展,而且有向更高纬度扩展的趋势,应用的种类也不断增加。因此,观赏棕榈植物的应用面更为广泛。在生产与引种栽培中,对棕榈植物的要求也有改变。造园与景观建设用的棕榈植物,不仅要有优美的树姿、较强的抗逆性,而且要求生长更快、更耐寒、耐旱。作为室内观叶应用的棕榈植物,要求更耐寒、耐阴、耐旱,其中耐阴与耐旱方面尤其重要。棕榈科植物由于具有以上生态特性,栽培管理较简单,容易被大众接受,因而在庭园中迅速推广。

5.2　常用观赏棕榈类

5.2.1　假槟榔 *Archontophoenix alexandrae*（F. Muell.）H. Wendl. et Drude

别名:亚历山大椰子。假槟榔属。

乔木,高可达20 m;单干型,树干挺直,有整齐明显的环痕,基部略膨大。叶羽状全裂,长2~3 m,裂片呈2列排列成一平面,线状披针形,长达45 cm,宽3~5 cm,顶端渐尖,边全缘,表面绿色,背面具灰白色鳞秕,叶鞘长1 m以上,膨大抱茎。肉穗花序三歧式多分枝,生于叶鞘下,下垂,长50~80 cm,佛焰苞长约50 cm,雌雄异序。雄花为三角状长圆形,淡米黄色;萼片和花瓣均3枚;雄蕊9~12枚,花药线形,长约4 mm,基着,2室,纵裂。雌花卵形,黄色;萼片和花瓣圆形,长3~4 mm,宿存;子房上位,三角状卵形,1室,柱头3裂。果卵状球形,长1.2~1.4 cm,熟时红色。花期夏末秋初,冬春季结实。

图5.1　假槟榔

1. 植株形态;2. 叶中部,示羽片;
3. 叶顶部;4. 果序一部分;
5. 果实;6. 果实纵剖面;
7. 小穗状花序一段;8. 雄花
（引自中国植物志）

原产澳大利亚。我国广东、广西、云南、海南和台湾等地常见栽培。

喜高温、高湿和避风向阳的环境。不耐寒,叶片易受霜冻为害。要求土层深厚、肥沃、排水良好、微酸性的沙质壤土,根系不耐积水。播种繁殖。种子不耐干藏,宜随采随播,或层积贮藏至温度合适时播种。温度在25 ℃以上,约15 d可发芽,苗期注意防鼠食幼苗,冬季注意防寒。大树移植宜在春、夏季进行,冬季移植不易成活。

假槟榔树干通直、形姿优美,且生长迅速,在南方地区,可作行道树、庭院孤植、列植、群植等应用。在北方地区可作盆栽观赏,但冬季要注意防寒。

此外,同属植物栽培观赏的还有**阔叶假槟榔（紫花假槟榔）*A. cunninghamiana*（H. A. Wendl.）H. A. Wendl. et Drude**,主要区别是叶裂片较宽大而披垂。花淡紫色,芳香。原产大洋洲。

5.2.2　三药槟榔 *Areca triandra* Roxg. ex Buch.-Ham

槟榔属。

丛生型灌木至小乔木,高4~6 m;干具环状叶痕,径粗5~15 cm,绿色。叶羽状全裂,聚生茎顶,裂片12~19对;侧生裂片矩状条形,顶端斜渐尖,长43~63 cm,宽4~6 cm,有主脉2~3条;叶轴顶端的2片裂片较大,宽达9 cm,连合成燕尾状;叶鞘绿色,抱茎,其上有散生、紫红色鳞秕。肉穗花序生于叶丛下,具多分枝,排成圆锥花序式;佛焰苞鞘状,长30~40 cm,早落。花单性,雌雄同序;雄花较多,常生于花序分枝的上部,花萼花瓣各片,近等大,雄蕊3枚;雌花常生花

图5.2　三药槟榔
1. 植株(缩小);2. 叶;3. 花序;4. 雄花;
5. 雄花去花被,示雄蕊和退化雌蕊;
6. 部分果序
(引自广东植物志)

序分枝下部,花萼近圆形,花瓣卵圆形,均覆瓦状排列,子房卵圆形,1 室,内有 1 直立、基生的胚珠,花柱 3 裂,常无退化雄蕊。果椭圆形或橄榄形,长约 2.5 cm,熟时橙红色至红色;种子圆锥状;胚乳嚼烂状。花期 3—4 月,果期 9—11 月。

原产印度、马来西亚,现各热带地区有栽培。我国广东、福建、海南、云南、台湾等地有引种栽培。

喜温暖、湿润的气候,适应背风、半阴蔽的环境。不耐寒,小苗期易受冻害,成树可耐 1 ℃左右低温。要求肥沃、疏松而排水良好的土壤,不耐积水,不耐干旱。播种或分株繁殖。新鲜种子发芽率高,种子不耐贮藏,宜随采随播,在 25 ℃以上条件下约 2 个月开始发芽,低于 15 ℃不发芽。幼苗长至 2~3 叶时可行移植。分株繁殖宜在 4—6 月气温回升后进行。苗期要注意防寒。大苗移植,宜在长生季节进行,如要在入秋后移植,最好能提前进行环沟截根,1 个月后再移,这样更易成活。在定植 1~2 个月内,每天需早晚浇水并喷洒叶片。

三药槟榔树型优雅,叶色翠绿,形如翠竹,是人们喜爱的观赏棕榈植物之一。在南方可作庭院园林布置,其耐阴性强,也可盆栽作室内观赏。

同属植物常见栽培的还有**槟榔 A. catechu L.**,单干型乔木,高 10~20m,干灰褐色;叶裂片先端具齿裂;雄花有雄蕊 6 枚;核果卵形至椭圆形,长 4~6cm。原产马来西亚,各热带地区广泛栽培。种子含多种生物碱和单宁,作药用。本种耐寒性较三药槟榔差,除海南、台湾南部外,不宜露地栽培。

5.2.3　桄榔 *Arenga pinnata* (Wurmb.) Merr.

别名:砂糖椰子、糖椰。桄榔属。

乔木,株型高大壮观,高可达 12 m 或更高,叶片长 7 m 以上,裂片极多数,每侧约 100 片或更多,顶端和上部边缘有啮蚀齿,基部两侧有 2 个不等大的耳垂,背面苍白色;叶鞘褐黑色,粗纤维质,包茎。肉穗花序长达 1.5 m;鞘状佛焰苞 5~6 枚,披针形;雄花:常成对着生,萼片近圆形,宽约 6 mm;花瓣革质,长圆形,长 15~20 mm;雄蕊 70~80 枚;雌花:常单生,萼片宽过于长,长约 4 mm;花瓣阔卵状三角形,长约 1.3 cm;子房三棱形。果近球形,长 3.5~5 cm,棕黑色,基部有宿存的花被片。花期夏季,果 2~4 年后成熟。

巨大的羽状叶片形成天然华盖。适合作行道树、庭荫树。花序割伤后有液汁流出,可熬煮制砂糖。髓心可提取淀粉。叶鞘纤维可做绳索。

图5.3　桄榔
1. 幼年植株(缩小);2. 叶裂片;
3. 部分花序;4. 雄花;5. 雄蕊;
6. 部分果序
(引自海南植物志)

本属的**矮桄榔(散尾棕、山棕)** *A. engleri* Becc.，丛生、矮小灌木，叶全部基生，羽叶全裂，长2~3 m；叶裂片基部仅一侧有耳垂，果小，长2 cm。散尾棕的株形优美，可植于草地或庭园。

5.2.4 霸王棕 *Bismarckia nolbilis* Hild. et H. Wendl.

别名：比斯马棕、霸王桐、贵椰。比斯马棕属。

大乔木，高可达60 m，胸径达60 cm以上，单干型，茎常宿存有开裂的叶柄基部。叶圆扇形，掌状深裂，裂片深达叶片的1/3~1/2，裂片斜向上直伸，裂片间有丝状纤维；叶大型，宽达3 m以上，嫩时两面披白粉，叶片蓝灰色；叶柄长而粗壮，叶鞘两侧有丝状纤维，叶柄基部从中间开裂。肉穗花序生于叶丛中，具3~5分枝，佛焰苞舟状，长50~60 cm。花结构不详。果椭圆形，长约2 cm，宽1.2 cm。花期4—6月，果期次年9—11月。

原产马达加斯加。我国广东、海南、台湾等地有引种栽培。

喜高温、多湿的热带气候。需要光照充足的环境，不甚耐寒，大树可耐2 ℃左右低温。要求深厚肥沃微酸性至中性土壤。根系发达，生长较快。播种繁殖，发芽温度要求20 ℃以上，播种后2~3个月开始发

图5.4 霸王棕

芽。苗期生长较慢，要加强管理，冬季要注意防寒。大苗移植宜于春夏季进行，为保证成活，可在移植前一个月先断根，再移植。

霸王棕高大挺拔，叶片茂密，极为壮观，具有强壮之美，为极其高贵的庭院绿化树种。可作行道树及庭院的丛植、片植或孤植，特别是与造型植物混栽尤其优美。

5.2.5 鱼尾葵 *Caryota ochlandra* Hance

别名：酒椰子、单干鱼尾葵、假桄榔。鱼尾葵属。

乔木，单干，高达20 m，有环状叶痕。叶大，裂片暗绿色，每边18~20片，悬垂，质厚而硬，顶端1片扇形，不规则的齿缺，侧面的菱形而似鱼尾，15~30 cm。肉穗花序花单性，雌雄同株，常3朵聚生，中间较小的1朵为雄花或全部为雄花；雄花萼片3，阔倒卵形，长约2.5 mm，花瓣3枚，长约11 mm，雄蕊多数；雌花萼片与雄花相同，花瓣卵状三角形，长3~4 mm，子房圆形，3室，柱头3裂。果序长2~3 m，果球形，直径约2 cm，熟时紫红色，浆果状，中果皮新鲜时肉质，其内有种子1颗；种子球形，具花纹。花期7月，果1~2年后成熟。

原产亚洲热带、亚热带及大洋洲，我国华南至西南地区有野生，西南、华南至东南部常见栽培。

喜温暖、湿润气候。较耐寒，能耐短期－5 ℃低温。可耐半阴环境。根系浅，不耐干旱。要求排水良好、疏松肥沃的土壤，对土壤酸碱度要求不严。播种繁殖。种子采收后即播，在20 ℃

图 5.5　鱼尾葵
1.植株上部(缩小);2.部分叶裂片;
3.雄花;4.部分果序
(引自广东植物志)

产印度至马来西亚。

以上,播种后约一个半月开始发芽,在秋冬季成熟的种子,采收后,可用河沙层积贮藏至气温回升后再播种。在南方地区,待幼苗长至 1~2 片真叶时移至盆栽或地栽;在寒冷地区可盆栽,在温室越冬,应保持 5 ℃以上。

鱼尾葵树形端庄,叶形优美,在庭院或园林布置中可作丛植、列植栽培,也可以盆栽作室内观赏。

同属植物常见栽培观赏的还有:**短穗鱼尾葵 *C. mitis Lour.*** ,丛生小乔木,高 5~8 m,有匍匐根茎。叶聚生干顶,二回羽状全裂,长 1~3 m;裂片长 10~20 cm,内侧边缘有啮蚀状齿缺,外侧边缘延伸成短尖头或尾尖;叶柄和叶鞘被棕黑色鳞秕,叶鞘边缘具纤维。佛焰苞长 20~30 cm;肉穗花序分枝多而稠密,长 30~40 cm,下垂。原产我国南部,印度至东南亚。**董棕(孔雀椰)*C. urens* L.** ,单干,茎粗壮,基部略膨大。二回羽状全裂,大型,长达 5~6 m,状如孔雀尾羽。果熟时紫黑色,直径约 3 cm,种子半球型。原

5.2.6　富贵椰子 *Chamaedorea cataractarum* Liebm.

别名:璎珞椰子。袖珍椰子属。

丛生灌木,高 1~2 m;干基稍膨大,茎较粗壮,直径 2~4 cm,绿色,有明显环状叶痕。叶羽状全裂,裂片 13~16 对,剑状披针形,长 16~25 cm,宽 1.2~2 cm,先端渐狭;叶柄腹面具浅槽,基部鞘状。肉穗花序从地茎处抽出,佛焰苞 2 片,管状,不等长;花单性,雌雄异株;雄花序有分枝,佛焰苞管状,长 12~25 cm;雌花序常无分枝,佛焰苞长 6~12 cm。雄花密生于花序轴上;花萼 3 片,厚而近肉质,三角状卵形,黄绿色,镊合状排列;雄蕊 6 枚,花丝极短,花药基着,有退化雌蕊。雌花疏生于花序轴上;花萼 3 片,短而宽,绿色,覆瓦状排列;花瓣 3 枚,卵状椭圆形,长约 3 mm,黄色,镊合状排列;子房上位,3 室,心皮合生,花柱短,柱头 3 裂;有退化雄蕊。果圆球形,直径 5~8 mm,熟时灰褐色至黑褐色。花期 3—5 月,果期 9—10 月。

图 5.6　富贵椰子

原产墨西哥。我国近年引种的优良观叶棕榈,广东、福建、台湾等地有栽培。

喜温暖、湿润、半阴、通风稍干爽的环境。生长适温 20~30 ℃,较耐寒,可耐 -5 ℃短暂低温,但畏霜冻;幼时喜阴,成树稍耐日晒。要求肥沃、深厚而疏松的微酸性土壤,忌积水,稍耐干旱,可耐海风吹袭。生长速度较慢。常用播种繁殖。种子不宜脱水贮藏,应随采随播,发芽温度要求 20 ℃以上。宜用沙床播种,播种后约 2 周开始发芽,长至 10~12 cm 可以分植。也可用分株繁殖,宜在春季进行。常作盆栽,盆土要用疏松透水的土壤,置阴棚下培植。生长季节应勤施

薄施追肥,可每两周施肥一次。冬季不宜移植。

富贵椰子茎叶密集而挺拔,叶色墨绿,耐阴性强,且能适应室内环境,是观赏价值较高的棕榈植物。可作各种室内装饰布置,成树可作热带海滨及庭园种植,叶片可作插花素材。

同属植物还有**袖珍椰子(好运棕、玲珑椰子、微型椰子)*Ch. elegans* Mart.**,单干小灌木,高1～3 m;茎纤细,直径2～3 cm,绿色,有环状叶痕。羽状复叶,小叶20～40片,镰状披针形,平展;叶柄基部扩大成鞘状。肉穗花序生于叶丛下,有分枝。果卵圆形,直径4～6 mm,熟时橙红色。原产墨西哥和危地马拉,我国广东、福建、台湾等地有栽,北方各地作温室栽培。要求肥沃、疏松、排水良好的土壤,不耐干旱瘠薄。生长速度较慢。播种繁殖。种子不耐脱水贮藏,宜随采随播。袖珍椰子树形清秀、叶色浓绿、耐阴性强,极为适宜作室内盆栽观赏,叶片也可作插花素材。**夏威夷椰子(雪佛里椰子)*Ch. seifrizii* Burret**,别名:竹茎玲珑椰子。丛生灌木,高2～4 m;茎纤细,直径1.5～2.5 cm,有明显环状叶痕,绿色如竹状。叶羽状全裂;裂片12～20对,原产危地马拉至洪都拉斯,夏威夷椰子茎叶疏落有致,株形清雅,叶色翠绿,耐阴性强,是优良的室内观赏棕榈植物,在南方温暖地区也可于庭园阴蔽处栽植,叶片还可作插花素材。

5.2.7 散尾葵 *Chrysalidocarpus lutescens* H. A. Wendl.

别名:黄椰子。散尾葵属。

丛生灌木至小乔木,高3～8 m;干上有明显的环状叶痕。叶羽状全裂,有裂片40～60对;裂片狭披针形,两列排列,长40～60 cm,先端尾状渐尖并呈不等长的2裂;叶轴和叶柄光滑,黄绿色,腹面有浅槽;叶鞘初时被白粉。肉穗花序生于叶丛下,多分枝;佛焰苞舟状;花单性,雌雄同株或异株,花小,黄白色;萼片3枚,覆瓦状排列;花瓣3片,稍肉质。雄花有雄蕊6枚,花药长圆形,背着,2室,纵裂。雌花子房棒状,3室,无花柱,柱头粗大。果稍呈陀螺形或椭圆形,长约1.5 cm,直径5～10 mm,橙黄色至紫黑色。花期5—6月,果期次年8—9月。

图5.7 散尾葵
1.植株形态;2.叶一段,示羽片;
3.果穗一部分;4.果实纵剖面;
5.分枝花序一部分;6.雄花
(引自中国植物志)

原产马达加斯加群岛,各热带地区有栽培。我国华南至东南部常见栽,各地作室内观叶盆栽。

喜温暖、湿润、半阴环境。耐阴性强,成树耐晒;不耐寒,5 ℃低温会引起叶片损伤,10 ℃以上可安全越冬。要求疏松、肥沃、深厚的土壤,不耐积水,亦不甚耐旱。根系发达,生长较快。播种繁殖,宜随采随播。温度在20 ℃以上,2～3周发芽。播种时宜先用育苗筛播种,覆土厚度以种子的3～4倍为宜,幼苗长至10～15 cm时可以分植。也可用分株繁殖。散尾葵幼时喜半阴环境,宜于阴棚下培植。较喜肥,在生长季节要勤施薄施肥料,以有机肥和无机肥配合使用较好,保持土壤湿润。移植宜在生长季节进行。冬季要注意防寒。

散尾葵枝叶茂密,叶色翠绿,四季常青,且耐阴性强,是著名的室内观赏植物。可作盆栽,作各种室内布置;在温暖地区也可作庭院绿化。

5.2.8 椰子 *Cocos nucifera* L.

图5.8 椰子

1. 植株形态;2. 叶一段,示羽片;
3. 花序之小穗状花序;4. 果实纵剖面
(引自中国植物志)

椰子属。

乔木,高18~30 m;单干,茎干粗壮,有环状叶痕。叶长3~7 m,羽状全裂;裂片线状披针形,基部外向摺叠。肉穗花序腋生,长1.5~2 m;多分枝,圆锥花序式;总苞舟状,最下一枚长60~100 cm。花单性,雌雄同序。雄花呈扁三角卵形,长1~1.5 cm;萼片3枚,覆瓦状排列;花瓣3片,镊合状排列,雄蕊6枚。雌花呈略扁的圆球形,直径2.4~2.6 cm;花萼和花瓣各3片,覆瓦状排列;子房3室,每室1胚珠。坚果卵形、倒卵形或近球形,长15~25 cm,直径15~25 cm;外果皮薄,中果皮厚而纤维质,内果皮骨质,基部有3个萌发孔;种子1颗,种皮薄,紧贴着白色坚实的胚乳,内有一富含液汁的空腔。椰树几乎全年均可开花,7—9月果熟,4—6月和10月有少量收获。

原产地不详,现广布于各热带地区,以热带滨海地区尤盛。我国广东、广西、台湾、福建、云南、海南等省区南部栽培。

喜高温、湿润、阳光充足的环境。不耐寒冷,要求年平均温度24~25 ℃,最低温度10 ℃以上,才能正常开花结实。不耐干旱,要求年降雨量1 500~2 000 mm。喜海滨和河岸的深厚冲积土或沙质壤土。根多而深,抗风力强,能耐盐碱。播种繁殖,果实采收后,于阴凉处保湿堆放,待出芽后移至圃地育苗,苗期要注意防寒。苗期管理要合理施肥,对钾需量最大,氮次之,磷最少。大树移植宜在高温季节进行。

椰子苍翠挺拔,树姿优美,具有浓厚的热带风情,在热带和南亚热带地区的风景区,尤其是海滨地区为主要的园林绿化树种,可作行道树,或丛植,成片栽成椰林或椰堤。椰子全身是宝,有"宝树"之称。椰水富含维生素B、E和糖分;椰肉作食品加工原料,可加工椰奶、椰子露、椰子糖、糕点等;椰肉烘干含油量60%~65%,椰油可供食用和各种工业用途;树干坚硬耐水浸,可作梁柱、家具或建筑用材;椰棕(中果皮)可制床垫、地毯、绳索,制成椰糠作植料;椰壳(内果皮)可制工艺品或干馏活性炭。

5.2.9 油棕 *Elaeis guineensis* Jacq.

别名:油椰子。油棕属。

乔木,高4~10 m;单干,直径达50 cm;干上残存有老叶柄的基部。羽状复叶,长3~4 m;小叶线状披针形,长50~80 cm,宽2~4 cm,下部小叶退化为针刺状。花单性,雌雄同株不同序,雄肉穗花序较小,由多数指状具尖头的穗状花序组成,长7~12 cm;雌花序较大,近头状,长20~30 cm,每朵花的基部有一刺状苞片。雄花萼片和花瓣长圆形,长约4 mm,顶端急尖,雄蕊6枚,花丝基部合生。雌花萼片和花瓣卵形或长卵形,长约5 mm;子房卵形,长约8 mm,3室,柱头3枚。果实聚合成稠密、近头状的果束;果卵形或倒卵形,长4~5 cm,宽3 cm,熟时橙红色或紫红色。果实和种子富含油脂。花期春季,果实秋季成熟。

原产非洲,现各热带地区均有引种,尤以马来西亚栽培最多。我国海南、云南、广西、广东、福建、台湾等地有引种栽培。

喜光照充足、高温多湿环境,不耐寒,5 ℃左右低温即会引起叶片损伤。要求肥沃、疏松、土层深厚的微酸性土壤。根系发达,抗风力强,生长较快。播种繁殖。种子不耐贮藏,宜随采随播,种子颗粒较大,可直接播于营养袋,25 ℃以上约1个月开始发芽。待幼苗长至2~3片真叶时可移至地栽培育大苗。在广东、广西等地区,苗期要注意防寒。在北方地区,可置温室内培植。

油棕树干粗壮,树冠浓密,树形雄伟,可作行道树、庭院的列植、群植、丛植、片植等。果肉含油量50%~60%,种仁含油量50%~55%,有"世界油王"之称,所产之油称棕榈油,可供食用及作各种化工用油,是重要的木本油料植物。

图5.9　油棕
1.植株形态;2.雌花序之一小穗状花序;
3.雄花序;4.果实;5.果实横剖面
(引自中国植物志)

5.2.10　酒瓶椰子 *Hyophorbe lagenicaulis*(L. H. Bailey)H. E. Moore

图5.10　酒瓶椰子
1.植株(缩小);2.部分叶轴和裂片;
3.部分序;4.雄花花蕾(放大);
5.雄花(放大);6.雄花去花萼,
示雄蕊和花瓣(放大);7.果(放大)
(引自广东植物志)

酒瓶椰子属。

乔木,高2~4 m;单干,树干中下部膨大,呈酒瓶状,直径可达60 cm。叶聚生干顶,羽状全裂;裂片30~50对,线形,两列排列,长30~46 cm,宽1.5~2.3 cm,裂片边缘及叶脉背面红褐色;叶轴粗大,于背面隆起。肉穗花序生于叶丛下,具多分枝,长达60 cm;佛焰苞单生,鞘状或舟状。花单性,雌雄同株,常6~8朵聚生于花序分枝上,通常雄花生于上部,雌花生于下部。雄花花萼分离或基部连合成浅杯状,先端3裂,覆瓦状排列;花瓣3片,镊合状排列;雄蕊6枚,花丝基部连合成短管;具退化雌蕊。雌花花萼、花瓣与雄花相同;子房3室,每室1胚珠;退化雄蕊6枚。果椭圆形或倒卵状椭圆形,长2~2.3 cm,宽1~1.2 cm,熟时黑色,表面光滑;种子形状与果同,胚侧生。花期7—8月,果一年后成熟。

原产马斯克林群岛,现各热带地区均有栽培。我国广东、福建、海南、台湾等地有引种栽培。

喜高温、多湿的热带气候,适宜向阳或背风的环境。不耐寒,怕霜冻,冬季最低温度要求10 ℃以上。要求排水良好、湿润、肥沃的土壤,不甚耐旱。播种繁殖。由于本种幼苗耐寒性极差,最好在温室或塑料大棚内播种,其种粒较大,可直接播于育苗袋,或播于育苗筛待出苗后移至育苗袋培植,在25 ℃以上需40~50 d开始发芽,低于15 ℃不发芽。幼苗长至3~4片真叶时可移至地栽培植大苗,或根据生长情况换较大的容器培育。大苗移植宜在高温季节进行,秋冬季不宜移植。

酒瓶椰子是一种非常珍贵的观赏棕榈,树干形如酒瓶,非常美观。在南亚热带地区适宜用于庭院的各类栽植及植物造景,栽植点宜选择向阳避风处;在北方地区也可作温室栽培观赏。

5.2.11　蒲葵 *Livistona chinensis*（Jacq.）R. Br. ex Mart.

图 5.11　蒲葵
1. 植株(缩小);2. 叶;3. 部分果序
(引自广东植物志)

别名:葵扇树、葵树。蒲葵属。

常绿乔木,高可达 20 m;单干直立,有致密环纹,无残存叶基。叶阔肾状扇形,宽 1.2～1.5 m,掌状分裂至中部;裂片条状披针形,下垂,先端长渐尖,再深裂为 2;叶柄两侧具骨质的钩刺;叶鞘具棕色、网状纤维。肉穗花序生于叶丛中,排成圆锥花序,分枝多而疏散;总苞圆筒形,厚革质;花小、两性,黄绿色,常 4 朵集生;花萼 3 片,卵圆形,覆瓦状排列;花冠 3 裂,几达基部,裂片阔卵形,长约 1.8 mm;雄蕊 6 枚,花丝下部合生成环状,花药心状卵形;子房由 3 枚近离生的心皮组成,每心皮有 1 直立基生的胚珠,花柱短。核果椭圆形至矩圆形,状如橄榄,长 1.8～2 cm,熟时紫黑色,外略披白粉;胚乳黄白色,均匀。花期 3—4 月,果期 8—11 月。

原产我国南部至东南部,印度、越南、日本也有分布。

喜温暖多湿气候,较耐寒,可耐 0 ℃ 短暂低温,苗期稍耐阴。喜深厚、湿润、肥沃的黏质壤土,稍耐干旱和水湿。抗逆性较强,对氯气和二氧化硫抗性强。播种繁殖。种子不宜脱水曝晒,采种浸水堆沤去皮后即宜播种,温度在 20 ℃ 以上约 20 d 开始发芽,温度较低时要 2～3 个月才发芽。在圃地培植 3～4 年即可移栽。大树移植不易成活,应去全叶,且应在生长季节移植。

蒲葵树冠浓密,树形优美,抗性强,可作行道树栽植,也可作庭院丛植、列植、孤植,在南方地区也是水边置景的良好树种。在北方可作温室栽培。蒲葵是经济植物,嫩叶可制葵扇,葵骨可作牙签,树干可作梁柱;果实、根、叶可入药。是园林结合生产的理想树种。

同属植物常见栽培的还有**圆叶蒲葵** *L. rotundifolia*（**Lam.**）**Mart.**，主要区别是叶圆形,掌状分裂较浅,裂片先端常齿裂,不下垂。本种耐寒性较差,但耐阴性较强,除可配置于室外园林外,亦可作盆栽观赏。

5.2.12　三角椰子 *Neodypsis decaryi* Jumelle

三角椰子属。

单干乔木,高 5～7 m,干基略膨大。叶羽状全裂,长达 2.5 m 以上;裂片线状披针形,长 30～40 cm,宽 1.5～2.5 cm,先端弯垂;叶轴和叶柄有灰白色至褐色的鳞秕及粗伏毛;叶常三列排列于茎干上,叶柄基部呈鞘状,常相互抱合成三角形。花结构不详。果卵形,熟时黄绿色,直径 2～3 cm,中果皮具纤维;种子卵状纺锤形,种皮骨质。

原产我国广东、福建、台湾、海南等地。

喜高温、湿热气候。喜充足光照，不耐阴蔽。不耐寒，3～5℃低温即会引起叶片损伤。喜疏松、肥沃、深厚的微酸性土壤，不耐积水，稍耐干旱。生长速度较慢。播种繁殖。种子较大，可直接播于营养袋育苗，种子发芽温度要求20℃以上，播种后约3个月开始发芽。当小苗长出真叶后可移至苗地培植成较大规格苗木作绿化用。育苗宜选疏松肥沃排水良好的微酸性土壤，生长季节每月施肥1～2次，以有机肥和无机肥轮用为好。低温期不宜移苗，以3—9月为佳。

三角椰子叶鞘呈三角形，树形清秀亮丽，优美奇特，是优良的庭园造景树种。可作行道树及各种庭园栽培应用。幼苗期也可盆栽作室内摆设。

图5.12　三角椰子

5.2.13　长叶刺葵 *Phoenix canariensis* Hort. ex Chabaud.

别名:加拿列海枣、堪那利椰子、加那利海枣。刺葵属。

图5.13　长叶刺葵

乔木，高8～12 m，胸径达50 cm；干常单生，有时基部有吸芽萌发的不定株，其上覆以螺旋状排列的缩存叶柄。叶羽状全裂，长5～6 m，略弯垂；裂片极多，呈2列排列，每侧100～200片，披针状线形，长32～45 cm，先端尖刺状；叶轴基部有坚硬的长刺，长14～18 cm，常2枚聚生而交叉排列。肉穗花序生于叶丛中，长达1 m以上，具多分枝；佛焰苞单生，鞘状。花单性，雌雄异株。雄花花萼杯状，3齿裂，长5～7 mm；花瓣3片，卵形或卵状披针形，长7～8 mm，镊合状排列；雄蕊6枚。雌花球形，直径4～6 mm；花萼与雄花近似；花瓣3片，圆形，覆瓦状排列；心皮3枚，分离，无花柱；退化雄蕊6枚。果椭圆形，长约2 cm，宽约9 mm，顶端有小凸尖，熟时黄色。种子卵状纺锤形，基部有一长尖头，腹面有深凹槽，胚生于背面近中部。花期4—5月，果期9—10月。

原产非洲加拿列群岛，现各热带地区有栽培。我国广东、福建、台湾等地有引种栽培。

喜高温、多湿的热带气候。需要光照充足的环境，较耐寒，成树可耐－10℃低温。要求肥沃、深厚的土壤，在肥沃的土壤中生长快而粗壮，也能耐干旱瘠薄，稍耐盐碱。根系深而发达。播种繁殖，秋冬季播种约4个月发芽，在20℃以上条件下播种2个月可发芽。在茎干基部的吸芽长出须根后，也可剥离母株，用作繁殖。幼苗期生长较慢，二年生后生长加快，苗期应加强肥水管理，并可适当断根。大苗移植宜在春夏季进行，大树移后恢复较慢，植后要加强水分管理。

长叶刺葵树干高大雄伟，羽叶繁茂，形成一密集的羽状树冠，尤具热带风情。在南方地区可作行道树及各种庭院及园林绿化种植，幼株可盆栽作室内观赏。在北方地区可作温室栽培，温度过低时要注意保温防寒。

同属园林常用的还有**海枣(伊拉克蜜枣) *Ph. dactylifera* L.**，乔木，高达10 m，幼时因干基具吸芽而呈丛生状，后吸芽消失为单干；叶长达5 m，向上斜伸，列片与叶轴约成30°角不整齐地排列于叶轴两侧不同的平面上,两面均灰白色,叶柄基部的刺较细,单生,不交叉。原产西亚和非洲北部,云南、广西、广东、海南、台湾等地有栽培。除观赏外,果可食用。**软叶刺葵(美丽针葵)*Ph. roebelenii* O' Brien**,单干灌木,茎干有残存的三角状叶基;叶长 1～1.5 m,裂片排列整齐,弯垂。原产东南亚,除作园林绿化外,也可作盆栽观赏。

5.2.14　国王椰子 *Ravenea rivularis* Jum. et Perr.

图 5.14　国王椰子

国王椰子属。

乔木,高 5～9 m,原产地最高可达 25 m;单干,茎粗壮,直径达 80 cm,干基膨大,有致密叶痕。叶羽状全裂,长 3～4 m;裂片线状披针形,排列成一平面,长 30～50 cm,宽 2～3 cm。花结构不详。果圆球形,直径约 1 cm,熟时红褐色,基部有 3 片宿存萼片。种子圆球形,直径 5～6 mm,种皮骨质,蓝灰色,有 1 凹陷萌发孔,胚乳均匀。花期春夏,果熟期 9—10 月。

原产马达加斯加群岛。我国广东、广西、福建、海南、台湾等地有引种栽培。

喜温暖湿润气候条件,既喜光也耐阴,苗时可在蔽阴条件下生长良好。稍耐寒,苗期可耐 0 ℃低温,大树可耐 −5 ℃短暂低温。要求深厚、肥沃、湿润的土壤,不甚耐干旱。生长速度快,抗性较强,耐移植。播种繁殖,播种前用 35 ℃温水浸种 24 h,在 25 ℃以上的温度条件下,约 2 周开始发芽,低于 15 ℃常不发芽。生产上可用育苗筛育出小苗后,移至育苗袋培育,长至 2～3 片真叶后再移至苗地培育成大苗。本种移植易成活,在南亚热带地区全年可移植。在北方可于温室栽培,要注意防寒。

国王椰子叶片挺拔,形姿优美,园林上可作庭院各种配置、行道树等。苗期及幼树耐阴性较强,作盆栽室内观赏也甚雅致。是优良的庭院和室内两用观赏棕榈植物。

5.2.15　棕竹 *Rhapis excelsa* (Thunb.) Henry ex Redh.

别名:筋头竹,观音竹。棕竹属。

丛生灌木,高 2～3 m;茎绿色,竹状,直径 2～3 cm,常有宿存叶鞘。叶掌状,5～10 深裂或更多;裂片线状披针形,长达 30 cm,宽 2～5 cm,顶端有不规则齿缺,边缘和主脉上有褐色小锐齿,横脉多而明显;叶柄长 8～20 cm,横切面呈椭圆形,叶柄下部扩展成鞘状;叶鞘边缘有粗而黑褐色纤维。肉穗花序生于上部宿存叶鞘腋内,长约 30 cm,具多分枝,佛焰苞管状,2～3 枚,背面被弯卷的绒毛;花单性,雌雄异株;雄花:淡黄色,花萼 3 齿裂,长约 2 mm;花瓣 3 浅裂,裂片卵形,长约 1.5 cm;雄蕊 6 枚;雌花:较大,卵状球形,萼瓣与雄花近似;心皮 3 枚,离生,退化雄蕊 6 枚。果倒卵形或近球形,直径 8～10 mm,熟时黑褐色。花期 4—5 月,果期 10—11 月。

原产我国西南、华南至东南部,日本也有分布。

生长强壮,适应性强。喜温暖湿润气候;耐阴性强,也稍耐日晒。较耐寒,可耐 0 ℃以下短暂低

温。宜湿润而排水良好的微酸性土壤,在石灰岩区微碱性土也能正常生长,忌积水。常用播种繁殖,播后约 3 个月发芽。也可用分株繁殖,宜于早春新芽萌动前进行。常作盆栽,在南方地区也可地栽,宜在阴棚下培植。

棕竹株丛饱满,秀丽青翠,叶形优美,生势强健,是优良而富有热带风光的观赏植物。适宜作盆栽室内观赏;在温暖地区,也可作庭园植物造景栽植,作园景时宜植林荫处或庭荫处。

同属常见的还有:**细棕竹 R. gracilis Burret**,丛生灌木,高 1 ~ 1.5 m,茎干直径约 1 cm;叶掌状,2 ~ 4 深裂,裂深几达叶片基部;裂片矩圆状披针形,长 15 ~ 18 cm,宽 1.7 ~ 3.5 cm;肉穗花序分枝少。原产广西。**多裂棕竹(金山棕竹) R. multifida Burr.**,丛生灌木,高 1 ~ 2 m,茎较细,直径 1 ~ 1.5 cm;叶裂片常达 15 片以上,深裂达叶片的 2/3;裂片长 18 ~ 30 cm,宽 1.2 ~ 2.5 cm,其中两侧及最中央 3 枚明显较其他大。原产我国广西,越南也有。本种较耐寒耐旱,观赏性状优于棕竹。

图 5.15 棕竹
1. 植株(缩小);2. 叶;3. 部分果序
(引自广东植物志)

5.2.16 大王椰子 *Roystonea regia* (Kunth) O. F. Cook.

图 5.16 大王椰子
1. 植株(缩小);2. 部分叶轴和裂片,示裂片着生情况
(引自广东植物志)

别名:王棕、炮弹树。王棕属。

乔木,高可达 20 m;茎嫩时基部明显膨大,老时中部膨大。叶聚生于干顶,羽状全裂,长 3 ~ 4 m,尾部常下弯或下垂;裂片条状披针形,呈 4 列排列,长 60 ~ 90 cm,宽 2 ~ 3 cm,顶端渐尖,短 2 裂。肉穗花序分枝多,长 50 ~ 60 cm 或更长;佛焰苞 2 枚,鞘状,外面一枚较短,长约为内面的 1/2,顶端具短睫毛。花单性,雌雄同株;雄花长 6 ~ 7 mm;雄蕊 6 枚,与花瓣等长;雌花长约为雄花的一半;花冠壶状,3 裂,基部合生;子房 3 室,柱头 3 裂。果近球形,长 8 ~ 13 mm,宽 8 ~ 10 mm,熟时红褐色至淡紫色;种子 1,压扁。花期 4—5 月,果期秋末冬初。

原产古巴,现广植全球各热带地区。我国广东、云南、广西、海南、福建和台湾等地引种栽培。

喜高温多湿的热带气候,幼苗期不耐寒,2 ~ 3 ℃ 低温即会引起伤害或死亡,大树可耐短暂的 0 ℃ 低温。喜光照充足的环境,不耐阴;要求疏松、肥沃而湿润的土壤,有一定的抗湿能力。苗期生长缓慢,露出茎干后生长迅速。播种繁殖。种子干藏后很易丧失发芽力,宜随采随播,采种后擦去种皮,冲洗干净后播于育苗床,经 40 ~ 50 d 开始发芽。苗期要注意保温。大苗培植,宜选有一定黏性的土壤种植,以便于日后带土移植。幼苗移植宜在春季 4—6 月间进行,小苗需带宿土;大苗可在 4—9 月间移植,需带土球,秋冬期不宜移植。

大王椰子树干高大挺拔、中部膨大呈纺锤形,树姿尤为优美壮观。作行道树和园景树,可孤植、丛植和片植,均具良好效果。

5.2.17　金山葵 Syagrus *romanzoffianam*（Cham.）Glassma

图 5.17　金山葵
1. 植株形态；2. 叶下部,示羽片排列；
3. 叶顶部,示羽片排列；4. 羽片；
5. 果穗,带部分果实；6. 内果皮(种核)；
7. 内果皮横剖面,示种子(胚乳)
（引自中国植物志）

别名:皇后葵。金山葵属。

乔木,高达 10 m 以上;干有环状叶痕,上部具宿存叶柄。中羽状全裂,长 2~5 m,下弯;裂片多数,通常 2~6 片成束着生于叶轴两侧,不规则排列,致使整个叶片形如试管刷状;裂片线状披针形,长 40~70 cm,顶端 2 浅裂;叶轴背面被白色鳞秕;叶柄向上直伸,基部扩大而紧贴干茎。肉穗花序长达 1 m 以上,分枝多而纤细,果时直立;佛焰苞木质,狭长舟状,长 1 m 余,顶端具长尖头,背面具多数纵向条纹,花后脱落。花单性,雌雄同株。雄花生于花序分枝上部,披针形,长约 1 cm,具 3 棱,萼片和花瓣各 3 枚,萼片远较花瓣小,雄蕊 6 枚。雌花生于分枝的下部,卵圆形,长约 5 mm,萼片和花 3 片,近等大,子房 3 室,被绒毛,柱头 3 枚。果近球形或倒卵形,长 2.3~2.7 cm,宽 2.2~2.5 cm,密被灰白色紧贴绒毛,黄色,中果皮纤维质,熟后略带肉质,近基部有 3 小孔。种子 1 颗,形状不规则,胚乳白色,形椰肉,胚小,基生。花期夏末至深秋,果期冬春间。

原产巴西、乌拉圭及阿根廷。广东、广西、福建、海南、台湾等地有栽培。

喜高温、高湿、光照充足气候条件。幼苗可耐半阴,可耐 −2 ℃低温。要求肥沃疏松的微酸性土壤,根系稍耐水湿。有较强的抗风力,能耐碱潮,不耐干旱。播种繁殖。果实采收后堆沤数天,去净果肉,将种子播于育苗盆或苗床上,覆盖 3~4 cm 厚细沙土,经常保持湿润,约 4 个月开始发芽。也可以半湿沙层积至春季气温回暖时再播种。

皇后葵树干挺拔,簇生在干顶的叶片,有如松散的羽毛,酷似皇后头上的冠饰。可作庭院孤植、列植、群植或行道树,亦可作海岸绿化树。

5.2.18　棕榈 *Trachycarpus fortunei*（Hook.）H. Wendl.

别名:山棕、棕树、唐棕、中国扇棕、拼棕。棕榈属。

乔木,高 5~7 m,干径可达 20 cm。树干圆柱形,直立无分枝,干上具环状叶痕。叶圆扇形,簇生于树干顶端,向外展开,掌状深裂几达基部,裂片线状披针形,革质,坚硬,先端钝的 2 齿裂;背面灰白色;叶柄细长,基部两侧有细锯齿,顶端小戟突三角形,光滑;叶鞘纤维质,细而柔软,棕褐色,网状,包茎。花单性,肉穗花序圆锥状,腋生;佛焰苞厚革质,管状,上部扩大,开裂,棕红色,密被脱落性锈色绒毛;花黄白色;雄花:小,常成束或密集成团着生于分枝的四周;萼片阔卵形,基部稍合生;花瓣圆形,先端急尖,雄蕊 6 枚,着生于花瓣基部;雌花:稍大,单生或成对生于分枝的两侧,萼片阔卵形或近圆形,花瓣圆形,与萼片近等大,先端急尖;心皮 3 枚,密被长毛。核果球状或呈肾

图 5.18　棕榈
1. 植株形态；2. 果序
（引自中国高等植物图鉴）

形、成熟时由绿色变为黑褐色或灰褐色,微被蜡和白粉,甚坚硬。花期4—5月,10—11月果熟。

原产我国长江流域以南各省区及印度、缅甸和日本。

喜温暖湿润的气候,耐寒,较耐阴,成长植株较耐旱。要求排水良好的肥沃土壤。

棕榈的树形挺拔秀丽,适应性强,能抗各种有毒气体,可植于庭园赏其树姿,尤其适于小庭园或空间稍狭窄处。此外,棕榈具有许多用途,其树干是优良的建筑用材;叶鞘纤维可制蓑衣、枕垫、床垫等;棕皮可制绳索;棕叶可用作防雨棚盖;花、果、棕根及叶基棕板可加工入药;种子蜡皮则可提取出工业上使用的高熔点蜡;种仁含有丰富的淀粉和蛋白质。

5.2.19　丝葵 *Washingtonia filifera* (Linden ex Andre) H. Wendl.

别名:老人葵,华盛顿葵,华盛顿椰子。丝葵属。

乔木,单干型,高4~8 m,原产地可达15 m,直径可达1 m,茎基部略膨大。叶圆扇形,直径1~1.5 m,掌状分裂至中部;具多数掌状脉;裂片披针形,长约50 cm,宽4~6 cm,边缘及裂口处有多数卷曲、白色的丝状纤维,先端2浅裂,叶柄下部有短而扁平、分叉的利刺,基部扩大抱茎,且于中央开裂。肉穗花序生于叶腋内,长3~4 m,初时直立,后下垂,佛焰苞长而膜质,纵裂。花两性,白色,长8~9 mm;花萼杯状,顶端3齿裂;花瓣3枚,披针形,反卷;雄蕊6枚,着生于花冠喉部,与花冠裂片近等长;心皮3枚,分离,花柱合生,柱头3浅裂。果椭圆形或卵形,熟时黑褐色,长7~10 mm,直径5~7 mm,基部有宿萼。

原产美国加利福尼亚、亚利桑那及墨西哥,现各热带地区有栽培。我国华南、西南及华东地区有引种栽培。

喜温暖、湿润、光照充足的环境,幼时稍耐阴。较耐寒,成树可耐-12℃低温。喜疏松肥沃的土壤,较耐干旱瘠薄,抗风

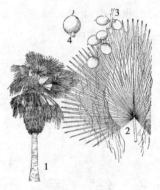

图5.19　丝葵
1.植株形态;2.叶片(正面,示裂片
及裂片之间的丝状纤维);
3.果穗一部分;4.果实
(引自中国植物志)

力强,忌积水。播种繁殖,种子不耐贮藏,宜随采随播。可用育苗袋直播或先播于沙床,待幼苗长至2~3片真叶后再移至圃地培育大苗。幼苗期生长较慢,要加强肥水管理,冬季要注意防寒。大苗移植宜在生长季节进行,冬季不宜移植。

丝葵树干挺拔,叶片茂密,干枯的叶子下垂覆盖于茎干,犹如穿上棕色的裙子,如丝的纤维随风飘逸极为美丽动人,是优美的风景树种。可作各类庭园栽植,也可作行道树,在滨海景区栽植尤为适宜;幼树时稍耐阴,也可盆栽作室内观赏。

5.2.20　狐尾椰子 *Wodyetia bifurcata* A. K. Irvine

狐尾椰子属。

乔木,高可达15 m;单干,基部略膨大,直径30~40 cm,树干有明显的环状叶痕。羽状复叶,长2.5~3.5 m,聚生干顶;小叶以4~6枚一束,呈螺旋状有规则地排列于叶轴上,叶背被银灰色硅质鳞秕,小叶多达120枚以上,整片叶犹如狐尾状。肉穗花序多分枝,呈圆锥花序式,佛焰苞舟状。花的结构不详。核果,卵形,熟时红色至橙红色,长5.5~6 cm,宽约3.5 cm。种子

骨质,表面粗糙,具股绳状花纹,形状与果相同,长3～3.6 cm,宽2.5～3 cm,顶部有3个萌发孔。

图5.20　狐尾椰子
1.植株;2.叶子;3.雄花;
4.雌花;5.果实

原产印度尼西亚至澳大利亚。我国广东、广西、海南、福建、台湾等地有引种栽培。

喜高温、湿润的热带气候,喜光照充足的环境,苗期稍耐阴。有一定耐寒性,现知大树可耐 -3 ℃低温,但幼苗耐寒力稍差。要求湿润、肥沃、深厚的土壤,根系较深,不甚耐干旱。播种繁殖。种子较大,可在沙床中催芽后移至育苗袋培育小苗,在(30 ℃±5 ℃)条件下,播种后约6周开始发芽,催芽时宜薄覆土或稍露1/3出土面。待幼苗长至3～4片真叶后移至地里或较大容器中培植大苗。本种根系较深,移植后发根较慢,为便于移植,最好用较大的高强无纺纤维做成的育苗袋埋于土中培植。大苗移植宜在生长季节进行。幼苗不耐寒,要注意防寒,北方地区要置温室内越冬。

狐尾椰子树干挺拔清秀,叶形优美,是目前棕榈科植物中较珍贵树种之一,是我国近年引进的优良观赏棕榈树种。可作城市道路绿化与庭院的绿化、美化之用,其美丽妩媚已备受注目,成为庭园常采用的装饰树种,在北方可作温室栽培观赏。

5.3　结　语

棕榈科植物由于有优美的叶姿和树形,具有热带风情的观赏效果,而且抗性强、落叶少、易管理,因此,棕榈科观赏植物受到普遍的喜爱和应用。棕榈科植物的景观多样,树形有高大挺拔、树干高耸的乔木类型,也有株丛圆浑饱满,植物低矮的灌木种类,有强阳性树种,也有较耐阴的种类,在园林中可布置于不同的环境中。本章介绍了在南方园林中常见的棕榈科观赏植物32种,其中单干型棕榈有大王椰子、假槟榔、鱼尾葵、董棕、丝葵、椰子、酒瓶椰子、三角椰子、霸王棕、狐尾椰子、槟榔、棕榈、蒲葵、国王椰子、金山葵、阔叶假槟榔、长叶刺葵、桄榔、海枣、软叶刺葵、圆叶蒲葵、油棕、袖珍椰子23种,丛生性棕榈有短序鱼尾葵、三药槟榔、散尾葵、棕竹、多裂棕竹、细棕竹、散尾棕、富贵椰子、夏威夷椰子9种。

6 观赏竹类

6.1 观赏竹类概述

竹类为禾本科、竹亚科的多年生常绿乔木或灌木;茎分为地上茎和地下茎两部分。地下茎木质,各节上的芽,可萌发成地下横走的竹鞭和地面的秆。竹类的地下茎有两种类型:一是合轴型或粗短型,其地下茎粗短,纺锤状,弯形,其直径通常大于由它延伸出地面的竹秆,节间不对称,宽度大于长度而实心,由顶芽出土成竹秆,侧芽萌发成另一短缩的地下茎;另一种是单轴型或细长型,地下茎圆筒形或近圆筒状,其直径通常小于由它生出的竹秆,其节间的长度远大于其宽度,通常对称,其节常肿胀或隆起,通常顶芽多延伸成地下茎,而由侧芽萌发出土成秆。依竹秆的生长方式不同,亦可将竹类分为丛生竹和散生竹,其中丛生竹秆丛密集,而散生竹常在地面形成散生的竹秆。秆和各级分枝之节均可生1至数芽,以后芽萌发再成枝条,从而形成复杂的分枝系统。竹类的叶分茎生叶和营养叶两种类型;茎生叶单生于秆和大枝条的各节,称为秆箨和枝箨,具发达的箨鞘和较瘦小而无明显中脉的箨片,在箨与箨片连接处的两侧和向轴面分别生有箨舌和箨耳;营养叶排成平行两列互生于枝系列化末级分枝的各节,其叶鞘常彼此重叠覆盖,相互包卷,叶鞘顶端还生有叶舌、叶耳和鞘口遂毛等附属物;叶片具叶柄,叶脉极显著,次脉及再次脉亦较显著,小横脉易见或否,叶柄短;叶片能连同叶柄起从鞘上脱落,而叶鞘则在枝条上存留较长时间。竹类的花期不固定,一般相隔甚长(数年、数十年乃至百年以上),某些种终生只有一次开花期,花期常可延续数月。

全世界竹类有千余种,我国有 400 余种,占了世界竹类的 1/3。竹类在我国的自然分布限于长江流域及其以南各省区,少数种类可向北延伸至秦岭以及黄河流域各处,其中华北地区以散生竹为主,华南地区以丛生竹为主,华中、华东、西南地区是散生竹和丛生竹的混合区。

竹类的竹秆挺拔秀丽,枝叶潇洒多姿,形态多种多样,且四季青翠,姿态优美,幽雅别致,情趣盎然,独具风韵。竹类虽严寒而不凋,素与松、梅一起,被誉为"岁寒三友",具有高尚的气质。自古迄今,广泛被配植于庭园,或于墙边角隅,置瘦石二三坑,植修竹数竿,以粉墙为背,再以洞门框之,甚为别致;或以竹为主景,创造各种竹林景观。竹可于园林中作小品点缀或作盆栽供观赏。竹类除美化环境、净化空气、点缀庭园外,还具有相当广泛的用途。竹既是造纸和建筑良材,也是优良的工艺材,用于制作各式家具或编制工艺品,多数竹种的笋味道鲜美,可食用。

竹类通常分布于热带和亚热带地区,尤以季候风盛行的地区为多,多数种类喜温暖湿润的气候,主产区一般年平均温度为 12～22 ℃,年降雨量 1 000～2 000 mm。土壤要求以深厚肥沃、排水良好的壤土。竹类的繁殖,可采用有性繁殖和无性繁殖的方法进行,但由于竹类极少开花,因此竹类的繁殖基本上以无性繁殖为主,并且不同竹种,其无性繁殖方法也有异。一般丛生竹的竹兜、竹枝、竹秆上的芽,都具有繁殖能力,可采用移竹、埋兜、埋秆、插枝等方法进行繁殖;而散生竹类的竹秆和枝条没有繁殖能力,只有竹兜或竹兜上的芽才能发育成竹鞭和竹子,故常采取移竹、移竹鞭的方法进行繁殖。

6.2　常用观赏竹类

6.2.1　粉单竹 *Bambusa chungii*（McCl.）McCl.

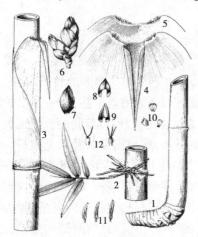

图 6.1　粉单竹

1. 秆基部及合轴型地下茎;2. 秆节,示分枝;
3. 幼秆的一段,示秆箨;4. 秆箨顶端的背面观;
5. 秆箨顶端腹面观;6. 花序之一部分;7. 小花;
8. 外稃;9. 内稃;10. 鳞被;11. 雄蕊;12. 雌蕊
（引自中国植物志）

刺竹属。

丛生竹,秆多直立,顶梢略下垂,高可达18 m,直径5 cm,出枝多,节间长50～100 cm或更长,初时表面有明显白粉,壁厚而韧,厚3～5 mm,秆节初时密被一环褐色侧生刚毛,后平滑无毛。箨黄色,延长,远较节间短,薄而硬,仅于基部被暗绿色柔毛;箨耳由箨片基部伸出,长而狭,粗糙,先端直或弓形,边缘为细齿状至长睫毛状;箨片外向,卵状披针形,边缘内卷。枝簇生,略相等,无毛而被有白粉,次生枝大都在主枝基部上发生。叶片通常7片,出于叶枝上,细长披针形。

产于华南,分布于广东、广西、湖南等省区,习见于河边、溪旁及土壤肥沃湿润之地。

喜温暖湿润气候,肥沃疏松的壤土。繁殖多采用分株。

本种竹秆分枝高,节间长,被明显的白粉,株形亭亭玉立,姿态优美,适宜于河岸、湖边及草地中丛植。

6.2.2　青丝黄竹 *Bambusa eutuldoides* McClure var. *varidi-vittata*（W. T. Lin.）Chia

刺竹属。

丛生竹,秆高 6～12 m,直径 4～6 cm,尾梢略弯,下部挺直;节间长 30～40 cm,无毛,柠檬黄色,有绿色纵条纹;秆壁厚 5 mm,节处稍隆起;分枝常自秆基部第二或第三节开始,数枝乃至多枝簇生,其中 3 枝较粗长。箨鞘早落,革质,新鲜时为绿色具柠檬黄色纵条纹,背面通常无毛,或有时被极稀疏的脱落性贴生小刺毛,先端向外侧一边长下斜,呈极不对称的拱形;箨耳极不相等,大耳极下延,倒披针形,强波状皱褶,小耳近圆形;箨舌高 3 ~ 5 mm,边缘呈不规则齿裂或条裂,被短流苏状毛;箨片直立,易脱落,呈不对称的三角形,箨片基部宽度约为箨鞘先端宽的3/5。叶鞘无毛,背部具脊,纵肋隆起;叶耳呈卵形或狭倒卵形;叶舌高约 0.5 mm,截形,边缘具微齿;叶片披针形至宽披针形,长 12 ~ 25 cm。

产于广东。栽培于庭园。

喜温暖湿润的气候,湿润肥沃的沙壤土。早春和初夏采用分离母竹方式进行繁殖,亦可用埋秆或扦插竹枝方式繁殖。

本种竹秆色彩鲜黄,非常美观,宜种植庭园中以供观赏。

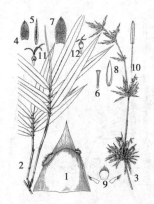

图 6.2　青丝黄竹

1.秆箨背面观;2.叶枝;3.花枝;4.颖;
5.小花;6.小穗轴节间;7.外稃;8.内稃;
9.鳞被;10.雄蕊;11.雌蕊;12.幼果

(引自中国植物志)

6.2.3　**孝顺竹** *Bambusa multiplex* (Lour.) Raeusch.

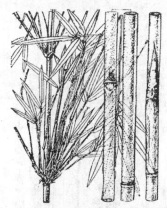

图 6.3　孝顺竹

(引自浙江植物志)

别名:凤凰竹。刺竹属。

秆丛生,高 5 ~ 8 m,秆绿色,老时变黄色,直径 2 ~ 4 cm 或更粗。枝低出,秆节粗大,节间长20 ~ 30 cm。箨鞘硬脆,厚纸质,向上渐尖,被紧贴粗毛,上部平滑无毛;箨耳缺或不明显;箨舌狭,全缘;箨叶直立,三角形或长三角形。秆节分枝多,单纯或再分枝,主枝较粗。叶两列,叶片背面粉绿色,5 ~ 10 片生于小枝上,排成两列;叶鞘无毛,叶耳不显,叶舌截平,叶片线状披针形或披针形,长 4 ~ 14 cm,质薄,表面深绿色,背面粉白色。笋期6—9月。本种有不少变种和栽培品种,可供观赏的主要栽培品种有**小琴丝竹'Alphonse-Karr'**,竹秆黄色,间有绿色纵条纹,直径 1 ~ 3 cm;**凤尾竹'Fernleaf'**,与原种的不同之处为:本栽培变种秆矮而细,高仅约 50 cm,竹叶短小,通常十数片生于一小枝上,似羽状复叶,且每小枝下部之叶片逐渐枯落,而上部则陆续发生新叶,长2.5 ~ 7 cm,宽 5 ~ 8 mm,最长之小枝可达30 cm,是布置庭园的佳品,适宜盆栽或作低矮绿篱。

原产中国、东南亚及日本。我国华南、西南至长江流域各地都有分布。

广泛应用于庭园中作绿篱,或植于建筑物附近及假山边。

6.2.4　**青皮竹** *Bambusa textilis* McCl.

刺竹属。

丛生竹,秆密生,直立,高 9 ~ 10 m,直径 5 ~ 6 cm,先端弓形或稍下垂;节间圆柱形,极延长,

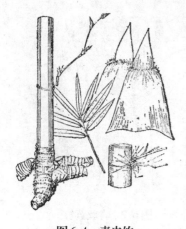

图6.4 青皮竹
（引自浙江植物志）

秆壁厚3～5 mm,中部有粉质,初被灰白色刺毛,后脱落;秆节明显,上环不隆起。箨早落,坚硬光滑,幼时被有柔毛;箨片窄三角形,外面基部被紧贴而脱落之刺毛,内面前部粗糙或中部近无毛;箨耳小,长椭圆形,略相等;两面有小刚毛。箨舌高2 mm,边缘有锯齿或略为小裂片而被睫毛。枝簇生,主枝纤细,较其余分枝略粗。尚有紫斑竹、紫竿竹、崖州竹等变种品种用于庭园观赏。其中**崖州竹 var. gracilis McCl.** ,竹秆较青皮竹细,其直径一般不超过3 cm;箨鞘背面靠近两侧及近基部处均疏生暗棕色刺毛,其箨片长约为箨鞘的一半或更短,箨舌高约1 mm。**紫斑竹 'Maculata'** ,其营养体与青皮竹极相似,相异之处在于秆基部数节间和箨鞘均具紫红色条状斑纹;**紫竿竹 'Purpurascens'** ,其营养体与青皮竹极相似,相异之处在于秆的节间具有宽窄不等的纵条纹。

产于广东及广西,常分布于低海拔的河边、村落附近。

喜温暖湿润的气候,喜深厚湿润而肥沃的土壤。采用分离母竹的方式进行繁殖。

竹丛密集,姿态优雅,宜用园景树,布置于草坪、广场及河岸边。竹材为华南地区著名编制用材,常用于编制各种竹器、竹缆等。

6.2.5　佛肚竹 *Bambusa ventricosa* McClure

刺竹属。

丛生竹,秆二型。正常秆高8～10 m,直径3～5 cm,尾梢略下弯,下部稍呈"之"字形曲折;节间圆柱形,长30～35 cm,光滑无毛,下部稍微肿胀;秆下部各节于箨环之上下方各环生一圈灰白色绢毛,基部第一、二节上还生有短气根;分枝常自秆基部第三、四节开始,各节具1～3枝。畸形秆通常高2.5～5 m,直径1～2 cm,节间短缩而其基部肿胀,呈瓶状,长2～3 cm;秆下部各节于箨环之上下各环生一圈灰白色绢毛带;分枝习性稍高,且常为单枝,其节间稍短缩而明显肿胀。箨鞘早落,背面无毛,干时纵肋显著隆起,先端截形;箨耳不相等,边缘具弯曲遂毛,大耳狭卵形至卵状披针形,宽5～6 mm,小耳卵形,宽3～5 mm;箨舌高约1 mm;箨片直立或外展,易脱落,卵形至卵状披针形。叶鞘无毛;叶耳卵形或镰刀形,边缘具数条波曲遂毛;叶舌极短;叶片线状披针形,长9～18 cm,宽1～2 cm,上表面无毛,下表面密生短柔毛,先端渐尖具钻状尖头,基部近圆形或宽楔形。

图6.5 佛肚竹
（引自浙江植物志）

产于广东,现我国南方各地有引种栽培。

喜温暖湿润的气候和肥沃深厚的土壤。繁殖主要在春季采用分离竹秆或扦插竹枝方式进行。

竹秆形异,可于庭园丛植或盆栽供观赏。

6.2.6　龙头竹 *Bambusa vulgaris* Schrad. ex Wendl.

刺竹属。

丛生竹。秆稍疏离，高 8～15 m，直径 5～9 cm，尾梢下弯，下部挺直或略呈"之"字形曲折；节间深绿色，长 20～30 cm，秆壁稍厚，节处稍隆起，秆基数节具短气根；分枝常自秆下部节开始，每节数枝至多枝簇生，主枝显著。箨鞘早落，背面密生脱落性暗棕色刺毛，干时纵肋稍隆起，先端在与箨片连接处呈拱形；箨耳发达，彼此近等大而近同形，长圆形或肾形，宽 8～10 mm，边缘具弯曲细遂毛；箨舌高 3～4 mm，边缘细齿裂；箨片直立或外展，易脱落，呈三角形，背面疏生暗棕色小刺毛，先端的边缘内卷成坚硬的锐尖头，基部稍作圆形收窄，其宽度约为箨鞘先端宽的一半。叶鞘初时疏生棕色糙硬毛，后变无毛；叶耳常不发达，宽镰刀形；叶舌高 1 mm 或更低，截形；叶片窄披针形，长 10～30 cm，宽 13～25 mm。本种有两个栽培种在南方庭园中广泛栽培供观赏：**黄金间碧竹 var. vittata A. et C. Riviere**，秆及分枝均金黄色，在节间有宽窄不等的绿色纵条纹；**大佛肚竹 'Wamin'**，秆绿色，下部各节间极为短缩，并在各节间的基部肿胀成瓶状。

产于云南南部，多生于河边或疏林中。亚洲热带地区和非洲马达加斯加岛有分布。

喜温暖湿润的气候和湿润肥沃的土壤。用分株或扦插竹枝方式进行繁殖。

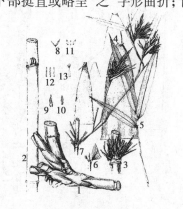

图 6.6　龙头竹

1. 地下茎及秆之基部；2. 秆之一段，示秆芽；3. 秆之一段，示分枝；4. 秆箨；5. 具叶小枝；6. 叶鞘顶端及叶片基部；7. 花枝；8. 小穗柄；9. 外稃；10. 内稃；11. 鳞被；12. 花药；13. 雌蕊
（引自中国植物志）

6.2.7　四方竹 *Chimonobambusa quadrangularis*（Fenzi）Maki

方竹属。

散生竹，秆高 9～13 m，直径约 4 cm，秆下部近方形，表面浓绿色而粗糙，生有皮孔状细粒，节隆凸而有疣状突起，环生，在秆下方节上常为须根状，节间长 20～30 cm。箨厚纸质或革质，无毛，背面具多数紫色小斑点，箨舌及箨耳均不发达。第一枝常为单生，第二枝以上 3 枝齐出，小枝逐年渐加而至密生成束。叶质薄而无毛，每 3～5 片生于小枝上，细长披针形，先端锐尖，基部狭窄；叶鞘无毛。

产于长江流域各省，在江苏、浙江、四川、山东、福建、广东、广西及台湾等温暖地区亦有栽培。

本种因秆下部近方形，节上生直而短的气生根，枝叶优美，在庭园中广为种植。其秆可为工艺品的优质材料，笋可食。

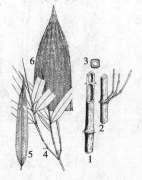

图 6.7　四方竹

1. 秆的一部分，示节及间间；2. 秆的一部分，示分枝；3. 秆的横切面；4. 枝叶；5. 叶片；6. 秆箨背面观
（引自中国植物志）

6.2.8　麻竹 *Dendrocalamus latiflorus* Munro

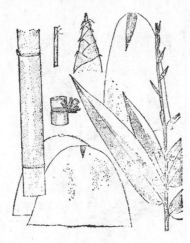

图 6.8　麻竹
（引自浙江植物志）

牡竹属。

秆高 20～25 m,直径 8～30 cm,梢端下垂或弧形弯曲;节间长 45～60 cm,幼时被白粉,节内具一圈棕色绒毛环;壁厚 1～3 cm;秆分枝习性高,每节多分枝,主枝常单一。箨鞘易早落,厚革质,呈宽铲形,背面略被小刺毛,顶端的鞘口部分狭窄;箨耳小,长 5 mm,宽 1 mm;箨舌高仅 1～3 mm,边缘微齿裂;箨片外翻,卵形至披针形,长 6～15 cm,宽 3～5 cm。末级小枝具 7～13 叶,叶鞘长 19 cm,幼时有黄棕色,后变无毛;叶耳无;叶舌突起,高 1～2 mm,截平,边缘微齿裂;叶片长椭圆状披针形,长 15～35 cm,宽 2.5 cm,基部圆,先端渐尖而成小尖头;叶柄无毛。笋期 7—10 月。

产于我国华南和西南地区。多生于平地、山坡及河岸。喜温暖湿润气候,深厚肥沃的土壤。以分株或扦插主枝方式进行繁殖。

秆淡绿,分枝高,秆梢下垂或弧曲,叶大,姿态优美,常栽植于湖岸或山坡,在草地中丛植亦可。笋味甜美,可鲜食或制罐头或笋干。

6.2.9　人面竹 *Phyllostachys aurea* Carr. ex A. et Riv.

刚竹属(毛竹属)。

散生竹,秆劲直,高 5～12 m,直径 2～5 cm,幼时被白粉,无毛,成长的秆呈绿色或黄绿色;中部间长 15～30 cm,基部或有时中部的数节间极缩短,缢缩或肿胀,或其节交互倾斜,中、下部正常节间的上端也常明显膨大,秆壁厚 4～8 mm;秆环中度隆起与箨环同高或略高;箨环幼时生一圈白色易脱落的短毛。箨鞘背面黄绿色或淡褐黄带红色,上部两侧常枯干而呈草黄色,背部有褐色小斑点或小斑块;箨耳及鞘口遂毛俱缺;箨舌短,先端截形或微呈拱形。末级小枝有 2～3 叶;叶鞘无毛,叶耳及鞘口遂毛早落或无;叶舌极短;叶片狭长披针形或披针形,长 6～12 cm,宽 1～1.8 cm,仅下面有毛或全部无毛。

分布黄河流域以南各省区。

主产亚热带地区,性较耐寒,适生于温暖湿润、土层深厚的低山丘陵或平原地区。繁殖采用移植母竹或埋鞭。

图 6.9　人面竹
1.笋(上部);2.秆;3.上部秆箨;
4.中部秆箨;5.叶枝
（引自山东植物志）

为庭园常见观赏竹种,可于庭院空地栽植。秆可做手杖、钓鱼竿、伞柄等工艺品。笋鲜美可食。

6.2.10　毛竹 *Phyllostachys edulis*（Carr.）H. de Lehaie

别名:楠竹、孟宗竹。刚竹属(毛竹属)。

高大乔木状竹类,秆高 10～25 m,径 12～20 cm,中间节间可长达 40 cm;新秆密被细柔毛,有白粉,老秆无毛,白粉脱落而在节下逐渐变为黑色,顶梢下垂;分枝以下的秆环不明显,箨环隆起。箨鞘厚革质,棕色底上有褐色斑纹,背面密生棕紫色小刺毛;箨耳小,边缘有长缘毛;箨舌宽短,弓形,两侧下延,边缘有长缘毛;箨叶狭长三角形,向外反曲。枝叶 2 列状排列,每小枝保留 2～3 叶,叶较小,披针形,长 4～11 cm;叶舌隆起;叶耳不明显,有肩毛,后渐脱落。花枝单生,不具叶,小穗丛形如穗状花序,外被有覆瓦状的佛焰苞;小穗含 2 小花,一发育一退化。颖果针状。笋期 3 月底至 5 月初。

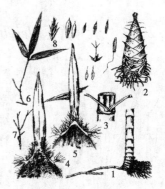

图 6.10　毛竹
1.地下茎及竹秆下部;2.笋;
3.秆一节,示二分枝;4.箨箨背面;
5.秆箨腹面;6.叶枝;7.花枝;8.小穗
(引自《园林树木学》庄雪影主编
华南理工大学出版社)

原产我国秦岭、汉水流域至长江流域以南海拔 1 000 m 以下山地,东起台湾,西至云南东北部,南自广东和广西中部,北至安徽北部、河南南部,其中浙江、江西、湖南为分布中心。

喜温暖湿润气候,要求年平均温度 15～20 ℃,耐极端最低温度 -16 ℃,年降雨量 800～1 000 mm,喜空气相对湿度大;喜肥沃、深厚和排水良好的酸性沙壤土。

毛竹秆高、叶翠,四季常青,秀丽挺拔,雅俗共赏,自古以来常植于庭园曲径、池畔、溪涧、山坡、石际、景门、天井以及室内盆栽观赏;与松、梅共植,点缀园林。在风景区大面积种植,形成极为壮观的竹海景观。在道路两侧密植的竹林,能形成良好的绿色屏障。

毛竹除栽植供观赏外,其竹秆坚韧富弹性,抗压和抗拉性均强,为良好的建筑材料,也可供制作各种工具和器具。竹材纤维含量高,也是造纸的好原料。毛竹笋味鲜可食。

6.2.11　紫竹 *Phyllostachys nigra*（Siebert ex Miquel）Makino

图 6.11　紫竹
(引自浙江植物志)

别名:乌竹。刚竹属(毛竹属)。

散生竹,秆高 3～6 m,亦有高达 8 m 者,径 2～4 cm。新竹秆初为绿色,后渐变为紫色。老竹秆则变为深紫色而近于黑色;秆环隆起,箨环及箨鞘均具有较密的刚毛。秆上每节 2 分枝,不等大。箨耳镰刀形,紫色而具遂毛,箨舌长而强烈隆起,箨叶小,绿色,有皱折。小枝顶端具 2～3 叶,叶片窄披针形,长 4～10 cm,先端渐长而质薄,下面基部有细毛。笋期 4 月下旬至 5 月上旬。

主产亚热带地区,性较耐寒,江苏、浙江、江西、福建、安徽、河南、湖北等省有分布。

适生于土层深厚湿润,地势平坦的地方。繁殖采用移植母竹或埋鞭繁殖。母竹以 2～3 年生,秆形较小,生长健壮者为宜。移植时,应留鞭根 1 m 以上,并

带宿土,除去秆梢,留分枝5~6层,以利成活。鞭根繁殖选择2~3年生,长1.5 m左右,笋芽饱满者埋于地下即可。

紫竹株形优美,秆紫黑色,宜植于庭园山石之间或书斋、厅堂四周、园路两旁、池旁水边。

6.2.12　大明竹 *Pleioblastus gramineus*（Bean.）Nakai

图6.12　大明竹
（引自浙江植物志）

苦竹属（大明竹属）。

地下茎复轴型,因顶芽出土成秆者较多于延伸成鞭,地面上竹秆通常成丛生长。秆直立,高3~5 m,直径0.5~2 cm,新芽绿黄色,老秆暗绿色,无毛,节下方具粉环;节间通常圆筒形,在分枝一侧的下部微凹,秆环较隆起;箨环常附有宿存的箨鞘基部残留物。秆每节具多分枝,丛生,枝条上举,与主秆成较小的夹角,分枝较低。箨鞘薄革质,绿色至黄绿色,背部初生浅棕色小刺毛,后脱落;无箨耳和鞘口遂毛;箨舌截形或微凹;箨片线形或宽线形,浅绿色,直立或开展。末级小枝具5~10叶;叶鞘厚纸质,上面疏生小刺毛,下部无毛,边缘具白色细纤毛;无叶耳;叶舌高2~3 mm,顶端圆形;叶片狭长披针形或线状披针形,质厚,先端长渐尖,两面均无毛。

原产日本。我国江苏、浙江、福建、台湾、广东、四川等省有栽培。

喜温暖湿润的气候,肥沃疏松的壤土。繁殖采用分株繁殖,将地下竹鞭或带根竹秆埋于地下保持湿润即可。

本种秆丛生,上部低垂,叶片狭长,形态较优美,常作盆栽观赏。

6.2.13　泡竹 *Pseudostachyum polymorphum* Munro

泡竹属。

灌木状,地下茎为合轴型,假鞭长达1 m以上,直径1 cm左右。秆散生,彼此疏离,高5~10 m,直径12~20 mm,节间通直,长13~20 cm或较长,幼嫩时粉绿色,仅节下明显被圈白粉;节内长约3 mm;秆壁极薄,易压裂;秆先端钓丝状下垂。分枝常于秆之第五节以上开始,秆节上分枝多数,各枝直径和长度近相等;枝条长约50 cm。箨鞘稍薄,质脆,背面被棕色毛,先端截平或稍下凹,其宽度约与箨片基部近相等;箨片直立,短三角形至狭长三角形,背面纵肋之间有小横脉,近基部向外鼓凸。叶鞘初被柔毛,后变无毛,叶耳不明显;叶舌低矮;叶片7~10片生于小枝先端,长圆状披针形,长12.5~33 cm,先端渐尖,基部近圆形或楔形,两侧不对称,两面无毛。

图6.13　泡竹
1.秆柄的一部分;2.秆的一部分,示秆节和叶枝;3.秆箨背面观;
4.秆箨腹面观
（引自中国植物志）

产云南、广东、广西等省区。生于海拔200~1 200 m的山坡和丘陵地上,习见于河边、溪旁及土壤肥沃湿润之地。喜温暖湿润气候,肥沃疏松的壤土。

株形优美,可置于草坪或假山一侧。

6.2.14　菲白竹 *Sasa fortunei*（Van Houtte）Fiori

赤竹属（箬竹属）。

低矮竹类,地下茎复轴型,竹鞭径约 1～2 mm。秆散生或丛生状,高 10～30 cm,高大的可达 50～80 cm,节间细而短小,圆筒形,直径 1～2 mm,光滑无毛,秆环较平坦或微有隆起;秆不分枝或仅 1 分枝。箨鞘宿存,无毛。每节具 2 至数分枝或下部为 1 分枝。小枝具 4～7 叶;叶鞘无毛,鞘口毛白色;叶片狭披针形,长 6～15 cm,宽 8～14 mm,两面均具白色柔毛,有明显的小横脉,叶片上通常有白色、浅黄色纵条纹。夏初出笋。

喜温暖湿润气候,喜阴性,夏季忌长时间暴晒,耐寒性较强,在疏松、肥沃、排水良好的沙壤土生长良好,耐瘠薄,在石缝中也能生长。繁殖:可分株、鞭埋法、扦插繁殖。

植株低矮、叶色独特秀美、根系发达,是很好的地被植物或绿篱植物。

图 6.14　菲白竹

6.2.15　泰竹 *Thyrsostachys siamensis*（Kurz ex Munro）Gamble

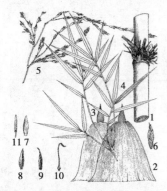

图 6.15　泰竹
1.秆节;2.秆箨背面观;
3.秆箨腹面观;4.枝叶;
5.花枝;6.小穗;7.颖;
8.外稃;9.内稃;
10 雌蕊;11.雄蕊
（引自中国植物志）

别名:暹罗竹。泰竹属。

丛生竹,秆直立,形成极密的单一竹丛,高 8～13 m,直径 3～5 cm,秆梢略弯曲;节间长 15～30 cm,幼时被白柔毛,秆壁甚厚,基部近实心;秆环平;节下具一圈高约 5 mm 的白色毛环;分枝习性甚高,主枝不发达;芽的长度大于宽度。箨鞘宿存,质薄,柔软,与节间近等长或略长,背面贴生白色短刺毛,鞘口作“山”字形隆起;箨舌低矮;箨片直立,长三角形。末级小枝具 4～12 片叶,叶鞘具白色贴生的刺毛,边缘生纤毛;叶耳很小或缺;叶舌高约 1 mm,上缘具纤毛;叶片窄披针形,两面无毛。

产缅甸、泰国。我国台湾、福建、广东及云南有栽培。

喜温暖湿润气候和排水良好的肥沃壤土。繁殖多采用分株繁殖。

本种秆直丛密,节间劲直而坚韧,枝柔叶秀,具有很高的观赏价值。笋食用;秆可用伞柄。

6.3 结 语

竹子婀娜多姿、妩媚秀丽,给人以幽雅的感受,又坚韧挺拔、终冬不凋,显示高风亮节的情操,自古以来人们都把它作为装点住宅、庭园绿化的佳品,现代,在园林建设中,对竹类的应用更加广泛。观赏竹姿态美,主要表现在竹秆的亭亭玉立,竹株的婀娜多姿,竹叶的稠密挺立,秆形的奇特变化上。本章介绍了国内常见栽培观赏的竹类植物15种及7个变种或品种,其中:

乔木状竹类有毛竹、青丝黄竹、四方竹、泰竹、青皮竹、粉单竹、麻竹、孝顺竹、龙头竹、黄金间碧竹、大佛肚竹11种(变种或品种);

灌木状的紫竹、凤尾竹、大明竹、菲白竹、小琴丝竹、泡竹、人面竹、佛肚竹8种;

地下茎合轴型的有青丝黄竹、泰竹、青皮竹、粉单竹、麻竹、孝顺竹、龙头竹、黄金间碧竹、大佛肚竹、凤尾竹、泡竹;

地下茎单轴型的有毛竹、四方竹、紫竹、菲白竹、人面竹。

7 风景林木类

7.1 风景林木类概述

    风景林木类是指栽植于风景名胜区、水源保护区、郊野公园、森林公园、自然保护区、风景林地、城市绿化隔离带等地的一类乔木树种。风景林木的栽植区域对城市居民休闲生活的影响较大,其主要功能偏重生态环境保护、景观培育、减灾防灾、观光旅游、郊游探险、自然和文化遗产保护等。风景林木类以体现地带性植被特色的乡土树种为主,如中亚热带典型常绿阔叶林地带的木荷 *Schima superba*、醉香含笑 *Michelia macclurei*、红锥 *Castanopsis hystrix* 等,南亚热带季风常绿阔叶林地带的红花荷 *Rhodoleia championii*、格木、壳菜果 *Mytilaria laosensis* 等,北热带季雨林地区的土沉香 *Aquilaria sinensis*、鸭脚木 *Schefflera heptaphylla* 等。在配植上,常采用单树种或多树种丛植、群植、林植等方式。在进行树种间的配置时,须充分考虑树种的生物学特性、生态学习性及功能,如生长的速度、对光线的需求、花期、果期等,力求在景观多样性、物种多样性方面具有较好的效果。

    风景林木类树种一般具有适应性强,耐粗放管理,栽植成活率高,抗病虫能力强,生长快,寿命长的特点。在风景名胜区、郊野、公园等地栽植这些种类,不仅可营造多样的植物景观,更可提高生物多样性,对维护陆地生态系统的平衡作出贡献。有些种类具有季相的变化,如岭南槭 *Acer tutcheri*、山乌桕 *Sapium discolor*、乌桕 *Sapium sebiferum* 等;有些种类的生物量较大,改土的效果明显,如马占相思 *Acacia mangium*、大叶相思 *Acacia auriculaeformis*、黎蒴栲 *Castanopsis fissa* 等;有不少种类是国家重点保护野生植物及珍稀濒危植物,如格木,土沉香 *Aquilaria sinensis*,降香黄檀 *Dalbergia odorifera*。

7.2 常用风景林木类

7.2.1 大叶相思 *Acacia auriculiformis* A. Cunn. ex Benth.

别名:耳叶相思。含羞草科,金合欢属。

常绿乔木,高可达25 m。树皮灰褐色,老皮粗糙。幼苗为羽状复叶,后退化为叶状柄;叶状柄互生,长15~20 cm,新月形,上缘弯,下缘直,全缘,两面渐狭,纵向平行脉3~7条。穗状花序腋生,花小,整齐,黄色;花萼5;花瓣5,镊合状排列;雄蕊多数,花丝分离,突出。荚果扁平,扭曲。花期7—8月及10—12月;果期长,12月至翌年5月。

原产澳大利亚、巴布亚新几内亚及印度尼西亚等地。广东、广西、海南、福建等地普遍栽培。

喜光,耐半阴,喜高温湿润气候,不耐寒;栽培不择土壤,耐干旱和瘠薄,在酸性沙土和砖红壤土生长良好,也适于透水性强、含盐量高的滨海沙滩;根系发达,抗风性强,具根瘤;对 SO_2、CO_2 及机动车尾气具有较强的抗性。生长迅速,萌发力强。种子繁殖。

图7.1 大叶相思
1.花枝;2.花,示雄蕊多数离生
(引自中国植物志)

树冠长卵球形,枝叶浓密,花黄色密集,适应性强,可作为公园或庭园的庭荫树,公路绿化的行道树,也是荒山绿化、污染区绿化以及营造背景林、水源涵养林、水土保持林、防风固沙林和薪炭林的优良树种。

同属的**台湾相思 *A. confusa* Merr.**,常绿,高15~18 m;叶片叶状柄线状披针形,长6~10 cm,具纵向平行脉3~5条;头状花序1~3腋生,圆球形,花金黄色;荚果扁平,带状,种子间略缢缩。花期3~8月,果期7~10月。原产台湾,东南亚也有分布。**马占相思 *A. mangium* Willd.**,常绿,高可达25 m;主干通直,小枝有棱;叶状柄宽椭圆形,纵向平行脉4条;穗状花序腋生,下垂,花淡黄白色;荚果扁平,扭曲。花期秋末冬初,果期5—6月。原产澳大利亚、巴布亚新几内亚、印度尼西亚和马来西亚。生长极迅速,抗风力较弱。

7.2.2 岭南槭 *Acer tutcheri* Duthie

槭树科,槭树属。

落叶乔木,高5~10 m。树皮褐色;小枝纤细,无毛,嫩枝绿色或紫绿色;冬芽卵形。叶对生,纸质,长6~7 cm,宽8~11 cm,基部圆或近截平,掌状3裂至叶片1/3处,裂片三角状卵形,顶端渐尖,边缘有疏而锐利的锯齿;两面无毛或下面脉腋内有簇毛;叶柄长2~3 cm。圆锥花序顶生,长6~7 cm;花萼4,黄绿色,卵状长圆形,长约2.5 mm,钝头;花瓣4,淡黄白色,长约2 mm;雄蕊8;子房上位,2心皮,2室,子房密被长柔毛。双翅果,由2个一端具翅的小坚果(即果核)构成,两

图7.2 岭南槭
(引自中国植物志)

果翅展开成钝角,初为淡红色,后变为淡黄色,长 2～2.5 cm。花期 4 月,果期 9 月。

我国特有种,原产广东、浙江、江西、湖南、福建、广西。

喜光,喜温暖湿润气候。种子繁殖。

掌状裂的叶形和翅果均十分可爱,且幼叶和秋叶均为红色,可作园景树孤植或丛植于庭园、公园及居住区等地,亦可群植,作背景林和风景林。

7.2.3 土沉香 *Aquilaria sinensis*(Lour.) Gilg

别名:白木香、莞香、牙香树、女儿香。瑞香科,沉香属。

常绿乔木,高 6～15 m。树皮暗灰色,有坚韧的纤维,极易剥落;小枝幼时被疏柔毛。叶互生,近革质,卵形、倒卵形至椭圆形,长 5～10 cm,宽 2～5 cm,顶端短渐尖,基部阔楔形,侧脉纤细,平行或近平行;具短柄。伞形花序顶生或腋生,花细小,两性;花黄绿色,芳香;花萼浅钟形,两面均被短柔毛,5 裂,卵圆形;花瓣 10,鳞片状,着生于萼管喉部,被毛;雄蕊 10;子房上位,卵形,2 室。蒴果木质,倒卵形,长 2～3 cm,顶端具短尖头,基部收狭且有宿存花萼,密被黄褐色短柔毛,成熟时 2 瓣裂;种子 1～2,倒卵形,褐色,基部有一白色长约 2 cm 的尾状附属物。花期 3—5 月,果期 9—10 月。

图 7.3 土沉香
(引自中国植物志)

原产我国海南、广东、广西、福建及云南。

喜半阴,喜高温至温暖湿润气候,不耐寒;对土壤要求严格,宜栽植于土层深厚、肥沃、排水良好的壤土;抗风,萌发力强。种子或扦插繁殖。

该种植物的野生种为国家二级保护植物和珍稀濒危植物。树姿优雅,枝叶繁茂,叶色翠绿亮泽,花香四溢,蒴果的形态宛如一盏盏挂在树上的小灯笼,十分可爱,可作园景树配植于庭园,也可作为改良土壤及涵养水源效益良好的树种与其他阔叶树种一起配植于风景林中。为我国特产的药用植物,名贵中药"沉香"就是在土沉香树干损伤后,被真菌侵入寄生,植物的木薄壁细胞内储存的淀粉在酶的作用下,发生一系列化学变化,形成香脂,再经多年的沉淀而成。

7.2.4 油茶 *Camellia oleifera* Abel

别名:白花茶、茶子树、茶油树。山茶科,山茶属。

常绿小乔木或灌木,高 4～6 m。树皮黄褐色,平滑不裂;嫩枝略被毛;芽鳞多数,密被长毛。叶互生,厚革质,有光泽,卵状椭圆形,长 4～10 cm,宽 2～4 cm,先端渐尖或钝尖,基部楔形,边缘有细锯齿,下面侧脉不明显;叶柄长 3～6 mm。花单生叶腋,两性,白色,径 4～8 cm,无梗;苞片与萼片 10,脱落;花瓣 5,倒卵,长 2.5～5 cm,顶端凹缺,外有丝状体;雄蕊多数,分内外两轮,内轮花丝分离,外轮花丝基部合生,花药丁字着生;子房密被丝状绒毛。蒴果近球形,径 3～5 cm,果皮厚,室背开裂,果瓣厚木质;种子有棱角,无翅。花期 10—12 月,果实翌年 10 月成熟。

原产我国南方各省,为亚热带地区乡土阔叶树种。长江流域以南广泛栽培。

图7.4 油茶

1.花、幼果枝；2.花展开、示花瓣
和雄蕊群；3.雄蕊；4.雌蕊；5.蒴果
（引自福建植物志）

喜半阴,喜温暖湿润气候,耐寒,不耐干旱;较耐瘠薄,但最适于土层深厚、排水良好的微酸性沙质壤土,不耐盐碱。深根性树种,生长缓慢,萌蘖性较强。抗大气污染,具较强的抗火性。播种或扦插繁殖。

树冠扁球形,树叶浓密,花素洁芳香,为优良的木本花卉和蜜源植物;果实可榨油,为重要的木本油料植物,是观赏与经济兼备的树种。适于在庭园中丛植或配植于林缘,也可作生态公益林和风景林的树种。

同属的**红花油茶(广宁油茶、南山茶)** *C. semiserrata* C. W. Chi,乔木,高达 12 m;全株除花外均无毛,幼枝略有棱;叶椭圆形,长 9 ~ 15 cm,宽 3 ~ 6 cm,先端急尖,基部阔楔形,边缘上半部有疏锯齿,下半部全缘,叶柄 1 ~ 1.7 cm;花单生枝顶,红色,径 7 ~ 9 cm;蒴果卵形,长 7 ~ 9 cm。花期 12 月至翌年 2 月,果期 10—12 月。原产广东和广西。

7.2.5 黎蒴栲 *Castanopsis fissa* (Champ. ex Benth) Rehd. et Wils.

别名:黎蒴、大叶锥栗、闽粤栲。壳斗科,栲属。

常绿乔木,高可达 25 m。树皮灰褐色,浅纵裂;幼枝被疏柔毛,具棱。叶互生,薄革质,椭圆状矩圆形至倒披针形,长 17 ~ 25 cm,宽 5 ~ 9 cm,先端渐尖,基部向叶柄渐楔形,羽状脉直达叶缘,边缘有波状齿或钝齿;幼时上面被旋即脱落的灰黄色鳞秕,下面被红褐色粉状鳞秕,沿脉上疏生微柔毛,成长叶灰棕色至苍灰色,两面无毛;叶柄长 1.5 ~ 2.5 cm。花单性,雌雄同株,无花瓣;雄花为葇荑花序,细长而直立;雌花单生或 2 ~ 5 朵聚生于总苞内。壳斗卵形至椭圆形,长 1.5 ~ 2.2 cm,无刺,全包坚果,不规则从顶端撕裂;内含 1 坚果,圆锥形,坚果脱落后壳斗仍宿存在轴上。花期 4 ~ 5 月,果期 11—12 月成熟。

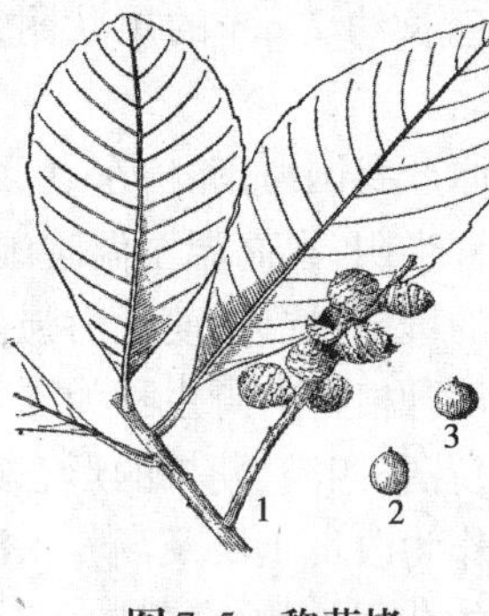

原产海南、广东、广西、福建、江西和湖南、贵州南部。

喜光,幼树耐阴;喜温暖湿润气候,对立地要求不严,耐干旱和贫瘠,常为次生林的先锋树种。种子繁殖。

图7.5 黎蒴栲

1.果枝;2、3.坚果
（引自福建植物志）

深根性树种,萌芽力强,初期生长迅速,枝叶茂密,花序硕大,花感强烈,是营建生态风景林,尤其是水源涵养林和水土保持林的优良树种。

同属的**红锥** *C. hystrix* A. DC,常绿乔木;树皮片状剥落;幼枝、芽和叶背密被锈褐色短绒毛和鳞秕;叶卵状披针形,长 4 ~ 10 cm,宽 2 ~ 3.5 cm,全缘,下面密生红褐色短绒毛和鳞秕,老则变为浅黄色;雌花序长 10 ~ 18 cm,果序长约 15 cm;壳斗球形,规则 4 瓣裂,密生锥状、长 3 ~ 7 mm 的硬刺,坚果 1 ~ 3 粒,宽卵形。花期 4—6 月,翌年 9—10 月果熟。原产广东、广西、海南、云南以及贵州、湖南、江西、福建、西藏等省的南部。园林用途与黎蒴栲相同。

7.2.6 朴树 *Celtis sinensis* Pers.

别名:相思树、朴仔树、青朴、沙朴。榆科,朴属。

落叶乔木,高可达 20 m。树皮灰色,平滑;小枝幼时有毛,后渐脱落;冬芽先端常紧贴小枝。叶互生,近革质,宽卵形或椭圆状卵形,长 4～8 cm;先端短渐尖、钝尖,基部偏斜,3 出脉,边缘中部以上有钝齿,下面沿脉疏生短柔毛;叶柄长 0.6～1 cm。花小,1～3 朵生于叶腋,杂性;单被花;萼片 4,黄绿色;雄蕊 4,与萼片对生;子房上位,2 心皮。核果球形,径 4～5 mm,果梗与叶柄近等长,果肉味甜,成熟时橙红色,核表面有凹点及棱脊。花期 3—4 月,果实 8—9 月成熟。

原产长江中下游及以南地区和我国的台湾地区,越南和老挝也有分布。

喜光,稍耐阴,喜温暖湿润气候,喜深厚、肥沃、排水良好之中性黏质壤土。深根性树种,枝条柔韧,抗风力强,抗大气污染。萌芽力强,寿命较长。种子繁殖。

树冠伞形,树形美观,绿荫浓郁,春叶嫩绿,落叶前叶色变浅黄,富季相变化,宜孤植作庭荫树;生势强健,果实可诱鸟采食,可作为风景林树种;也是岭南树桩盆景的常用树种。

图 7.6 朴树
1. 果枝;2. 花枝;
3,4. 雄花;5. 雄蕊
(引自广州植物志)

7.2.7 黄樟 *Cinnamomum porrectum* (Roxb.) Kosterm.

图 7.7 黄樟
1. 花枝;2. 果枝;3. 花;
4. 外轮雄蕊;
5. 内轮雄蕊;6. 退化雄蕊
(引自 Flora of China)

别名:大叶樟、油樟。樟科,樟属。

常绿乔木,高可达 30 m。树皮灰白色或灰褐色;枝粗壮,小枝有棱;枝、叶、果实、木材均有樟脑气味,无毛。叶互生,革质,椭圆状卵形或长椭圆状卵形,长 6～12 cm,宽 3～6 cm,先端急尖,基部楔形或宽楔形;表面深绿色,有光泽,背面色稍浅;羽状脉,脉腋有腺窝。圆锥花序腋生或近顶生,花两性,花被片 6,黄白色。浆果圆球形,径 6～8 mm,熟时黑色;果托狭长倒圆锥形。花期 3—5 及 9—11 月,果 9—10 月及 4—7 月成熟。

原产我国福建、江西、湖南、广东、海南、贵州、云南,越南、马来西亚、印度均有分布。

喜光,幼树喜半阴;喜温暖湿润气候,具较强的适应性和抗寒性;适生于土层深厚、肥沃疏松的酸性红壤、砖红壤;抗大气污染。种子繁殖。

树冠广伞形,枝叶繁茂,新叶红色,季相变化明显,可与木荷、山杜英、尖叶杜英、枫香等相配置营造风景林。为优良的绿荫树和行道树。

7.2.8　山杜英 *Elaeocarpus sylvestris*（Lour.）Poir.

图7.8　山杜英

1.花枝；2.果枝；3.花瓣；
4,5.雄蕊；6.雌蕊
（引自中国植物志）

别名:羊屎树、杜英。杜英科,杜英属。

半常绿乔木,高可达25 m。树皮深褐色,平滑;小枝红褐色,幼枝疏生短柔毛,后无毛。叶纸质,倒卵状椭圆形,长4~12 cm,宽1.5~4.5 cm,先端钝尖,基部渐窄下延至叶柄,边缘有钝锯齿,脉腋常具腺体;叶柄长0.5~1.2 cm。总状花序腋生,花两性;萼片5,披针形;花瓣5,白色,先端撕裂达中部以下,裂片线形,略有毛;雄蕊多数,分离,花药线形,顶孔开裂。核果椭圆形,长约1 cm,熟时暗紫色。花期6—8月,果实10—12月成熟。

原产长江流域以南地区,越南和老挝也有分布。

喜半日照,喜温暖湿润气候,耐寒性不强,适于酸性黄壤和红壤。根系发达,耐修剪,生长速度中等偏快。对二氧化硫抗性较强。对林火蔓延有阻隔和减缓作用。种子繁殖。

树干通直,枝叶茂密,落叶前叶色变红,红绿相间,颇为美丽。宜于草坪、坡地、林缘、庭前、路口等地丛植,也可作为工矿区绿化和营建风景林、防火林的优良树种。

同属的**中华杜英（华杜英）**E. chinensis Hook. f. ex Benth.,嫩枝及顶芽被白色柔毛;叶集生枝顶,纸质,嫩叶红色,卵状披针形或椭圆形,长4~7 cm,宽1.5~3 cm,先端长渐尖,基部楔形,边缘有波状小钝齿,叶背有细小黑腺点,叶柄长1~2 cm,顶端稍膨大;总状花序生于枝下方的叶痕腋部,花瓣白色,顶端齿裂,雄蕊8~10;子房密被短绒毛。核果椭圆形,长8~10 mm,青绿色。原产长江流域以南地区,越南和老挝有分布。

7.2.9　格木 *Erythrophleum fordii* Oliv.

别名:铁木、赤叶木。苏木科,格木属。

常绿乔木,高可达30 m。树皮幼时淡灰褐色,老则深灰褐色,不裂至微纵裂;小枝密生黄色短柔毛。二回羽状复叶,羽片2~3对,对生;小叶9~13,互生,革质,卵形或卵状椭圆形,长5~7.5 cm,宽2~3.5 cm,先端钝渐尖,基部近圆形,微偏斜,全缘,两面有光泽。总状花序圆柱形,长10~20 cm,被黄褐色短柔毛,数枚排列成腋生的圆锥花序;花小,白色,花冠覆瓦状排列,花萼、花瓣5;雄蕊10,花丝分离,花丝长为花瓣的2倍;子房密生短柔毛。荚果扁平带状,近木质,长7~21 cm,棕褐色或黑褐色;种子扁椭圆形,黄褐色。花期3—4月,果期10—11月。

图7.9　格木

1.花枝;2.花;3.雄蕊;
4.雌蕊;5.果
（引自中国植物志）

原产我国广西、广东、台湾,越南也有分布。

喜光,幼树长期处于林荫下,则生长不良甚至死亡。喜温暖湿润气候,不耐寒,宜栽培于土层深厚、湿润肥沃的砖红壤和红壤。种子繁殖。

该种植物的野生种为国家二级保护植物。木材坚硬耐腐，为珍贵的硬材树种。树冠宽阔，四季常绿、浓密，树干端直，为优良的园景树和行道树，亦为优良的风景林树种。

7.2.10　灰木莲 *Manglietia glauca* Bl.

别名：越南木莲。木兰科，木莲属。

常绿乔木，高可达 26 m。树皮灰褐色；当年生小枝绿色，具平伏短毛。叶互生，薄革质，倒披针形或狭长倒卵形，长 10~20 cm，先端骤狭短尖，基部楔形，全缘，侧脉 14~17 对，叶两面网脉明显，下背具褐色平伏毛；叶柄长 1.5~3 cm，上面具浅纵沟。花单生枝顶，长 5~6 cm，花被片 9 枚，乳白色或乳黄色；雌蕊群无柄，每雌蕊具胚珠 4。聚合果卵形，蓇葖沿背缝线 2 瓣裂，种子 5~6，红色。花期 4—5 月，果熟期 9—10 月。

图 7.10　灰木莲
（引自 Blume Flora Javae）

原产越南及印度尼西亚。我国广东、海南和广西引种栽培，表现良好。

喜光，幼树喜半阴；喜温暖至高温湿润气候，不耐干旱，不耐寒；深根性树种，喜生于土层深厚、肥沃、疏松的酸性赤红壤或红壤。种子繁殖。

树冠伞形，茎干端直，花素洁芳香，为优良的观花乔木，宜作园景树、庭荫树和行道树配植于庭园、公园、居住区等地；早期生长迅速，可成片栽植或与其他针叶、阔叶树相配置营建风景林。

7.2.11　醉香含笑 *Michelia macclurei* Dandy

图 7.11　醉香含笑

别名：火力楠。木兰科，含笑属。

常绿乔木，高可达 20 m。芽鳞、嫩枝、叶柄、托叶及花梗均被锈色短绒毛；枝有环状托叶痕。叶互生，革质，倒卵状椭圆形，长 7~14 cm，全缘；侧脉在叶面不明显，10~15 对，网脉两面明显突起；上面深绿而亮泽，下面被灰白色短柔毛；叶柄上无托叶痕。花单生叶腋，多而密，两性，芳香；花被片 9，长 3~5 cm，白色；雌蕊群具柄，超出雄蕊群之上，每心皮具胚珠 2 枚以上。聚合蓇葖果长 3~7 cm；种子扁卵形，红色。春末夏初为开花期，11 月种子成熟。

原产我国广东、海南和广西，越南北部也有分布。

喜光，耐半阴，喜温暖湿润气候；喜肥，栽培须富含有机质、肥沃、湿润之壤土，耐旱，忌积水；适应性强，生长迅速，抗大气污染，有较强抗风和防火性能。种子繁殖。

树冠圆伞形，树干端直，花洁白芳香，为优良的木本花卉，宜于庭园、公园等地作园景树和行道树，或与针叶树混交，营建风景林。

同属的**深山含笑（莫氏含笑、光叶含笑）*M. maudiae* Dunn.**，常绿乔木，植株各部无毛；芽、幼枝梢、叶背、苞片均被白粉；顶芽窄葫芦形；叶互生、厚革质、全缘，长椭圆形至倒卵状椭圆形，

长 10~15 cm,网脉细密;花单生枝梢叶腋,白色,芳香;聚合蓇葖果长 10~12 cm;种子红色或褐色。花期 3—5 月,10—11 月果熟。原产广东。园林用途与醉香含笑相同。

7.2.12　杨梅 *Myrica rubra* Sieb. et Zucc.

图 7.12　杨梅
1.果枝;2.雌花序;3.雄花序;
4.雌花;5.雄花
(引自中国植物志)

别名:毛杨梅、矮杨梅。杨梅科,杨梅属。

常绿乔木,高 5~12 m。幼树树皮光滑,呈黄灰绿色,老树为暗灰褐色,表面常有白晕斑,多具浅纵裂。幼枝及叶背有黄色小油腺点。叶革质,倒披针形,长 4~12 cm,先端较钝,基部狭楔形,全缘或近端部有浅齿;叶面深绿色,富光泽,叶背淡绿色。花单性,雌雄异株,无花被;雄穗状花序单独或数条丛生于叶腋,苞片覆瓦状排列,每苞内有 1 朵雄花;雌花序常单生叶腋,苞片覆瓦状排列,花柱极短,具 2 细长柱头。核果圆球形,径 1~1.5 cm,外果皮肉质,多汁液,深红色、紫色或白色,可食;核坚硬。花期 3—4 月,果熟期 5—7 月。

原产长江以南各省区,以浙江、江苏、广东、福建、江西、湖南等省栽培较多;日本、朝鲜及菲律宾也有分布。

喜半日照,全日照下生长不良;喜温暖湿润气候,耐寒性不强;不择土壤,但土质松软、排水良好、含有石砾的沙质红壤或黄壤、pH 值 4~5 的酸性土更适宜其生长。萌芽性强。抗大气污染。播种、压条和嫁接繁殖。

树冠整齐,近球形,红果累累,是优良的观果树种和经济林树种。树皮厚,枝叶含水量高,抗火力强。枝叶密生,落叶层厚,且具根瘤,有较强固氮作用,水土保持和改良土壤的效果显著,是营造水源涵养林、生物防火林和风景林的优良树种。

7.2.13　壳菜果 *Mytilaria laosensis* Lecomte

别名:米老排、三角枫。金缕梅科,壳菜果属。

常绿乔木,高可达 30 m。树皮暗灰褐色;小枝有环状托叶痕;托叶包被幼芽呈圆锥状。叶互生,革质,阔卵形,长 10~13 cm,宽 7~10 cm,先端短尖,基部心形或圆形,掌状脉 5 出,全缘,幼态叶常浅裂;叶柄长 3.5~9 cm。花小,两性,肉质穗状花序长 2 cm;花瓣 5,舌状,长约 1 cm,白色。蒴果卵形,长 1.5~2 cm,2 瓣裂,外果皮较疏松,内果皮木质,熟时黄褐色;种子椭圆形,褐色,有棱。花期 3—4 月,果期 9—10 月。

原产我国广东、广西、云南,越南和老挝均有分布。

喜光,幼树喜半阴,喜温暖至高温湿润气候,有一定的耐寒性;喜生于土层深厚、湿润的山坡地,忌低洼积水地。种子繁殖。

树冠宽阔,干形通直,枝叶繁茂,萌芽力强,生长迅速,耐火,具有较强的水源涵养和土壤改良的作用,是风景林和生物防护林带的优良树种。

图 7.13　壳菜果
1.幼果枝;2.果序
(引自中国植物志)

7.2.14　枫香 *Liquidambar formosana* Hance

别名:三角枫、枫树、大叶枫。金缕梅科,枫香属。

落叶乔木,高可达40 m。树皮粗糙,灰白或暗灰褐色,老时不规则深裂;树脂、树液及叶均有橄榄气味;小枝有柔毛。叶互生,纸质至薄革质,掌状3裂(幼态叶常为5~7裂),长6~12 cm,基部心形或截形,裂片先端尖,掌状脉3~5,边缘有锯齿;叶柄长达11 cm。花单性同株;雄花排成稠密的总状花序,无花被;雌花为1单生的头状花序,无花瓣。果序圆球形,径2.5~4.5 cm;蒴果2瓣裂,具宿存花柱及刺状萼齿;种子多数,能育种子具短翅,褐色,不孕种子色较淡,无翅。花期2—4月,果10月成熟。

图7.14　枫香树
1.花枝;2.果枝;3.子房纵切面;
4.花柱和假雄蕊;5.成熟的果
(引自广州植物志)

原产我国黄河流域以南广大地区及我国的台湾地区,日本亦有分布。

喜光,幼树稍耐阴,喜温暖至冷凉气候,耐寒,稍耐旱,栽培地宜选择土层深厚、排水良好的土壤,不耐水湿;深根性树种,抗风,抗大气污染。生长迅速。种子繁殖。

树冠圆锥形,树姿优雅,叶色呈明显的季相变化,通常于初冬叶色变黄,至次年春季落叶前变红,宜于公园、庭园、居住区等地孤植作园景树,也是优良的背景林和风景林树种。

7.2.15　仪花 *Lysidice rhodostegia* Hance

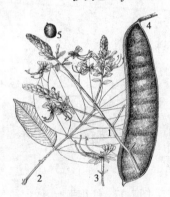

图7.15　仪花
1.花枝;2.叶;3.花;
4.果;5.种子
(引自中国植物志)

别名:假格木,麻札木、铁罗伞、红花树。苏木科,仪花属。

常绿乔木,高可达20 m。偶数羽状复叶互生;小叶对生,3~6对,长椭圆形或卵状披针形,长4~16 cm;侧脉纤细。圆锥花序顶生或腋生;苞片绯红色;萼管状,肉质,裂片4,覆瓦状排列,开花时反曲;花瓣5,紫红色,上面3枚倒卵形,具爪,下面2枚很小;发育雄蕊2枚;花柱长,丝状,在花蕾时旋卷。荚果长倒卵形,扁平,革质至木质,长12~20 cm,2瓣裂,每荚种子2~7颗;种子扁平,横长圆形。花期6—8月,果期9—11月。

单属种。原产我国广东、广西、云南、贵州和台湾地区,越南也有分布。

喜光,幼树稍耐阴,喜温暖湿润气候;喜肥沃、排水良好土壤,酸性土或石灰岩山地亦能生长,耐干旱。深根性,根系穿透力强。种子繁殖。

树冠宽阔,树姿优雅,圆锥花序大,花繁色艳,为优良的观花乔木,宜配植于庭园、公园等地作园景树或作石山植被恢复的树种及营建风景林。

7.2.16 翻白叶树 *Pterospermum heterophyllum* Hance

图 7.16 翻白叶树
1.果枝;2.盾形叶;3.小苞片
(引自中国植物志)

别名:异叶翅子树。梧桐科,翅子树属。

常绿乔木,高可达 20 m。树皮灰黄褐色;小枝有锈色或黄褐色短柔毛。叶互生,叶 2 型,幼态叶盾形,掌状 3～5 裂,老树上的叶矩圆形或卵状矩圆形,长 7～15 cm,宽 3～10 cm,先端钝尖或渐尖,基部斜圆形、截形或斜微心形,全缘,下面密被黄褐色星状毛;叶柄长 1～2 cm,有毛,托叶全缘。花单生或 2～4 朵成聚伞花序,腋生,花两性;花萼 5 裂,条形,两面均被短绒毛;花瓣 5,白色,倒披针形,与萼片等长。蒴果椭圆形,长 4～6 cm,有棱角,果皮木质,密被黄褐色星状毛,室背 5 瓣裂;种子长椭圆形,顶端有膜质长翅。花期 6—7 月,果期 8—12 月。

原产广东、海南、广西、福建、云南及台湾。

喜光,喜温暖湿润气候,喜生于土层深厚、湿润、肥沃之沙质土。生长迅速。种子繁殖。

树冠伞形,树干通直,树姿清秀,为优良的园景树和庭荫树。深绿色的叶面和银白色的叶背相辉映,具有光影闪烁的效果,很适合作为风景林和背景林树种栽植。

7.2.17 红花荷 *Rhodoleia championii* Hook. f.

别名:红苞木、红花木。金缕梅科,红花荷属。

常绿乔木,高可达 30 m。叶互生,厚革质,卵形,长 7～13 cm,宽 4.5～6.5 cm,先端钝或略尖,基部阔楔形,3 出脉,全缘,上面深绿色,有光泽,下面灰白色,无毛,干后有小瘤点;叶柄长 3～5.5 cm。头状花序腋生,有花 5～8 朵,下垂,基部具有多数覆瓦状排列苞片,花两性;花瓣 4～6,匙形或倒披针形,红色;雄蕊 6～10,花丝长线形,雄蕊与花瓣等长。头状果序宽约 3 cm,有蒴果 5 个,果皮薄,木质,熟时黄绿色;种子黄褐色。花期 12 月至翌年 3 月,果期 10—11 月。

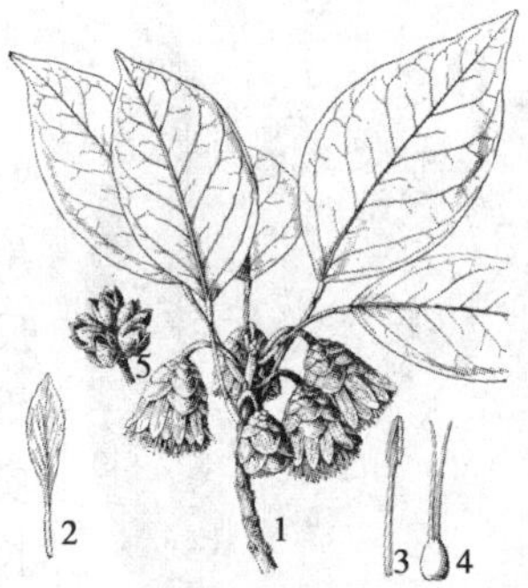

原产广东、广西、云南、贵州。

喜半日照,喜温暖湿润气候,不耐干旱和瘠薄,喜肥沃、富含有机质的壤土。种子繁殖。

树姿高雅,花形可爱,花色艳丽,为优良的观花乔木,宜作园景树或行道树孤植、列植或片植于庭园、公园和居住区,也是优良的风景林和背景林树种。

图 7.17 红花荷
1.花枝;2.花瓣;3.雄蕊;
4.雌蕊;5.果序
(引自中国植物志)

7.2.18 山乌桕 *Sapium discolor* (Champ. ex Benth) Muell. -Arg.

别名:红叶乌桕、山柳乌桕。大戟科,乌桕属。

落叶乔木,高6~12 m。树皮暗褐色;小枝灰褐色,有皮孔;无毛;植株含白色有毒乳液。叶互生,纸质,椭圆状卵形,长3~10 cm,宽2~5 cm,先端尖或钝,下面粉绿色,羽状脉;叶柄细,长2~7.5 cm,顶端有2腺体。复总状花序顶生,长4~9 cm;花单性,雌雄同株;雄花通常3朵形成小聚伞花序生于花序轴上部;雌花1至数朵生于花序下部;花萼2~3裂;无花瓣;雄蕊2~3枚。蒴果球形,径1~1.5 cm,熟时黑色;种子近球形,黑色,外被蜡层。花期6—7月,果熟期10—12月。

图7.18 山乌桕
1. 果枝;2. 雄花;3. 雌花
(引自福建植物志)

原产我国浙江、江西、福建、台湾、广东、广西、云南及贵州,印度尼西亚亦产。

喜光,喜温暖湿润气候,在土层深厚、湿润的酸性土壤上生长良好。种子繁殖。

植株富季相变化,春季嫩叶和秋季叶均呈红色,为优良的春色叶和秋色叶树种;果实成熟时开裂,果皮脱落,种子挂在树上,经冬不落,为鸟类喜爱的食物,对保护鸟类的多样性具有积极作用,是一种优良的生态风景林树种。

同属的**乌桕 S. sebiferum Roxb.**,与山乌桕相近,相异处主要为叶菱形或菱状卵形,5~9 cm,先端尾状长渐尖;花序长5~10 cm,花小,黄绿色;蒴果3棱状球形,熟时黑色;种子黑色。花期4—7月,10—11月果熟。原产长江流域及其以南各地,分布于华南、华东、西南等省区。园林用途与山乌桕相同。

7.2.19 鸭脚木 *Schefflera heptaphylla* (L.) D. C. Frorin

图7.19 鸭脚木
1. 花枝;2. 花序一部分;3. 花
(引自广东植物志)

别名:鹅掌柴。五加科,鹅掌柴属。

常绿乔木,高可达15 m。小枝粗壮,幼时密被星状短柔毛,后渐变疏。叶互生,掌状复叶,叶柄长15~30 cm,托叶与叶柄基部合生,呈抱茎状;小叶6~9枚,纸质至厚纸质,椭圆形至长椭圆形,长9~17 cm,宽3~6 cm,先端急尖或短渐尖,基部楔形或宽楔形,全缘,幼时上面密生星状短柔毛,后渐脱落;小叶柄长1.5~5 cm。伞形花序排列为大型圆锥花序,顶生,长达30 cm,密被星状短柔毛,后渐脱落;花白色,芳香。浆果球形,径约5 mm,熟时紫褐色;花柱粗短,宿存。花期11—12月,果12月至翌年1月成熟。

原产我国东南部、南部至西南部,孟加拉、印度等国亦产。

喜光,耐半阴,喜温暖湿润气候,不耐寒。对土壤要求不严,但宜生长于山坡下部、谷地、河岸低洼湿润地段。对二氧化硫、氟化物、粉尘、酸雨污染抗性强。种子繁殖。

鸭脚木生长迅速,树冠圆伞形,终年常绿,白色大型的圆锥花序顶生,甚为壮观,是一种优良的蜜源植物,果实为鸟类冬季喜爱的食物,宜与其他树种一起营建风景林,也是污染地区绿化的优良树种。

7.2.20　木荷 *Schima superba* Gardn. et Champ.

图7.20　木荷
1. 花枝;2. 雄蕊;3. 花柱;
4. 蒴果;5. 果纵切
(引自中国植物志)

别名:荷木、荷树。山茶科,木荷属。

常绿乔木,高可达30 m。树皮灰褐色,块状纵裂;嫩枝通常无毛;芽鳞少数。叶薄革质或革质,卵状椭圆形至矩圆形,长6~15 cm,宽2.5~5 cm,先端渐尖或短尖,基部楔形,边缘有疏钝锯齿,无毛;叶柄长1~2 cm。总状花序顶生或单生叶腋;花白色,芳香,径约3 cm,花梗粗;萼片与花瓣均为5枚;雄蕊多数,花丝着生于花瓣基部,花药丁字着生。蒴果近球形,径1.5~2 cm,室背5裂,果皮木质,中轴宿存;种子扁平,肾形,边缘具翅。花期5—7月,果实9—11月成熟。

原产广东、台湾、浙江、福建、江西、湖南、广西及贵州等地。

喜光,幼苗耐阴,喜温暖湿润气候,耐寒,栽培须富含有机质、肥沃的壤土,不耐瘠薄;抗风力强,对二氧化硫、氟化物、酸雨污染抗性强。种子繁殖。

树冠浑圆,树姿挺拔,枝叶浓密;盛花期满树白花与绿叶相映,素洁清雅,为优良的园景树和绿荫树,可孤植或列植于公园、校园等地,亦可单树种群植、林植或与樟科、壳斗科等常绿阔叶树种相配置形成风景林,也是一种优良的防火林树种。

同属的**红荷木(红荷树) *S. wallichii* Choisy,**与荷木的主要区别在于芽、幼枝、叶均被黄灰色毛;叶全缘,背面灰白色。原产我国广西、贵州和云南,印度、尼泊尔、中南半岛和印度尼西亚也有分布。同荷本具有相同的园林用途。

除以上介绍的种类,第5章绿荫树类中的喜树、樟树、南洋楹、复羽叶栾树等,第6章观赏竹类中的毛竹、青皮竹、粉单竹等都是优良的风景林树种,均可以用于风景名胜区、水源保护区、郊野公园、森林公园、自然保护区、风景林地、城市绿化隔离带等地的景观营造。根据不同地域,选择配置相应的风景林树种,不仅可以最大限度地发挥植物群体改善环境的作用,更可以体现具地域特色的植物景观。植物种类多样性是植物景观多样性的基础,乔木在植物造景中常占据主导的地位,限于篇幅,无法详细介绍更多的种类,更多风景林木的种类,以表格的形式列于书中附录1的表4部分。

8 花灌木类

8.1 花灌木类概述

花灌木是指具有美丽的花朵或花序,其花形、花色或芳香气味有观赏价值的乔木、灌木。亦可称作观花树或花木。

本类型的园林植物在园林中应用广泛,具有多种用途。有些可作园景树兼庭荫树,有些可作行道树,有些可作花篱或地被植物用。在配植应用的方式上亦是多种多样的,可以孤植、对植、丛植、列植,或修剪整形应用于园林中。花灌木在园林中不但能独立成景而且可为各种地形及设施物相配合而产生烘托、对比、陪衬等作用,例如植于路旁、坡面、道路转角、坐椅周旁、岩石旁,或与建筑相配作基础种植用,或配植湖边、岛边形成水中倒影。花木又可依其特色布置成各种专类花园,亦可依花色的不同配植成具有各种色调的景区,亦可依开花季节的异同配植成各季花园,又可集各种香花于一堂布置成各种芳香园;总之将观花树种称为园林树木中之宠儿并不为过。

在栽培养护上,主要应根据不同种类的习性本着能充分发挥其观赏效果满足设计意图的要求为原则来进行水、肥管理和修剪整形,以及更新复壮、防治病虫害等工作。

花灌木的茎木质化,较坚硬,根据其形态又可分为乔木、灌木两类。

(1)乔木类花木　树形高大,主干明显,直立。按其常绿或落叶的生长习性,又可分为常绿乔木花木和落叶乔木花木。前者如广玉兰 *Magnolia grandiflora*、桂花 *Osmanthus fragrans*、木莲 *Manglietia fordiana* 等;后者如梅花、杏花、白玉兰 *Magnolia denudata* 等。

(2)灌木类花木　树形低矮,无明显主干,常从根际分蘖而呈丛生状。其中又分为常绿灌木花木,如栀子花 *Gardenia jasminoide*、茉莉花 *Jasminum sambac*、米兰 *Agalia odorata*;落叶灌木花木,如蜡梅 *Chimonanthus praecox*、月季 *Rosa chinensis*、迎春 *Jasminum mesnyi*、绣线菊 *Spiraea salicifolia* 等。

8.2 常用花灌木类

8.2.1 红桑 *Acalypha wilkesiana* Muell. -Arg.

图8.1 红桑
1. 花枝;2. 雌花
(引自 Flora of Pakistan)

大戟科,铁苋菜属。

常绿多枝灌木,枝条多直立生长,嫩枝绿色,老枝灰白色,全株含有半透明水液。单叶互生,阔卵形,长 10~18 cm,宽 6~12 cm,先端渐尖,基部较圆;叶缘有不规则的钝锯齿,叶柄及叶腋均被有稀疏的绒毛。花单性,雌雄同株异穗。穗状花序细小而单薄,淡紫色,柔软下垂,长 20 cm。雄花序长达 20 cm,直径不及 5 mm,雌花的苞片阔三角形,有明显的锯齿。园艺品种有:**条纹红桑 'Macafeane'**,叶古铜色具红色条纹;**金边红桑 'Marginata'**,叶缘黄色;**斑叶红桑 'Musaica'**,叶具红斑;**彩叶红桑 'Triumphans'**,叶具红、绿、褐色斑。变种有金边红桑,叶面红绿相间,边缘为金黄色,相当美丽,为观叶花卉中的珍品。

原产东南亚,我国南方广为栽培。

性喜温暖、强光、湿润的环境,耐高温不耐寒,喜保水力强的肥沃腐叶土,不耐酸,但有较强的抗碱能力。分株或扦插繁殖。

叶色鲜艳秀丽,酷似桑叶,富于变化,是城市园林中常见的观叶花卉,可作盆栽、列植、丛植。很适于作花坛中的镶边、图案布景及路旁彩篱、建筑物基础种植。或大丛种植于水滨、坐椅后、草坪角等处,景色亦颇别致。小丛植株常盆栽供阳台、门前、街道中心等处陈列。

同属的**狗尾红 *A. hispida* Burm. f.**,叶较红桑小,深绿色,穗状花序长而状如狗尾,朱红色,垂吊于叶腋处,为优美的盆栽花卉。

8.2.2 四季米仔兰 *Aglaia duperreana* Pierre

别名:米兰、米仔兰。楝科,米仔兰属。

常绿灌木或小乔木,除嫩枝及子房外全株无毛,枝圆柱形,灰色,具棱。一回奇数羽状复叶,叶轴具窄翅,叶柄长 1~3 cm,小叶 5~7 片,纸质至近革质,倒卵形至长椭圆形,长 3~7 cm,先端圆,基部楔形。总状花序长 3.5~6 cm,有时花序基部具 2~3 朵花的分枝,腋生;花小繁密,黄色,芳香,径 1~2 mm;花梗长 1~2 mm,着生于披针形、具缘毛的苞片腋间;萼片先端圆钝,有缘毛,外面略被鳞片;花瓣黄色,肉质,阔倒卵形,长 1~2 mm;雄蕊管长不及 2 mm,肉质,中部缢缩,口部具 5 枚波状齿,花药卵形,内藏;子房阔卵形,2 室,柱头有小而钝的 2 齿裂。浆果近圆形,直径 10~12 mm,熟时红色,果皮肉质。花期从夏至秋。

广东、广西、海南等省区有栽培。长江流域及其以北盆栽观赏,温室越冬。

性喜温暖、湿润、阳光充足环境,不耐寒、不耐旱、耐半阴。土壤以肥沃、疏松、微酸为宜,忌盐碱。繁殖采用高枝压条或扦插繁殖为主。

本种花期长,几乎四季有花,开花时清香宜人。

同属栽培作观赏的尚有**米仔兰(树珠兰)A. odorata Lour.**,与四季米仔兰的主要区别是羽状复叶有小叶 3~5 片,小叶大,长 5~20 cm,倒卵形,先端渐尖或钝。香味及其他特征与四季米仔兰近似。

图8.2 四季米仔兰

8.2.3 黄蝉 *Allamanda schottii* Pohl.

图8.3 黄蝉
1.花枝;2.果
(引自广东植物志)

夹竹桃科,黄蝉属。

常绿灌木,高 2 m。具乳汁;枝条灰白色。叶具短柄,3~5 枚轮生,初时带紫色,后转翠绿色,颇美观;叶背面中肋上有柔毛,卵状披针形,先端渐尖或急尖,全缘,长 10~15 cm,宽 2.5~4 cm。聚伞花序顶生;花大,花筒长,基部稍膨大,状如喇叭,柠檬黄色至金黄色,内有红褐色斑条,有光泽,开花时金华满盖,富丽堂皇,颇为壮观。蒴果球形,有长刺。花期5—6月。

原产巴西。我国南部常见栽培。

热带植物。喜高温高湿,不耐寒冷,忌霜。喜光、稍耐半阴,喜肥沃湿润的沙壤。扦插繁殖为主。

黄蝉叶轮生,花冠基部膨大呈阔漏斗状,花大而美丽,夏天灿烂满枝,增添园林景色,是中国常见观赏植物。宜于盆栽布置门前、厅堂、阳台、居室等处,也宜地种于公园、绿地、花坛、花径或建筑物基础,与彩色花配置使用,可丰富园林景色。植株乳汁有毒,应用时应注意。

同属观赏的还有**软枝黄蝉 A. cathartica L.**,为藤本状常绿灌木,枝条软,弯垂。叶近无柄,披针形或倒披针形,叶面光亮无毛,侧脉较不明显。花具短柄,黄色,花冠长 7~10 cm,顶部直径 5~7 cm,花冠基部不膨大。5—9月开花。

8.2.4 红绒球 *Calliandra haematocephala* Hassk.

图 8.4 红绒球
1. 叶;2. 花;3. 荚果

别名:朱缨花、美蕊花。含羞草科,朱缨花属。

常绿灌木,高约 2 m,分枝多,枝条黑褐色。叶为二回羽状复叶,羽片 1 对,小叶 7~9 对,偏斜披针形,长 2~4 cm,中上部稍大,主脉偏上,下侧第一基生脉明显弯长伸出,叶轴及背面主脉被柔毛,托叶 1 对,卵状长三角形。头状花序腋生,含花 40~50 朵;每花基生 1 苞片,花冠管 5 裂,淡紫红色,雄蕊基部连合,白色,上部花丝伸出,长 3 cm,红色,状如红绒球。荚果条形。花期秋冬季。

原产南美洲;现热带、亚热带地区广泛栽培,我国华南地区近 10 年引入园林中。

喜温暖、高温湿润气候;喜光,稍耐阴蔽,对土壤要求不苛,但忌积水;对大气污染抗性较强。种子或扦插繁殖。

枝叶扩展,花序呈红绒球状,在绿叶丛中夺目宜人;常修剪成圆球形,初春萌发淡红色嫩叶,美丽益然,为优良的木本花卉植物,宜于园林中作添景孤植、丛植,又可作绿篱和道路分隔带栽培。

8.2.5 山茶 *Camellia japonica* L.

别名:茶花、耐冬花、川茶花。山茶科,山茶属。

常绿灌木或小乔木,高通常 1~4 m,可达 15 m。枝叶茂密,树冠圆形或卵形。叶革质,光亮,卵形至椭圆形,叶脉不明显,叶缘细锯齿。花大,单生或对生于叶腋或枝顶,无梗,花瓣 5~7,近圆形,顶端微凹,亦有重瓣;通常红色,栽培品种有白、淡红及复色;花丝、子房均无毛。蒴果近球形。花期 11 月至翌年 2—4 月,10—11 月果熟。山茶优良变种、变型及品种多达 3 000 种以上,按花型分有单瓣、半重瓣、重瓣、白头翁、牡丹等各种类型。

原产中国,现广泛栽培于世界各地。我国中部及南方各省多露地栽培,北方多盆栽,温室越冬。

性喜温暖湿润半阴环境,不耐烈日暴晒,过热、过冷、干燥、多风均不宜。喜疏松、肥沃、腐殖质丰富、排水良好的微酸性(pH5~6.5)土壤。冬季可耐 0 ℃左右低温,但盆栽不宜低于 3 ℃。喜肥,除花期外,平时都可施肥。山茶抗氯气能力较强,对硫化氢、氟化氢、铬酸烟雾有明显抗性。播种、

图 8.5 山茶
(引自中国高等植物图鉴)

扦插、压条及嫁接繁殖。

山茶花最显著的特点是花期长,花大色艳,花型丰富,树姿优美,叶色翠绿而有光泽,四季常青,是极好的庭园和室内布置材料,开花于冬末春初花市冷落之时,尤为难得。我国栽培山茶花已有 1 400 年的历史,为我国传统名花,也是世界著名观赏花木,我国长江以南常配置公园和用于建筑环境绿化,孤植、群植、丛植无不相宜,是丰富园林景点和布置会场、厅堂的好材料。我国云南的山茶自古驰名中外。

同属栽培作观赏的还有**金花茶 *C. nitidissima* Chi**,常绿小乔木,花单生于叶腋,金黄色,单瓣,筒状,花瓣 9 ~ 11 枚,原产我国广西,是珍贵的花卉种质资源。**云南山茶(南山茶、滇山茶) *C. reticulata* Lindl.**,形态似山茶,但枝叶较稀疏,网脉在叶面明显可见,花径多 6 ~ 16 cm,最大可达 22 cm,子房有毛。果扁球形。花期 12 月至次年 4 月。**茶梅 *C. sasanqua* Thunb.**,高通常约 1.5 m,可达 13 m,分枝稀疏,嫩枝有粗毛,芽鳞表面有倒生柔毛。叶、花、果均较山茶小,花径 3.5 ~ 7 cm,子房密被白毛。花期 11 月至翌年 1 月。

8.2.6　贴梗海棠 *Chaenomeles speciosa*（Sweet）Nakai

别名:铁角海棠、贴梗木瓜、皱皮木瓜。蔷薇科,木瓜属。

落叶灌木,高可达 2 m,枝开展,无毛,有刺;叶卵形至椭圆形,长 3 ~ 8 cm,先端尖,基部楔形,缘有尖锐锯齿,上面光滑,背面无毛或脉上稍有毛;托叶大,肾形或半圆形,缘有尖锐重锯齿。花 3 ~ 5 朵簇生于 2 年生老枝上,朱红粉红或白色;径 3 ~ 5 cm,萼筒钟状,直立,花梗粗短或近于无梗。果卵形至球形,径 4 ~ 6 cm,黄色或黄绿色,芳香。花期 3—4 月,先叶开放。果期 9—10 月。

产于我国陕西、甘肃、四川、贵州、云南、广东等省区;缅甸也有。

喜光,有一定的耐寒性,在北京可露地越冬;对土壤要求不严,但以排水良好的肥沃壤土生长较好。繁殖可采用分株、扦插和压条法进行,播种亦可。

本种早春叶前开花,簇生枝间,鲜艳美丽,且有重瓣及半重瓣品种,秋季果熟时有金黄色的硕果,是一种很好的观花、观果灌木。宜于草坪、庭院或花坛内丛植或孤植,亦可作为绿篱及基础栽植。同时可用作盆栽和切花的好材料。

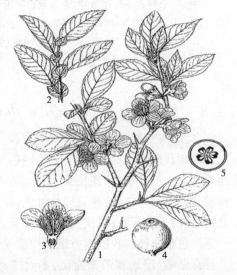

图 8.6　贴梗海棠
1. 花枝;2. 叶枝;3. 花纵切面;4. 果;5. 果横切面
（引自广东植物志）

8.2.7　蜡梅 *Chimonanthus praecox*（L.）Link

别名:蜡木、香梅、黄梅花。蜡梅科,蜡梅属。

落叶灌木,温暖地区呈半常绿,高可达 3 m。树干丛生,小枝近方形,黄褐色。单叶对生,革质,椭圆状卵形至卵状披针形,全缘,叶面有硬毛,具叶柄。花单生于枝条两侧,冬季落叶后开花,花蜡

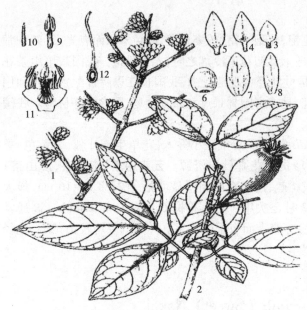

图 8.7 蜡梅
1. 花枝；2. 果枝；3—8. 花被片；9. 雄蕊；10. 退化雄蕊；
11. 花除去花被纵剖，示雄蕊、退化雄蕊和心皮着生位置；
12. 雌蕊(子房纵剖，示胚珠着生情况)
(引自广东植物志)

黄色，具芳香，稍有光泽，似蜡质。变种和品种较多，如**素心蜡梅 var. *concolor* Mak.**，内外轮花被片均为纯黄色，香味浓；**罄口蜡梅 var. *grandiflora* Mak.**，叶较宽大，长达 20 cm，花亦大，径 3~4 cm，外轮花被片淡黄色，内轮花被片边缘深红紫色；**小花蜡梅 var. *parviflorus* Turrill**，花小，径 0.9 cm，外轮花被片黄白色，内轮有深紫红色条纹。

蜡梅为我国特产花木，分布于湖北、陕西等省，现各地栽培。

性喜阳光，稍耐阴，较耐寒，耐旱，怕风，要求深厚、肥沃和排水良好的中性或微酸性沙质壤土，忌湿涝。繁殖采用嫁接法为主。

蜡梅花色美丽，香气馥郁，冬季开花，花期达 3 个月之久，常用作布置庭园，成丛或成片栽植，或作盆景材料和室内插花，为我国冬季观赏佳品。此外其茎、根入药，花亦可提取芳香油并可入药。

8.2.8 龙吐珠 *Clerodendrum thomsonae* Balf. f.

别名：珍珠宝莲、白萼赪桐。马鞭草科，赪桐属(大青属)。

常绿藤状灌木，株高 2~5 m；茎 4 棱。叶 3 基出脉；聚伞花序着生在上部叶腋内，花长 5~6 cm，花萼长 1~2 cm，呈 5 角棱状，绿色，裂片白色；花冠裂片红色，雄蕊和花柱较长，突出花冠之外；子房无毛；果淡蓝色，具亮光。花期春、夏。

原产热带非洲。我国南方庭园中常见栽培。

性喜温暖、湿润和阳光充足，不耐寒，要求肥沃、疏松和排水良好的沙质壤土。分株、扦插繁殖。

龙吐珠枝蔓柔细，叶子稀疏；花期较长，红、白、绿相间，一花三色，素净淡雅，甚是美丽。开时深红色的花冠，从白色的花萼中伸出，状如龙口吐珠别具风姿，是园林中习见的观赏植物。适宜于作盆花，供室内、厅堂等处陈列，也可植于庭院、公园等处作时花。园林中采用较多的，是成丛或单行种植在草坪、花坛上，作镶边花卉或构成图案。

同属的**臭牡丹 *Cl. bungei* Steudel**，落叶灌木，高 2~2.5 m；茎纤细，有刺；叶有臭味；花玫瑰红色，微香，花期 8—9 月。较耐寒，华北地区露地栽培。

图 8.8 龙吐珠
1. 花枝；2. 花
(引自北京植物志)

8.2.9　变叶木 *Codiaeum variegatum* (L.) Bl.

别名:洒金榕。大戟科,变叶木属。

常绿灌木或小乔木,高 1 ~ 2 m。单叶互生,具柄,厚革质,叶片形状和颜色变异很大,由线形至椭圆形,全缘或分裂,扁平、波状或螺旋状扭曲,常具白色、黄色或红色斑纹或斑点,有时中脉和脉上红色或紫色。总状花序单生或两个合生在上部叶腋间,长 13 ~ 25 cm;雄花白色,簇生在苞片下面;雌花单生;蒴果球形,白色。园艺变种有:**红心变叶木 var. *carrieri***,叶长椭圆形,嫩叶黄绿色,老叶中心红色;**黄斑变叶木 var. *disraeli***,叶匙状披针形,叶面多乳黄色斑,叶背有红晕。

原产南洋群岛及澳大利亚。

性喜温暖湿润气候,不耐霜寒,在华东、华北地区均温室栽培,在华南可露地栽植。扦插或播种繁殖。

变叶木株形繁茂,叶形、叶色多富变化,为很好的观叶植物,在我国华南一带常于庭园中片植或丛植,或作绿篱;华东、华北等地则作盆栽,点缀几案或陈设厅、堂和会场用。

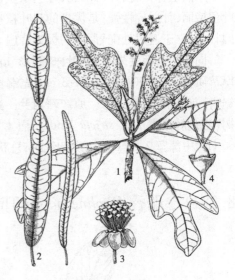

图 8.9　变叶木
1. 花枝;2. 异形叶;3. 雄花;4. 雌花
(引自中国植物志)

8.2.10　朱蕉 *Cordyline fruticosa* (L.) Goeppert

别名:铁树、红铁、红秆铁树。龙舌兰科,朱蕉属。

图 8.10　朱蕉
1. 植株(缩小);2. 叶;3. 花序的分枝;
4. 花;5. 雄蕊;6. 雌蕊纵切面
(引自海南植物志)

常绿灌木,高可达 4 ~ 5 m。常单干,偶有分枝;节明显。叶聚生茎顶,绿色或紫红色,披针状椭圆形至长矩圆形,长 30 ~ 50 cm,宽 5 ~ 10 cm,中脉明显,侧脉羽状平行,顶端渐尖,基部渐狭;叶柄长 10 ~ 15 cm,腹面具宽槽,基部扩展,抱茎。圆锥花序生于上部叶腋,长 30 ~ 60 cm,多分枝;花序主轴上的苞片条状披针形,下部的长可达 10 cm,花基部的苞片小,卵形,长 1.5 ~ 3 mm;花两性,淡红色至紫红色,稀为淡黄色,近无柄;花被下部合生成管状,裂片 6 枚,条形,长 1 ~ 1.3 cm,宽约 2 mm;雄蕊 6 枚,花丝略比花被片短,花丝下部 1/2 合生并与花被管贴生;子房上位,3 室,椭圆形,连同花柱略短于花被。浆果。花期6—7月。

分布我国南部热带亚热带地区,印度东部至太平洋诸群岛也有分布。

喜半阴,对光照要求不严,但烈日下叶色较差,叶片带色彩的品种相对较耐阴。喜高温、湿润的环境,以昼温 20~25 ℃,夜温 16~20 ℃条件下,生长最佳,稍耐寒,低于 4 ℃,叶片易受冻伤,10 ℃以上可安全越冬。对土壤要求不严,但忌积水,稍耐旱。扦插繁殖。

朱蕉植株挺立,体态端庄,叶丛于茎顶铺散丛生,形如伞状。栽培品种十分丰富,叶形多变,叶色艳丽,且适应性强,是优良的观叶植物和庭园绿化植物,盆栽可作室内观赏;在华南地区的园林中,常于避风处配置,应用极为普遍。

同属的**新西兰朱蕉(剑叶朱蕉)*C. australis*(Forster f.)Endl.**,灌木。叶无柄,剑状条形,厚革质,长 30~50 cm,宽 2~3 cm,先端长渐尖,基部与叶片几乎等宽,稍扩大半抱茎,边缘有细锯齿;花淡紫色,有香味。原产新西兰。**紫朱蕉 *C. rubra***,叶较小,长约 15 cm,紫红色。**剑叶铁树(红剑叶朱蕉)*C. stricta* Endl.**,灌木,高可达 4 m,少分枝。叶无柄,剑形,革质,长 30~60 cm,中部宽 2~3 cm,边缘紫红色;总状花序,花淡蓝色。原产澳大利亚。

8.2.11 瑞香 *Daphne odora* Thunb.

图8.11 瑞香
1.花枝;2.花
(引自中国高等植物图鉴)

别名:睡香、风流树、紫丁香、蓬莱花。瑞香科,瑞香属。

常绿灌木,高 1~2 m,枝无毛。叶互生全缘,纸质,椭圆至倒披针形,长 5~8 cm。花淡紫或白色,浓香,10 朵左右组成顶生头状花序;萼 4 裂。核果红色。花期 2—5 月。常见品种有**毛瑞香'Atrocaulis'**,花白色,萼管外有绢毛;**金边瑞香'Aureomarginata'**,叶缘黄色,花白色;**蔷薇红瑞香'Rosacea'**,花淡红色。

原产于长江流域。长江流域以南有栽培。

喜温暖气候,阴凉通风环境,不耐寒,忌干旱与积水。适生于富含有机质、排水良好酸性壤土。萌芽力强,耐修剪,易造型。北方盆栽,温室越冬。通常采用扦插或压条法繁殖。

株形秀丽,枝干婆娑。枝柔叶厚,四季常青,早春开花,香味浓郁,为我国传统园林花木。散植林下,丛植路缘、建筑雕像四周,列植作境栽,配植花坛、假山、岩石均宜。盆栽为室内装饰上品。

同属作观赏的种类还有**芫花 *D. genkwa* Sieb. et Zucc.** 落叶灌木,叶对生,或偶为互生,长椭圆形,全缘,花先叶开放,花被淡紫色,无香气。核果肉质,白色。花期 3 月,果熟期 5—6 月。宜植于庭园观赏。

8.2.12 **胡颓子 *Elaeagnus pungens* Thunb.**

胡颓子科,胡颓子属。

常绿灌木,小枝开展,褐色,通常具枝刺并密被红褐色鳞片。单叶互生,厚革质,椭圆形或长椭圆形,长 5~7 cm,宽 2~5 cm,先端短尖或钝,基部圆形,边缘通常波状,上面深绿色,下面初被银灰色鳞片,后渐变褐色鳞片,中脉隆起。花两性,1 朵或数朵簇生于叶腋,下垂,无花瓣;花被银白色;雄蕊 4,花丝短着生于花被筒的喉部;雌蕊 1,子房上位,花柱无毛。果实椭圆形,被锈色鳞片,成熟时棕红色。花期 10—11 月,果期次年 5 月。

原产我国长江流域以南各省,日本也有分布。现各地庭园有栽培。

喜光,耐半阴;喜温暖湿润气候,不耐寒。对土壤适应强,耐干旱又耐水湿。繁殖多采用播种及扦插繁殖。

本种花形、果形奇特,并有金边、银边、金心的观叶变种,可植于园林中观花、观果及观叶。果可食及酿酒用;果、根亦可入药。

同属作观赏的种类还有**蔓胡颓子 E. glabra Thunb.**,常绿藤本状灌木,叶面绿色,泛布银灰色鳞片,下面密被银灰色鳞片。

图 8.12　胡颓子
(引自浙江植物志)

8.2.13　一品红 *Euphorbia pulcherrima* Willd. ex Klotzsch.

别名:圣诞花、猩猩木、象牙红。大戟科,大戟属。

图 8.13　一品红
(引自北京植物志)

常绿或半常绿灌木,高可达 4 m,茎直立中空,具乳汁。叶长椭圆形略带矩圆形,长 15~20 cm,叶缘有深波状裂或浅裂,叶柄红色,长 6~8 cm;开花时新叶(总苞)鲜红,亦有黄、粉红、白色品种。花很小,黄色,雄花和雌花集生在一个杯状的总苞内,总苞的外面有一个淡黄色的凹陷的腺体,腺体能分泌一些特殊的气味,引诱昆虫替它传粉。蒴果。花期 12 至翌年 2 月。园艺品种有**一品白 var. alba**,近花嫩叶白色;**一品粉 'Rosea'**,嫩叶粉红色。

原产墨西哥等热带地区,我国广为栽植。

不耐寒,喜温暖及充足的阳光,忌酷暑,怕暴晒,宜肥沃、湿润和排水良好的土壤。扦插繁殖。

花期长,顶叶色艳如花,时值圣诞、元旦,最宜盆栽作室内装饰。南方可植于庭园作点缀材料。每年秋冬,天气转冷的时候,它的枝条的顶端就开着大而鲜红的花序,远看俨如一朵朵比向日葵还大的花序,所以叫做一品红。又因初冬时节,北方大雁南来过冬时,正是它的开花期,故又名雁来红。而且由于它在圣诞节前后开花最盛,故又名圣诞花。一般人都把一品红的大而鲜红色叶状苞片当作花瓣,事实上这些都不是花瓣,而是花序上的苞片。

同属植物**铁海棠(虎刺梅、麒麟花、簕海棠)** *E. milii* **Ch. des Moulins**,为落叶灌木,高可达 1 m,茎干肉质多棱形,具乳汁,枝褐色,有明显棱及托叶刺;在茎棱上有疣点,在疣点上长有褐色坚硬的利刺,布满全身。叶倒卵形或矩圆状匙形。聚伞花序顶生,花绿色;总苞鲜红,花瓣状,萼筒浅绿,具黄绿色晕,开花不结实。原产于非洲南部的热带地区,在我国栽培极为普遍。**光棍树(绿玉树、青珊瑚)** *E. tirucalli* **L.**,多年生常绿肉质植物,全身具乳汁。枝茎光秃无叶,主茎半木质化,分枝力极强。多年生老株可高达数米,因主茎坚实粗壮,故能自然直立生长。

8.2.14 灰莉 *Fagraea ceilanica* Thunb.

图 8.14 灰莉
1. 花枝;2. 果
(引自广东植物志)

别名:非洲茉莉、华灰莉。马钱科,灰莉属。

攀援状灌木或小乔木,高达 12 m,有时附生;树皮灰色,全株无毛。小枝粗壮,直径 4～7 mm,老枝具托叶痕。叶对生,鲜时稍肉质,干时近革质,椭圆形、倒卵形或卵形,长 7～13 cm,宽 3～4.5 cm,顶端尖,基部通常渐狭;侧脉 4～10 对,不明显;叶柄长 1～3 cm,基部具鳞片状托叶。花单生或为顶生二歧聚伞花序。花萼肉质,裂片卵形或圆形。花冠 5 裂,漏斗状,长约 5 cm,稍肉质,白色,芳香。雄蕊内藏。浆果卵圆形或近球形,具尖喙,基部具宿萼。花期 5 月,果期 10—12 月。繁殖以扦插为主,枝插或根插均可。

原产广东、广西及云南,印度、马来西亚也有分布。

喜温暖,喜半阴,喜空气湿度高、通风良好的环境,不耐寒冷;在疏松肥沃,排水良好的壤土上生长最佳;萌芽、萌蘗力强,耐修剪。

树型较大,分枝较多,树冠显得丰满壮丽,叶片密集,一派生机蓬勃、葱郁茂盛的气象。对环境适应性强,具有绿化、美化、净化和香化的功能。特别适用于半阴或光照较弱的室内摆设或树冠下布置。

8.2.15 连翘 *Forsythia suspensa* (Thunb.) Vahl.

别名:黄绶带、黄寿丹。木樨科,连翘属。

落叶丛生灌木,株丛高 2~3 m,冠幅可达 3 m,枝条开展或下垂,有的呈拱形生长,小枝浅褐色,茎内中空。单叶或 3 叶对生,卵形至长椭圆形,深绿色,上半部分有整齐的锯齿,下半部分全缘,基部楔形。花金黄色,常 1 朵至 3 朵着生在 1 年生枝条的节部,花径约 2.5 cm,萼片 4 裂,花开后脱落。蒴果阔卵形,上有疣点,种子棕色。花期比迎春稍晚,在展叶前开放;7—9 月果熟。

产我国北部、中部及东北各省;现各地有栽培。喜光,但有一定的耐阴性;耐寒,耐干旱瘠薄,怕涝;不择土壤,抗病虫能力强。繁殖采用扦插、压条、播种或分株方式进行,以扦插较为常用。硬枝、软枝扦插均可。

枝条拱形开展,树冠饱满圆浑,早春先花后叶,满枝金黄,艳丽可爱,是北方常见优良观花灌木,宜丛植于草坪、角隅、岩石、假山下。

图 8.15　连翘
（中国高等植物图鉴）

8.2.16　栀子 *Gardenia jasminoides* Ellis.

图 8.16　栀子
1. 花枝;2. 花冠(部分)展开,示雄蕊着生;
3. 果枝
（引自广东植物志）

别名:山枝、黄栀子、山栀子、水横枝。茜草科,栀子属。

常绿灌木或小乔木,高 1~3 m,小枝绿色。叶色翠绿,对生或 3 叶轮生,叶倒卵形或矩圆状倒卵形,革质,有短柄,表面光亮,长 6~12 cm。花大,两性,白色,花瓣肉质,芳香,径 5~8 cm。蒴果黄色,卵形,有纵棱 5~9,熟时橙红或橙黄。花期 6—7 月,果熟 8—10 月。主要变种**白蝉 var. *fortuniana* Lindl.**,花大、重瓣,着花特多,香味浓郁,花后不实;**大花栀子 (荷花栀子) var. *grandiflora* Makino**,叶大,花大,重瓣,浓香;**水栀子 var. *radicana* Makino**,叶小,花小、重瓣,多作盆栽。常见品种有:卵叶栀子 'Ovalifolia',叶倒卵形,先端圆;**窄叶栀子 'Angustifolia'**,叶较窄,披针形;**斑叶栀子 'Aureo-varigata'**,叶具黄斑。

产于长江流域,黄河流域以南,可露地栽培。

喜温暖、湿润、稍阴环境,−12 ℃叶片受冻脱落。要求湿润、疏松、肥沃、排水好的酸性土,不耐干旱、瘠薄。萌芽力强,耐修剪。叶有吸收二氧化硫功能。可采用扦插、压条、播种和分株繁殖。

枝丛生,叶亮绿;花洁白,香馥郁,为江南著名传统香花,花朵美丽,四季常青,为庭园中优良的观赏树种。历史上多有咏栀赞栀的诗句,如唐代杜甫有"桃溪李径虽年古,栀子红椒艳复殊"。宋代陆游有"落叶桐荫转,微风栀子香"。园林之中,常用作花篱、配植林缘、建筑物周围、树坛、草坪边缘、城市干道绿带。也可丛植阶前、路边、树丛下、庭院角隅。是庭园美化,绿化,香化优良树种。盆栽、制作盆景、切花插瓶、作襟花也十分相宜。

8.2.17 鹅掌藤 *Schefflera arboricola*(Hayata)Merrill.

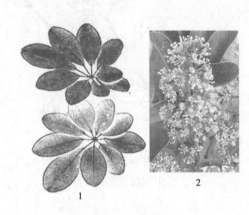

图8.17 鹅掌藤
1.叶子;2.花序

别名:七叶莲、七加皮、鸭脚木。五加科,幌伞枫属。

常绿藤状灌木,高2~3 m;小枝有不规则的纵皱纹,有气根。掌状复叶,有小叶5~9片;叶柄长12~18 cm,基部与托叶合生成鞘状;小叶革质,倒卵状长圆形、倒卵状椭圆形,长6~10 cm,全缘,侧脉4~6对。伞形花序多枚组成长15~25 cm 的圆锥花序;萼筒被脱落性星状毛;雌蕊无花柱。果卵球形,具5棱;花盘隆起,五角形。花期6—7月,果期8—11月。栽培种**斑卵叶鹅掌藤** '**Hongkong Variegata**',叶片表面有金黄色或淡黄色的斑纹。

产广东、广西、海南,台湾,常附生于树干或石壁上。现庭园普遍栽培。

喜温暖湿润气候,喜半阴环境,不耐寒,耐旱,耐瘠,在肥沃土壤里生长,表现良好。繁殖采用扦插繁殖为主,也可播种。

本种耐阴性强,植株紧密,树冠整齐优美,叶色浓绿,作为基础栽植或在半阴处作绿篱,具有较好的景观效果,或作园林中的掩蔽树种或作为盆栽观赏。

8.2.18 朱槿 *Hibiscus rosa-sinensis* L.

别名:大红花、扶桑、佛桑、朱槿牡丹。锦葵科,木槿属。

常绿灌木或小乔木,茎直立,多分枝;叶形似桑,互生,具三出主脉,先端突尖或渐尖,边缘具粗锯齿;花型大而生于叶腋,有一短或长柄,有节,柄广展或倾斜;小苞片6~7枚,线状,分离,比萼短;萼绿色,长约2 cm,裂片卵形或披针形,尖锐;花冠直径约10 cm,有圆形、圆端、向外扩张的花瓣,单瓣或重瓣,有大红、粉红、玫红、黄、橙、白或杂色等;雄蕊及柱头均伸出花冠外;蒴果卵圆形,具喙。花期全年。栽培品种有**风车红** '**Albo-se-rip**',株高约2 m;叶纸质,卵形,上面具金属光泽,缘具尖锯齿;花单瓣,花冠红色,花瓣基部半边是红色,红色复叠白色,花瓣边缘平滑,反卷,花形似旋转的风车,雄蕊管与瓣同色,开花数量多;花期4—12月。**洋红** '**Car-**

图8.18 朱槿
花枝
(引自中国高等植物图鉴)

miratus',株高 2 ~ 3 m;叶卵形,基部阔楔形,缘具粗锯齿,基部约为叶全长 1/3,常有浅裂二型叶;花单瓣,花瓣宽大,先端圆,边缘波浪形,平伸不反卷,洋红色;雄蕊管与瓣同色,花径约 12 cm,开花数量多;花期全年。

原产我国南部、印度和马来西亚,现南北各地均有栽植。

喜光,喜温暖、湿润气候,不耐寒;生性强健,适应性强,对土壤酸碱性不敏感。对有害气体有一定抗性,而且有少量的吸收。扦插或嫁接繁殖。

朱槿粗生快长,栽培广,一年四季开花不断,花大而多色。能在炎夏中怒放,红绿相映,十分美丽,在南方园林布置和庭院点缀上,可孤植或丛植于房前、亭侧、池畔,也可植于街道两侧,以它的姹紫嫣红,为夏景添色。大红花枝叶茂密,耐修剪,也是花篱的好材料。

同属还有**木芙蓉 H. mutabilis L.**,灌木或小乔木,枝被星状毛。单叶互生,叶大,掌状 5 ~ 7 浅裂,裂片三角形,基部心形,边缘钝锯齿,两面有毛。花单生枝顶,径约 8 cm,单瓣或重瓣,白或淡红,后变深红;花期 9—10 月,12 月果熟。**吊灯花 H. schizopetalus (Dyer.) Hook. f.**,常绿大灌木。枝条柔软,顶端略下垂。叶互生,卵状椭圆形,翠绿,光滑润泽;叶脉明显,叶柄褐红色。花单生叶腋,花梗细长下垂;花冠红色,花瓣裂为流苏状并反卷,下垂如倒挂之宫灯;雄蕊筒长而伸出花冠外。**木槿 H. syriacus L.**:茎直立,多分枝,叶常三裂,花单生于叶腋,具短花梗,花冠钟状,径 7 ~ 8 cm,有白、粉、红、紫等色及单瓣、重瓣等类型;花期夏秋。适应性强,喜光,不择土壤,耐寒力强。**黄槿 H. tiliaceus L.**,小乔木;叶近圆形,先端突尖,基部心形,裂片圆形,叶背灰色;花瓣黄色,内面基部暗紫色,圆倒卵形。蒴果卵形。花期 6—8 月。可作行道树及盆栽观赏,作成桩景亦甚适应。

8.2.19　绣球花 *Hydrangea macrophylla*（Thunb.）Seringe.

别名:八仙花、斗球、草绣球。绣球科,绣球属。

落叶灌木,高达 4 m。由根际分蘖,小枝粗壮,平滑无毛;叶大对生,全卵形或椭圆形,先端短而渐尖,长 7 ~ 13 cm,边缘有三角形钝锯齿,叶面和叶背均呈淡绿色,平滑无毛,或疏生短柔毛;叶柄脱落后,留有叶痕;伞房花序具总梗,顶生,全为不孕性花,球状,花色由蓝,继而变成红色。蒴果有宿存的花柱。花期 6—8 月。

原产湖北、浙江、江西、四川、广东、云南诸省。

喜温暖,不耐寒;适应性很强,对土质要求不高,但不适宜过分干燥,忌烈日直晒,配置于半阴及湿润之地最为适宜。土壤酸碱度对花色影响很大。可采用分株、压条和扦插繁殖。

花大色美,是长江流域著名观赏植物。园林中可配置于稀疏的树荫下及林荫道旁,片植于阴向山坡上,因对阳光要求不高,故最适宜栽植于阳光不甚强烈的小面积庭院中、建筑物入口、丛植于庭院一角,更适于植为花篱、花境。

花枝

图 8.19　绣球花
（引自浙江植物志）

同属常用种类**蔓性八仙花 *H. anomala* D. Don**,落叶藤本;攀缘生长,茎蔓延常具气根附着它物;花序为伞房状聚伞花序,不孕花无或少,花白色;产秦岭以南和长江流域。为山石、墙垣和棚架材料。**东陵八仙花 *H. bretschneideri* Dipp.**,落叶灌木;叶两面有毛,柄紫色,伞房花序,不孕花少,白色,后变粉紫红色,可孕花完整。产我国华北地区。**圆锥八仙花 *H. paniculata* Sieb.**,灌木;叶背有刚毛,圆锥花序,花蓝紫色。

8.2.20 龙船花 *Ixora chinensis* Lam.

图 8.20 龙船花
(引自中国高等植物图鉴)

别名:仙丹花。茜草科,龙船花属。

常绿灌木,高 0.5 ~ 2 m。单叶对生,椭圆状披针形或倒卵状长椭圆形,长 6 ~ 13 cm,先端钝或钝尖,基部楔形或浑圆,全缘,侧脉稍明显,叶柄短或几无。顶生伞房状聚伞花序,花序分枝红色,花冠红色或橙红色,高脚碟状,筒细长,裂片 4,先端圆。浆果近球形,熟时紫红色。花期长,几乎全年有花。

产亚洲热带地区,我国华南地区有野生。现热带地区普遍栽培。

性喜高温多湿,喜光,在全日照或半日照时开花繁多,在阴蔽处则开花不良。栽培以富含腐殖质、疏松肥沃的沙壤土为佳。播种或扦插繁殖。

本属有不少种类已应用于庭园观赏。常见的种类有**红龙船花(红仙丹花)*I. coccinea* L.**,植株矮小,叶片细小,花色殷红。**白仙丹 *I. parviflora* Vahl**,花较小,花冠白色,裂片为狭窄的线形。**黄龙船花 *I. lutea*(Veitch)Hutchins.**,别名:黄仙丹,花冠金黄色。

8.2.21 茉莉 *Jasminum sambac*(L.)Aiton.

别名:抹丽、茶叶花、茉莉花、抹厉。木樨科,素馨属。

常绿攀缘状灌木,幼枝圆柱形,被短柔毛或近无毛,近节处扁平;单叶对生,干时薄膜质,阔卵形或椭圆形,有时近倒卵形,全缘,两面均无毛,背面脉腋内有黄色簇生毛;聚伞花序顶生或腋生,通常有花 3 朵,花白色,极芳香,花管细长,通常不结实。花有单瓣和复瓣两种。浆果球形,黑色,内含种子 1 ~ 2 粒。花期 6 ~ 7 月。常见品种蔓性茉莉枝条柔弱,花朵比较小,每时每刻各叶腋都可生花。宝珠茉莉,花重瓣不见雄蕊,枝亦细柔,新蕾如珠,花开似荷,香最浓,为茉莉中之珍品。

广东、广西、云南、四川、福建、台湾各省均有栽培。

喜湿润、肥沃的酸性沙质壤土,性喜阳光,不耐庇阴,不耐干旱瘠薄。茉莉不甚耐寒,虽能经受较轻霜冻,要注意防

图 8.21 茉莉
(引自浙江植物志)

寒过冬。茉莉嗜肥,故花有所谓"清兰花,浊茉莉"之语,肥料可用人粪尿、豆粕汁或鱼腥水,但都须经过充分腐熟后使用。扦插或分株繁殖。

茉莉花是亚热带常绿灌木,在华中、华南都有盆栽或作花茶生产的专业栽培。茉莉花叶色翠绿,终年不凋。其色如玉,其香浓郁,素有"人间第一香"的美称,是家庭盆栽的上品,配植路旁、墙隅、建筑物四周或庭院中。其花都在傍晚开放,花香清雅,风味特殊,故为花树中之珍品。

同属常用种类**迎春 *J. nudiflorum* Lindl.**,落叶灌木;枝细长,拱形,绿色,有 4 棱;叶对生,小叶 3;花黄色。**探春(迎夏)*J. floridum* Bunge**,半常绿灌木;叶互生,小叶常为 3;聚散花序顶生,花萼裂片线形,与萼筒近等长。

8.2.22 紫薇 *Lagerstroemia indica* L.

别名:百日红、痒痒树,满堂红。千屈菜科,紫薇属。

植株高达 8 m,胸径 30 cm,树干不直,通常呈灌木状;树皮有不规则裂片剥落,内皮光滑,淡褐色。小枝四棱,通常有狭翅,叶面红色,叶背淡红色;单叶对生,叶椭圆形或倒卵状椭圆形,长 2.5~5 cm;叶柄短。圆锥花序顶生;花两性,萼半圆形,分裂;花瓣 5,具爪,瓣部有皱折;花径 2.5~3 cm,有白、粉红、紫红各色。蒴果椭圆状球形,长 1~1.2 cm。7—9 月开花,10—11 月果熟。常见栽培观赏的变种**银薇(白紫薇)var. alba**,叶与枝浅绿色,花白色,有纯白、粉白和乳白等色,其中纯白的最好。

在我国分布很广,北起河北,经黄河流域南至广东、广西、海南,西至湖北、四川中部,在辽宁省南部也有栽培。

为温带及亚热带树种,能耐 -20 ℃低温。喜光,对土壤要求不严,怕涝,耐干旱,在深厚、温暖、肥沃、湿润之地开花繁茂,寿命亦长。对二氧化硫、氟化氢及氯气的抗生较强。播种及扦插繁殖。

图 8.22 紫薇
1.花枝;2.花;3.果
(引自广东植物志)

该树种干形不直,但色彩斑斓可爱,以手挠之,则见树梢动摇,故别名:"痒痒树"。其花姿娇美,色彩艳丽,从夏季一直开到秋末,故深受群众喜爱,在园林中可以乔木形式出现,孤植或三五成丛,亦可控制为灌木状,则散植列植均可。因树干柔韧,两株可相接为拱,则可形成园门或绿廊,毋须支架,起到了藤蔓植物的作用。作为盆景,紫薇可随意造型,形成丰富多彩的作品。

同属可供庭园应用的还有**浙江紫薇 *L. chekiangensis* Cheng**,树皮暗褐色,有细裂但不剥落,叶上有毛;花堇紫色,6 月开花。花期短,约 20 余天。**南紫薇 *L. subcostata* Koehne**,叶柄明显,花白色,蒴果冬季成熟。产闽、粤沿海。

8.2.23 红花檵木 *Loropetalum chinense*（R. Br.）Oliver var. *rubrum* Yieh.

图 8.23 红花檵木
1. 果枝；2. 花枝；3. 花；
4. 除去花瓣的花；5. 雄蕊侧面
（引自中国植物志）

别名:红桎木、红檵花。金缕梅科,檵木属。

常绿灌木或小乔木,嫩枝被暗红色星状毛。叶互生,较小,全缘。花两性,头状花序顶生;萼筒与子房愈合,有不显之 4 裂片;花瓣 4,带状线形,淡紫红色。雄蕊 4,药隔伸出如刺状;子房半下位。蒴果木质,熟时 2 瓣裂,每瓣再 2 浅裂,具 2 种子。春季和秋季两次开花。

原产我国江西湖南两省,现长江流域以南广大地区都有栽培。

喜光,喜温暖湿润气候,较耐寒,也能耐一定程度的高温。

红花檵木枝繁叶茂,树态多姿,叶色、花色鲜艳,可布置于草地、花坛等处,作花灌木或花篱。另本种的花、根、叶可药用。

8.2.24 玉兰 *Magnolia denudata* Desr.

别名:玉堂春、木兰、望春花、白玉兰。木兰科,木兰属。

落叶小乔木,高 15 m,树冠卵形或扁球形;冬芽密被黄绿色长绒毛,小枝灰褐色。单叶互生,倒卵形或倒卵状矩圆形,先端突尖,叶柄具托叶痕。花两性,单生枝顶,先花后叶;花被片 9,白色,芳香。聚合蓇葖果发育不齐,种子具鲜红色假种皮。花期 3—4 月,10 月果熟。

分布于我国华东、华中各地山区,浙江天目山、江西庐山、湖南衡山均有自生者。在黄河流域以南广泛栽培,在北京、沈阳等地需在避风向阳的小气候条件下才能良好生长。

喜光,稍耐阴,适生于温带至暖温带气候,休眠期能抗 −20 ℃低温。要求肥沃湿润土壤,根肉质,不耐碱及瘠薄,忌积水。有较强萌芽力。播种、嫁接或压条、扦插繁殖。

图 8.24 玉兰
（引自福建植物志）

该树种为我国传统名花,也是上海市市花。早春先叶开花,满树皆白,晶莹如玉,幽香似兰,故以玉兰名之,十分贴切。在庭园中不论窗前、屋隅、路旁、岩际,均可孤植或丛植,若与松树搭配,甚为古雅。在宽敞的庭院中,若与迎春,红梅,翠柏 *Calocedrus macrolepis* 相配合,构成春天的美丽景观。在大型园林中更可辟为玉兰专类园,则开花时玉树成林,琼花无际,必然更为诱人。

同属的**辛夷**(**紫玉兰、木笔、望春花**)***Magnolia liliflora* Desr.**,落叶灌木或小乔木,小枝紫褐色,光滑无毛,具白色显著皮孔。叶窄而尖,呈椭圆形或倒卵状椭圆形,先端渐尖,基部楔形,全缘;早春花先叶而放,花大艳丽,紫色;花期3—4月,种子9月成熟。**厚朴 *M. officinalis* Rehd. et Wils.**,乔木,树冠卵圆形,小枝粗壮;叶大,呈倒卵状椭圆形;单花着生于小枝顶部,展叶后即开放,白色大型,具香气,萼片花瓣状,连花萼共9~12片。是园林中上好的庭荫树。**二乔玉兰**(**硃砂玉兰**)***M.* × *soulangeana*(Lindl.)Soul.**,花外面淡紫色,里面白色,有香气;萼片3枚,花瓣状;花瓣6枚。

8.2.25　含笑 *Michelia figo*(Lour.)Spreng.

别名:含笑梅,香蕉花,酥爪花。木兰科,含笑属。

常绿灌木,分枝紧密,高3~5 m。芽、枝、叶柄、花梗被黄褐色绒毛。叶革质,全缘,倒卵状椭圆形至椭圆形,长4~10 cm;叶柄长2~4 mm。花小,直立,单生叶腋,花被片6,淡黄色有时边缘带紫色,具香蕉香味。蓇葖果扁球形,2瓣裂。花期3—6月,花不全开,故名"含笑"。

原产华南,现广植长江流域以南。

性喜温湿,稍耐寒,长江以南背风向阳处能露地越冬。喜半阴,不耐暴晒和干旱瘠薄,要求排水良好微酸性土或中性土,忌积水。耐修剪。对氯气有较强抗性。扦插、嫁接、播种、压条繁殖。

枝叶团扶,四季葱茏,花时苞润如玉,幽香馥郁,因色香俱美,使人越看越觉其馨甜,为我国著名芳香观赏树。古诗云:"一点瓜香破醉眠,误他诗客枉流涎。"多用于庭院、草坪、小游园、街道绿地、树丛林缘配置。亦盆栽作室内装饰,花开时,香幽若兰,至为上品。

同属种类还有**紫花含笑 *M. fuscata* Blume**,花紫色,有大小二种,小者香气浓烈。

图8.25　含笑
果枝
(引自福建植物志)

8.2.26　夹竹桃 *Nerium oleander* L.

别名:柳叶桃、桃竹、半年红、红花夹竹桃。夹竹桃科,夹竹桃属。

常绿大灌木,茎丛生,高达5 m,含水液。嫩枝具棱,被微毛,老时脱落。叶片革质,三叶轮生,枝条下部为对生,线状披针形,长10~18 cm,中脉显著,侧脉纤细平行与中脉成直角,叶柄粗短,具棒状腺体数枚;叶面深绿色,无毛,叶背浅绿色。花序顶生;花两性,花桃红色,常重瓣,径4~5 cm,微有香气。蓇葖果细长。花期几乎全年。园林中尚有**白花夹竹桃 'Paihau';重瓣夹竹桃 'Plena';金边夹竹桃 'Variegatum'**等品种。

原产伊朗,我国引种已久。长江以南露地栽培,北方盆栽,温室越冬。

图 8.26 夹竹桃

1.花枝;2.花冠一部分,展开示雄蕊
和副花冠;3.蓇葖果

(引自中国植物志)

喜光能耐阴。喜温暖湿润气候,不耐寒,越冬温度5℃左右。极耐旱,土壤适生性强,忌积水。树性强健,生长快,萌蘖强,耐修剪,特耐化工区复合污染,抗烟尘、毒气,病虫少。全株有毒,应用时应注意。扦插、压条和分株繁殖。

树姿潇洒,叶形似竹,四季常青。花期长,艳若桃花,犹如夏日夭桃再现,故名"夹竹桃",又兼繁殖容易,管理粗放,抗土壤瘠薄、干旱、抗污染能力强,为城市绿化不可多得的花灌木。革质叶片常年吐翠,潇洒多姿,应用中以列植、片植、丛植最佳,配置公园、庭院、路旁、草坪、墙隅、池畔、建筑物四周或掺杂树丛,花间均甚相宜,也是极好背景树种。夹竹桃抗烟、抗毒、抗尘能力均强,是工厂绿化的先锋树种。

8.2.27 桂花 *Osmanthus fragrans* Lour.

别名:木樨。木樨科,木樨属。

常绿小乔木或丛生如灌木,高达10 m。树冠卵圆形。单叶对生,矩圆形或椭圆状卵形,幼树之叶缘疏生锯齿,大树之叶近全缘。短总状花序生于叶腋,花黄白色或橙黄色,香气浓郁。核果椭圆形,长1.5 cm,熟时紫黑色。10月开花,翌春果熟。常见栽培观赏的品种有**丹桂 var.** *aurantiacus* Makino,花橙红色,其花色较深者为朱砂丹桂;银桂花淡黄色,香气亦较淡;**银桂 var.** *latifolius* Makino,叶长椭圆形,花乳白色;**四季桂(月桂)var.** *semeperflorens* Makino,四季开花,花淡黄色或柠檬黄色;**金桂 var.** *thunbergii* Makino,花金黄色。

主要分布于我国淮河流域以南,东至台湾,南至海南,西至四川中部;云南、四川、广西诸省、自治区多野生者,庭园栽培十分普遍。

喜温暖,颇耐阴,为亚热带或暖温带树种,能耐零下10℃之短期低温,要求深厚肥沃土壤,忌低洼盐碱。病虫害少,对氯、二氧化硫有较强抗性。播种、嫁接、扦插、压条繁殖。

图 8.27 桂花

(引自浙江植物志)

该树种是我国传统名花,树冠整齐,四季常青,绿叶光润,中秋前后开花,香飘数里。种于园林或孤植于草地,列植于道旁。群植成林,郁郁葱葱长势更佳。开花季节,甜香四溢。在小型庭园中,则不论窗前屋隅,水滨亭旁,均可星散点缀,若与松竹配植,更别有情趣。

同属作观赏的还有刺桂 **O.** *heterophyllus* **P. S. Green**,常绿灌木或小乔木;叶缘具大刺状齿;网脉明显,隆起;花白色;核果蓝黑色。产于日本及我国台湾,在江南庭园有栽培。

8.2.28　鸡蛋花 *Plumeria rubra* L. 'Acutifolia'.

别名:缅栀子。夹竹桃科,鸡蛋花属。

落叶小乔木,高可达8 m;树皮灰色,平滑。叶厚纸质,椭圆形至狭长椭圆形,长14～30 cm,宽6～8 cm,顶端急尖或渐尖,叶面深绿色,叶背浅绿色,两面无毛;侧脉30～40对。花冠外面略带淡红色或紫红色,直径4～6 cm,花冠裂片淡红色、黄色或白色,基部黄色。蓇葖果长圆形,长11～25 cm,直径2～3 cm。花期3—9月,果期6—12月。

原产于墨西哥和中美洲,现广植于亚洲热带和亚热带地区。我国福建、广东、广西、海南、云南等地有栽培。

喜光,喜高温、湿润气候,耐干旱,喜生于排水良好的肥沃沙质壤土上。

鸡蛋花树形美观,叶大深绿,花色素雅而芳香,常植于园林中观赏。花可提取芳香油;花、树皮药用。

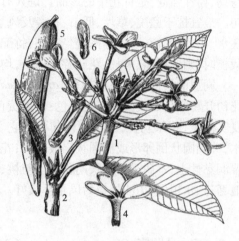

图8.28　鸡蛋花
1.花枝;2.叶枝;3.叶柄,示柄槽上的腺体;
4.花冠展开;5.蓇葖;6.种子
（引自中国植物志）

8.2.29　梅花 *Prunus mume* (Sieb.) Sieb. et Zucc.

别名:梅、春梅、干枝梅。蔷薇属,李属。

落叶小乔木,高10 m,常有枝刺,小枝绿色,无毛。叶阔卵形或卵形,长4～10 cm,先端尾尖或长渐尖,边缘具细锯齿,两面有毛或无毛;叶柄长1～1.5 cm,有腺体。花单生或两朵并生,花梗短,白色、粉红色至深紫红色,芳香。核果球形,黄绿色,密被细毛,味酸;核上有凹点,果肉粘核。12月至翌年3月开花,6月果熟。常见的变种、变型和品种有:照水 **var. *pendula* Sieb.**,枝全下垂,有各种花色及单瓣、重瓣花型的品种;**绿萼 f. *viridicalyx* T. Y. Chen**,花白色,重瓣,萼片全为绿色,亦有单瓣者;**骨里红 'Gulihong'**,花紫红,重瓣栽培品种;**龙游 'Tortusa'**,枝扭曲弯转,花白色,重瓣;**玉蝶 'Yudie'**,花白色、重瓣。

原产于我国西南,现全国各地有栽培,黄河流域及其以南地区能露地越冬,往北则以盆栽观赏为主。南京、武汉有大面积梅园。

图8.29　梅花
1.花枝;2.果枝
（引自广东植物志）

喜光,喜温,是暖温带、亚热带树种。对土壤要求不严,在排水良好的肥沃沙壤土中生长良好,忌积水。但不耐SO_2。寿命长,昆明之"唐梅"相传已逾千年。播种、嫁接及扦插繁殖。

为我国传统名花之一,该树种开花最早,在山野雪尚未融之时,已花香馥郁,花色清丽,树姿苍劲,树性强健,是百花中的珍品。诗人有"先让寒梅第一开"及"遥知不是雪,为有暗香来"之句。最宜植于庭院、草坪、低山、石旁及风景区,丛植、林植俱美。在园林中也可孤植,或与山石、溪水、小桥、明窗、雕栏等搭配。与松、竹配植时,称"岁寒三友",亦饶风趣。在大面积以梅为主栽植时,则成梅园、梅林,花期游人如云,均慕其姿色和芳香也。也可作树桩盆景。

同属的其他种类还有**杏** *P. armeniaca* **L.**,乔木,树冠圆形,小枝红褐色;叶广卵圆形,光滑;花初开粉红色后变浅粉红至白色;核果黄色常有红晕,球形。古代人们对它很欣赏,春花满枝,夏实累累,花果均佳,有不少诗句赞美它。喜光,忌涝,品种很多。**李** *P. salicina* **Lindl.**,小乔木,叶椭圆状倒卵形或椭圆状广披针形;花白色簇生,核果黄绿色,球形。喜光耐半阴,好肥沃、湿润黏性土,不耐干旱及长期积水。与桃、杏并称"春风一家",为久经栽培的观花食果树木,在池塘边、水田埂、山洼处植为风景林最好。

8.2.30 桃花 *Prunus persica*（L.）Batsch.

图 8.30　桃花
1.果枝;2.花枝;3.花纵切面;4.雄蕊;5.核
（引自广东植物志）

蔷薇科,李属。

落叶小乔木,高8 m,小枝向光面红褐色,无毛,芽并生,主芽为叶芽,副芽为花芽,冬芽有细柔毛。叶椭圆状披针形,长8~15 cm,先端长尖,边缘有细锯齿,两面无毛。春季花与叶同放或先叶开放,花粉红色,具短梗;萼片外部有绒毛。核果近球形,密生短柔毛;果核有凹点及凹沟。4月开花,7—9月果熟。观赏品种甚多,常见**蟠桃** var. *compressa* Bean,核果扁平,两端下陷;**紫叶桃** f. *atropurpurea* Schneid.,叶紫红色,花淡紫红色,单瓣或半重瓣;**寿星桃** f. *densa* Mak.,树矮小,节间短,还有白花和红花两个重瓣品种;**红花碧桃** f. *rubro-plena* Schneid.,花深红色,重瓣;**洒金碧桃（二乔）** f. *versicolor* Voss.,花白色间红色斑条纹,或白色与红色相间,红白各半,重瓣。

原产于我国,栽培历史悠久,品种很多,不少为优良的食用品种。

温带树种。喜光,较耐寒,畏湿热气候;要求排水良好的沙质壤土。寿命较短。种子繁殖,优良品种需嫁接。

桃花烂漫芳菲,妩媚可爱。在江南农村,桃树栽培十分普遍,春天一到,家家桃红,户户垂杨,呈现着春光明媚的景象,在园林中更宜成片群植;观赏种则种植于山坡、水畔、墙际、草坪边俱宜。晋"桃花源"究在何处,难以查考。

桃的近似种有**山桃** *P. davidiana* Franch.,树皮光滑,红紫色,亦优美的庭园树。**榆叶梅（小桃红、山樱桃）** *P. triloba* Lindl.,灌木;枝紫褐色而粗糙;叶倒宽卵形或宽椭圆形,两面具毛,先

端呈浅 3 裂,先花后叶,花粉红色至深玫瑰紫红色,花瓣 5 片;核果黄红色或红色,球形,外被短绒毛。原产华北及华东。喜光,耐旱,耐寒,并耐土壤瘠薄。园林中宜与迎春、连翘等黄色系的花配植,或在常绿树前,草地一隅丛植,最显娇艳。

8.2.31　安石榴 *Punica granatum* L.

别名:石榴、海榴。安石榴科,安石榴属。

落叶灌木或小乔木,高 5~7 m。树冠常不整齐;小枝有角棱,无毛,端常成尖状。单叶对生,全缘,倒卵状长椭圆形,长 2~8 cm,无毛而有光泽,在长枝上对生,在短枝上簇生。花两性,朱红色,常 1~5 朵集生于枝顶,径 3 cm;花萼筒肉质,紫红色,端 5~8 裂,宿存;花瓣 5~7;雄蕊多数。浆果近球形,径 6~8 cm,古铜黄色或古铜红色,具宿存花萼。种子多数,有肉质外种皮。花期 5—6 月,果期 9—10 月。栽培的品种有**白石榴 var. *albescens* DC.**,花白色,单瓣;**黄石榴 var. *flavescens* Sweet**,花黄色;**月季石榴 var. *nana* Pers.**,植株矮小,枝条细密而上升,叶、花小,单瓣或重瓣,花期长。

图 8.31　安石榴
1. 花枝;2. 果
(引自广东植物志)

原产伊朗和阿富汗;我国自汉代引入栽培,现黄河以南广大地区都有栽培。

喜光,喜温暖气候,有一定的耐寒力,在北京地区可于背风向阳处露地栽植。喜肥沃湿润而排水良好的石灰质土壤,有一定的耐旱能力。繁殖可用播种、扦插和压条、分株方法进行繁殖。

树姿优美,叶碧绿而有光泽,花色鲜艳如火而花期长,春夏赏花,秋季赏果。果可生食,维生素 C 含量比苹果、梨高出 1~2 倍。

8.2.32　杜鹃花 *Rhododendron simsii* Planch.

别名:映山红、满山红、紫阳花、红杜鹃。杜鹃花科,杜鹃属。

常绿或落叶灌木,高 1~3m,分枝多,幼枝被黄褐色扁平糙伏毛。单叶互生,全缘,叶柄短,叶卵状椭圆形或椭圆状披针形,长 3~5 cm,有糙伏毛。花 2~6 朵簇生枝端,鲜红色,基部有深红斑点。花期 4—6 月,果期 10 月。常见栽培变种有**白杜鹃 var. *eriocarpum* Hort.**,花白色或粉红色;**紫斑杜鹃 var. *mesmbrinum* Rehd.**,花较小,白色,有紫色斑点;**彩纹杜鹃 var. *vittatum* Wils.**,花有白色和紫色条纹。

广布长江流域,东至台湾,西达四川、云南。北方可于露地防寒保护越冬。

喜半阴,忌暴晒。要求凉爽湿润气候,通风良好环境,土壤以疏松、排水良好、pH 4.5~6.0 为佳,忌石灰质和黏重过湿土壤,较耐瘠薄干燥。萌芽力不强。根纤细有菌根。扦插、嫁接、压条、分株、播种繁殖均可。

图8.32　杜鹃花
1.花枝;2.果枝
(引自广东植物志)

杜鹃早在唐代就已在庭园中应用,历代著名文人也多有吟咏,不过常带悲壮或忧伤情调,如李白有"蜀国曾闻子规鸟,宣城还见杜鹃花;一叫一回肠一断,三月三春忆三巴。"这多与当时国情、诗人处境及古代"杜鹃啼血"的传说有关。实际上,杜鹃花繁色艳,盛开时烂漫似锦,古诗中"何须名苑看春风,一路山花不负侬;日日锦江呈锦样,清溪倒照映山红。"道出杜鹃山花烂漫的意境。白居易也以"回看桃李都无色,映得芙蓉不是花"盛赞杜鹃花的娇艳美丽。在园林应用中,杜鹃最宜丛植于林下、溪旁、池畔、岩边、缓坡、陡壁、林缘、草坪,也宜庭园之中植于台阶前、庭荫树下、墙角、天井或植为花篱、花境,同时也是盆栽和制桩景的优良材料。

杜鹃花属是一大属,种类甚多,皆具观赏价值,只是常绿种类多生于山区,在城市较难于栽培。19世纪以后,英、法等国植物学家将中国大量杜鹃种质资源采集回国,培育出大量花大色艳的现代杜鹃品

种,即西洋杜鹃的来历。日本在杜鹃培育方面也较有成就,来自日本品种通常称东洋杜鹃。目前在我国广泛栽培的杜鹃花种和品种约有数百种,江西、安徽、贵州皆以杜鹃为省花,定为市花的城市则更多。

同属在我国园林中露地栽培的常见种尚有:**云锦杜鹃 _R. fortunei_ Lindl.**,常绿,叶厚革质,簇生枝端;花淡玫瑰红色,芳香,6～12朵成顶生伞形总状花序,雄蕊14枚。Rhododendron pulchrum Sweet,半常绿灌木,叶矩圆形,雄蕊比花冠短,花冠紫红色。**照白杜鹃 _R. microatum_ Turcz.**,常绿,叶厚革质,倒披针形,两面有腺鳞,顶生密总状花序,花小、白色,雄蕊10。**羊踯躅(闹羊花)_R. molle_ G. Don**,落叶,花黄色,雄蕊5。**白花杜鹃 _R. mucronatum_ G. Don**,落叶或半常绿,小枝有密而开展灰柔毛及黏质腺毛,花白、芳香,1～3朵顶生;雄蕊10。**迎红杜鹃 _R. mucronulatum_ Turcz.**,落叶,叶疏生鳞片,花淡红紫色;雄蕊10。**石岩杜鹃 _R. obtusum_ Planch.**,常绿或半常绿,分枝多而细密,叶小、色深绿,花常紫红,2～3朵簇生,雄蕊5。**马银花 _R. ovatum_ (Lindl.) Planch.**,常绿,花单生,有白、粉红、浅紫等色,上有红色条纹及斑点。

8.2.33　月季 _Rosa chinensis_ Jacq.

别名:月月红、长春花。蔷薇科,蔷薇属。

灌木或藤本,直立丛生,枝具钩状皮刺,叶柄及叶轴上亦常散生皮刺。奇数羽状复叶,小叶3～5,宽卵形或卵状长圆形,缘具粗锯齿,叶面暗绿色,有光泽;托叶边缘有腺状睫毛。花两性,单生或数朵聚生呈伞房花序,花冠重瓣,各色,有香气;蔷薇果,卵圆形或梨形,红色,具宿存萼。花期4—10月。变种有**小月季 var. _minima_ Voss.**,植株很矮小,高不过30 cm;花小,径约3 cm,5～11朵成伞房花序顶生,花瓣玫瑰红色,单瓣或半重瓣,亦有重瓣者。**月月红 var. _semperflorens_ Koehne**,枝纤细,小叶常带紫色晕;花多单生,玫瑰红色或紫红色,半重瓣,多下垂。**绿月**

var. *viridiflora* Dipp.，花瓣全为绿色，呈簇叶集生状，花瓣边缘常有齿。

原产我国，现已有1万多个品种，是中国月季及世界月季名种之母，月季素有"花中皇后"之美誉。

喜光，喜暖凉、湿润的环境，不耐旱、涝，高温对开花不利，好肥沃，黏质土壤及沙质土壤均可生长，而以排水良好的微酸性土壤(pH6~6.5)为最好。扦插和嫁接繁殖。

月季以花艳、勤开著称，绚丽多彩，四时不绝，香气馥郁，历来深受人们喜爱。在园林中可培植成花坛、花篱、花境、花带、花门，攀援种可培养成花廊等。也可作盆花、切花。

同属作观赏栽培的有**香水月季** *R. odorata* Sweet，常绿、半常绿灌木，枝长近蔓性生长，有稀钩刺，小叶5~7枚，两面无毛，表面具光泽；花单生或2~3朵簇生，半重瓣至重瓣，有白、黄、粉红、橙黄等色，香气特浓，初夏至深秋均有花。产云南，是近代月季的重要亲本材料。**玫瑰** *R. rugosa* Thunb.，直立丛生，枝密生皮刺和刺毛。小叶5~9，叶面有皱纹。花紫红，小而极香，目前多以花提取香精或食用，庭园中较少见。较常见的落叶、半常绿灌木尚有**黄蔷薇** *R. hugonis* Hemsl.；**报春刺玫** *R. Primula* Boulenger；**缫丝花** *R. roxburghii* Tratt.等；**黄刺玫** *R. xanthina* Lindl.；**光叶蔷薇** *R. wichuraiana* Crep.。

图8.33 月季
（引自北京植物志）

8.2.34 夜来香 *Cestrum nocturnum* L.

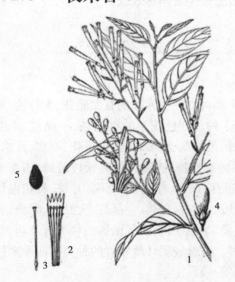

图8.34 夜来香
1.花果枝；2.花冠展开；3.雄蕊；
4.果实；5.种子
（引自中国植物志）

别名：夜香树、茄科，夜来香属。

直立或近攀援状灌木，高2~3 m，全体无毛；枝条细长而下垂。叶有短柄，柄长8~20 mm，叶片矩圆状卵形或矩圆状披针形，长6~15 cm，宽2~4.5 cm，全缘，顶端渐尖，基部近圆形或宽楔形，两面秃净而发亮，有6~7对侧脉。伞房式聚伞花序，腋生或顶生，疏散，长7~10 cm，有极多花；花绿白色至黄绿色，晚间极香。花萼钟状，长约3 mm，5浅裂，裂片长约为筒部的1/4；花冠高脚碟状，长约2 cm，筒部伸长，下部极细，向上渐扩大，喉部稍缢缩，裂片5，直立或稍开张，卵形，急尖，长约为筒部的1/4；雄蕊伸达花冠喉部，每花丝基部有1齿状附属物，花药极短，褐色；子房有短的子房柄，卵状，长约1 mm，花柱伸达花冠喉部。浆果矩圆状，长约6~7 mm，直径约4 mm，有1颗种子。种子长卵状，长约4.5 mm。原产南美洲，现广泛栽培于世界热带地区。我国福建、广东、广西和云南有栽培。

喜温暖湿润、阳光充足环境和肥沃土壤,忌积水,不耐寒。扦插、分株、压条繁殖。

枝叶浓密,开花期间,花具较强的香味,是较理想的闻香植物。

8.2.35　黄花夹竹桃 *Thevetia peruviana*（Pers.）K. Schum.

图 8.35　黄花夹竹桃
1. 花枝;2. 果
（引自中国高等植物图鉴）

别名:酒杯花。夹竹桃科,黄花夹竹桃属。

常绿灌木或小乔木,株型低矮,直立、多枝,高 1 ~ 1.5 m,多乳汁。叶互生,线形至狭披针形,黄绿色;叶有光泽,长 10 ~ 15 cm,宽 7 ~ 10 mm,全缘,叶缘稍内卷;革质,中脉下陷,侧脉不明显。花大单生或数朵聚生于枝梢叶腋,花冠漏斗状,具长柄,径 3 ~ 4 cm,单瓣,有黄、橙、粉等色,在华南几乎全年开花。核果大,三角状球形。栽培种有**红酒杯花'Aurantiaca'**,花冠红色,叶狭似柳,枝柔下垂,青翠嫩绿,果如垂卵,绿叶黄花,杂以垂果,形态颇为美丽,一年四季均可供观赏,是华南地区重要的观赏花木。

原产南美,热带各地多有栽培。

不耐寒,喜阳光和温暖、湿润的气候,也稍耐阴,要求疏松的土壤。全株有毒,可提制药物。扦插或播种繁殖。

开花时间长,花大色艳,花呈鲜黄色,为中型庭园观赏盆花。园林应用中以列植、片植、丛植最佳,适于庭院、公园、道路、水滨、围篱等处种植,与各类彩色花木配置栽培,可丰富园林景色。

8.3　结　语

本章介绍了南方庭园常用花灌木 87 种 25 变种 23 品种。其中常绿的有龙船花、夹竹桃、黄婵、月季等 54 种;落叶的有桃、蜡梅、梅、贴梗海棠等 33 种。红色花系的有山茶、一品红、朱缨花、贴梗海棠、桃花、梅花、紫薇、龙船花、大红花、木芙蓉、吊灯花、红檵木、红鸡蛋花、石榴、月季、玫瑰、映山红、夹竹桃、紫玉兰、八仙花等 35 种;黄花系的有蜡梅、连翘、黄婵、软枝黄婵、四季米仔兰、米仔兰、金花茶、胡颓子、一品红、大红花、黄槿、迎春、探春、桂花、羊蹄甲、月季、黄花夹竹桃等 21 种;白花系有山茶、油茶、栀子、茉莉、灰莉、龙吐珠、瑞香、朱蕉、一品红、大红花、紫薇、玉兰、含笑、深山含笑、梅等 39 种;色叶植物有变叶木、红桑、朱蕉 3 种;香气浓郁的种类有茉莉、含笑、米仔兰、四季米仔兰、栀子、桂花、玉兰、梅花等 14 种。适合较阴环境布置的种类有四季米仔兰、含笑、山茶、朱蕉、瑞香、灰莉、栀子、龙船花、鹅掌藤等 9 种。

9 绿篱和绿雕塑类

9.1 绿篱和绿雕塑类概述

绿篱植物是指成列或成行地栽植,常通过人工修剪以形成一定的外形,充当篱笆、屏障、防风固沙等功能的植物。绿雕塑植物是指对孤植、列植或群植的植物进行整形修剪,以形成各种几何形状或动物外形,用来美化环境,供人们观赏的植物。绿雕塑和绿篱的概念大同小异,但是,绿雕塑除了人工修剪的植物形状更趋多样化外,必要时还要对植物的某些部位进行整形,因此,从工艺上,绿雕塑要比绿篱复杂得多,观赏性更强。传统绿篱的功能,主要是起到围护土地,防止侵入;屏障视线;遮蔽强光,降低气温,减弱风速,降低噪音;彰显庭园美景,遮蔽建筑基础;增加绿色景观的作用。在现代城市的道路绿地中,常在中央分隔带栽植绿篱,以阻挡对面车辆的眩光,增进行车安全;在车行道与人行道之间的绿篱则起到安全与绿化的作用。

在园林应用中,绿篱植物有多种不同的分类方法。

1)依绿篱的高度不同,划分为4类

①高篱是指篱高度在2.0 m以上,主要供防风、遮挡之用的常绿绿篱。以乔木为主,可选用垂叶榕、罗汉松 *Podocarpus macrophyllus*、侧柏 *Platycladus orientalis* 等。修剪需使用脚手架,故在其两旁边须留有狭长的空地。

②标准篱指篱高 1.6~2.0 m,主要是屏障视线之用绿篱。可选用珊瑚树 *Viburnum odoratissimum*、蚊母树 *Distylium racemosum* 等。

③中矮篱是指篱高在标准篱与矮篱之间,常栽植于庭园内或四周边界的绿篱。可选用福建茶 *Carmona microphylla*、海桐 *Pittosporum tobira*、驳骨丹 *Gendarussa vulgaris* 等。

④矮篱是指篱高在0.4 m以下,主要用于花境、花坛镶边的绿篱。可选用六月雪 *Serissa foetida*、雀舌黄杨 *Buxus bodinieri*、金叶假连翘 *Duranta erecta* 'Golden Leaves' 等。

2）依据绿篱植物的观赏特性划分为 3 类

①叶篱：以观叶为主的绿篱，如海桐、红背桂 *Excoecaria cochinchinensis* 等。

②花篱：兼具观花、观叶功能的绿篱，如杜鹃花、叶子花等。

③果篱：兼具观果、观叶功能的绿篱，如棱果蒲桃 *Eugenia uniflora*、枸骨 *Ilex cornuta* 等。

此外，还有根据绿篱植物的生活型不同，把绿篱划分为树篱，竹篱，刺篱，草花篱和混合篱。根据绿篱的外形和是否修剪，还可把绿篱划分为整形篱，自然篱，半自然篱，栅篱。

绿篱植物的选择首先是要弄清楚绿篱的用途、目的、种植位置和绿篱的立地条件（光、温、水等）的情况，然后选择生势强健，萌发力强，可塑性好，易移植；叶子细小，枝叶稠密；耐修剪，生长较慢；下枝与内膛枝不易凋落；对病虫害、煤烟和城市污染等抗性强的种类。绿篱与绿雕塑植物大多数为常绿灌木，常见的树种有山指甲 *Ligustrum sinense*、福建茶、九里香 *Murraya paniculata* 等。这些植物经过修剪后，枝条相互盘结穿插，密集紧实，造型稳固，具有长期的实用性和观赏性。

绿篱不仅可为户外活动场所提供优美和谐的背景，还常用于形成庭园或花坛、花境的边界，或设计成绿篱迷宫。绿雕塑类常可独立成景，让人们可欣赏其新春的嫩绿、晚秋的叶色和观花、观果。

绿篱和绿雕塑植物的养护管理首先要保持土壤有足够的肥力和湿润，旱季要及时浇水，浇水的次数视具体情况而定；施肥应以有机质肥为主，辅以含氮、磷、钾的复合肥。对于绿篱与绿雕塑类而言，最重要和最经常的养护管理工作是修剪。修剪是维持其高度、外形及寿命的重要措施。修剪的次数应根据树种、园林配置、养护管理水平而定，生长快的植物在生长季每月修剪 1～3 次，生长慢的植物每年可能仅需修剪 2～3 次。绿篱与绿雕塑类，若长时间（如 2～3 年）不修剪，就会造成下部枝叶光秃（脱脚），上部开张，造型全被破坏。修剪均在新枝生长以后进行（春至夏）。造型形成前，要轻剪多留枝条，成形之后要重剪。为了使绿篱和绿雕塑枝叶丰满，修剪时宜上部稍狭，下部稍宽，以使下部枝叶能更充分地接受阳光。

9.2 常用绿篱和绿雕塑类

9.2.1 **黄杨** *Buxus sinica* (Rehd. et Wils.) M. Cheng.

别名：小叶黄杨、瓜子黄杨。黄杨科，黄杨属。

常绿灌木或小乔木，高达 6 m。嫩枝 4 棱，被短柔毛；老枝近圆形，灰白色。叶对生，革质或厚革质，有光泽，阔椭圆形、阔倒卵形或卵状椭圆形，长 1.5～3.5 cm，宽 0.8～2 cm，先端圆或微凹，基部阔楔形，全缘；中脉在上面凸起，侧脉在上面明显；叶柄很短，常被短柔毛。头状花序腋生，黄绿色，单性同株，雌花单独生花序顶端，雄花多朵生于花序下部或围绕雌花；无花瓣；雄花萼片、雄蕊各 4；雌花萼片 4，雌蕊由 3 心皮组成，子房 3 室，花柱 3，宿存。蒴果近球形，径 6～8 mm，室背开裂成 3 瓣；种子长圆形，黑色。花期 3 月，果 5—6 月成熟。

原产长江流域及其以南各省区，西北至陕西和甘肃，东至山东。

亚热带树种。喜半阴,在全日照下,叶常发黄,喜温暖湿润气候,喜肥沃的中性至微酸性土壤;生长缓慢,耐修剪,对多种有害气体抗性强。扦插繁殖。

枝叶茂密,叶色翠绿,为优良的绿篱植物,适合修剪作中、矮篱或花镜、花坛的镶边,也可作盆景植物。在我国古典庭园中,常扎成狮、鹤等形,在西式庭园或公园中,则常为方、圆或椭圆等形,是最常用的绿雕塑植物种类之一。

同属的**匙叶黄杨 _B. harlandii_ Hance**,小灌木,近无毛;叶革质,匙形或狭长圆形,长 2 ~ 4 cm,宽 5 ~ 9 mm,先端圆或微凹,基部渐狭,中脉两面凸起,侧脉和网脉在上面明显,叶柄很短或近无柄;头状花序顶生或腋生。花期夏初,果期秋季。原产广东和海南。

图9.1 黄杨
1.花枝;2.雄花;3.雌花纵切
(引自福建植物志)

9.2.2 福建茶 _Carmona microphylla_ (Lam.) Don.

别名:基及树、猫仔树、小叶厚壳树。紫草科,基及树属。

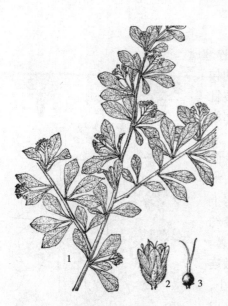

图9.2 福建茶
1.花枝;2.花;3.雌蕊
(引自福建植物志)

常绿灌木,高 1 ~ 4 m。分枝繁茂,幼枝圆柱形,被稀疏短硬毛。长枝上的叶互生,短枝上的叶簇生,革质,倒卵形或匙状倒卵形,长 0.9 ~ 5 cm,先端圆形或钝,常微凹,基部阔楔形,边缘常反卷,向顶端常有粗圆齿;上面亮泽,具白色小斑点,下面粗糙;柄极短。聚伞花序腋生或生于短枝上,花两性,白色;总花梗纤细;萼5深裂;花钟状,5 ~ 6 mm,花冠筒短小,裂片5,阔而广展;雄蕊5,花丝纤细,延伸,花药伸出;花柱2深裂,分枝细长。核果球形,成熟时红色或黄色,具皱纹,具宿存的花柱。除冬季外,其余时间均可开花。

单种属。原产广东和台湾,亚洲南部及东南部热带地区也有分布。华南地区广为栽培。

喜光,耐半阴,喜温暖湿润气候,怕寒冷,略耐干旱,耐瘠薄,栽培不择土壤,但以肥沃湿润的土壤生长较好。极耐修剪,可修剪或制成各种造型。扦插繁殖。

叶富光泽,终年常绿,枝繁叶密,秋季开花期间,星星般的小白色点缀在绿叶丛中,优雅脱俗,是良好的绿篱植物和盆景树种。

9.2.3 蚊母树 *Distylium racemosum* Sieb. et Zucc.

图9.3 蚊母树
(引自中国高等植物图鉴)

金缕梅科,蚊母树属。

常绿乔木,高5 m,常作灌木栽培;小枝略呈"之"字形,嫩枝、顶芽具鳞秕。叶互生,椭圆形或倒卵形,长3~6 cm,宽1.5~3.5 cm,先端钝或稍圆,基部阔楔形,全缘,革质,无毛,侧脉5~6对,网脉不明显。总状花序腋生,花单性或杂性,雌雄花同在一个花序上,雌花位于花序顶端;花小,深红色,无花瓣;雄蕊5~6枚;子房上位,具星状毛。木质蒴果卵形,长1~1.3 cm,密生星状毛,顶端有2宿存花柱;种子长卵形,种皮角质。花期3—4月,9—10月果熟。

原产我国广东、福建、台湾、浙江、江西等省,日本也有分布。

热带及亚热带树种。喜光,稍耐阴,喜温暖湿润气候,耐寒性不强,对土壤要求不严,酸性、中性土壤均能适应,而以排水良好而肥沃、湿润土壤为最好。萌芽力和发枝力强。耐烟尘性和抗大气污染能力强。种子繁殖。

树冠球形,枝叶密集,叶色浓绿,抗性强,耐修剪,可作为绿篱,也是城市和工矿区绿化的优良树种。

9.2.4 假连翘 *Duranta erecta* L.

别名:金露花、篱笆树、连荞、花墙刺。马鞭草科,假连翘属。

常绿灌木,高1.5~3 m。枝常拱形下垂,具皮刺,幼枝具柔毛。叶对生,偶有轮生,纸质,卵状椭圆形或卵状披针形,长2~6.5 cm,宽1.5~3.5 cm,顶端短尖或钝,基部楔形,叶色翠绿,全缘或中部以上有锯齿;叶柄长约1 cm。总状花序顶生或腋生,常排成圆锥花序状;花冠合瓣,冠管圆筒形,蓝色或淡蓝紫色,檐部5裂,长约8 mm;花萼管状,檐部5裂,宿存,结果时增大;雄蕊4,2长2短,内藏;子房上位,8室,花柱短,柱头为稍偏斜的头状。核果球形,径约5 mm,肉质,有光泽,熟时橙黄色,为增大宿存花萼包裹。夏、秋、冬三季为开花期,边开花边结果。变种有**金叶假连翘(黄叶假连翘)'Golden Leaves'**,嫩叶金黄色,叶较小,花冠淡紫色,枝无刺;**花叶假连翘'Variegata'**,叶面有乳白色斑点,花冠淡紫色,枝具刺或无。

原产墨西哥和巴西,热带地区广泛栽培。我国南方各省均有栽培。

图9.4 假连翘
(引自中国植物志)

喜光,在全日照或半日照条件下生长良好,喜温暖湿润气候,不耐寒,耐修剪。对土壤要求不严,但须排水良好。生长快。扦插和种子繁殖。

植株繁茂,枝条柔软下垂,花色与果色极富色彩美,观花、观叶、观果并举,为华南地区常见的绿篱植物。由于金叶假连翘和花叶假连翘的色彩更为耀眼醒目,在使用范围和频度方面,均远胜于原种,不仅可作为绿篱和绿雕塑,也可作地被、花坛镶边或盆栽室内外观赏,修剪的造型和构成的图案更为丰富多彩。

9.2.5 冬青卫矛 *Euonymus japonica* Thunb.

别名:大叶黄杨、扶芳树、正木、四季青。卫矛科,卫矛属。

常绿灌木或小乔木。小枝略四棱形,枝叶密生。叶对生,倒卵形至狭椭圆形,长 3 ~ 7 cm,先端尖或钝形,基部楔形,边缘有钝锯齿,表面深绿色,有光泽。聚伞花序有花 5 ~ 20 朵,具长梗,花白绿色;果实球形,淡红色,假种皮橘红色。花期 6—7 月,果实 10 月成熟。常见变种和品种**金边黄杨 var. *aureo-marginata* Nichols.** ,叶缘金黄色;**银边黄杨 var. *alba-margintus* T. Moore.** ,叶缘白色;**金心黄杨 'Medio-pictus'** ,叶心具金黄色斑点。

原产我国中部、北部各省,朝鲜、日本也有分布。

亚热带及温带树种。适应性强,不择土壤,耐干

图9.5 冬青卫矛
1. 花枝;2. 果枝;3. 花
(引自中国植物志)

旱和瘠薄,耐修剪,耐湿、耐海潮,抗大气污染,对各种有害气体和烟尘均有较强抗性。扦插繁殖,颇易生根,也可种子繁殖。

树干球形,春季新叶娇嫩翠绿,颇为秀美,可于庭园、公园和居住区等地列植作绿篱、或丛植,修剪作绿门、球形或各种鸟兽状。与珊瑚树、大叶罗汉松一起为海岸绿篱三大树种。

9.2.6 红背桂 *Excoecaria cochinchinensis* Lour.

别名:红背桂花、紫背桂、青紫木、东洋桂花。大戟科,海漆属。

常绿灌木,株高 1.5 ~ 2 m。多分枝,具白色乳汁。叶对生,矩圆形或椭圆状倒披针形,长 7 ~ 12 cm,先端渐尖,基部圆,边缘有钝锯齿,上面绿色,背面紫红色;叶柄顶无腺体。穗状花序近腋生,花单性,雌雄异株;花小,长 5 mm,无花瓣,初开时黄色后渐变为淡黄色;雄花萼片 3,雄蕊 3,花丝分离;雌花花萼 3 裂,子房 3

图9.6 红背桂
1. 雌雄花枝;2. 一段雄花序;
3. 雌花序苞片;4. 雄花序小苞片;
5. 一朵雄花;6. 雌株花枝;7. 一段
雌花序;8. 雌花序苞片;9. 雌花序小苞片;
10. 果;11. 子房横切面
(引自广东植物志)

室,每室 1 胚珠。蒴果不易成熟。夏、秋两季为开花期。

原产我国广东、广西。越南亦有分布。

热带树种。喜半阴,忌阳光直射,喜高温至温暖、湿润气候,耐寒性差,喜肥沃而排水良好的沙质壤土,耐瘠薄。对二氧化硫抗性较强。扦插繁殖。

图 9.7　驳骨丹
1. 部分植物示花序;2. 花;3. 花冠部剖
面示雄蕊;4. 花萼裂片;5. 雄蕊示药室与花丝
(引自中国植物志)

蒴果棒状,长约 1.2 cm,开裂时将种子弹出。春末夏初为开花期。

亚洲热带地区广布,我国广东、广西、云南、台湾等地广泛栽培。

喜光,耐半阴,喜温暖、湿润气候,耐寒,耐干旱,耐修剪。扦插繁殖。

叶色翠绿,茎干为紫红色,花小白色,生性强健,是华南地区常见的绿篱植物。

9.2.8　枸骨 *Ilex cornuta* Lindl. ex Paxt.

别名:枸骨冬青。冬青科,冬青属。

常绿灌木或小乔木,高 3~4 m,最高可达 10 m。树皮灰白色,平滑;枝开展而密生。叶片互生,硬革质,长圆状四方形,长 4~8 cm,顶端有 3 枚大尖刺,中央一枚向背面弯,基部两侧各有 1~2 枚刺齿,表面深绿而有光泽,背面淡绿色;叶有时全缘,基部圆形,这样的叶往往长年生于枝叶腋。伞形花序腋生,花单性,雌雄异株,花白色。浆果状核果球形,径 8~10 mm,鲜红色,具 4 核。花期 4—5 月,果 9—11 月成熟。

枝叶疏密有致,叶色紫中透绿,是一种优良的观叶植物,列植作绿篱,似一道紫红色的彩墙,亦可丛植、片植于庭园、公园等地,若修剪成圆形的花坛,则犹如一个圆形的紫球,还可盆栽,放置于出入口、会场等地。

9.2.7　驳骨丹 *Gendarussa vulgaris* Nees.

别名:小驳骨、裹篱樵、驳骨草。爵床科,驳骨草属。

常绿小灌木,高约 1 m。叶对生,狭椭圆形,长 6~10 cm;茎和主脉均为紫红色;节膨大。穗状花序,生于枝条的顶部和上部叶腋,花两性;苞片钻状披针形,长约 3 mm;萼 5 裂,裂片近相等;花冠二唇形,长 1.5~1.7 cm,白色或带粉红色有紫斑,上唇微 2 裂,下唇 3 浅裂;雄蕊 2,花药 2 室;子房往往 2 室。

图 9.8　枸骨
1. 果枝;2. 雄花;3. 雌花
(引自福建植物志)

原产我国长江中下游各省,朝鲜半岛亦有分布。南方各地庭园常有栽培。

亚热带树种。喜光,耐半阴,喜温暖湿润气候,耐寒性不强,喜肥沃、湿润而排水良好之微酸性土壤。颇能适应城市环境,对有害气体有较强抗性。生长缓慢,但萌发力强,耐修剪。播种和扦插繁殖。

枝叶稠密,叶形奇特,深绿光亮,入秋红果累累,鲜艳美丽,是良好的观叶、观果树种,可于公园、道路绿地等处孤植、对植或丛植,同时,由于叶有锐刺,也很适合作边界篱,能起到很好的保护作用。

9.2.9　小腊树 *Ligustrum sinense* Lour.

别名:山指甲、毛叶丁香、山紫甲树、水黄杨。木樨科,女贞属。

常绿灌木或小乔木,一般高2 m,也可高达6~7 m。小枝密被短柔毛。叶对生,薄革质,椭圆形,长3~6 cm,全缘,幼时两面被短柔毛,老时沿中脉被毛。圆锥花序顶生,长4~10 cm,含多数密生的花,两性;花序梗、花梗、花萼均被短柔毛;花小,约5 mm,白色,极芳香;萼4裂;花冠4裂,花冠管短于檐部;雄蕊2;子房2室,每室2胚珠。浆果状核果近球形,径约4 mm,含1~4核。花期2~4月,果期7~9月。

图9.9　小腊树
(引自中国高等植物图鉴)

原产长江以南各省区,热带、亚热带地区普遍栽培。

喜光,耐半阴,喜高温至温暖湿润气候,较耐寒,耐瘠薄,但在土质肥沃的沙壤土上生长较佳,不耐水湿,抗大气污染,耐修剪。播种和扦插繁殖。

四季常青,分枝茂密,盛花期,满树白花,香飘数里,为优良的木本香花植物,可孤植或丛植于公园、校园和居住区等地;生势健旺,萌芽力强,为理想的绿篱植物。

9.2.10　细叶十大功劳 *Mahonia fortunei* (Lindl.) Fedde.

别名:十大功劳。小檗科,十大功劳属。

常绿灌木,高1.3~1.7 m。干酷似南天竹。奇数羽状复叶互生,薄革质,长8~25 cm;小叶5~9枚,披针形,长5~13 cm,宽0.6~2.4 cm,先端渐尖,基部楔形,边缘有针状锯齿,表面平滑有光泽,绿色,下面浅绿色,干后带黄色,侧脉和部分网脉明显;小叶无柄。总状花序聚生茎端,初花时长约6 cm,直立,花黄色;苞片卵状三角形;萼片9;花瓣6,与萼片

图9.10　细叶十大功劳
(引自北京植物志)

相似,先端2浅裂。浆果球形,深蓝色,被白粉。花期9月。

原产湖北、四川。江西、贵州、广东、广西、浙江、河南、陕西、甘肃等地有栽培。

亚热带树种。喜半日照,喜温暖湿润气候,喜土壤肥沃之地。对二氧化硫抗性较强,而对氟化氢危害较敏感。播种、扦插和分株繁殖均可。

图9.11 九里香
1.花枝;2.果
(引自福建植物志)

叶形秀丽,经秋转红,鲜艳夺目,适宜于丛植在西式建筑物附近,若以白壁为其背景,尤显优美;也很适合作为盆栽或绿篱,配置于岩石园也可。

9.2.11 九里香 *Murraya paniculata* (L.) Jack.

别名:千里香。芸香科,九里香属。

常绿灌木或小乔木,高8 m。奇数羽状复叶互生,小叶3~9枚,互生,卵形、匙状倒卵形至近菱形,顶端圆或钝,深绿色有光泽,具柄。聚伞花序顶生或生于上部叶腋,花白色,极芳香;萼小,浅钟形5裂;花冠钟形,花瓣5;雄蕊10,长短不等;子房2~5室,每室1~2胚珠。浆果卵形或球形,成熟时橙黄至朱红色;种子1~2粒。花期4—8月,11月至翌年早春果熟。

原产台湾、福建、广东、海南及广西。长江流域以北只能盆栽。

喜光,不耐阴,喜温暖湿润气候,耐干热,不耐寒,耐湿,要求土层深厚、肥沃及排水良好沙质土。萌芽力强,移植容易,耐修剪,抗风,抗大气污染。播种、压条和扦插繁殖。

树姿态优美,四季常青,芳香宜人,为优良的木本香花植物,可丛植于庭园、居住区等地,是华南地区主要的绿篱和绿雕塑植物,也是岭南树桩盆景的主要树种。

9.2.12 尖叶木樨榄 *Olea ferruginea* Royle.

别名:锈鳞木樨榄、吉利木。木樨科,木樨榄属。

常绿灌木或小乔木,高3~10 m。小枝近四棱形,密被细小的淡锈色鳞片。叶对生,近革质,狭椭圆状披针形,长3~10 cm,顶端渐尖,基部楔形,全缘,上面深绿色,背面被锈色鳞片,幼时尤密。圆锥花序腋生,长1~4 cm;花小,白色,花冠筒短,具4裂片,覆瓦状排列。核果近球形,长7~9 mm,成熟时暗褐色。花期6—7月,果期9—11月。

原产印度北部、巴基斯坦、阿富汗、克什米尔地区和我国云南。

亚热带树种。喜光,对气候的适应性较强,既能耐-10 ℃

图9.12 尖叶木樨榄
1.果枝;2.花冠展开,示雄蕊着生
(引自福建植物志)

左右的寒流和霜冻,也能耐华南地区的高温酷暑。对土壤的适应性也较强,酸性土、中性土、沙质土或黏质土均宜,耐干旱也耐水湿。抗大气污染。扦插繁殖。

枝繁叶茂,叶终年深绿色,新叶呈淡黄色,是优良的绿篱和绿雕塑植物,除修剪作绿篱、绿墙外,还常修剪成球形、蘑菇形或各种动物形状,孤植或丛植于庭园、居住区。

9.2.13 海桐 *Pittosporum tobira*(Thunb.)Ait.

别名:海桐花、山瑞香、过山香。海桐花科,海桐花属。

常绿灌木或小乔木,高 2~5 m。叶互生,在小枝上部呈轮生状,厚革质,倒卵形或倒卵状披针形,长5~12 cm,先端圆钝,基部下延,全缘,表面深绿有光泽,主脉白色,清晰。伞房花序顶生,花两性;萼片、花瓣、雄蕊均为5;花瓣向外反卷,初开白色,后转淡黄色,径约1 cm,芳香;子房上位,花柱单一。蒴果近球形,有棱,熟时3瓣裂;种子鲜红色。花期3—5月,10—11月果熟。

原产我国广东、福建、浙江、江苏,朝鲜半岛和日本也有分布。长江以南各地常见栽培。

对光线适应性强,全日照和半阴环境均可;喜温暖湿润气候,具一定的耐寒能力;喜土层深厚、肥沃、排水良好的土壤,忌水湿,耐盐碱。抗风;对二氧化硫、氯气、氟化氢和烟尘有较强抗性。萌发力强,耐修剪;年发梢次数较少,树形维护时间较长。播种或扦插繁殖。

树冠圆球形,分枝低,叶浓绿亮泽,花洁白芳香,常列植于门庭、通道、花坛、树坛、道路分车带等作绿篱、绿带,亦可作自然式或修剪成球形,丛植于草坪、林缘等处。

图9.13 海桐
(引自中国高等植物图鉴)

图9.14 六月雪
1.花枝;2.花蕊展开;3.花萼和雌蕊;
4.子房纵切面;5.托叶和茎一段
(引自中国植物志)

9.2.14 六月雪 *Serissa japonica*(Thunb.)Thunb.

别名:白马骨、满天星。茜草科,六月雪属。

常绿小灌木,高 1~1.5 m。枝叶及花揉碎有臭味。叶对生,椭圆形,长 1~3 cm,先端锐尖,基部下延,翠绿,边缘和部分的主脉呈银白色。花近无梗,数朵簇生于小枝顶端;萼筒倒圆锥形,5 裂,宿存;花冠白色或淡粉紫色,漏斗状,5裂,裂片三角形,较筒长;雄蕊5,着生于花冠筒上;子房2室,每室具1胚珠。核果小,球形。花期3—6月。常见的变种**金边白马骨'Aureo-marginata'**,叶缘金黄色。**重瓣白马骨'Pleniflora'**,花重瓣。

原产长江流域下游及以南地区。我国南方普遍栽培。

喜光,耐半阴,日照越充足,开花越多;喜温暖湿润气候,耐寒,不耐干旱,对土壤要求不严,但以肥沃、疏松、排水良好之土壤为佳。根系发达,萌芽力和萌枝力均强,生长迅速,分枝密集,耐修剪,忌通风不良。扦插繁殖。

6月暑天开白花,皑皑满枝头,如翠绿丛中撒上一层白雪,而得名。树形纤巧,枝叶玲珑清雅,适宜作花坛境界或花篱,也是岭南树桩盆景的常用树种。

9.2.15 珊瑚树 *Viburnum odoratissimum* Ker-Gawl.

图 9.15 珊瑚树
(引自浙江植物志)

别名:极香荚蒾。忍冬科,荚蒾属。

常绿灌木或小乔木,高 2 ~ 10 m。树皮灰褐色而平滑。叶对生,革质,长椭圆形,长 7 ~ 15 cm,先端急尖或钝,基部阔楔形,全缘或近顶部有不规则的浅波状钝齿,表面深绿而有光泽,背面粉绿色,脉腋有腺窝。圆锥状聚伞花序顶生或腋生,长 5 ~ 10 cm;萼筒钟状,5 小裂;花冠辐状,白色,芳香,5 裂。浆果状核果,倒卵形,绿色,然后转为红色,成熟时黑色。花期 3—6 月,果期 6—10 月。

原产我国福建、广东、湖北、台湾等省区,缅甸、印度、菲律宾亦有分布。长江流域各地均有栽培。

亚热带树种。喜半阴,喜温暖湿润气候,不耐寒;喜肥沃湿润之中性、微酸性土壤。对氯气、二氧化硫等有害气体、烟尘等均有较强的抗性。根系发达,移植易成活;萌枝力强,易整形,耐修剪。播种或扦插繁殖。

枝繁叶茂,终年碧绿光亮,花素洁芳香,果鲜红美丽,布满枝头,状如珊瑚,甚为自然美观,可孤植或丛植于草坪,或作绿篱、绿墙,用以隔离隐蔽;也为防火的优良树种,宜配植于房屋周围或作为防火隔离带树种;抗污染力强,也是工厂绿化的好树种。

除以上介绍的种类,第 4 章论述的一些针叶绿荫树类,如圆柏、罗汉松、侧柏、雪松等都很适合作为高篱和标准篱;一些观赏竹类,如小琴丝竹、寒竹等适合作自然篱;第 8 章花灌木类中的杜鹃花、八仙花、朱槿、龙船花等则很适合作花篱;部分藤蔓类植物也是优良的绿篱植物,如光叶子花、叶子花等。几乎所有的绿篱和绿雕塑植物均适合作盆景,盆景起源于中国,选择树桩盆景的植物,主要是考虑其是否耐修剪,萌芽力、萌枝力是否旺盛,枝条是否易于造型,叶片是否细小等方面,有关盆景的知识将在第 18 章特色植物类的第 3 节介绍。

10 藤蔓类

10.1 藤蔓类概述

"藤"泛指植物的匍匐茎和攀援茎;"蔓"指的是蔓生植物的茎枝,木本曰藤,草本曰蔓;藤蔓类植物就是木质藤本和草质藤本的总称。藤蔓植物的特点是生长迅速,具有深扎的根系和细长而坚韧的茎蔓,依靠特殊的攀援器官或本身的缠绕特点向上或向四周生长。

1)藤蔓类植物根据藤蔓的性状不同可分为三类

(1)攀援型藤蔓 以攀援器官向上或向四周生长的藤蔓植物。根据攀援器官的不同,还可分成4类:

①卷须类。具有叶卷须或枝卷须的植物,靠卷须攀援他物向上生长,如炮仗花属 *Pyrostegia*、葡萄属 *Vitis*;

②叶攀类。借助叶柄缠绕他物向上生长的植物,如铁线莲属 *Clematis*;

③吸附类。借助吸盘或气生根吸附于其他支持物向上生长的植物,如爬山虎属 *Parthenocissus*、常春藤属 *Hedera*、榕属 *Ficus* 等;

④钩刺类。植物具刺或倒钩,借此攀附他物上升,如云实属 *Caesalpinia*、金合欢属 *Acacia*、叶子花属 *Baugainvillea* 等。

(2)缠绕型藤蔓 植物体不产生攀援器官,以幼茎缠绕其他植物体向上或向四周生长的藤蔓植物。根据不同的种类,它们可以左旋、右旋或向左右两个方向旋转缠绕生长,如牵牛花属 *Pharbitis*、忍冬属 *Lonicera*、紫藤属 *Wisteria*、买麻藤属 *Gnetum* 等。

(3)匍匐型藤蔓 植物体不产生攀援器官,多匍匐于地面或者于岩石、坡坎、水岸等处悬垂状生长的藤蔓植物,如天门冬 *Asparagus sprengeri*、迎春、软枝黄蝉 *Allamanda catharica* 等。

2）根据观赏部位不同可把藤蔓植物分为 2 类

（1）赏叶类 如海金沙属 *Lygodium*、绿萝属 *Scindapsus*、常春藤属、爬山虎属等。这一类型的植物,叶形优美、叶色多样,常终年翠绿。

（2）赏花类 如紫藤属、炮仗花属、硬骨凌霄属 *Tecomaria*、牵牛花属、叶子花属等。这一类型的植物,不仅叶色翠绿,而且花色(或苞片)艳丽、花冠奇特。

3）根据藤蔓植物运用的场所不同,可分为 2 类

（1）室内绿化 运用赏叶类的藤蔓植物,如绿萝 *Scindapsus aureus*、海金沙 *Lygodium japonio-cum*、扇叶铁线蕨 *Adiantum flabellulatum.* 等,通过垂吊、攀援或吸附等方式,对室内立面进行垂直装饰,可在室内营造一种奇特有趣,生机盎然的氛围。

（2）室外绿化 绝大多数的藤蔓类植物都可运用于室外绿化中。和其他观赏植物相比,藤蔓类植物具有占地少而绿化面积大、栽植体量轻、繁殖容易、生长迅速、绿化见效快、应用形式多样等特点。

藤蔓植物具有提供阴蔽、降低温度和营造休闲空间;覆盖地表和保持水土;消除噪音和减缓覆盖面温度变化的功能作用,在城市园林绿地中应用越来越广泛。藤蔓植物主要应用于花架、棚架以及庭石、实体围墙、高架桥、建筑物等墙面的垂直绿化,也可栽植于建筑物或挡土墙的顶部,让其悬垂生长。

由于藤蔓类植物的根系发达,须根生长旺盛,故栽植时宜深翻土壤,必要时用肥沃的土壤置换贫瘠的土壤,及混入有机质肥作为基肥。栽植的位置可选在墙的基部或顶部,对于大型挡土墙,苗木有时须栽植于墙基。栽植时须根据藤蔓植物的攀援习性,考虑是否需要做人工的牵引,为保护墙面,有些时候需要搭建一个与墙体略微分开的篱架,让植物在其上攀援生长,植物间接地覆盖墙面。这时,藤蔓必须捆绑于篱架上,以引导它们向上攀援。藤蔓类植物在刚开始爬墙时容易脱落,可用黏土或借助铁网将枝条引导,使其黏墙而生。

在日常的养护管理中,需要根据植物的生长情况,施加氮肥、磷肥和钾肥,同时定期地进行修剪,以控制枝条的蔓延,防止藤蔓过长、过密地生长;对于观花型的藤蔓植物,特别要注意花后的修剪;对于木质藤本,每年均须修剪茎和枝蔓,以确保它们不会过于粗大和木质化。

10.2　常用藤蔓类

10.2.1　珊瑚藤 *Antigonon leptopus* Hook. et Arn.

别名:朝日藤、山蔷薇、紫苞藤、凤冠、爱之(链)藤。蓼科,珊瑚藤属。

常绿或半落叶蔓性藤本,借助卷须攀援,蔓长可达 10 m 以上;地下有肥大块根。叶互生,纸质,卵形或心形,长 6 ~ 14 cm,先端尾尖,基部心形;两面具柔毛,边缘波状,不平展。总状花序腋生或聚合成圆锥花序,顶生,长约 30 cm;花多数、密集,花被片 5,粉红色至桃红色,先

端具小尖头。瘦果圆锥形,长约 1 cm,被宿存而膨大的花被所包。花期 8—10 月,种子秋冬季成熟。

原产墨西哥和中美。现广布热带地区,我国台湾、海南、广州、深圳等地栽培较多。

热带树种。喜光,喜高温潮湿气候,冬季气温低于 10 ℃以下时,叶变为墨绿色,有时微枯,喜肥沃的酸性土壤。幼枝茎蔓伸长后需设立支柱以供攀援。播种和扦插繁殖。由于移植不易成活,栽植宜选用容器苗。

生势强健,枝条攀援性强,花繁色艳,花期长,为一种优良的观花型藤蔓类植物,可单独或与其他常绿藤蔓类植物相配置于花门、花廊、花架、花棚、花墙、围篱或阴棚等地,均有较佳的景观效果。

图 10.1 珊瑚藤
(引自中国高等植物图鉴)

10.2.2 鹰爪花 *Artabotrys hexapetalus* (L. f.) Bhandari.

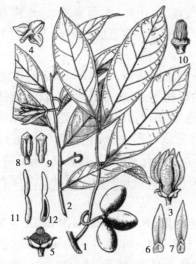

图 10.2 鹰爪花

1.果枝;2.花枝;3.花;4.花萼外面观;5.去除花瓣的花;6.外轮花瓣的内面观;7.内轮花瓣的内面观;8.雄蕊的背面观;9.雄蕊的腹面观;10.雌蕊群和花托;11.心皮;12.心皮的纵切面,示胚珠的着生
(引自中国植物志)

别名:鹰爪兰、莺爪花、莺爪、五爪兰。番荔枝科,鹰爪花属。

常绿蔓性灌木,高 2~4 m,茎长可达 15 m。全株无毛或近无毛;幼枝绿色,呈"之"形,分枝较多。叶互生,革质,椭圆形至阔倒披针形,长 7~16 cm,宽 3~5 cm,先端渐尖,基部楔形,表面深绿而有光泽,全缘。花腋生,1~2朵生于木质钩状的花梗上,因状似鹰爪而得名,花两性,径 2.5~3 cm;萼片 3,卵形,长约 8 mm,下部合生;花瓣 6,2 轮,镊合状排列,外轮比内轮大,卵状披针形,近基部凹陷、收缩,长 3~4.5 cm,宽约 1 cm,黄色或淡绿色,极芳香。果卵圆形,长 2.5~4 cm,径约2.5 cm,顶端尖,数个聚生于果托上,绿色。花期 5—10 月,边开花边结果。

原产我国浙江、台湾、福建、江西、广东、广西、云南以及亚洲热带地区。我国南方多有栽培。

热带树种。喜半阴,喜高温至温暖湿润气候,土壤以肥沃、疏松、排水良好为佳。生性强健,适应性强。播种和扦插繁殖。

叶色终年翠绿亮泽,花自然下垂,小巧玲珑,芳香馥郁,聚合果青翠可爱,是优良的藤蔓类植物,可丛植于庭园、水滨或草坪等处,也可蔓生于花棚、花架、花墙之上。另外,鹰爪的花含芳香油,还可作为香水化妆品和熏茶的原料。

10.2.3 光叶子花 *Bougainvillea glabra* Choisy.

别名:簕杜鹃、三角花、宝巾、光叶九重葛、角花、贺春梅。紫茉莉科,叶子花属。

图10.3　光叶子花

1. 花枝一段;2. 苞片和花;
3. 花着生在苞片上;4. 花剖开
（引自中国植物志）

常绿蔓性灌木,茎粗壮,分枝长而下垂,腋生直刺（园艺品种无刺）;枝叶全秃净或近秃净。叶互生,纸质,卵形或阔状披针形,长5~13 cm,宽3~6 cm,顶端急尖或渐尖,基部圆形或阔楔形。聚伞花序顶生或腋生,花两性;花3朵簇生,每朵花基部具1枚较大的苞片,花梗与每一枚苞片的中脉合生,排列成"三角状";苞片叶状,紫色或红色,长2.5~4 cm,被柔毛,宿存;花萼管状,被短柔毛,紫红色或绿色,长1.5~2 cm,具5棱,顶端5~6浅裂,白色或淡黄色;雄蕊6~8;花柱侧生,线形,柱头尖。瘦果长7~13 mm,无毛。几乎全年均可开花。品种繁多,叶状苞片有玫瑰红色、白色、紫色、茄色等,色彩丰富。

原产巴西。世界热带地区和我国南方普遍栽培。

热带藤蔓类植物。喜光,阴蔽环境开花少,甚至生长不良;喜高温高湿气候,耐干热,不耐寒冷、忌水涝和霜冻;对土壤要求不严,在富含腐殖质的肥沃土壤上生长良好,花多色艳。生势健旺,萌芽力、萌枝力极强,耐修剪。扦插繁殖。

枝干粗壮而柔韧,枝叶繁茂,既可蔓生,也可直立生长,株型潇洒脱俗,气度不凡;苞片五彩缤纷,非常醒目,花开时节,一簇接着一簇的叶子花,在绿叶的衬托下,显得分外娇艳,营造出热烈、繁盛的气氛,为优良的藤蔓类植物,用途极其广泛。在公园、庭园或道路绿地等处,列植作绿篱、花篱或花廊;生势健旺,适合栽植作栅栏,经一定时间的修剪就可形成"绿色围墙",很好地兼顾了景观和实用的功能;还可栽植于斜坡、人行天桥等处作垂直绿化;还可盆栽观赏,枝柔韧,耐修剪,适合做各种造型,如球状、蘑菇状、动物形状等;也是岭南树桩盆栽的主要树种。为深圳市和珠海市的市花。

同属的**叶子花**(毛叶子花、美丽叶子花、九重葛、红宝巾、簕杜鹃)*B. spectabilis* **Willd.** ,与光叶子花极相似,其不同点在于本种枝、叶均密被柔毛;叶卵形,长6~10 cm,宽4~6 cm,先端钝,基部较阔;苞片椭圆状卵形,紫色,花萼管被开展的直柔毛,棱角不显著;果长11~14 mm,密被毛。品种繁多,叶状苞片有白色、艳红色、砖红色、紫红色等。

10.2.4　凌霄 *Campsis grandiflora* (Thunb.) K. Schumann.

别名:凌霄花、紫葳、女葳花。紫葳科,凌霄属。

落叶木质藤本,茎蔓长可达10 m以上;茎节上具吸附型气生根。一回奇数羽状复叶对生;小叶通常7~9枚,对生,卵形至卵状披针形,长3~7 cm,宽1.5~3 cm,顶端渐尖,边缘有锯齿,两面无毛。大型而疏松的圆锥花序;花萼钟形,顶端5齿裂或深达中部;花大,呈广漏斗状钟形,稍呈二唇形,花冠裂片5,外部橙红色,喉部黄色,径5~7 cm;发育雄蕊4枚,2长2短,内藏;子房2室,基部为大型花盘所围绕。蒴果长如豆荚,有柄,顶端钝,成熟时室背开裂,由隔膜上分裂成2裂瓣;种子多数,扁平,大型翅2枚。花期6—8月,果期11月。

原产我国山东、河北、河南、江苏、江西、湖北、湖南等省,日本也有分布。

亚热带植物。喜光,较耐阴,喜温暖湿润气候,耐寒,适生于排水良好,肥沃湿润的微酸性土壤,耐干旱,忌积水。通常有播种、分株、压条、扦插繁殖。宜设立支柱,供攀援生长。

凌霄是我国传统的观赏藤蔓类植物,历史悠久,自古深受人们的喜爱和赞赏,因"附木而上,高达数丈,故曰凌霄"。凌霄的美,一是体现在树型,它生长强健,干枝虬曲,以其吸附力极强的气生根和枝蔓缠绕他物向上攀登,体现了一种勇于攀登、直上云霄的气质,使人能见景生情。二是体现在花大色美,其花径达 7 cm,花冠外部橙红色,喉部黄色,色彩调和美丽,使人赏心悦目。宜依附于老树、石壁、墙桓、花架等处,也可栽植于高处,让其柔韧的枝、叶、花自然下垂,别有一番情趣。除观赏外,还可作药用。

同属的**美国凌霄** *C. radicans*(**L.**)**Seem.**,茎蔓长可达 10 m 以上;小叶通常 9 ~ 11 枚,椭圆形至卵状椭圆形,长 3 ~ 6 cm,叶背至少沿中脉有毛;萼裂片短;花冠较小,漏斗状,外边橘红色,边缘鲜红色。原产北美。

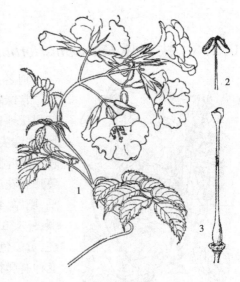

图 10.4　凌霄
1. 花枝;2. 雄蕊;3. 花盘和雌蕊
(引自中国植物志)

10.2.5　**美丽赪桐** *Clerodendrun speciosissimum* Vang.

图 10.5　美丽赪桐

马鞭草科,赪桐属(大青属)。

常绿蔓性灌木,常呈藤本状;茎木质,紫黑色。叶对生,近革质,椭圆形或长圆形,长 8 ~ 10 cm,先端突尖,基部心形,深绿色,边缘浅波状;主脉和侧脉下陷。花为大型圆锥花序,顶生,有多数花;花萼钟状,红色,宿存;花冠高脚碟状,长 3.5 ~ 4 cm,顶端有 5 裂片,鲜红色;雄蕊 4,伸出在花冠外而弯曲;子房 4 室,花柱先端 2 裂。花期 12 月至翌年 4 月。

原产印度尼西亚。在我国南方的广州、厦门等地栽培,生长十分旺盛。

喜光,喜高温湿润气候,不耐寒,不耐干旱,喜肥,以肥沃湿润的沙质壤土为佳。扦插繁殖。

枝叶繁茂,枝条长而下垂,叶色深绿,圆锥花序大型,花色艳丽,花期长,观赏价值极高,为优良的藤蔓类植物,宜栽植于栅栏、花架、花廊、花门和围墙等地作垂直绿化。

10.2.6　扶芳藤 *Euonymus fortunei*（Turcz.）Hand.-Mazz.

图10.6　扶芳藤
1.枝叶;2.果枝;3.花
（引自河南植物志）

别名:趴山虎,爬行卫矛。卫矛科,卫矛属。

常绿攀援型木质藤蔓类植物,长8 m;小枝圆形,生有大量气根伏地匍匐或攀援树上。叶对生,卵形或广椭圆形,至椭圆形,先端尖或钝形,长4~7 cm,边缘有钝锯齿,表面浓绿色,有较淡之叶脉。花小,两性,白绿色,排成腋生、具柄的聚伞花序;萼片和花瓣4~5;雄蕊4~5,花丝极短,着生于花盘上;花盘扁平,肥厚,4~5裂;子房3~5室,藏于花盘内;胚珠每室1~2颗;柱头3~5裂。蒴果黄色,开裂时露出橘红色假种皮,绿、红、黄三色辉映,甚为美丽。花期5—7月,9—11月果熟。常用变种有爬行卫矛 **var. radicans Rehd.**。

原产于我国江苏、河南等省,朝鲜、日本也有分布。

亚热带植物。对光线适应性强,全日照、半阴的环境均能生长,但以阴凉环境为佳;耐寒性稍强。不择土壤,但最适宜在湿润、肥沃的壤土中生长,若生长在干燥瘠薄处,叶质增厚,色黄绿,气根增多。攀附能力较强;对有害气体抗性较强。播种和扦插繁殖。

生长繁茂,叶色深绿有光泽,入秋红艳可爱,可作墙面、林缘、岩石、假山、树干攀援或作地被植物,亦可盆栽观赏。

10.2.7　薜荔 *Ficus pumila* L.

别名:王不留行、馒头郎、凉粉果、凉粉树、鬼馒头、水莲、风不动。桑科,榕属。

常绿攀援型藤蔓类植物;幼时以气生根攀爬于墙壁上或树上,成年后高可达1 m。植物体具乳汁;小枝有褐色绒毛。叶互生,幼时薄革质,心状卵形,长1~2.5 cm,宽0.5~1.5 cm,基部偏斜;成年时厚革质,卵状椭圆形至长圆状椭圆形,长可达4~12 cm,宽可达1.5~4.5 cm,先端钝而急尖,基部微心形;全缘,基3出脉,侧脉3~5对,表面无毛,背面被细毛,粗糙,叶脉凸起、清晰、细密,网脉形成小窝孔;具短柄。雌雄同株,花生于中空的肉质花序托内,形成隐头花序;花序单个腋生于大叶的枝上,倒卵形或梨形,长约5 cm。隐花果肉质,内具小瘦果,成熟时绿带淡黄色。花果期全年。栽培品种有**花叶薜荔（雪荔）'Variegata'**,茎纤细,叶小,具粉红色和

图10.7　薜荔
1.果枝;2.不育枝;3.瘿花;4.雄花;5.叶背面
（引自中国植物志）

乳黄色斑驳。

原产我国长江流域以南至广东、海南各省,越南、日本也有分布。

亚热带植物。对光线适应性强,全日照、半阴的环境均能生长良好;喜高温至温暖湿润的气候,耐干旱和耐寒,喜生于富含腐殖质的土壤。生长较快,萌芽力强,抗烟尘和有害气体能力强。以扦插繁殖为主,亦可播种、压条繁殖,扦插时注意不要用能育枝繁殖,因其失去攀附能力,且不能恢复幼态。

生势健旺,叶质地厚实、深绿发亮,四季常青,梨形花、果,似小莲蓬,垂吊于强劲的果枝上,别具一格,是一种优良的观赏藤蔓类植物,用来绿化楼房或高架桥的墙面、坡面,可形成高约10 m的绿化效果;亦可栽植于假山、岩石上,颇具自然野趣;此外,鸟类对薜荔的果情有独钟,常喜啄食之,故又是招引鸟类,改善生态环境的重要藤蔓类植物。

10.2.8　洋常春藤 *Hedera helix* L.

别名:长春藤。五加科,常春藤属。

常绿攀援型藤蔓类植物。茎具气生根。叶互生,革质,长4~10 cm,叶形变化较大,着生于营养枝上的叶3~5浅裂,生于花果枝上的叶卵形至菱形,先端钝,基部圆形或截形;全缘,叶脉带白色,表面暗绿色,有光泽,背面苍绿色或黄绿色;幼枝、叶柄及叶背具灰白色星状毛。伞形花序单生叶腋;花小,淡黄色。果实球形,黑色。花期8~9月,果期次年4—5月。常用品种有**金边常春藤**'**Aureovariegata**',叶缘黄绿色;**金心常春藤**'**Goldheart**',叶3裂,中心部黄色;**银边常春藤**'**Silver Queen**',叶灰绿色,边缘乳白色;**三色常春藤**'**Tricolor**',叶色灰绿,边缘白色,秋后变深玫瑰红色,春暖时节又恢复原状。

原产欧洲至高加索。从温带到亚热带地区均有栽培。

亚热带至温带植物。喜半阴,喜温暖至凉爽湿润气候,耐寒,栽培以腐殖质的壤土为佳。夏季呈休眠状态,应力求通风凉爽。播种、压条和扦插繁殖均可。

图 10.8　洋常春藤
1. 叶片;2. 花序

常春藤类为优美的攀援型藤蔓类植物。其四季常青,蔓秀叶密;叶形如枫,风姿优雅,有掌状浅裂也有深裂;叶缘有波状也有全缘;叶面既有全绿,也有斑纹镶嵌,变化极为丰富。广泛应用于园林假山、建筑物阴面的墙面、围墙等处,还可盆栽摆设于室内茶几、电脑桌、高柜或悬挂于墙面,均有很好的观赏效果。

同属的**常春藤** *H. nepalensis* K. koch var. *sinensis*(Tobl.)Rehd.,嫩枝疏生锈色的鳞片;营养枝上的叶全缘或3裂,三角状卵形,花果枝上的叶椭圆状卵形或卵状披针形,叶柄细长;伞形花序顶生,花浅绿白色,有香味。原产我国华中、华南各地。

10.2.9　茑萝 *Ipomoea quamoclit* L.

图 10.9　茑萝
（引自中国高等植物图鉴）

别名:羽叶茑萝、五角星花、绕龙花、茑萝松、锦屏封、游龙草。旋花科,茑萝属。

1 年生缠绕性藤蔓类植物;茎纤细,绿色,蔓长可达 4～8 m。叶互生,羽状深裂,裂片线状,长 4～7 cm。聚伞花序腋生,着花 1 至数朵。花冠喇叭状或高脚碟状,长 2.5 cm,径 1.5～2 cm,花冠鲜红色,5 浅裂,呈星形。蒴果卵圆形,熟时褐色;种子褐黑色。夏至秋季开花。

原产美洲热带地区。我国各地均有栽培。

喜光,喜高温多湿气候,耐旱,栽培以肥沃、排水良好的壤土或沙壤土为佳。茎蔓伸长后需立支柱供攀援,并随时调整茎蔓缠绕方向,以使茎叶、花朵均匀。种子繁殖。

茑萝的美显示出一种脱俗、小巧玲珑的美。那翠绿而细腻的羽状衣裳(复叶)在窈窕、修长颇具线条美的身躯(茎)上,摇摇曳曳。粉红、娇小、可爱的喇叭状花似天仙靓女圆圆的脸蛋上挂着天真烂漫而甜蜜的微笑。在旭日、夕阳的映照下,又似一双双会说话的眼睛,楚楚动人。这种柔美,特别适合小花架、盆栽、窗台、阳台、书房、客厅的美化。

同属的**五爪金龙 *I. cairica*（L.）Sweet**,多年生缠绕草本,叶互生,指状 5 深裂几达基部;花冠漏斗状,淡紫色;花期几乎全年。生长旺盛,在缺乏管养的绿地,常逸为野生。**槭叶茑萝(掌叶茑萝、大花茑萝、大红茑)*I. multifida* House**,羽状裂片披针形;花冠五角形,鲜红色。**圆叶牵牛(紫花牵牛)*I. purpurea*（L.）Roth.**,叶为心形,通常不开裂。

10.2.10　金银花 *Lonicera japonica* Thunb.

别名:忍冬、二色花藤、鸳鸯藤。忍冬科,忍冬属。

常绿缠绕性藤蔓类植物,长可达 10 m。枝细长中空,幼枝暗红褐色,密被黄褐色糙毛及腺毛;茎和老枝皮棕褐色,条状剥落。叶对生,卵形至卵状长圆形,长 3～8 cm,先端短渐尖至钝,基部圆形至近心形;全缘,幼时两面被毛,成年时光滑;表面深绿色,下面灰绿色,叶脉凸起清晰。花成对生于叶腋;苞片叶状;萼筒无毛,顶端 5 裂;花冠二唇形,花冠管细长,上唇 4 裂而直立,下唇后转,花冠筒与裂片等长,花冠先白色,后转黄色,芳香;雄蕊 5,伸出;花柱细长,柱头头状。浆果球形,蓝黑色。花期 4—6 月,果期 9—10 月。栽培品种有**黄脉金银花 var. *aureo-reticulata* Nichols**,叶较小,网脉黄色;**红花金银花 var. *chinensis***

图 10.10　金银花
1. 花枝;2. 花的纵剖面;
3. 果放大示叶状苞片;4. 几何叶形
（引自中国植物志）

Baker,花冠外面带红色;**白金银花 var. _halliana_ Nichols**,花色纯白,后变黄色;**紫脉金银花 var. _repens_ Rehd.** ,小枝、叶柄、嫩叶带紫红色,花冠淡紫色。

原产我国,广布南北各省区;朝鲜、日本也有分布。

温带及亚热带树种。喜光,耐半阴,喜温暖至高温湿润气候,耐寒,耐干旱和水湿,对土壤要求不严,酸性、碱性土壤均能适应。根系发达,萌蘗力强,茎着地即可生根。播种、扦插、压条、分株繁殖。

在藤蔓类植物中,金银花是一种既有观赏价值又有药用价值的植物,早为人们所熟悉。春观金银花,藤蔓缭绕,翠绿成簇,一派春色;夏赏金银花,花开不绝,黄白相映,"金银花"因此而得名;冬观金银花,冬叶微红,临冬不落,故有"忍冬"之美誉。金银花气味芳香,颇具田野气息。由于金银花花香叶美,适合配植于篱笆、栏杆、门架、花廊等处,也可在假山和岩坡隙缝间点缀,观其下垂的枝蔓,闻其迷人的花香。

10.2.11　白花油麻藤 _Mucuna birdwoodiana_ Tutch.

别名:禾雀花。蝶形花科,黎豆属。

常绿大型木质藤本。茎缠绕;奇数羽状复叶互生,小叶 3 枚,革质,卵状椭圆形,长 8～13 cm,侧生小叶偏斜,有小托叶。总状花序自老茎上长出,下垂;花冠蝶形,绿白色,长 7～9 cm。荚果木质,长可达 40 cm。花期 4—6 月,果期 6—11 月。

原产江西、福建、广东、广西、贵州和四川。广州及珠江三角洲的庭园中亦常见栽培。

喜光,耐半阴,喜温暖湿润气候,耐寒,不耐干旱和瘠薄,喜肥沃、富含有机质和湿润、排水良好的壤土。种子繁殖。

分枝繁多,须攀于栅架及支柱上生长。盛花期花多于叶,大型总状花序从老茎上生出,作悬垂状,宛如一群群的小鸟在张望,故也称为"禾雀花",十分别致有趣,宜在庭园作栅架或花廊种植,观花及垂直绿化的效果俱佳。

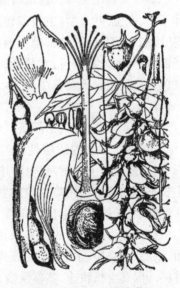

图 10.11　白花油麻藤
(引自中国高等植物图鉴)

10.2.12　玉叶金花 _Mussaenda pubescens_ Ait. f.

别名:野白纸扇、白蝴蝶、白茶。茜草科,玉叶金花属。

多年生缠绕性藤蔓植物。叶对生或轮生,纸质,卵状矩圆形或卵状披针形,先端渐尖,基部圆形;具柄间托叶。聚伞花序顶生,花无柄,花萼裂片 5,部分花的一枚花萼裂片常扩大成白色的叶状,阔椭圆形,长可达 3～4 cm,具有长柄;花萼管陀螺形,裂片 5,裂片的长度为花冠管的 2 倍;花冠高脚碟状,裂片 5,鲜黄色,故名"玉叶金花";雄蕊 5,内藏。浆果肉质。花期5—10 月。

原产我国东部、西南部。分布于长江以南各省区。

喜半阴,喜温暖多湿气候,不耐干旱,喜酸性土壤。栽植时宜设立支柱或棚架供攀援

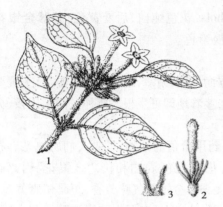

图10.12　玉叶金花

1.花枝;2.花(未开放);3.托叶

(引自中国植物志)

生长。扦插繁殖。

玉叶金花美在花,而花又美在萼片,盛花时节,白玉似的叶状萼片映衬着金黄色的小花,色彩分明,清新素雅,观其花仿佛又回到了令人向往的大自然。因此,玉叶金花的美体现出一种野趣的美,这在藤蔓类植物中是不多见的。可成片种植于长廊、棚架、岩壁、围墙、假山、高层建筑的阳台等处,让人们尽可能的贴近大自然。

10.2.13　异叶爬山虎 *Parthenocissus dalzielii* Gagnep.

别名:爬墙虎、地锦、捆石龙。葡萄科,爬山虎属。

落叶攀援型藤本。卷须顶端常扩大成吸盘,吸附力强。叶革质,互生,叶2型,主枝或短枝上集生有3小叶组成的复叶,侧生较小的长枝常散生有较小的单叶,先端长渐尖,基部心形,边缘有锯齿;卷须嫩时顶端细尖微卷曲;嫩芽为红色或淡红色。聚伞花序;花小,黄色。花期5—7月,果期7—11月。

原产我国西南部、中部至广东。

对气候、土壤的适应性强。喜半阴,常攀附于背阴岩石、树干或墙面上。耐寒,也耐热,但在干热的西晒墙面上,生长不好。抗大气污染。较耐紧实和旱地土壤,但最适宜在湿润、肥沃的土中生长。扦插、压条和种子繁殖。

图10.13　异叶爬山虎

(引自中国高等植物图鉴)

爬山虎为一美丽的垂直绿化树种,是快速绿化建筑墙面、围墙、立交桥、水塔、灯柱等构筑物和山石、树干的极好材料。因其生长快速,茎蔓纵横,吸盘密布,吸着力很强,翠叶匍匐如屏而深受人们的喜爱。爬山虎的叶有大有小,春叶鲜绿,夏叶深绿,秋叶砖红或橙黄,长在墙壁上,夏如绿色的屏障、秋如火红的地毯,它使裸地、裸壁变新颜,把人们带回了五彩缤纷的大自然。

同属的彩叶爬山虎 *P. henryana*(Hemsl.)**Diels et Gilg**,幼叶绿色,背面有白斑或带紫色。三叶爬山虎 *P. himalayana*(Royle)**Planch.**,掌状复叶,小叶3枚,叶小。红三叶爬山虎 *P. himalayana* ‘Rubrifolia’,小叶较小较阔,幼时带紫色。

10.2.14　鸡蛋果 *Passiflora edulis* Sims.

别名:紫西番莲、百香果、洋石榴。西番莲科,西番莲属。

常绿攀援型藤蔓类植物,长可达8 m,卷须腋生。叶互生,纸质,掌状3深裂,长6～

13 cm,宽8~14 cm,顶端短而渐尖,基部圆形,边缘具细锯齿;叶柄长约2.5 cm,近上端有2枚腺体。聚伞花序退化而仅存1朵花,花两性,白色,芳香,径约5 cm;萼片5,嫩绿,背面近顶端有一角状附属物;花瓣5,披针形,与萼片近等长;副花冠裂片4~5轮,外2轮丝状,与花瓣近等长,基部淡绿色,中部白紫色,上部白色,内3轮狭三角形,极短;内花冠皱褶;雄蕊5,着生于雌雄蕊柄上;子房1室,胚珠多数。浆果卵形,长5~7 cm,熟时紫色;种子极多,黑色,具淡黄色黏质假种皮。花期夏秋。变种有**黄西番莲 var. *flavicarpa* Degen**,果熟时黄色,果实风味较鸡蛋果浓郁。

原产巴西。现广植于热带、亚热带地区,我国广东、福建、云南、台湾等省亦有种植。

热带植物。喜光,喜高温至温暖湿润气候,不耐寒,低于10 ℃生长就会受影响,适生于土壤肥沃、排水良好的环境。扦插和种子繁殖。

茎蔓繁茂,叶片翠绿光滑,花大芳香,萼片嫩绿,花瓣白色,由多数丝状体组成的副花冠下部紫色,上部绿色,结构奇特,盛花时节,观其花闻其味,显得素净新颖,娇艳美观。鸡蛋果的果,形似鸡蛋,果汁可制成饮料,盛果季节,累累硕果,垂挂于枝上,亦很美观,适宜作为门前、屋顶、棚架等处的水平绿化以及阳台、墙边、门旁等处的立体绿化。

图10.14　鸡蛋果
(引自中国高等植物图鉴)

10.2.15　牵牛 *Pharbitis nil*（L.）Chois.

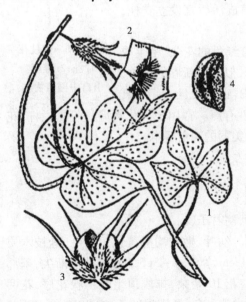

别名:喇叭花、裂叶牵牛、大花牵牛、日本牵牛、朝颜。旋花科,牵牛属。

一年生或多年生缠绕性藤蔓类植物,茎长可达5 m,有毛。叶互生,阔卵状心形,长10~15 cm,常3裂,深达叶片中部。聚伞花序腋生,花大,1~3朵,漏斗状,径在10 cm以上;萼片线形,长至少为花冠筒之半,并向外扩展;花冠5浅裂,边缘常呈皱折或波浪状,清晨开花,中午凋谢闭合。花色有紫、蓝、红、粉、白及蓝白、红白相间等色。花期5—10月。

原产南美。广泛栽培于全世界,以日本最盛,我国各地也十分常见。

喜光,喜高温至温暖干燥的气候,不耐霜冻;对土壤要求不严,耐干旱瘠薄,但栽培品种喜疏松、肥沃、排水良好的土壤。短日照植物;花朵通常只清晨开花。应适时用细杆设架或线绳牵引令其缠绕。种

图10.15　牵牛
1.叶片;2.花;3.果实;4.种子

子繁殖。

牵牛花是夏秋季节人们最熟悉的藤蔓类观花植物,它叶翠枝繁,花朵像一个个五颜六色的小喇叭,每天迎着朝阳开放,煞是可爱。尽管每花只开一天,但整体花期长。夏秋季节,每天都能看到鲜花怒放的牵牛。由于牵牛花的茎蔓延性强,扩展迅速,叶片浓密,是垂直绿化及小型花架的常用材料,它除了可作篱边的爬藤植物外,还可作小庭院、居室窗前的遮阴及花廊、花墙、阴棚、地被等处的美化和绿化。

同属的**野牵牛(姬牵牛)** *Pharbitis abscura*,花冠黄色。**锐叶牵牛** *Pharbitis acuminata*,叶锐尖,花深紫红色。**夜牵牛(晚欢花)** *Pharbitis alba*,花冠白色。**杂交牵牛** *Pharbitis × hybrida*,花冠紫红色,边缘及花冠裂片交汇处白色,非常优美。

10.2.16　炮仗花 *Pyrostegia venusta*（Ker-Gawl.）Miers.

别名:炮仗藤。紫葳科,炮仗花属。

常绿攀援型木质藤本,茎长一般可达 7～8 m,最高可达 20 m。羽状复叶对生,小叶 2～3 枚,顶生小叶变态成线形或呈 3 叉状卷须,小叶卵形或卵状椭圆形,先端长渐尖,基部宽楔形或近钝圆,边缘全缘;叶面亮绿色,有光泽;小叶柄长约 2 cm。圆锥状聚伞花序顶生,下垂,花多达 20～30 朵;花萼钟状,先端 5 齿裂;花冠橙红色,管状,顶端 5 裂,稍呈二唇形,裂片钝,向外反卷;发育雄蕊 4 枚,2 枚自筒部伸出,2 枚达花冠裂片基部。蒴果长线形,种子具膜质翅。花期 1—6 月。

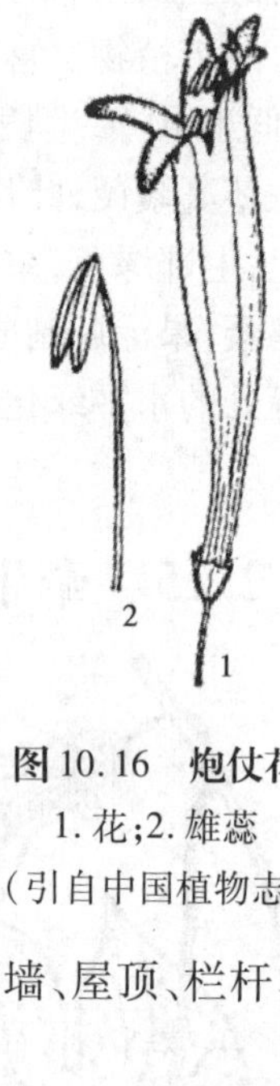

原产巴西。我国华南地区、海南省、云南南部、福建厦门等地均有栽培。

热带至亚热带树种。喜光,喜高温至温暖湿润气候,不耐寒,适生于肥沃、湿润、疏松、排水良好的酸性土壤。生势健旺,定植成活后宜设立支柱,供攀援生长。压条或扦插繁殖。

炮仗花美在艳丽的花朵。盛花时节,花多叶少,橙红色的花朵,密生成串,累累下垂,花蕾似锦囊,花冠若馨乐钟,花丝如点绛,似喜迎新春的爆竹,栩栩如生;远眺炮仗花,金碧辉煌,亮丽耀眼,此时此刻,正值元旦、春节,真是"爆竹一声除旧",炮仗花怒放喜迎佳节,此时无声胜有声。常用于美化篱墙、屋顶、栏杆、花廊、花壁、花门或阴棚等处,显得富丽堂皇。花期长,是美丽的观赏藤本。

图 10.16　炮仗花
1.花;2.雄蕊
（引自中国植物志）

10.2.17　使君子 *Quisqualis indica* L.

别名:史君子、留球子、四君子、留求子。使君子科,使君子属。

常绿或半常绿攀援型藤蔓类植物,茎长可达 8 m。幼叶、嫩枝均有黄色短柔毛,老枝木质化。叶对生或近对生,薄纸质,卵形或椭圆形,长 5～11 cm,宽 2.5～5.5 cm,先端短渐尖,基部圆,全缘或微波状;叶片脱落后叶柄残部坚硬呈刺状。花 10 余朵,排成顶生的穗状花序,花两性;萼筒绿色,细管状,长达 7 cm;花瓣 5,初开时白色,次淡红色,久则深红色;雄蕊 10;子房具 5 心皮,1 室。假蒴果纺锤形,长 2.5～4 cm,具明显的 5 棱,熟时栗褐色,顶部开裂为 3～5 瓣;种

子 1 颗。花期甚长,4—11 月,果期 6—12 月。

原产我国广东、海南、四川、贵州、云南、湖南、广西、江西、福建和台湾等省区,印度、缅甸、印度尼西亚、菲律宾等也有分布。

喜光,稍耐阴;喜高温至温暖湿润气候,长江以南可露地栽培,怕霜冻;在阳光充足、土壤湿润、肥沃、酸性和背风的环境中生长良好;宜设立支柱或棚架供攀援生长。根插和分株成活率最高。

使君子为一美丽的观花型藤蔓植物,生性强健,特别是在华南地区,四季常绿,枝繁叶茂,遮阴效果极佳。其下垂的穗状花序,丽若海棠,蔓延似锦,且具芳香,极为华丽,初开时白色,次淡红色,久则深红色,老而渐红,令人称奇。其种仁炒熟可食,味美如栗,为国产中药中最有效的肠胃驱虫药,因此,使君子集“花美”“叶荫”“果药”于一身,深受人们的喜爱,最适宜于长廊、棚架、花圃、药圃、露地餐厅及茶座等处顶面的绿化,也宜作岩壁、围墙、假山、高层建筑的阳台等处的垂直绿化或作护坡花木。

图 10.17　使君子
1. 花枝;2. 花纵剖面
(引自中国植物志)

10.2.18　大花老鸦嘴 *Thunbergia grandiflora* (Roxb. ex Rottl) Roxb.

图 10.18　大花老鸦嘴
1. 植物一部分;2. 蒴果;3. 花粉粒
(引自中国植物志)

别名:大花山牵牛、大邓伯花、箭头藤。爵床科、老鸦嘴属。

常绿缠绕型粗壮木质藤本,高可达 10 余米。叶对生,革质,阔卵形,长 12 ~ 18 cm,浅裂,先端渐尖,基部心形,两面有毛。总状花序顶生或 1 ~ 2 朵腋生,花序细长下垂。花冠喇叭状,5 裂,径 5 ~ 8 cm,初开时紫蓝色,盛开时浅蓝色,末花时近白色。蒴果长约 3 cm。花期 4—11 月。

原产印度北部、孟加拉,现广植于热带、亚热带地区。我国广东、广西、云南有野生,生疏林下,常缠绕它树而长,生长旺盛时,常形成“绞杀现象”,置他树于死地。

喜温暖潮湿气候,要求阳光充足的避风地,喜土质湿润、排水良好的土壤。通常用扦插繁殖。栽培土以肥沃富含腐殖质的壤土和沙壤为最佳。通风、日照、排水需良好。由于大花老鸦嘴生命力强,设立的棚架要求结实宽大。

茎粗壮,长势旺盛,覆盖面大,显示出一种强大的生命力。花开时节,朵朵成串下垂,蓝紫色的花冠,淡黄色的喉部,花色调和,清淡素雅。大花老鸦嘴的花美,果也美,它的上部具长喙,熟时开裂似乌鸦的嘴,故名。可供缠绕大型花架或用于桥上绿化,繁花映水,十分美观;也可作为地被。

同属的**翼叶老鸦嘴(黑眼花)*T. alata* Bojer ex Sims**,多年生柔弱草质藤本,高 3 m;叶对生,菱状心形或箭头形,叶柄具翅;花腋生,筒状钟形,花冠 5 裂,橙黄色,中心褐黑色,径 3 ~ 4 cm。花期 6—11 月,果期 9—10 月。**非洲老鸦嘴(白眼猫)*T. gregorii***,花冠橙红色,中心淡白色。

10.2.19　葡萄 Vitis vinifera L.

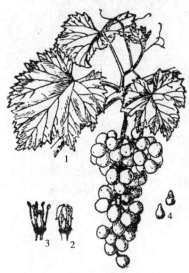

图 10.19　葡萄
1.果枝；2.花；3.花冠脱落后之花；
4.种子
（引自河南植物志）

别名：蒲陶、草龙珠。葡萄科，葡萄属。

落叶攀援型木质藤蔓类植物，具分枝的卷须。叶卵圆形，三裂。圆锥花序与叶对生。花小，黄色，为杂性异株。浆果椭圆状球形，或球形。花期5—6月，果期7—9月。

原产黑海、地中海沿岸一带。我国长江流域以北均有栽培。

对光线的适应性因品种而异，大多数喜光，忌遮阴；喜昼夜温差大的大陆性气候；喜肥，适宜种植于肥沃湿润、质地疏松的土壤，忌重黏土、盐碱土。对土壤的酸碱度要求不严。忌干旱，稍耐水湿。以扦插为主，管理期间应注意水、肥、通风、透光和病虫害的防治。

葡萄是我国家喻户晓的一种攀援型藤蔓类赏果植物。以新疆吐鲁番的葡萄最负盛名。盛夏时节绿叶满架，浓荫覆盖，为人们带来了消暑的凉爽；串串葡萄垂挂于枝，硕果累累，清香甜美，使人陶醉于丰收的喜悦中。确为叶果并佳、遮阴、观赏、经济效益并重的藤蔓类观赏植物。我国相传为汉代张骞出使西域时引种，已有2 000多年的历史，除作为果树栽培外，常应用于棚架、庭园、门前、阳台的绿化。

10.2.20　紫藤 Wisteria sinensis（Sims.）Sweet.

别名：藤萝、朱藤、黄环、绞藤、菖花藤。蝶形花科，紫藤属。

落叶缠绕型木质藤本；茎长可达30 m，皮呈浅灰褐色。奇数羽状复叶互生，小叶对生，披针形，先端长渐尖，基部圆形；新叶淡红色。总状花序，生于枝端或叶腋，长20~30 cm，下垂，有花50~100朵。花冠蝶形，长2~3 cm，蓝紫色至淡紫色，有芳香。荚果，长10~25 cm，外密被黄色绒毛。花期4—5月，果期9—11月。常用品种有**白花紫藤（银藤）var.** *alba*，花白色，芳香馥郁；耐寒性较差；**重瓣紫藤 'Plena'**，花重瓣，蓝紫色；**丰花紫藤 'Prolific'**，花多而丰满，花序长而尖。

原产我国中部，今东北、西北、华东、华中、华南均有栽培，山林中均有野生。

温带植物。喜光，耐半阴，北方地区以种在背风向阳处为佳。喜温暖湿润气候，耐寒，喜湿润、肥沃、

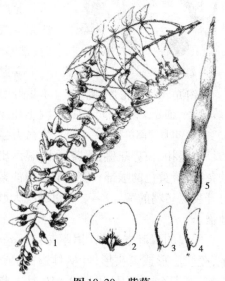

图 10.20　紫藤
1.花枝；2.旗瓣；3.翼瓣；4.龙骨瓣；5.荚果
（引自中国植物志）

排水良好的轻质壤土；在酸碱性土壤中均可良好的生长。对二氧化硫、氯气、氯化氢等多种有害气体有一定的抗性。播种、扦插或压条繁殖。

紫藤是我国著名的观姿类、观花类藤蔓植物，观其"姿"，枝繁叶茂；躯干粗壮、苍劲；老枝盘桓扭绕，形似蛟龙翻腾，气度非凡。观其"花"，秀丽的总状花序，悬挂似串珠，蓝紫色的蝶形花冠，散发出阵阵幽香，黄昏时分，随风摇曳，格外迷人。紫藤是花架、绿廊、凉亭、大门入口，岩石等处优良的垂直绿化材料。紫藤还是上海派盆景的代表材料。由于紫藤是落叶树种，加之花期较短，因此宜与其他常绿藤蔓类植物混植，以弥补其不足。

凡是能攀援的藤本植物一般都可以在地面横向生长覆盖地面，而且藤蔓类植物枝蔓很长，覆盖面积要超过一般矮生灌木的几倍。草本藤蔓枝条纤细柔软，由它们组成的地被细腻漂亮，如茑萝、牵牛等；木本藤蔓枝条粗壮，且绝大部分具有匍匐性，可以组成厚厚的地被层，如常春藤、爬墙虎等，都是优良的藤本地被植物。第 18 章室内观赏植物类中，天南星科的一些种类，如喜林芋属 *Philodendron*、绿萝等及第 17 章草坪与地被植物类中的龟背竹 *Monstera deliciosa*、合果芋等均有旺盛的气生根，也是优良的藤蔓类植物，适合配植于具有高空气湿度的环境，如喷泉假山、驳岸等。

11 一二年生花卉类

11.1 一二年生花卉类概述

通常的一二年生花卉包括三大类：一类是一年生花卉，这类花卉一般在一个生长季内完成其生活史，通常在春天播种，夏秋开花结实，然后枯死，如鸡冠花 *Celosia cristata*、百日草 *Zinnia elegans*、半支莲 *Portulaca grandiflora* 等；另一类是二年生花卉（也称为越年生花卉），在两个生长季内完成其生活史，通常在秋季播种，次年春夏开花，如须苞石竹 *Dianthus barbatus*、紫罗兰 *Matthiola incana* 等；还有一类是多年生作一二年生栽培的花卉，其个体寿命超过两年，能多次开花结实，但在人工栽培的条件下，第二次开花时株形不整齐，开花不繁茂，因此常作一二年生栽培，目前许多重要的一二年生草花均属此类，如一串红 *Salvia splendens*、金鱼草 *Antirrhium majus*、矮牵牛 *Petunia hybrida* 等。

一二年生花卉在栽培技术上有很多共同之处，但二者的生态习性却不尽相同。一年生花卉大多原产热带及亚热带地区，耐寒性差；而大多数二年生花卉原产温带地区，有一定的耐寒力，苗期大多要经过一段 1~5 ℃的低温时期，才能度过春化阶段，否则不能进行花芽分化。多数一二年生花卉均属阳性植物，栽培地点必须有充足的阳光，才能正常成长开花；若日照不足，易导致生育不良，徒长而不易开花。一年生花卉夏秋开花，多为短日照花卉；二年生花卉春季开花，多为长日照花卉。

一二年生花卉种类繁多，同一种类的花卉又有很多的品种和变种，在园林应用中可供选择的材料非常丰富。在植株的高矮上，有的植物非常矮小，高只有 10 cm 左右，如三色堇 *Viola tricolor*、半支莲等；也有些种类的植株高可达 1 m 左右，如波斯菊 *Cosmos bipinnatus*、黄秋葵 *Abelmoschus moschatus* 等；有的呈蔓性生长状态如羽叶茑萝 *Quamoclit pennata* 等。它们不仅形态也是多种多样，而且观赏特性也有差异。大部分以观花为主，而羽衣甘蓝 *Brassica oleracea* var. *acephala*、银边翠 *Euphorbia marginata*、彩叶草 *Coleus blumei*、地肤 *Kochia scoparia* var. *trichophylla* 等则以观叶为主，五色椒 *Capsicum frutescens* var. *cerasiform* 则以观果为主，紫罗兰、月见草 *Oenothera speciosa* 等更可闻其芳香。一二年生花卉大多采用种子繁殖，部分种类的后代存在退化现象，故一般使用杂交第一代（F1）的新种子。

一二年生花卉生长季节短,易繁殖、栽培方法简单、对土壤等环境条件要求不严,因此这类花卉栽培非常广泛。又因其开花快,花色丰富而艳丽,花期长且装饰效果强、美化速度快、烘托节日气氛显著等特点成为园林绿化、美化、香化的重要材料,常用来布置花坛、花境、花台、花丛等。在庭园栽植时还可与球根花卉、宿根花卉或灌木等相配植以丰富景观色彩及调节观赏期;有些一二年生花卉还是优良的切花材料。此外一二年生花卉中的藤本种类还可作篱垣及棚架的垂直绿化材料。

11.2　常见一二年生花卉类

11.2.1　三色苋 *Amaranthus tricolor* L.

别名:老少年。苋科,苋属。

一年生草本,高 80~100 cm。茎通常分枝。叶卵状椭圆形至披针形,长 4~10 cm,宽 2~7 cm,叶面常呈红色、紫色、黄色或紫绿色,秋季开花时顶叶全部变为鲜红色或鲜黄色。花腋生或顶生,穗状花序,下垂。胞果,矩圆形,盖裂,种子黑色。主要变种有**雁来红 var.** *splendens*,别名老来娇,花密集成簇,腋生,秋季顶叶全部变鲜红。**雁来黄 var.** *tricolor*,茎叶与苞片均绿色,顶叶于初秋变鲜红黄色。**锦西凤(十样锦)var.** *salicilolius*,幼苗叶片暗褐色,初秋时顶叶变为下半部红色,中部黄色,先端绿色。

图 11.1　三色苋
1. 花枝;2. 雌花;3. 雄花;4. 果实
(引自中国植物志)

原产热带美洲。我国各地有栽培。

喜阳光,好湿润及通风环境;耐旱,耐碱;喜肥。采用种子繁殖为主,亦可用扦插繁殖。

三色苋为观叶植物,在庭园中宜作花坛、花境材料,也可盆栽观赏。

图 11.2　金鱼草
1. 茎基部及根;2. 植株上部;
3. 花冠展开;4. 果实
(引自河南植物志)

11.2.2　金鱼草 *Antirrhinum majus* L.

别名:龙头花、洋彩雀。玄参科,金鱼草属。

多年生草本,茎基部木质化,植株高度 20~90 cm,上部有腺毛。叶下部对生,上部互生;披针形或矩圆状披针形,长 7 cm;先端渐尖,基部狭楔形,边全缘,两面光滑无毛;中脉明显,叶柄短。总状花序顶生,长达 25 cm。花两性,合瓣花,花冠大,唇形,外被绒毛,花色有白、黄、红、紫间色。花期 5—7 月。蒴果卵形,种子细小。品种有大花高株种、中茎种和矮生种,另有重瓣种。

原产地中海沿岸。世界各地广泛栽培。

喜阳光，耐半阴，较耐寒，不耐酷热，宜在疏松、肥沃、排水良好的土壤生长。可用播种繁殖，在秋季8～9月露地苗床播种，出苗快而整齐，初期生长慢。春播因夏季高温，生长不良；也可用扦插繁殖。常作一二年生花卉栽培。

金鱼草花色浓艳丰富，花形奇特，花茎挺直，是初夏和秋冬季花坛优良的配景草花。也可作切花及盆栽装饰室内。

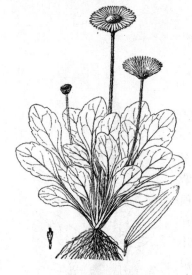

图11.3　雏菊
（引自中国高等植物图鉴）

11.2.3　雏菊 *Bellis perennis* L.

菊科，雏菊属。

多年生矮小草本，高12～15 cm，茎短，叶基生，倒卵形。头状花序，舌状花多数，线形或管状，花白色或红色。花期4—5月。品种多，有纯白、鲜红、深红、粉红等色，同时也有卷瓣、重瓣的品种。

原产西欧。世界各地广泛栽培。

耐寒，适应性强，喜肥沃、湿润和排水良好的沙质壤土。以种子繁殖为主，也可用分株繁殖。9月播种，播后7 d左右发芽。播种苗具2～3片真叶时可移植。每年6月份以后气温高，长势及开花衰减。

雏菊花朵整齐美丽，叶色翠绿可爱，适宜布置花坛、花境边缘，也可盆栽观赏，是春季的主要盆花之一。

11.2.4　荷包花 *Calceolaria crenatiflora* Cav.

别名：蒲包花。玄参科，荷包花属。

多年生草本，作一年生栽培。株高20～40 cm，上部分枝、茎、叶有毛茸；叶卵形或卵状椭圆形，对生。花色变化丰富，单色品种具黄、白、红系各种深浅不同的花色；复色品种则在各种颜色的底色上，具有橙、粉、褐、红等色斑或色点。花形别致，具二唇花冠，上唇小前伸；下唇膨胀呈荷包状，向下弯曲；花柱短，在上下唇之间，花柱两侧各具1枚雄蕊。花径3～4 cm。蒴果，种子细小多数。

原产于墨西哥及智利。荷包花的主要亲本原产在南美厄瓜多尔、秘鲁、智利。现在世界各国温室都有栽培。

图11.4　荷包花
（引自河北植物志）

喜凉爽、空气湿润、通风良好的环境。不耐严寒，又畏高温，要求光照充足，但栽培中要避开夏季的强光。喜肥沃、忌土湿，宜排水良好的疏松土壤。繁殖一般用播种法，但也可扦插。播种期在8月下旬到9月间天气稍微转凉时进行，不宜过早。当幼苗真叶2枚时进行第一次移植，可上7 cm盆，再生出数叶后，换入

盆中。最后定植于 13 ~ 17 cm 盆中,盆土宜腐殖质丰富的肥沃土壤。冬季温度维持 5 ~ 10 ℃,不宜过高,并遮去中午前后的直射光线。12 月至次年 5 月即可开花。

荷包花色彩艳丽,花形奇特,是深受人们喜爱的温室盆花,用于室内布置。目前栽培的品系主要有 3 种类型:①大花系(Grandiflora):花径 3 ~ 4 cm,花茎长 4 ~ 6 cm,花色丰富,多为有色斑者。②多花矮性系(Multiflora nana):花径小,花径 2 ~ 3 cm,着花数多而植株低矮。耐寒性强,适于盆栽。③多花矮性大花系(Multiflora nana grandiflora):介于上述二者之间。较大花系花径小,具多花性。其中以大花系和多花矮性大花系品种为主。

11.2.5　金盏菊 *Calendula officinalis* L.

别名:黄金盏、常春花、长生菊、醒酒花。菊科,金盏菊属。

两年生草本,株高可达 60 cm,被糙毛,多分枝。单叶互生,矩圆形至矩圆状椭圆形,长 5 ~ 12 cm,宽 2 ~ 4 cm,先端急尖或钝尖,基部圆形或近截形,全缘或具疏齿,叶柄短,抱茎。头状花序直径可达 10 cm,夜间闭合,盘边雌花淡黄色至深橙红色;总苞 1 ~ 2 轮,苞片线状披针形。瘦果弯曲。花期春季,在夏季凉爽的地区可延长花期至夏季。

原产南欧。

喜夏季凉爽的气候,有一定的耐寒力,小苗能抗 -9 ℃ 低温。生长快,适应性强,对土壤及环境要求不严,但在疏松肥沃的土壤和日照充足之地生长显著良好。一般以种子繁殖,亦可扦插繁殖。

图 11.5　金盏菊
1. 植株一部分;2 ~ 3. 示茎、叶部毛;
4. 舌状花;5. 筒状花;6. 雄蕊;7. 种子
(引自河南植物志)

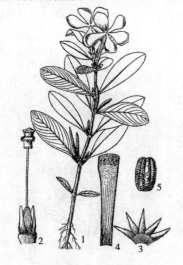

图 11.6　长春花
1. 花果枝;2. 雌蕊和花盘;
3. 花萼展开;4. 花冠筒展开;5. 种子
(引自中国植物志)

11.2.6　长春花 *Catharanthus roseus*(L.)G. Don.

别名:日日樱。夹竹桃科,长春花属。

多年生草本,多作一年生花卉栽培。茎直立,基部木质化,全株有白色乳汁。株高 30 ~ 60 cm,矮生种为 25 ~ 30 cm。单叶,对生,叶腋内及叶腋间有腺体;叶片倒卵状长圆形,膜质,长 3 ~ 4 cm,宽 1.5 ~ 2.5 cm,基部楔形,顶端钝或圆形,边全缘,两面光滑或稍具短柔毛,叶面常为浓绿色而有光泽;叶脉羽状,叶柄短。花单生或数朵腋生,双被花,花筒细,长约 2.5 cm,花冠裂 5,倒卵形,径 2.5 ~ 4 cm,花色有蔷薇红、纯白、白色而喉部具红黄斑等;萼片线状,具毛。蓇葖果,长 2.5 cm,有毛。花期春至深秋。

原产非洲东部。我国南方园林中习见栽培。

喜温暖湿润的气候,排水良好的肥沃沙质壤土。要求阳光充足,忌干热。播种繁殖,也可扦插繁殖,但扦插苗的长势不及实生苗强健。通常以春季播种为主,但为提早开花,可在早春温室播种育苗。花期应适当追肥,花后剪除残花。

长春花花期长,病虫害少,花朵鲜艳,多用于布置花坛,尤其矮性种,株高仅 25 ~ 30 cm,全株呈球形,花朵繁茂,春夏栽于花坛尤为美观。

11.2.7 鸡冠花 *Celosia cristata* L.

图 11.7 鸡冠花
(引自中国高等植物图鉴)

苋科,青葙属。

一年生草本,高 25 ~ 90 cm。茎直立,光滑,有棱线或沟,浅红色或浅黄绿色。单叶,互生,卵状、卵状披针形或线形,边全缘,基部渐狭,顶端长渐尖;叶色常依品种而变化。穗状花序大,顶生,肉质;中下部集生小花,花被膜质,5 片,上部花退化,密被羽状苞片;花被及苞片有白、黄、橙、红和玫瑰紫等色。花期 8—9 月。胞果,内含多数种子,成熟时环状裂开,种子黑色,两面凸透镜形。常见栽培的品种有少分枝,花扁平而皱褶似鸡冠状的普通鸡冠;分枝多而斜出,全株成广圆锥形的子母鸡冠;肉质花序卵圆形,表面流苏状或绒羽状的圆绒鸡冠;全株多分枝而开展,各枝端着生疏松的火焰状花序,表面似芦花状的细穗的凤尾鸡冠。

原产印度。各地园林习见栽培。

喜炎热而空气干燥的环境,不耐寒,宜栽于阳光充足、肥沃的沙质壤土中。生长迅速,栽培容易。播种繁殖。

鸡冠花色彩绚丽,适合于花境、花丛或花坛中布置;亦可作切花,水养持久,制成干花,经久不凋。

11.2.8 千日红 *Gomphrena globosa* L.

别名:团仔花、火球花、圆仔花、百日红、杨梅花。苋科,千日红属。

一年生草本,株高 40 ~ 60 cm,全株密被细毛,植株上部多分枝。单叶,对生,椭圆形至倒卵形,基部楔形,先端圆形,边全缘,两面被毛。头状花序球形,常 1 ~ 3 个簇生于长总梗顶端;花小而密,两性,苞片膜质,紫红色,亦有深红、淡红、金黄、白色等品种,干后色泽不退不落,仍保持鲜艳颜色。胞果。花期自初夏至秋天。

原产印度。我国各地习见栽培。

喜炎热干燥气候,不耐寒,要求向阳地方,土壤要求疏松而肥沃。播种繁殖,一般于9—10月采种。春播,适宜的发芽温度为 16 ~ 23 ℃。栽培管理简便,浇水、施肥不可过多,开花后需进

图 11.8 千日红
1. 花枝;2. 花;3. 去掉苞片的花;
4. 花的解剖;5. 果实
(引自中国植物志)

行修剪和施肥,使其重新抽枝,再次开花。

千日红花色紫红,花期长,适宜作花坛、花境材料。也可作盆栽或切花。

11.2.9　向日葵 *Helianthus annuus* L.

别名:葵花、向阳花。菊科,向日葵属。

一年生粗壮草本,株高 1～3 m,观赏用品种植株通常高 120～180 cm,矮生种高约 40 cm。茎直立,被粗硬刚毛,分枝少。单叶互生,纸质,宽卵形至卵状披针形,长达 30 cm 以上,宽 20 cm 以上,基部宽楔形或圆,先端渐尖或急尖,边缘有锯齿,叶两面有粗毛,三出脉,叶柄长 5～10 cm。头状花序单生茎顶,直径达 35 cm;外围舌状花为雌花,黄色,中心管状花为两性花,紫色。花期 7—9 月。

原产北美。我国各地均有栽培。

喜温热和湿润,要求深厚肥沃、排水良好的土壤。采用种子繁殖。

向日葵花朵硕大,颜色鲜艳,宜作花境或切花。矮生品种可布置花坛或盆栽观赏。

图 11.9　向日葵
(引自中国高等植物图鉴)

11.2.10　凤仙花 *Impatiens balsamina* L.

图 11.10　凤仙花
1.植株;2.侧生萼片;3.旗瓣;
4.翼瓣;5.唇瓣;6.花丝及花药;
7.子房;8.开裂的蒴果;9.种子
(引自中国植物志)

凤仙花科,凤仙花属。

一年生草本。株高 30～70 cm,茎肥厚肉质,近光滑,浅绿或晕红褐色。叶互生,叶片似桃,披针形,长 5～10 cm,宽 1～3 cm,边缘有锯齿;羽状脉。花大,单朵或多朵生于叶腋。萼片 3,1 片具后伸的距,花瓣状。花瓣 5,左右对称,侧生 4 片,两两结合,花色有粉红、紫、白、大红、玫瑰红等,有单瓣和重瓣。蒴果尖卵形,长 1～3 cm,熟时开裂弹出种子。种子球形,黑褐色。花期夏季。

原产中国、印度和马来西亚。常见栽培。

喜阳光,喜温暖,要求肥沃土壤。种子繁殖。4—5 月播种,常用直播法,播后 7～10 d 发芽。幼苗生长快,需及时间苗,5 月中旬定苗,株距 30～35 cm;夏季高温干旱时,应及时浇水,并注意通风,以防得白粉病。

凤仙花的花朵如飞凤,色彩艳丽,花期长,栽培容易,常盆栽观赏或室外片植、丛植。

同属还有**新几内亚凤仙 I. hawkeri *Bull.***,茎肉质,直立,单叶,3～5 片轮生,花大,簇生叶腋,花色丰富,红、紫、粉、白各色均有。**非洲凤仙花**(苏丹凤仙花、何氏凤仙)

I. wallerana Hook. f. ,茎肉质,多分枝,匍匐生长,高10~40 cm,花腋生,单生或排成短的总状花序,花色有紫红、鲜红、白、橙红或混合色。原产非洲,现各地广泛栽培。喜温暖,但忌高温多湿,生长季适温为15~28 ℃,夏季32 ℃以上呈休眠状态;性耐阴,要求排水良好的肥沃土壤。花朵鲜艳,全年几乎有花,是盆栽观赏或布置花坛的材料。

11.2.11 紫罗兰 *Matthiola incana* (L.) R. Br.

图11.11 紫罗兰
1. 花枝;2. 果实,示开裂状;
3. 种子,边缘具膜质翅
(引自中国植物志)

别名:草紫罗兰、草桂花。十字花科,紫罗兰属。

二年生或多年生草本,株高30~60 cm,全株被灰白色星状柔毛;茎直立,基部稍木质化。单叶,互生,长圆形至倒披针形,长6~14 cm,全缘或叶缘微波浪状,先端钝圆,基部渐尖下延,呈叶翼状,两面密被灰白色星状毛;羽状脉,侧脉不明显。顶生总状花序,花梗粗壮;萼片4片,长椭圆形,长约1 cm;花瓣4枚,近卵形,基部具爪,长约15 mm,铺展为十字形,花淡紫色或深粉红色。果实为长角果,圆柱形,长7~8 cm,直径约3 mm,成熟时开裂。种子近圆形,直径约2 mm。花期4—5月。

原产地中海沿岸。现各地普遍栽培。

喜凉爽气候,忌燥热。喜通风良好的环境,冬季喜温和气候,但也能耐短暂的-5 ℃的低温。喜疏松肥沃、土层深厚、排水良好的土壤。用播种繁殖。可于9~10月进行盆播。要先将土壤浇足水,播后不宜直接浇水,只可浸水保持土壤湿润。播后2周可发芽。

紫罗兰花期长,花序也长。可以布置花坛、花境,或作盆花、切花。

11.2.12 美兰菊 *Melampodium paludosum* H. B. K.

别名:皇帝菊、帝王菊。菊科,腊菊属。

一年生草本花卉,株高在30~50 cm,分枝多,茎具短硬毛。单叶对生;椭圆状长圆形,离基三出脉,叶面粗糙,有短硬毛。顶生花序,单生茎顶,边缘为舌状花,中央为管状花,花黄色,舌状花瓣先端具1细齿。瘦果。花期长,6—11月。

原产中美洲。

喜高温湿热环境。生长期耐阴,花后喜光照、耐热、耐干旱,宜生长在疏松肥沃的壤土中。以播种繁殖为主,早春于温室内播种。

本种植株矮小,花金黄色而繁多,可作全日照花坛、花境植物或于草地中成片栽植,也可盆栽于公共环境。

图11.12 美兰菊

11.2.13　矮牵牛 *Petunia* × *hybrida* hort. Vilm. -Andr.

别名:碧冬茄。茄科,碧冬茄属。

多年生草本,常作一年生栽培。株高 20 ~ 45 cm,全株被腺毛。茎稍立起或倾卧带蔓生状。叶互生,椭圆状卵形或倒卵形,长 3 ~ 8 cm,宽 15 ~ 45 mm,顶端急尖,基部阔楔形,全缘,两面具毛,有短柄或近无柄。花单生于叶腋;花梗长 3 ~ 5 cm;花萼 5 深裂,裂片线形,长 1 ~ 1.5 cm,果时宿存;花冠漏斗状,平滑或皱缩,长 5 ~ 7 cm,筒部向上渐扩大,5 浅裂;雄蕊 4 长 1 短;花柱稍超过雄蕊。蒴果圆锥状,长约 1 cm,2 瓣裂。花期 5—9 月。品种多,花有重瓣、单瓣,大花型和小花型。花色有白、粉红、大红、紫、雪青以及鲜红具白色条纹、淡蓝具浓红色脉条、红白、白紫等色相嵌的间色品种。

原产南美。现世界各地广泛栽培。

喜温暖、向阳、通风良好的地方。不耐寒,忌雨涝。喜肥沃的土壤。常用播种繁殖和扦插繁殖。露地播种以 5 月为好,播后约 7 d 发芽。重瓣品种以扦插繁殖,花后取重新萌发的嫩枝作插穗,插后 15 d 左右生根。

矮牵牛的花朵硕大,色彩丰富,花型变化多,在欧美及日本等地广泛栽培,为布置花坛、阳台或盆栽的重要材料。重瓣品种还可作切花材料。

图 11.13　矮牵牛
1. 花果枝;2. 花冠展开;
3. 雄蕊;4. 果实;5. 种子
(引自中国植物志)

11.2.14　半支莲 *Portulaca grandiflora* Hook.

图 11.14　半支莲
(引自中国高等植物图鉴)

别名:太阳花、午时花、龙须牡丹、大花马齿苋。马齿苋科,马齿苋属。

一年生肉质草本,株高约 20 cm,茎细而圆,常匍匐生长,节上有丛毛。叶互生,狭椭圆形或长圆形,两面光泽,边全缘;叶脉不明显,叶柄短或近无。花在茎顶端簇生,直径 2.5 ~ 4 cm,基部有叶状苞片,花瓣颜色鲜艳,有紫红、鲜红、粉红、橙黄、黄、白等色,花瓣有单瓣和重瓣等。蒴果成熟时盖裂,种子小,棕黑色。花期夏秋季。

原产巴西。现我国南方栽培。

喜温暖,要求阳光充足而干燥的环境,在夏季高温、多湿、多阴天情况下,植株易腐烂;耐干旱,阳光充足的条件下,开花繁茂。花朵在中午怒放,在清晨和傍晚阳光不足时关闭。

常用播种和扦插繁殖。4 月露地播种,采用直播法,70 ~ 80 d 后开花。在生长期,选择健壮枝条进行扦插繁殖,极容易生根。

本种植株低矮,茎叶肉质光洁,花朵繁多,色彩丰富,栽培容易,用于布置花坛、花境和岩石园。

11.2.15　一串红 *Salvia splendens* Sellow ex Roemer et Schultes.

图 11.15　一串红
1.茎中部;2.植株上部,示花序;
3.花冠纵剖,内面观,兼示雄蕊;
4.花萼纵剖,内面观;
5.雌蕊;6.小坚果,腹面观
（引自中国植物志）

别名:爆竹红、西洋红。唇形科,鼠尾草属。

多年生草本,常作一年生栽培。株高 20~70 cm,茎直立,四棱形。叶对生,卵状披针形或卵圆形,基部圆形或宽楔形,先端尾状渐尖,边缘具浅锯齿,两面光滑无毛,叶柄长 2~4 cm。总状花序,花多数,被红色柔毛,2~6 朵轮生;苞片卵形,深红色,早落,萼筒钟状,2 唇,宿存,与花冠同色;花冠筒状,先端裂片呈唇形,鲜红色,雄蕊 4 枚,二强雄蕊。小坚果卵形。花期 9—11 月。

原产南美巴西。世界各地园林中广泛栽培。

喜温暖,不耐寒。要求阳光充足,但也能耐半阴,忌霜害。最适生长温度为 20~25 ℃,30 ℃以上则花叶变小。喜疏松肥沃的土壤。播种或扦插繁殖。播种在 3—10 月均可进行,早播则早开花。5—8 月则为扦插时期,一般插后 10~15 d 生根,30 d 后可开花。播种苗具 2 片真叶时可移植,6 片真叶时摘心,只留基部 2 片叶,生长过程中需摘心 2~3 次,以促使多分枝,植株矮壮,枝叶密集,花序增多。

花序长,花色红艳,花期长,适应性强,为园林及城市最普遍栽培的花卉。适宜布置大型花坛、花境。在草地边缘、树丛外围成片种植效果极佳。矮生种可盆栽,用于窗台、阳台美化或屋旁点缀。除红花品种外,还有多种花色如深紫、粉紫、深蓝、乳白、鲜红等。有株高仅 20 cm 的矮生种,也有株高达 70 cm 的高秆品种。

同属种有朱唇 *S. coccinea*;一串紫 *S. horminum*;一串蓝 *S. farinacea* 等。

11.2.16　瓜叶菊 *Senecio cruentus* DC.

别名:富贵菊。菊科,千里光属。

多年生草本,常作二年生栽培。植株高 20~90 cm。头状花序直径 3~12 cm,全株密被柔毛。茎直立,草质。叶大,心脏状卵形,掌状脉,叶缘具波状或多角状齿,形似黄瓜叶,故名瓜叶菊。茎生叶叶柄有翼,基部耳状,根出叶,叶柄也有翼。头状花序簇生成伞房状;每个头状花序具总苞片 15~16 枚,舌状花 10~12 枚,花紫红色,具天鹅绒状光泽。

原产非洲北部大西洋上的加那利群岛。现各国温室栽培。

图 11.16　瓜叶菊

喜凉爽气候,冬惧严寒,夏忌高温。通常在低温温室栽培,也可冷床栽培,可耐 0 ℃左右的低温。栽培中夜间温度不低于 5 ℃,白天温度不超过 20 ℃为宜,生长适温 10 ~ 15 ℃。在温暖地区可作露地二年生花卉栽培。生长期间要求光线充足、空气流通并保持适当干燥。短日照条件能促进花芽分化,花芽分化后,长日照条件可促进花蕾发育。喜富含腐殖质而排水良好的沙质壤土。pH 值 6.5 ~ 7.5 为宜。花期较长,12 月至翌年 5 月。繁殖以播种为主,也可扦插。瓜叶菊从播种到开花的过程中,需移植 3 ~ 4 次。

瓜叶菊花色艳丽,花色异常丰富,且有一般室内花卉少见的蓝色花。其栽培简单,花期长,是最习见的冬春代表性盆花,深受人们喜爱。人工调节期间,从 12 月到次年 5 月都可开花,已成为元旦、春节、"五一"等节日花卉布置的主要花卉。高型品种适作切花。

11.2.17 万寿菊 *Tagetes erecta* L.

别名:臭芙蓉、蜂窝菊。菊科,万寿菊属。

一年生草本或多年生草本,常作一年生栽培。植株高 40 ~ 60 cm。茎粗壮,叶对生或互生,一回羽状深裂,裂片披针形或长矩圆形,叶缘有锯齿,具透明油点,有刺激性气味。头状花序单生,总苞钟状,花全为舌状,花瓣有长爪,边缘皱曲。花色有乳白、黄、橘红、黄绿、橙黄等,花径 5 ~ 10 cm。花期 6—10 月。

原产墨西哥。各地园林习见栽培。

喜温暖,喜阳光,耐干旱,耐轻霜,在半阴和多湿条件下生长不良。对土壤要求不严。繁殖采用种子繁殖和扦插繁殖均可。播种在 3—4 月进行,播后 7 ~ 9 d 发芽。扦插在 5—6 月进行,极易成活。播种苗具 7 片叶时移植,幼苗生长快,应及时摘心促使分枝。

图 11.17 万寿菊
1.花果枝;2.舌状花与果实;
3.筒状花与果实
(引自河南植物志)

开花繁多,花色鲜艳,花期长,栽培容易,是园林中常用的草本花卉。可盆栽观赏或布置花坛。亦可作切花。

同属常见栽培的还有**孔雀草 *T. patula* L.**,一年生草本,高 20 ~ 40 cm,茎多分枝,细长而晕紫色;叶对生或互生,羽状全缘,小裂片线形至披针形。头状花序顶生,花径 2 ~ 6 cm,舌状花黄色,基部具紫斑。园林中用于布置花坛或在草坪中栽植。花期为秋、冬季。

图 11.18 金莲花
1.植株;2.雌蕊
(引自中国植物志)

11.2.18 金莲花 *Tropaeolnm majus* L.

别名:旱金莲。金莲花科,金莲花属。

一年生草本或多年生草本。茎蔓性,近肉质,植株多水液,无毛。单叶互生,盾状着生,叶片圆形,放射状脉,似碗莲,边全缘,具长柄。花生于叶腋,具长梗,两性,左右对称;萼片 5 枚,其中 1 枚

延伸成距;花瓣5枚,具爪;花色繁多,有紫红、粉红、橘红、乳白、橙黄等,有重瓣和单瓣的品种。

原产南美秘鲁。我国园林中习见栽培。

喜温暖湿润和阳光充足环境,喜肥沃、排水良好的沙质壤土。生长期适温为18~24 ℃,冬季温度不低于10 ℃。常用种子繁殖或扦插繁殖。3月播种,种子较大,可直播。播后7~10 d发芽,适温18~22 ℃。幼叶具2~3片真叶时可移植。扦插可在4—10月进行。选取长8 cm嫩茎,插入沙床,10 d左右可生根。为使株形整齐,必须设立支架,需摘心。在南方可作2~3年栽培。

本种茎蔓缠绕,叶形如莲,花朵盛开时,如群蝶飞舞。广泛用于露地布置花坛,花槽或栅篱,盆栽后悬挂在室内或窗台,别具一格。

11.2.19　三色堇 *Viola tricolor* L.

图11.19　三色堇
1.植株;2.带距雄蕊;3.雌蕊
(引自中国植物志)

别名:猫脸花、蝴蝶花。堇菜科,堇菜属。

多年生草本,常作二年生花卉栽培。株高10~25 cm,全株光滑,茎短而多分枝,常倾卧地面。叶互生,基生叶圆心形,边缘具圆齿或锯齿,先端钝圆,基部宽楔形,具长柄;茎生叶较狭,托叶2,宿存,基部羽状深裂。花单生于叶腋,下垂,花梗长,萼片5,宿存,花瓣5枚,不整齐,长达3 cm,其中1枚花瓣有短而钝的距,下面花瓣有线形附属物。花色有紫、红、蓝、粉红、黄、白及双色等品种。花期3—5月。

原产南欧。各地园林习见栽培。

耐寒,喜凉爽环境,怕高温,略耐半阴,在炎热多雨的夏季生长发育不良。耐肥。常用播种、扦插和分株繁殖。9月秋播,播后2周发芽,具3~6片叶时移栽。扦插可在秋季进行。分株则在花后进行。播种苗于11月定植,株距20~30 cm,移栽时需带土。生长期每月施肥1次,开花后停止施肥。

三色堇花色瑰丽,株型低矮,是布置早春花坛的最佳材料。也可用于地面的覆盖,形成独特的早春景观。也适用于盆栽,点缀窗台、阳台和台阶。

11.2.20　百日菊 *Zinnia elegans* Jacq.

别名:鱼尾菊、步步高、百日草。菊科,百日草属。

一年生草本,高50~90 cm。茎直立,被粗毛。叶对生,广卵形至长椭圆形,长4~10 cm,宽3~5 cm,基部抱茎,先端长渐尖或短尾尖,全缘,两面被粗毛;三出脉;无柄。头状花序单生枝端,总花梗长而中空,总苞钟状。花径4~10 cm,外围花舌状,花瓣倒披针形,紫红、鲜红、白、黄等色;中央花管状。瘦果扁平,熟时黑色。花期6—9月。

原产墨西哥。我国南北各地常见栽培。

性强健,喜温暖、阳光充足的环境,亦可耐半阴。要求排水良好的肥沃土壤,较耐旱。种子繁殖或扦插繁殖。发芽适温20~30 ℃,

图11.20　百日菊
1.植株上部;2.舌状花与果实;
3—4.筒状花与果实
(引自河南植物志)

播后 3~5 d 出苗。夏季可用侧枝进行扦插。

百日草宜作花坛、花境、花丛栽植。矮性品种可盆栽观赏,高秆品种适作切花。

11.3　结　语

①一二年生花卉指在一个或两个生长季内完成其生活史,开花结实后枯死的一类花卉。

②本章介绍园林常用一二年生花卉种类 24 种。

③供花坛布置的有鸡冠花、向日葵、三色堇、矮牵牛、长春花、一串红、一串紫、半支莲、非洲凤仙、百日菊、金莲花、孔雀菊。

④作切花应用的有万寿菊、百日菊、向日葵、瓜叶菊、矮牵牛、紫罗兰、千日红、鸡冠花。

⑤喜光的种类有鸡冠花、万寿菊、孔雀菊、百日菊、半支莲、三色苋、长春花、向日葵、美兰菊、瓜叶菊、一串红;较耐阴的种类有三色堇、金莲花、凤仙花、非洲凤仙、新几内亚凤仙。

12 宿根花卉类

12.1 宿根花卉类概述

宿根花卉是指可以生活多年而没有明显木质化茎的植物。宿根花卉大致可以分为两类：

(1)耐寒性宿根花卉 耐寒性花卉冬季地上茎叶全部枯死,地下部分进入休眠状态。其中大部分种类的耐寒性强,在我国大部分地区可以露地过冬,春天再萌发。

(2)常绿性宿根花卉 指冬季茎叶仍为绿色,但温度低时停止生长,呈半休眠状态,温度适宜则休眠不明显,这类花卉类型主要原产于热带、亚热带,耐寒力弱,在北方寒冷地区不能露地过冬。

宿根花卉种类繁多,在园林中得到了广泛应用。许多著名的宿根花卉以其绚丽多姿的花形、丰富多彩的花色组成了各类宿根植物专类园,如鸢尾园、菊园(圃)、兰圃等。此外,宿根花卉还可用来布置缀花草坪、庭园、街道、居住区。将宿根花卉和乔灌木、一二年生花卉、草坪合理配置成各类花坛、花境、花丛,形成一个乔、灌、草的复层植物群落,观赏效果极佳,且具有很高的环境效益。

宿根花卉适应性强,对干旱、寒冷、瘠薄、盐碱等不良环境条件有较强的抵抗力,许多种类在北京地区可露地越冬。宿根花卉栽培管理较一二年生花卉简单容易,大多没有特殊要求,一次种植,适当管理即可连续多年开花。

宿根花卉是极好的园林材料,国外应用很普遍,尤其多见于花境、园路、林缘,此外宿根花卉的许多种类还可用来生产鲜切花,在鲜切花生产中发挥着举足轻重的作用。

我国宿根花卉种质资源极为丰富,栽培历史悠久,特别是宿根花卉中的芍药 *Paeonia lacti-flora*、菊花 *Dendonthema morifolium*、罂粟、萱草 *Hemerocallis fulva* 等。与发达国家相比,目前我国在宿根花卉的研究和利用等方面还有很大差距,主要表现为:资源利用率低,尽管我国拥有丰富的种质资源,但资源的开发相对落后,许多优良的种质资源仍处于野生状态,没有得到很好的利用。同时品种资源匮乏,宿根花卉育种工作滞后,缺少拥有自主知识产权的花卉品种,目前应用的许多优良品种大多依赖进口。

12.2 常用宿根花卉类

12.2.1 蜀葵 *Alcea rosea* L.

别名:一丈红、戎葵、吴葵、卫足葵、胡葵、端午锦、大蜀葵。锦葵科,蜀葵属。

多年生宿根草本,植株高可达 2~3 m,茎直立挺拔,丛生,不分枝,全体被星状毛和刚毛。叶片近圆心形或长圆形,长6~18 cm,宽5~20 cm,基生叶片较大,叶片粗糙,两面均被星状毛,叶柄长 5~15 cm。花单生或近簇生于叶腋,有时成总状花序排列,花径 6~12 cm,花色艳丽,有粉红、红、紫、墨紫、白、黄、水红、乳黄、复色等,单瓣或重瓣。果实为蒴果,种子扁圆形。花期5—9 月。

原产我国,在中国分布很广,华东、华中、华北均有。

喜光,不耐阴,地下部耐寒;不择土壤,但忌涝,以疏松肥沃的土壤为好。繁殖可用播种和扦插繁殖。

蜀葵花繁色艳,花期长,是园林中栽培较普遍的的花卉。宜于种植在建筑物旁、假山旁或点缀花坛、草坪,列植或丛植。园艺品种较多,矮生品种可作盆花栽培,陈列于门前,也可剪取作切花,供瓶插或作花篮、花束等用。此外,蜀葵的嫩叶及花可食,皮为优质纤维,全株入药,有清热解毒、镇咳利尿之功效。从花中提取的花青素,可作食品的着色剂。

图 12.1 蜀葵
1.花枝;2.分果片;3.小苞片的毛被
(引自中国植物志)

图 12.2 四季秋海棠
(引自中国高等植物图鉴)

12.2.2 四季秋海棠 *Begonia cucullata* Willd.

别名:瓜子海棠、玻璃翠、常花秋海棠、四季海棠。秋海棠科,秋海棠属。

多年生草本;茎直立,多分枝,肉质;株高 20~50 cm。单叶互生,肥厚近肉质,有光泽,卵圆形或广椭圆形,长 4~7 cm,宽3~5 cm,绿色、古铜色或红褐色,基部斜圆形,边缘有锯齿,齿端具一粗毛;托叶斜矩圆形,长约 8 mm,早落。聚伞花序生于叶腋,具 2~3 枚膜质总苞片;花单性,雌雄同株,花径约 2 cm,红色、粉红色或淡白色;雄花:萼片 2,宽卵形,基部心形,瓣状;花瓣 2 枚,较花萼稍小,倒卵形;雄蕊多数;雌花:较雄花稍小,基部具苞片 3 枚,顶端撕裂,花被片 5;子房下位,具不等大 3 阔翅,3 室,中轴胎座,花柱 3,胚珠极多。蒴果,有翅。花期几乎全年。

原产巴西,世界各地均有栽培。

喜温暖、湿润、光照充足的环境,稍耐阴,长期蔽阴易徒长而开花少。生长适温 18~20 ℃,低于 10 ℃ 生长缓慢,可耐高温,不耐寒。喜疏松、肥沃、湿润的微酸性土壤,忌积水。要求较高空气湿度,不耐干旱。常用扦插繁殖,只要温度合适,全年均可扦插,温度在 20 ℃ 左右,2 周生根,扦插时水分不宜过多,以免引起腐烂,影响成活率。

四季秋海棠株型低矮,叶色优美,常年开花,既可作盆花栽培,也可作地被植物,在南方多作地被栽培。可作花坛、花境、或在草坪作图案、花纹、色块等装饰植被。

12.2.3　射干 *Belamcanda chinensis*（L.）DC

图 12.3　射干
1. 植株下部；2. 植株上部；
3. 雌蕊；4. 果实；5. 开裂果实
（引自河南植物志）

别名:扁竹、蚂螂花。鸢尾科,射干属。

多年生草本。地下有根状茎和多数须根,根茎鲜黄色。茎高 1~1.5 m。单叶,互生,叶片剑形,长 30~60 cm,宽 2~4 cm,基部有叶鞘,抱茎,端渐尖,边全缘。花序 2 歧分枝顶生,每分枝端聚生数朵花。花被橙红色,上面有深红色斑点。蒴果三角状倒卵形。花期 7—9 月,果期 10 月。

原产我国,日本和朝鲜也有分布。现各地普遍栽培,喜干燥和阳光充足。对土壤适应性强,宜在湿润、疏松、肥沃和排水良好的土壤中生长。耐高温,35 ℃ 以上温度仍能正常生长。分株繁殖。

叶色青绿,生长繁盛,花姿优美,为优良的盆栽植物,也可作地被植物。

12.2.4　大花君子兰 *Clivia miniata*（Lindley）Regel

别名:剑叶石蒜、红花君子兰。石蒜科,君子兰属。

多年生草本。根系肉质,叶基部具假鳞茎。叶片宽大,长 30~80 cm,宽 3~10 cm,二列状交互叠生,2~3 年才衰老脱落,表面深绿色而有光泽,边缘全缘,侧脉不明显。花葶粗壮,呈半圆或扁圆形;每花序着花 7~36 朵,最多可达 50 余朵,直立着生;花被片 6 或更多,2 轮,基部合生成短筒。花色有橙黄、橙红、鲜红、深红等色。主要园艺变种有:黄花君子兰:花黄色,基部色略深;斑叶君子兰:叶片有斑点。

原产南非的纳塔尔。现世界各地广泛栽培,我国长春栽培较多。

性喜温暖湿润,宜半阴的环境。生长适温为 15~25 ℃,10 ℃ 以下生长迟缓,5 ℃ 以下则处于相对休眠状态,0 ℃ 以下会受冻害,30 ℃ 以上叶片徒长,花葶过长,影响观赏效果。要求疏松肥沃、排水良好、富含腐殖质的沙质壤土。繁殖常采用

图 12.4　大花君子兰
（引自北京植物志）

播种法与分株法。

君子兰的花、叶、果兼美,观赏期长,可周年布置观赏,是布置会场、楼堂馆所和美化家庭环境的名贵花卉。

12.2.5 菊花 *Chrysanthemum morifolium Ramat.*

菊科,菊属。

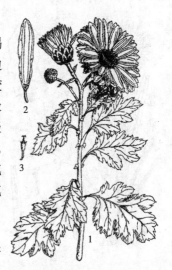

宿根草本。茎基部半木质化,高 60～150 cm,茎青绿色至紫褐色,被柔毛。叶大、互生、有柄,卵形至披针形,羽状浅裂至深裂,边缘有粗大锯齿,基部楔形,托叶有或无,依品种不同,其叶形变化较大。头状花序单生或数个聚生茎顶,微香;花序直径 2～30 cm;缘花为舌状的雌花,有白、粉红、雪青、玫红、紫红、墨红、黄、棕色、淡绿及复色等鲜明颜色;心花为管状花,两性可结实,多为黄绿色。瘦果褐色而细小。花期 10—12 月,种子 12 月下旬至翌年 2 月成熟;也有夏季、冬季及四季开花等不同生态型,其他生态型种子成熟期不同。

原产我国,具有悠久的栽培历史。现世界各地广泛栽培。

菊花耐寒性较强,小菊类在 5 ℃以上即可萌动,10 ℃以上新芽生长。喜光照,但夏季应遮挡烈日照射。喜深厚肥沃、排水良好的沙质壤土。忌积涝及连作。通常扦插繁殖,也有分株。也运用组织培养方式进行增殖和保存名贵品种。

图 12.5 菊花

1. 花枝;2. 雌花;3. 两性花

（引自广州植物志）

菊花品种繁多,花型及花色丰富多彩,选取早花品种及岩菊可布置花坛、花境及岩石园等。且盆栽观赏也深受我国人们喜爱。案头菊及各类菊艺盆景使人赏心悦目。菊花是世界上重要的切花之一,切花可供花束、花圈、花篮制作用。

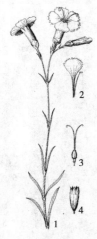

图 12.6 香石竹

1. 植株上部;2. 花瓣和雄蕊;
3. 雌蕊和子房柄;4. 花萼

（引自中国植物志）

12.2.6 香石竹 *Dianthus caryophyllus L.*

别名:康乃馨、丁香石竹。石竹科,石竹属。

常绿亚灌木,常作多年生栽培。株高 30～60 cm;茎、叶光滑微具白粉,茎基部常木质化。叶对生,线状披针形,长 4～6 cm,宽 5～8 mm,边全缘,先端渐尖,基部抱茎,灰绿色,叶脉不明显。花通常单生,或 2～5 朵簇生;花色有白、水红、紫、黄及杂色等;具香气;苞片 2～3 层,紧贴萼筒;萼筒端部 5 裂,裂片广卵形,顶端齿裂;花瓣多数,倒广卵形,具爪。花期 5—7 月。

原产于欧洲南部、地中海沿岸至印度。

性喜空气流通,干燥和阳光充足的环境。喜肥,要求排水良好、腐殖质丰富、保肥性强、呈微酸性反应的稍黏质土壤。不可栽于低洼地,忌连作。喜凉爽,不耐炎热,可忍受一定程度的低温。生长适温 15～20 ℃,冬天夜间温度 7～10 ℃。繁殖可用扦插、播种和压条法繁殖。以扦插为主。栽培中注意灌溉和排水,加强通风及中耕除草。要适时进行摘心和剥除侧芽及侧蕾的操作。

香石竹是世界四大切花之一,是制作插花、花束、花篮、花环、花圈等的极好材料。

12.2.7 非洲菊 *Gerbera jamesonii* Bolus ex Adlam.

图 12.7 非洲菊
（引自北京植物志）

别名:扶郎花、嘉宾菊。菊科,大丁草属。

宿根草本,株高约 60 cm;全株具细毛。叶基生,多数;具长柄,柄长 15 ~ 20 cm,叶片长 15 ~ 25 cm,宽 5 ~ 8 cm,羽状浅裂或深裂,顶裂片大,裂片边缘具疏齿,圆钝或尖,基部渐狭,叶背具长毛。头状花序单生,花梗长,高出叶丛;舌状花大,倒披针形或带形,端尖,3 齿裂,橙红色;筒状花较小,常与舌状花同色,管端二唇状;冠毛丝状,乳黄色;花茎 8 ~ 10 cm。

原产非洲南部的德兰士瓦。

性喜温暖、阳光充足和空气流通。生长期适温 20 ~ 25 ℃,冬季适温 12 ~ 15 ℃,低于 10 ℃则停止生长,属半耐寒性花卉。喜肥沃疏松、排水良好、富含腐殖质的沙质壤土,忌重黏土,宜微酸性土壤,在中性和微碱性土壤中也能生长。繁殖与栽培:用播种、分株和组织培养法繁殖。

非洲菊风韵秀美,花色艳丽,周年开花,装饰性强。切花供养期长,实为理想的切花花卉。也宜盆栽观赏,用于装饰厅堂、门侧,点缀窗台、案头皆为佳品。在温暖地区,做宿根花卉应用,庭院丛植、布置花境、装饰草坪边缘等均有极好的效果。

12.2.8 锥花丝石竹 *Gypsophila paniculata* L.

别名:星花、满天星。石竹科,丝石竹属。

多年生草本,高 90 cm,枝条纤细,分枝多,向四周展开,全株无毛,稍被白粉,性强健。叶对生,披针形至线状披针形,长 2 ~ 4 cm,宽 0.8 ~ 1.2 cm。多数小花组成疏散的顶生圆锥花序;花白色,萼短钟状,长 2 mm,5 裂;花瓣5,长椭圆形,具爪,先端齿裂,小花梗为萼的 2 ~ 3 倍长。花期6—8 月。

原产地中海沿岸。现亚热带地区常见栽培。

丝石竹喜冷凉气候,耐寒性强,耐暑性弱;喜向阳含石灰质的高燥地。繁殖可用播种、扦插、分株繁殖等方法。种子发芽适温为 15 ~ 20 ℃,播种除夏季外,各季均可进行。扦插、分株宜在春、秋季进行。

本种花色雪白,细小而繁多,适于花坛及切花作为插花的配材。

图 12.8 锥花丝石竹
1.植株下部;2.植株上部;3.花和苞片;
4.花瓣和雄蕊;5.花萼和雌蕊;6.果实
（引自中国植物志）

12.2.9　萱草 *Hemerocallis fulva* L.

别名:黄花菜、金针菜。百合科,萱草属。

多年生宿根草本,根状茎粗短,须根肉质,纺锤形,直径约1 cm。叶基生,宽线形或披针形,长30~60 cm,宽2.5 cm,排成2列状,边全缘或波浪状。圆锥花序自叶丛中央抽出,着花6~12朵;花梗长1~2 cm;花两性,花冠阔漏斗状,橘红至橘黄色,长7~12 cm,边缘稍为波状,盛开时裂片反曲;径约11 cm,无芳香。花期6—8月。常用观赏的变种有**重瓣变种** var. *kwanso*、**斑叶变种** f. *wariegata*,叶片具白色条纹;**长筒萱草** var. *longituba*;**斑花萱草** var. *maculata*,花较大,内部有明显的红紫色条纹等。

原产中国南部,各地广泛栽培。中南欧及日本也有分布。

性强健而耐寒,适应性强,又耐半阴,华北可露地越冬。对土壤选择性不强,以富含腐殖质、排水良好的湿润土壤为佳。繁殖以分株繁殖为主,每丛带2~3个芽。若春季分株,夏季就可开花,通常3~5年分株一次。播种繁殖,可在采种后即播,经冬季低温于次春萌发。春播不萌发。萱草类适应性强,在定植的3~5年内不需特殊管理,与开花前后施些追肥长势更盛。

图12.9　萱草
1.植株下部;2.花序
(引自河南植物志)

萱草花色鲜艳、栽培容易,且春季萌发早,绿叶成丛,极为美观。园林中多丛植或于花镜、路旁栽植。

12.2.10　玉簪 *Hosta plantaginea*(Lam)Aschers.

图12.10　玉簪
1.叶;2.花序一部分;3.花被展开
(引自河南植物志)

别名:白萼花、白鹤仙。百合科,玉簪属。

宿根花卉;根状茎粗壮,丛生,须根多数。叶基生,大型,椭圆形或心脏形,叶面光滑,边全缘。花葶挺立于叶丛之上,具1枚膜质的苞片状叶。总状花序,基部有苞片,花白色,有香气。7—9月间开花;花夜间开放,有清香气味。

玉簪花既耐湿又耐干旱,特别耐寒,各地均能露地栽培,喜肥沃、湿润、排水良好的沙质土壤,在阴湿的环境中生长良好。繁殖主要靠分根繁殖,于春季4—5月或秋季9—10月间进行,但以春季为佳。

叶色翠绿,是美丽素雅的夏季观赏花卉,也是弱光条件下的优良地被植物。

12.2.11　鸢尾 *Iris tectorum* Maxim.

图 12.11　鸢尾
1. 植株下部；2. 植株上部；3. 果枝
（引自河南植物志）

别名:蓝蝴蝶、蝴蝶花、铁扁担。鸢尾科,鸢尾属。

多年生丛生宿根草本,植株高 30~50 cm。根茎粗短,淡黄色。叶剑形,纸质、淡绿色,扁平,嵌叠着生而排成一个平面,两面光滑无毛。边全缘;纵向平行脉稍明显。花茎自叶丛中抽出,稍高于叶丛,单一或有二分枝,每枝着花 1~2 朵;花被片 6,基部呈短管状,外轮 3 片大而外弯,倒卵形,蓝紫色,具深褐色脉纹,中胁的中下部有一行鸡冠状肉质突起;内轮小,径约 8 cm,旗瓣较小,淡蓝色,呈拱形直立;花柱花瓣状,与旗瓣同色,蒴果长圆形,三棱形。种子球形,有假种皮。花期 5 月。

原产我国,云南、四川、江苏、浙江等省均有分布。

性强健,耐半阴,耐寒性较强。要求湿润、排水良好的土壤。繁殖通常用分株法繁殖,每隔 2~4 年进行一次,于春季花后或秋季进行,分割根茎时,应使每块具有 2~3 个芽为好。除分株繁殖外,也可播种繁殖。

鸢尾花朵大而艳丽,叶丛美观,可在花坛、花境、地被等进行园林布置,盆栽观赏,或作切花。

12.2.12　长寿花 *Kalanchoe blossfeldiana* Van Poelln.

别名:矮生伽蓝菜。景天科,伽蓝菜属。

多年生肉质草本。茎直立,株高 10~30 cm。单叶对生,卵圆形或卵形,肉质,先端钝圆,基部圆或宽楔形,深绿色,边缘具粗锯齿,叶柄长约 1 cm。圆锥状聚伞花序顶生,具长圆状苞片;花小,每花序有花数十朵,花梗短;花两性,萼片 4,披针形,花瓣 4,卵圆形,花色有绯红、桃红、橙红、黄、橙黄和白等色。花冠长管状,基部稍膨大。花期冬春季,长达半年之久。杂交育成的品种很多,有高性和矮性的品种。

原产马达加斯加,现各地温室栽培。

为短日照植物。喜温暖稍湿润气候,要求充足阳光的环境,不耐寒,夏季怕高温,耐干旱,土壤以排水良好的肥沃壤土较好。繁殖主要以扦插繁殖为主。扦插在 5—6 月或 9—10 月效果较好。扦插时剪取 5~6 cm 的成熟肉质茎,插于沙盆中,插后 2 周可生根。此外,叶插亦能成活。

图 12.12　长寿花

本种叶片密集翠绿,开花时花色丰富,花多而簇拥成团,是盆栽观赏的良好材料。盆栽后,

可布置窗台、案头或花槽、大厅等,亦可用于露地花坛。

同属还有**褐斑伽蓝 K. tomentosa Baker.**,多年生肉质草本,植株高约 40 cm,全株密被灰白色至灰棕色短绒毛。单叶对生,厚肉质,匙状椭圆形,长 3～5 cm,宽 2～4 cm,先端钝圆,基部楔形,边缘大部全缘,仅上部具浅齿,两面灰绿色,顶部边缘齿端着生深褐色或棕色斑纹。株型美观,叶片肉质形似兔耳,叶片边缘着生斑纹,叶面密被绒毛,酷似熊猫,又有熊猫植物的美称。常用作盆栽观赏,装饰客厅。

12.2.13　花叶麦冬 *Liriope muscari* (Decne) L. H. Bailey 'Variegata'

百合科,土麦冬属。

多年生草本,无地上茎,植株高约 30 cm,具肥厚木质的根状茎。须根较粗,顶部或中部膨大成纺锤状肉质小块根。地下具长匍匐枝。叶基生,密集成丛,宽带状,长 20～40 cm,宽 5～16 mm,先端钝,边全缘,绿色,两面有纵长条黄白色斑纹。花葶自叶腋中伸出,直立,总状花序顶生,花小,2～4 朵直立着生于苞腋;花色淡紫色,白色或蓝色;花被片 6;花丝与花药几乎等长。浆果椭圆球形,熟时紫黑色。花期 7—8 月,果期 9—10 月。

原产中国和日本。喜温暖、湿润和半阴环境。较耐寒,怕强光曝晒,忌干旱。宜在疏松、排水良好的沙质壤土中生长。常用分株繁殖。每年 4 月将老株掘起,剪去上部叶片,保留下部 5～7 cm,以 2～3 株丛植于 1 穴,每隔 4～5 年,当植株拥挤时再分株。

图 12.13　花叶麦冬

本种四季常绿,绿色叶片中有黄色纵条纹,十分诱人。夏季开花时,配上淡蓝色花序,更加绚丽,是理想的园林地被和边缘植物,用作花坛或草本的镶边材料。本种亦可盆栽作室内摆设。

图 12.14　天竺葵
1. 花枝;2. 花瓣;
3. 花去花被后,示雌蕊和雄蕊
(引自河南植物志)

12.2.14　天竺葵 *Pelargonium* × *hortorum* L. H. Bailey

牻牛儿苗科,天竺葵属。别名:石蜡红、洋绣球。

多年生草本。茎直立,肉质,后基部变木质,高 20～40 cm,全株密生细毛和腺毛,有鱼腥气味。叶互生,圆形或肾形,叶基部心形,边缘波状浅裂,上有暗红色的马蹄纹,两面有毛,托叶卵形。花形有单瓣或重瓣,花色有红、桃红、粉红、橙红、玫瑰红、白或复色。花期在 12 月至翌年 5 月。

原产南非好望角。喜温暖,忌高温多湿,生育适温 15～

25 ℃;土壤以肥沃的沙质壤土为佳,忌强酸性土壤,排水需良好;喜光,在全日照、半日照情况下生长良好。繁殖用播种或扦插法,春、秋两季为适期。

花繁艳丽,花期长,具有很高的观赏价值,栽培管理容易,是良好的盆栽花卉或露地花卉。

12.2.15　非洲紫罗兰 *Saintpaulia ionantha* H. Wendl.

图 12.15　非洲紫罗兰

别名:非洲堇、圣保罗花。苦苣苔科,非洲紫罗兰属。

多年生基生性常绿草本。植株肉质,表面密被白色绒毛,具极短的地上茎。叶片莲座状排列,卵圆形,基部心形,先端稍尖,长 6~8 cm,宽 5~6 cm,全缘或有锯齿;叶脉两面不甚明显;叶柄长约 5 cm。花单生或成短的聚伞花序,自叶腋间抽出;花茎红褐色,花冠 5 裂,轮状,直径 3~4 cm,裂片卵圆形,花色有深紫罗兰色、蓝紫色、浅红色、白色、红色等色,单瓣或重瓣。花期很长,夏秋冬季均能连续开花。

原产东非的热带地区,现世界各地广泛栽培。我国南方可露地栽培,北方在温室中越冬。

喜温暖湿润的半阴环境。若光照不足,就会开花少而色淡,甚至只长叶不开花;若光照过强又会造成叶片发黄、枯焦现象。生长适温 16~24 ℃,冬季不得低于 10 ℃。夏季放在通风凉爽处养护,避免闷热潮湿的环境和烈日暴晒。可以用扦插法、分株法和组培法。扦插一般于春季选取生长健壮充实的叶片,将叶柄部分插于沙中或插于水中即可。

植株小巧,四季开花,花形俊俏雅致,花色绚丽多彩,是室内的优良花卉。

12.3　结　语

①宿根花卉是指可以生活几年到多年而没有明显木质茎的植物。

②本章介绍了宿根花卉 16 种。

③耐寒性的宿根花卉有蜀葵、鸢尾、玉簪、萱草、锥花丝石竹、菊花、花叶麦冬、射干、香石竹;不耐寒的宿根花卉有非洲紫罗兰、非洲菊、大花君子兰、天竺葵、褐斑伽蓝、长寿花。

④作切花的宿根花卉有玉簪、萱草、锥花丝石竹、菊花、非洲菊、射干、香石竹、长寿花、蜀葵;作地被的宿根花卉有鸢尾、玉簪、萱草、花叶麦冬、射干、非洲菊、大花君子兰。

13 球根花卉类

13.1 球根花卉类概述

　　球根花卉是指地下部分肥大呈球状或块状的多年生草本花卉。依地下肥大部分特征的不同,分成球茎类、鳞茎类、块茎类、根茎类、块根类,其中球茎类的地下茎呈球形或扁球形,外被革质外皮,内部实心,质地坚硬,顶部有肥大的顶芽,侧芽不发达,如唐菖蒲 *Gladiolus hybridus* ,仙客来 *Cyclamen pensicum*;鳞茎类的地下部分极短缩,形成鳞茎盘,如朱顶兰 *Hippeastrum hybridum*,百合 *Lilium brownii var. viridulum*,郁金香 *Tulipa gesneriana*;块茎类的地下茎呈不规则的块状或条状,新芽着生在块茎的芽眼上,须根着生无规律,如大岩桐 *Sinningia speciosa*、花叶芋 *Caladium bicolor* 等;根茎类的地下茎肥大呈根状,肉质,具明显的分枝,具明显的节,每节有侧芽和根,每个分枝的顶端为生长点,须根自节部簇生而出,如美人蕉 *Canna generalis*、姜花 *Hedychium coronarium* 等;块根类的主根膨大呈块状,外被革质厚皮,新芽着生在根茎部分,根系从块根的末端生出,如大丽花 *Dahlia pinnata*。

　　在习性方面,球根花卉均需充足阳光,若光照不足,会影响植株当年和第二年的生长。喜排水良好、富含腐殖质的深厚、肥沃的壤土和沙土。在形态上,球根花卉肥厚的根茎具有较强的抗旱能力,但却易烂根,故生育期间,土壤应保持适当水分。繁殖可采用增殖子球、分株、株芽、扦插等方式,并以前者为主。栽植的深度应适宜,一般为球根纵径的 2～3 倍。但不同种类有差异,如仙客来要露出地面,晚香玉则与地面平。

　　球根花卉种类繁多,花色艳丽,花期长,栽培容易,适应性强,是园林布置中比较理想的植物材料。在南方,主要是盆栽作为春节的年花,也常运用于花坛、花境、岩石园、基础栽植、地被和点缀草坪。

13.2 常用球根花卉类

13.2.1 球根海棠 *Begonia × tuberhybrida* Voss.

图13.1 球根海棠

别名:茶花海棠。秋海棠科,秋海棠属。

多年生块茎花卉。地下块茎呈不规则的扁球形,株高30~100 cm。茎直立或铺散,有分枝,肉质,有毛。叶互生,多偏心脏状卵形,长15~20 cm,宽8~12 cm,先端锐尖,叶基歪斜,边缘具锯齿及缘毛。总花梗腋生;花单性同株,雄花大而美丽,径5 cm以上;雌花小型,5瓣;雄花具单瓣、半重瓣和重瓣;花色有白、淡红、红、紫红、橙、黄及复色等。花期夏秋季。

本种为种间杂交种,亲本主要为原产南美的一些种类。

喜冷凉湿润气候及日光不过强的环境。夏天不过热,一般不超过25 ℃。生长适温15~20 ℃。冬天温度需保持10 ℃左右。生长期要求较高的空气相对湿度。栽植土壤以疏松、肥沃、排水良好和微酸性的沙质壤土为宜。繁殖以播种为主,也可扦插和分割块茎。种子细小,播种采用盆播,用土需以细筛筛过,土面一定要平整,为使播种均匀,可掺些细沙,播后不再覆土,灌水采用盆浸法。保持湿润,20 d左右发芽。

球根海棠姿态秀美,花大色艳或花小而繁密。是世界著名的夏秋盆栽花卉。用以装饰会议室、餐桌、案头皆宜。其垂枝类品种,花梗下垂,花朵密若繁星,枝叶铺散下伸,最宜室内吊盆观赏。其多花类品种,性强健,适宜盆栽和布置花坛。

13.2.2 大花美人蕉 *Canna × generalis* L. H. Bailey

美人蕉科,美人蕉属。

多年生草本,株高约1.5 m。根状茎肉质,粗壮,地上茎直立不分枝,通常茎、叶均被白粉。叶互生,阔椭圆形,长约40 cm,宽约20 cm,两面光滑无毛,先端渐尖或短尾尖,基部楔形;侧脉平行;叶柄鞘状。花序总状,有长梗和宽大的叶状总苞。花大,直径约10 cm,两性,不整齐;萼片3枚,呈苞片状;花瓣3枚,呈萼片状;雄蕊5枚均瓣化

图13.2 大花美人蕉
1.植株上部;2.花
(引自中国植物志)

为色彩丰富的花瓣,有深红、橙红、黄、乳白等色,圆形,直立而不反卷。花期几乎全年。

为人工杂交育成的种系,原种**美人蕉 _C. indica_ L.**,原产美洲热带。

喜温暖炎热气候,好阳光充足及湿润肥沃的深厚土壤。可耐短期水涝。生育适温 25 ~ 30 ℃。适应性强,几乎不择土壤,具一定耐寒性。通常分株繁殖。为培育新品种可用播种繁殖。一般春季栽植,暖地宜早,寒地宜晚。丛距 80 ~ 100 cm,覆土约 10 cm。除栽前充分施肥外生育期间还应多追施液肥,保持土壤湿润。寒冷地区在秋季经 1 ~ 2 次霜后,待茎叶大部分枯黄时可将根茎挖出,适当干燥后储藏于沙中或堆放室内,温度保持 5 ~ 7 ℃即可安全越冬。

大花美人蕉花大色彩丰富,花期长,适合大片的自然栽植,或花坛、花境以及基础栽培。低矮品种盆栽观赏。

13.2.3 **文殊兰** _Crinum asiaticum_ L. var. _sinicum_ Baker.

别名:十八学士、白花石蒜。石蒜科,文殊兰属。

常绿球根花卉,株高可达 1 m。鳞茎长圆柱形,径 10 ~ 15 cm,高 30 ~ 60 cm。叶多数密生,在鳞茎顶端莲座状排列,条状披针形,长 60 ~ 100 cm,宽 10 ~ 14 cm,边缘波状。花葶从叶腋伸出,着花 10 ~ 20 朵;花被片线形,宽不及 1 cm,花被筒细长;花白色,具芳香。果实球形,径约 5 cm。花期 7—9 月。

原产我国广东福建和台湾。常生于海滨地区或河旁沙地。

性喜温暖湿润,耐盐碱土壤,夏忌烈日暴晒,一般生长适温 15 ~ 20 ℃,冬季休眠温度约 10 ℃为宜。性喜肥。宜腐殖质丰富的土壤。繁殖常用播种和分株繁殖。播种通常采种后即播,用土宜沙质壤土或腐叶土。温度保持 20 ~ 25 ℃,播后盆土不宜太湿,约 2 周发芽,待幼苗出土生长后,再逐渐增加浇水量。播后 3 ~ 4 年开花。分株繁殖是于早春或晚秋结合换盆进行。将母株四周发生的吸芽分离,勿伤根系,另行栽植。栽时不宜过浅,以不见鳞茎为度。栽后充分灌水,置避阴处。生长期应经常保持盆土湿润,追施液肥,以使开花美而大。花后及时剪除花葶。夏天移至阴棚下,冬天在冷室越冬。休眠期停止施肥,控制浇水。

图 13.3 文殊兰
1. 植株;2. 花序;3. 一朵花
(引自海南植物志)

叶丛优美,花色洁白或艳丽,多芳香清馥,宜作厅堂、会场布置。暖地可在建筑物附近及路旁丛植。

13.2.4 **仙客来** _Cyclamen persicum_ Mill.

别名:兔子花、萝卜海棠。报春花科,仙客来属。

多年生草本,株高约 30 cm,全株无毛。块茎扁圆形,肉质,外被木栓质。叶生于块茎顶部,丛生,心脏状卵形,长 4 ~ 7 cm,宽 3 ~ 5 cm,边缘具大小不等的圆齿牙,表面深绿色具白色斑纹,

图13.4 仙客来
1.部分植株;2.花;3.雌蕊
(引自福建植物志)

叶背暗红色;叶柄肉质,褐红色。花大型,自叶腋处抽出,单生而下垂,花梗长 15~25 cm,肉质;萼片 5 裂,花瓣 5 枚,基部联合成短筒,开花时花瓣向上反卷而扭曲,形如兔耳,故名兔子花。花色有白、粉、绯红、玫红、紫红、大红等色,基部常有深红色斑。品种依花形可分为:①大花形:花大,花瓣平伸,全缘,开花时花瓣反卷。②平瓣形:花瓣平展,边缘具细缺刻和波皱,叶缘锯齿显著。③洛可可形:花瓣边缘波皱有细缺刻。④皱边形:花大,花瓣边缘有细缺刻和波皱,开花时花瓣反卷。⑤重瓣形:瓣数 10 枚以上,不反卷,瓣稍短,雄蕊常退化。

原产于地中海沿岸东南部,从以色列和约旦至希腊一带沿海岸的低山森林地带。

性喜凉爽、湿润及阳光充足的环境。生长适温 18~20 ℃,冬季适温不宜低于 10 ℃。要求疏松、肥沃、排水良好而富含腐殖质的沙质壤土,土壤反应宜微酸性。繁殖一般采用播种繁殖。播种时期以 9—10 月为佳。另可采取分割块茎方法繁殖,但繁殖系数低。

仙客来的花形别致,娇艳夺目,是冬春季节优美的名贵盆花。也常用于室内布置,摆放花架、案头;点缀会议室和餐桌均宜。用以切花,插瓶持久。

13.2.5 大丽花 *Dahlia pinnata* Cav.

别名:大丽菊、大理菊、芍药、天竺牡丹、地瓜花。菊科,大丽花属。

多年生草本,地下部分具粗大纺锤状肉质块根,形似地瓜,故名地瓜花。株高依品种而异,为 40~150 cm。茎中空,直立或横卧;叶对生,一至二回羽状分裂,裂片卵形或椭圆形,边缘具粗钝锯齿;总柄微带翅状。头状花序具总长梗,顶生,其大小、色彩及形状因品种不同而富于变化;外周为舌状花,一般中性或雌性;中央为筒状花,两性;总苞两轮,内轮薄膜质,鳞片状;外轮小,多呈叶状;总花托扁平状,具颖苞;花期夏季至秋季。瘦果黑色,压扁状的长椭圆形;冠毛缺。大丽花的主要栽培品种有单瓣形、小球形、圆球形、装饰形等品种。花色基本为大红色,也有红、紫、白等色。

原产墨西哥及危地马拉海拔 1 500 m 以上的山地。

图13.5 大丽花
(引自北京植物志)

大丽花既不耐寒又畏酷暑而喜高燥凉爽、阳光充足、通风良好的环境,且每年需有一段低温时期进行休眠。土壤以富含腐殖质和排水良好的沙质壤土为宜。繁殖以扦插及分株繁殖为主,亦可进行嫁接和播种繁殖。栽培通常有露地栽培和盆栽两种方式。

宜作花坛、花境及庭院丛栽;矮生品种最宜盆栽观赏。高型品种宜作切花,是作为花篮、花圈和花束制作的理想材料。

13.2.6　唐菖蒲 *Gladiolus hybridus* Hort.

别名:剑兰、十三太保、苍兰。鸢尾科,唐菖蒲属。

多年生草本,株高 40 ~ 80 cm。球茎扁圆形,有褐色膜质外皮。基生叶剑形,互生,排成二列,草绿色。花葶自叶丛中抽出。穗状花序顶生,具花 8 ~ 20 朵,有白、粉、黄、橙、红、紫、蓝等色,深浅不一,或具复色及斑点、条纹。花朵硕大,交互着生于花序轴上,花被片 6 片,分为内外两轮,通常外轮较内轮肥大,质薄如绸似绢,花瓣边缘有皱褶或波状等变化。

原产非洲和地中海地区。世界各地广泛栽培。

长日照植物,喜光。怕寒冷,不耐涝。夏季喜凉爽气候,不耐过度炎热。球茎在温度 4 ~ 5 ℃时萌动,20 ~ 25 ℃生长最好。1 年中有 4—5 个月生长期的地区都能种植。在长日照情况下能促进花芽分化。花芽分化后经短日照能提早开花。喜肥沃、排水良好的沙质壤土。用播种和分球繁殖,一般采用分球繁殖,播种用于新品种的培育。当秋季叶片有 1/3 发黄时,将球茎掘起,剪去枯叶,将新生的大球及所附的小球逐一掰下,按大小分级,充分晾干后贮藏于 5 ~ 10 ℃的通风干燥处,至翌年春种植。小球需培育 1 ~ 2 年后开花。

图 13.6　唐菖蒲
1. 带球茎的植株下部;2. 花序
（引自中国植物志）

唐菖蒲是国内外常见的球根花卉,花梗挺拔修长,着花多,花期长,花形变化多,花色艳丽多彩,如采用促成栽培可四季开花。主要用于切花瓶插,制作花束、花篮,也可布置花境及专类花坛。

13.2.7　网球花 *Haemanthus multiflorus* (Traft.) Martyn.

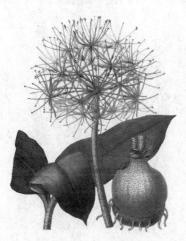

图 13.7　网球花
（引自 Flore des serres et des jardins de l'Europe by Charles Lemaire）

别名:网球石蒜。石蒜科,网球花属。

株高可达 90 cm,鳞茎扁球形,径 5 ~ 7.5 cm。抽生叶片 3 ~ 6 枚,椭圆形至矩圆形,长可达 30 cm,宽可达 10 cm 以上,全缘,斜上伸;叶柄短而成鞘状,花葶直立,高 30 ~ 90 cm,先叶抽出,绿色带紫红斑点;圆球状伞形花序顶生,下承佛焰苞 1 轮,花序径约 15 cm。着生小花 30 ~ 100 朵,血红色;花被片 6 枚,线形或狭披针形,直伸,长为花被筒的 3 倍;雄蕊多数,血红色,突出花被筒外。花期 5—9 月。花谢时叶伸长,入冬后叶变黄而进入休眠。

原产非洲热带。现热带地区有栽培。

性喜温暖湿润气候。生长期适温为 16 ~ 21 ℃,夜间温度 10 ~ 12 ℃。冬季休眠者需保持温度为 5 ~ 10 ℃。夏季宜半阴环境。喜疏松、肥沃而排水良好的微酸性沙质壤土。繁殖常用分株繁殖,也可播种繁殖。网球花多作盆栽,上盆或换盆时应施足基肥,生长期间常施追肥并保持盆土湿润。

花球大,花色艳丽,花密集,为室内装饰的珍贵盆花。

13.2.8 朱顶兰 *Hippeastrum* × *hybridum* Hort.

别名:朱顶红、孤挺花。石蒜科,朱莲属(孤挺花属)。

多年生草本,植株高 20 ~ 40 cm;鳞茎近球形,直径 5 ~ 7.5 cm,外皮黄褐色或淡绿色。叶片阔带状,6 ~ 8 枚,两侧对生,与花葶同出或花后抽出,鲜绿色,长约 30 cm,宽 2.5 ~ 5 cm;花茎中空,高与叶长相近,稍扁,具白粉,着花 2 ~ 6 朵,排成伞形花序;花大型,漏斗状,平展或稍下垂,花被筒长约 2 cm,花被片 6 枚,长圆形,端尖,洋红色;柱头 3 裂;蒴果球形,种子稍扁。花期春季。主要栽培有两类,一类为大花圆瓣类,花大型,花瓣先端圆钝,有许多色彩鲜明的品种。另一类是尖瓣类,花瓣先端尖,性质强健,多用于切花生产。花色有白、粉、红、暗朱红、深红、白花红边、红花喉部白色和白花有朱红条纹等。

本种为杂交种,主要亲本原产南美巴西。现在世界各地广泛栽培。

图 13.8 朱顶兰
(引自河南植物志)

喜温暖湿润气候,稍耐寒。要求阳光不过于强烈的环境,需给予充分的水肥。夏宜凉爽,温度 18 ~ 22 ℃;冬季休眠期要求冷凉干燥,气温 10 ~ 13 ℃,不可低于 5 ℃。要求富含腐殖质、疏松肥沃而排水良好的沙质壤土。常用分球和播种繁殖。采后即播种则发芽良好。播后置半阴处,保持湿润,温度 15 ~ 18 ℃,约两周即可发芽,若温度 18 ~ 20 ℃,则 10 d 发芽。分球繁殖:于 3—4 月将母球周围的小鳞茎取下繁殖。8 月以后生长逐渐停止,灌水量也随之次递减少直至停止,入冬后保持干燥,温度 10 ~ 13 ℃,促其充分休眠。

朱顶红花大色艳,叶片鲜绿洁净,宜于切花和盆栽观赏。此外还可配置于露地庭院中,如花坛花径和林下的自然式布置。

13.2.9 风信子 *Hyacinthus orientalis* L.

别名:洋水仙、五色水仙。百合科,风信子属。

多年生草本,鳞茎球形或扁球形,外被有光泽的皮膜,其色常与花色有关,有紫蓝、粉或白色。叶基生,4 ~ 6 枚,带状披针形,端圆钝,质肥厚,有光泽。花葶高 15 ~ 45 cm,中空,总状花序密生其上部,着花 6 ~ 12 朵或 10 ~ 20 余朵;小花具小苞,斜伸或下垂,钟状,基部膨大,裂片端部向外反卷;花色原为蓝紫色,有白、粉、红、黄、蓝、堇等色,深浅不一,单瓣或重瓣。蒴果球形。花期春季。

原产南欧地中海东部沿岸及小亚细亚一带。现世界各国多有栽培,而以荷兰栽培最多。

图 13.9 风信子
1.鳞茎;2.植株;3.花;4.雌蕊;5.雄蕊
(引自河南植物志)

喜冬季温暖湿润,夏季凉爽稍干燥,向阳或半阴的环境。耐寒性强,冬季可耐 -35 ℃的低温,但冬季最低温度为 8 ℃时也可生长,故适应性较广。要求富有腐殖质肥沃而排水良好的沙质壤土。通常分球繁殖。秋季栽植前将母球周围自然分生的子球分离,另行栽植。为培育新品种亦可播种繁殖,种子采后即播,培养 4 ~ 5 年能开花。栽培管理时应注意:

①栽培后期应节制肥水,避免鳞茎"裂底"而腐烂。

②及时采收鳞茎,过早采收,生长不充实,过迟常遇雨季,土壤太湿,鳞茎不能充分阴干而不耐储藏。

③储藏环境必须保持干燥凉爽,将鳞茎分层摊放以利通风。

④鳞茎不宜留土中越夏,每年必须挖起储藏。

风信子为重要的春季球根花卉,其品种繁多,花期早,花色明快而艳丽,最宜作切花,花境,花坛布置或草坪边缘自然丛植。中矮品种可盆栽观赏。

13.2.10　蜘蛛兰 *Hymenocallis littoralis*（Jacq.）Salisb.

别名:水鬼蕉、蜘蛛百合。石蒜科,蜘蛛兰属。

多年生草本,植株高 40 ~ 80 cm,全株无毛。鳞茎大型,卵形,直径 7 ~ 11 cm。叶扁平,剑形,先端急尖,近直立,鲜绿色,长 50 ~ 80 cm,宽 3 ~ 6 cm。花葶扁平,实心,高 30 ~ 70 cm;花白色,芳香,无梗,排成伞形状,下承以卵状披针形的苞片;花被管长筒状,长短不一,长 15 ~ 18 cm,下部扩大,花被片 6 枚,线形,较花被筒短。雄蕊 6 枚,花丝下部合生成钟形或阔漏斗形的副冠。花期春末至夏季。

原产美洲热带地区。现我国热带、亚热带地区有栽培。

喜温暖、湿润和半阴环境。怕阳光直射,盛夏季节稍遮阴。宜黏质壤土。繁殖常用分株繁殖。在春季将成熟母株周围的子株分栽。

蜘蛛兰的花形奇特,花姿潇洒,色彩素雅,叶色深绿,是布置庭园和室内装饰的佳品,宜盆栽观赏或地栽于树下或遮阴处。

图 13.10　蜘蛛兰

13.2.11　百合 *Lilium brownii* F. E. Br. ex Miellez var. *viridulum* Baker

百合科,百合属。

多年生草本。鳞茎扁平状球形,外无皮膜,由多数肥厚肉质的鳞片抱合而成。径 6 ~ 9 cm。黄白色有紫晕。地上茎直立,高 60 ~ 120 cm,略带紫色。叶披针形至椭圆状披针形,多着生于茎之中上部,且愈向上愈小至呈苞状。具平行叶脉。花 1 ~ 4 朵;平伸;乳白色,背面中部带褐色纵条纹;茎约 14 cm;花药褐红色,花柱极长;极芳香;花期 8—10 月;蒴果 3 室;种子扁平。

原产我国南部沿海各省以及西南诸省,河南、河北、陕西亦有分布。于 1704 年输入欧洲,1681 年传入日本。现各地广泛栽培。

喜冷凉湿润气候,耐热性较差;要求肥沃,腐殖质丰富,排水良好的微酸性土壤及半阴环境。

图 13.11　百合
1.植株上部;2.鳞茎;3.雌蕊;
4.雄蕊;5.内花被片;6.外花被片
（引自中国植物志）

百合的繁殖方法较多,可分球、分珠芽扦插鳞片以及播种等。以分球法最为常用;扦插鳞片亦较普遍应用,而分珠芽和播种则仅用于少数种类或培育新品种。栽培时宜选半阴环境或疏林下,要求土层深厚、疏松而排水良好的微酸性土壤,最好深播后施入大量腐熟堆肥、腐叶土、粗沙等以利土壤疏松和通气。栽植时期多数以花后 40 ~ 60 d 为宜。秋季开花种类可较迟栽植。百合的栽植宜深,一般深度为 18 ~ 25 cm。

百合的品种繁多,花期长,花大美丽,有色有香,为重要的球根花卉。最宜大片群植或丛植疏林下,草坪边,亭台畔以及建筑基础栽植。亦可作花坛、花境及岩石园材料或盆栽观赏及作切花。

13.2.12　中国水仙 *Narcissus tazetta* L. var. *chinensis* Roem.

别名:水仙。石蒜科,水仙属。

多年生草本,鳞茎肥大,卵状至广卵状球形,外被棕褐色皮膜。叶狭长带状,长 30 ~ 80 cm、宽 1.5 ~ 4 cm、端钝圆,边全缘。花葶于叶丛中抽出,稍高于叶,中空,筒状或扁筒状。一般每球抽花葶 1 ~ 2 支,若肥水充足,生长健壮的大球可出 3 ~ 8 支或更多;每葶着花 3 ~ 11 朵,通常 4 ~ 6 朵,呈伞房花序;花白色,芳香;副冠高脚碟状;花期 1—2 月。

原产地中海地区。据考原种**法国水仙** *N. tazetta* 在唐初由地中海传入中国。中国水仙为原种在我国的逸生变种,现浙江、福建等省有野生分布。

中国水仙性喜温暖湿润气候及阳光充足的环境,尤以冬无严寒,夏无酷暑,春秋多雨的环境最为适宜。对土壤要求不甚严格,除重黏土及沙砾地外均可生长,但以土层深厚肥沃湿润而排水良好的黏质壤土最好,土壤 pH 值以中性和微酸性为宜。繁殖以分球为主,鳞茎内的芽点较多,发芽后均可成长为新的小鳞茎,将母球上自然分生的小鳞茎分离即可另行栽植。为培育新品种,用播种法。水

图 13.12　中国水仙
（引自河北植物志）

仙的大面积栽培,可于 9 月下旬选择温暖湿润,土层深厚肥沃的环境进行栽植,第二年夏季叶片枯黄时将球根挖出,储藏于通风阴凉的地方,来年再行栽植。

中国水仙株丛低矮清秀,花形奇特,花色淡雅,芳香,久为人们所喜爱。既适宜室内案头,窗台点缀,又宜园林中布置花坛、花境;也宜疏林下,草坪上成丛成片种植。

13.2.13　郁金香 *Tulipa gesneriana* Linn.

百合科,郁金香属。

多年生草本植物,鳞茎扁圆锥形或扁卵圆形,长约 2 cm,外被淡黄色纤维状皮膜,皮膜内面顶

部具少量伏毛。叶3~5枚,条状披针形或卵状披针形,长10~21 cm,宽1~6.5 cm;花单朵顶生,大型而艳丽,花被片6,倒卵形,长5~7 cm,宽2~4 cm,红色、鲜黄色或紫红色,具黄色条纹和斑点;雄蕊6枚,等长,花丝离生,花药长0.7~1.3 cm,花丝基部宽阔,无毛;雌蕊长1.7~2.5 cm,花柱3裂至基部,反卷。花形有杯形、碗形、卵形、球形、钟形、漏斗形、百合花形等,有单瓣也有重瓣。花色有白、粉红、洋红、紫、褐、黄、橙等,深浅不一,单色或复色。花期一般为3—5月,有早、中、晚之别。蒴果3室,室背开裂,种子多数,扁平。

原产欧洲,我国引种栽培。本种为广泛栽培的花卉,因历史悠久,品种很多。郁金香具适应冬季湿冷和夏季干热的特点,其特性为夏季休眠、秋冬生根并萌发新芽但不出土,需经冬季低温后第二年2月上旬左右开始伸展生长形成茎叶,3~4月开花。生长开花适温为15~20 ℃。花芽分化是在茎叶变黄时将鳞茎从盆内掘起的贮藏期间进行的。

宜作切花或盆栽,也可植于花坛或林缘、草坪四周。

图13.13 郁金香

13.2.14 大岩桐 *Sinningia speciosa* Benth. et Hook.

图13.14 大岩桐
(引自北京植物志)

苦苣苔科,大岩桐属。

多年生球根花卉。地下具扁球形块茎。株高12~25 cm,茎极短,全株密布绒毛。叶对生;长椭圆形或长椭圆状卵形,长8~15 cm,宽4~8 cm,先端钝,基部宽楔形或圆,边缘有钝锯齿;叶背稍带红色。花梗比叶长,顶生或腋生,每梗1花;萼裂片5,披针形,花冠阔钟形,裂片5,矩圆形,花径6~7 cm;花色有白、粉、红、紫、董青色等。花期春夏季。

原产南美巴西。现世界各地普遍温室栽培。

喜温暖湿润,喜肥,生长期要求高温、潮湿及半阴环境,通风不宜过分。冬季休眠期保持干燥,温度8~10 ℃。栽植用土以疏松、肥沃而排水良好的腐殖质土壤为宜。繁殖主要采用播种繁殖,也可扦插及分球。播种在室温18 ℃以上均可进行,而以8—9月播种最佳。种子小,播种宜用疏松、肥沃、排水良好的培养土。扦插可采用叶插和芽插。

大岩桐花朵大,花色浓艳多彩,花期很长,是深受人们喜爱的温室盆栽花卉。宜布置窗台、几案、会议桌或花架上。

13.2.15 葱兰 *Zephyranthes candida* (Lindl.) Herbert

别名:风雨花、玉帘、葱莲、韭兰。石蒜科,玉帘属。

多年生常绿草本,植株高15~20 cm,地下有小而颈部细长的鳞茎,直径2~2.5 cm。叶基生,线形,稍肉质,具纵沟;鲜绿色。花葶自叶丛中抽出,苞片膜质,褐红色。花白色,无筒部;花被片6,椭圆状披针形;花径3~4 cm。花期7月下旬至11月初。

原产于古巴、秘鲁等地。

要求阳光充足,排水良好,肥沃而略带黏质土壤;耐半阴及低湿环境,喜温暖,但具一定耐寒性。繁殖主要用分球繁殖,每一母球可自然分生3~4个子球,春季将子球分离另行栽植,培养2年即可开花,也可播种繁殖。春季种植,宜3~4球穴栽一处,间距15 cm,深度以鳞茎芽顶稍露土面或与之齐平即可。保持土壤湿润,适当追肥。一经栽植,可连年开花繁茂,不必每年挖球重栽。

本种花期长,花色雅致,最宜林下、坡地栽植作地被。也可作花坛、花境的边缘镶边或点缀,也可盆栽观赏。

同属的**小韭兰 Z. rosea Lindl.**,花色深桃红色,花瓣较小。园林用途相同。

图 13.15 葱兰
(引自中国植物志)

13.3 结 语

①球根花卉是指地下部分肥大呈球状或块状的多年生草本花卉;依地下肥大部分特征的不同,分成球茎类、鳞茎类、块茎类、根茎类、块根类。

②本章介绍常见球根花卉17种。其中:

球茎类有唐菖蒲;

鳞茎类有百合、葱兰、韭兰、小韭兰、中国水仙、朱顶兰、蜘蛛兰、文殊兰、网球花、风信子;

块茎类有球根海棠、大岩桐、仙客来;

块根类有花毛茛、大丽花;

根茎类有大花美人蕉。

③耐寒性球根花卉有百合、花毛茛、风信子、大花美人蕉;不耐寒的球根花卉有葱兰、韭兰、小韭兰、中国水仙、朱顶兰、蜘蛛兰、文殊兰、网球花、大岩桐、仙客来、球根海棠、唐菖蒲。

④喜光的球根花卉有花毛茛、唐草蒲、中国水仙、百合、大花美人蕉;较耐阴的球根花卉有朱顶兰、蜘蛛兰、文殊兰、网球花、大岩桐、仙客来、球根海棠、葱兰、韭兰、小韭兰。

14 仙人掌与多浆植物类

14.1 仙人掌与多浆植物类概述

14.1.1 仙人掌与多浆植物的概念

　　多浆植物是指原产于热带、亚热带干旱地区或森林中,植物中茎、叶具有发达的贮水组织,呈现肥厚而多浆的变态状植物类型。全世界多浆植物包括了 50 多个科共 1 万余种,其中仅仙人掌科就有 140 余属 2 000 种以上。在分类上,它们包括仙人掌科 Cactaceae 与番杏科 Aizoaceae 的全部种类及景天科 Crassulaceae、大戟科 Euphorbiaceae、龙舌兰科 Agavaceae、百合科 Liliaceae、萝摩科 Asclepiadaceae 的相当一部分种类,此外在菊科 Compositae、凤梨科等中也有一部分。这一类植物生态特殊,种类繁多,体态清雅而奇特,花色艳丽而多姿,颇富趣味性。

　　在多浆植物中,其中仙人掌科的多浆植物种类较多,除个别种类外,多原产在南、北美洲热带、亚热带大陆及附近岛屿,多生于干旱的环境,部分种类生于森林中;且它们具有刺座这一特有的结构,故常将仙人掌科植物从多浆植物中单列出来。刺座为垫状结构,常呈圆形、椭圆形或心形,其大小与排列方式随种类不同而变化。刺座上除着生刺和毛外,还常着生叶、花、仔球。番杏科等其他多浆植物的多数种类则原产于南非,仅有少数种类分布于其他洲的热带及亚热带地区。

1)根据原产地生态环境的不同分

　　可把多浆植物分成 3 类:

　　①原产热带、亚热带的干旱地区或沙漠地带,在土壤和空气极为干燥的条件下,多浆植物借助于茎、叶的贮水能力而生存。

　　②原产热带、亚热带的高山干旱地区,由于这些地区水分不足、日照强烈、大风及低温等环境条件,形成了这些地区的矮小的多浆植物。这些植物的叶片多呈莲座状、或密被蜡层及绒毛,以减弱高山上的强光及大风危害,减少过分的水分蒸腾。

③原产热带森林中,附生于树干或岩石上,形成肉质的茎和攀援作用的气根。

2)根据多浆植物形态不同分

可把多浆植物分成两类:

①叶多浆植物:贮水组织主要分布于叶器官内,因而叶形变异极大,从形态上看整个植株以叶片为主体,茎器官处于次要地位,或不显著。

②茎多浆植物:贮水组织主要在茎器官内,因而茎占主体,多种变态,呈绿色能代替叶片进行光合作用,叶片则退化或仅在茎初生时具叶。

14.1.2 仙人掌与多浆植物的生物学特性

因适应旱生环境的需要,在其生长特性方面有区别于其他植物的一些生物学特点:

(1)鲜明的生长期及休眠期 陆生的大部分仙人掌科植物,由于原产在南北美洲热带地区,该地区的气候有明显的雨季及旱季之分,长期生长于此的仙人掌植物形成了生长期和休眠期交替的习性。在雨季中吸收大量的水分,并迅速地生长、开花、结果;旱季为休眠期,借助贮藏在体内的水分来维持生命。

(2)具有非凡的生理耐旱能力 多浆植物多数具有不同于其他植物的生理代谢途径(景天科酸代谢途径,Crassulaceae acid metabolism,CAM),这些植物在夜间空气的相对湿度较高时,张开气孔、吸收 CO_2,对 CO_2 进行羧化作用,将 CO_2 固定在苹果酸内,并贮藏在液泡中。白天时气孔关闭,既可避免水分的过度蒸腾,又可利用前一晚所固定的 CO_2 进行光合作用。此外,多浆植物的体形多呈球体状或柱状,以在不影响贮水体积的情况下,最大限度地减少蒸腾的表面积。多浆植物多具有棱肋,雨季时可以迅速膨大,把水分贮存在体内;干旱时,体内失水后又便于皱缩。

(3)繁殖方式特点 多浆植物的开花年龄,与植株年龄存在一定的相关性,一般大型的种类,达到开花的年龄也较久,小型种类则到达开花年龄的时间也较短。

14.1.3 仙人掌与多浆植物的观赏价值

多浆植物多数种类具有特异的变态茎,体态奇特,体形或扁平,或圆形,或多角形等,植株表面有各种棱角和刺形,具有独特的观赏效果。多浆植物的花色艳丽,花形变化极丰富,有单瓣、重瓣,有漏斗形、管状、钟状、辐射状,观赏价值极高,因此多浆植物目前已成为很有发展前景的观赏植物,广泛用于室内摆设和园林布置。

14.2 常用仙人掌与多浆植物类

14.2.1 龙舌兰 *Agave americana* L.

别名:美洲龙舌兰。龙舌兰科,龙舌兰属。

多年生高大草本,株高达 2~3 m。叶片肉质,长带状,灰绿色或蓝灰色,长可达 1.7 m,宽 20 cm,基部排列成莲座状。于植株基部簇生;叶缘具疏刺,先端有硬刺尖,刺长可达 3 cm。圆锥花序高达 5~7 m,着生多数小花,花淡黄色。果椭圆形或球形。花期 5—6 月。植株一般在 10 年左右开花,为一次开花植物,花后植株死亡。本种有花叶品种**金边龙舌兰 var. *marginata***,叶缘金黄色。

原产南美,我国广东、广西、云南在田埂上呈篱状栽植。

喜温暖、喜光,生长温度为 15~25 ℃,耐旱性强,要求疏松透水的土壤。生性强健,多采用分生吸芽进行繁殖。冬季可在冷室越冬。

本种株形美观,体现热带特色,宜作盆栽观赏或园林布置。

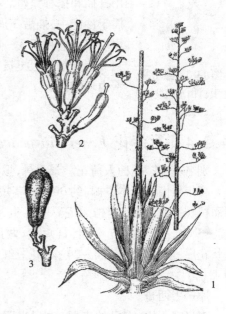

图 14.1　龙舌兰
1.全株(开花期);2.花序上部分花放大;3.果外形
(引自四川植物志)

14.2.2 鼠尾掌 *Aporocactus flagelliformis* (Mill.) Lem.

图 14.2　鼠尾掌
(引自安徽植物志)

仙人掌科,鼠尾掌属。

茎细长,匍匐,多分枝,长可达 2 m,细时亮绿色,后变灰绿色。具浅棱 10~14,辐射刺 10~20,新刺红色,后变黄至褐色。4—5 月开花,花两侧对称,粉红色,昼开夜闭。浆果球形,红色。

原产墨西哥及中美洲。在岩石或大树上悬垂着生。

喜温暖,越冬温度需 10 ℃以上;喜排水、透气良好的肥沃土壤;喜充足阳光。繁殖多用嫁接,在春季或初夏进行。也可用扦插繁殖,生根容易。

鼠尾掌是一种很好的室内观赏植物,适宜盆栽,也可用作吊篮。

14.2.3 燕子掌 *Crassula ovata* (Mill.) Druce

别名:银青锁龙、树景天。景天科,青锁龙属。

常绿小灌木,高约 80 cm,全株无毛。茎圆柱形,节明显,灰绿色,分枝多,小枝褐色。叶对

生,扁平,肉质,椭圆形,长 3 ~ 6 cm,宽 2 ~ 3 cm,先端圆,基部宽楔形,绿色,全缘。花粉红色。

原产非洲南部。

喜温暖干燥和阳光充足环境。不耐寒,怕强光,稍耐阴。土壤以肥沃、排水良好的沙壤土为好,忌土壤过湿。冬季温度不能低于 7 ℃。繁殖常采用扦插和播种繁殖。在生长季节,剪取茎叶肥厚充实的顶部枝条,稍晾干后插于沙床中,插后 3 周左右生根,也可切取单叶,待晾干后扦插,一般插后 4 周生根。播种于 3—4 月或 8—9 月。

燕子掌树冠挺拔秀丽,茎叶碧绿,顶生红色花,十分清雅别致,适宜布置室内环境。

图 14.3 燕子掌
(引自山东植物志)

14.2.4 石莲花 *Echeveria peacockii* Baker

别名:莲花掌、仙人荷花。景天科,拟石莲花属。

多年生肉质草本,株高约 30 cm,茎短,具匍匐茎,因叶螺旋状排列而植株呈莲座状,全株无毛。叶互生,倒卵形,顶端具短锐尖,长宽 2 ~ 3 cm,稍内卷,先端圆,具短尖,两面均呈灰绿色,边缘全缘。总状花序,顶端弯,有花 8 ~ 24 朵,花冠红色,花瓣不张开。花期 7—10 月。

原产墨西哥。

喜温暖干燥,充足的光照,也耐半阴,不耐寒,忌积水黏滞。繁殖采用扦插或分株繁殖,扦插中可用叶插、茎插。

本种株形优美,适盆栽作室内观赏。

图 14.4 石莲花
(引自中国高等植物图鉴)

14.2.5 金琥 *Echinocactus grusonii* Hildm.

别名:象牙球。仙人掌科,金琥属。

茎球形、深绿色;棱约 20 条、沟宽而深、峰较狭;刺窝甚大,被金黄色硬刺呈放射状,7 ~ 9 枚;顶端新刺坐上密生黄色绵毛。20 年以上的球茎可达 50 ~ 80 cm。花着生于茎顶,长 4 ~ 6 cm,外瓣的内侧带褐色;内瓣亮黄色。

原产墨西哥中部沙漠地区。

性强健,喜含石灰质及石砾的沙质壤土。要求阳光充足,但夏季则宜半阴,以防顶部被灼伤。生长适温为 20 ~ 25 ℃,冬季宜维持在 8 ~ 10 ℃。繁殖以播种为主,也可扦插、嫁接。金琥生长较快,每年需换盆 1 次。盆栽土壤可用等量的粗沙、壤土、腐叶土及少量陈灰墙屑混合配成。

图 14.5 金琥

金琥球体碧绿,被金黄色硬刺,顶部有金黄色绵毛,美丽壮观。宜盆栽作室内摆设或在仙人掌专类园中布置。

14.2.6 昙花 *Epiphyllum oxypetalum* (DC) Haw.

别名:月下美人。仙人掌科,昙花属。

附生仙人掌类,株高1~2 m,叶退化。茎稍木质、扁平叶状、有叉状分枝;老枝圆柱形;新枝长椭圆形,边缘波状无刺,深绿色。花大型,生于叶状枝的边缘;花萼筒状、红色,花重瓣、纯白色,瓣片披针形。花期夏季。

原产美洲热带。现热带地区广泛栽培。

本种喜温暖、湿润及半阴的环境条件,生长季应充分浇水及喷水,夏日应有遮阴设备;冬季处于半休眠状态,应有充足的光照,盆土稍干燥些,维持在10 ℃左右即可。易于繁殖,在生长季中剪取扁平的变态茎进行扦插,约经20 d就可生根。昙花一般在晚8—9时开放,约经7 h凋谢,故有"昙花一现"之说。通过改变光照时间,采用昼夜颠倒的方法,处理几天后,可在上午8—9时赏花。

昙花开花时,花大形美,香气四溢,光彩夺目,非常壮观,可盆栽观赏。

图14.6 昙花
(引自广东植物志)

14.2.7 火殃簕 *Euphorbia antiquorum* L.

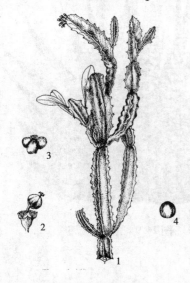

图14.7 火殃簕
1. 植株;2. 花序;3. 蒴果;4. 种子
(引自中国植物志)

大戟科,大戟属。

直立秃净灌木,植株含白色乳汁。茎肉质、粗壮、圆柱形,具短刺。小枝绿色,具浅棱。叶对生,倒卵形,长6~10 cm,宽2~4 cm,先端浑圆,基部狭楔形,边全缘。大戟花序,3枚簇生或单生,总花梗短而粗,生于翅的凹陷处。蒴果。

原产印度。我国各地均有栽培。喜高温气候。要求光照充足。耐干旱。喜排水良好的沙质壤土。繁殖采用扦插繁殖。取嫩茎作插穗,在阴处晾干,或将插穗伤口插入草木灰中,使浆汁吸干,然后扦插在沙床中,置半阴处,保持沙床半干状态,1个月后生根。

火殃簕生长快,四季常青,树形美观。盆栽观赏或布置于园林中。

14.2.8 绯牡丹 *Gymnocalycium mihanovichii* Br. et R. var. *friedrichii* 'Rubra'

图14.8 绯牡丹
(引自河北植物志)

仙人掌科,裸萼球属。

植株球形,直径3~5 cm,球体深红、橙红、粉红或紫红色,易孳生仔球。球体具8棱,有突出的横脊。刺座小,无中刺,辐射刺短或脱落。春、夏季开花,花漏斗形,粉红色,着生于近顶部的刺座上,常常数花同时开放。果细长,纺锤形,红色。

原种原产巴拉圭。现各地温室栽培。

喜温暖和阳光充足,有直射阳光下越晒球体越红,但在夏季高温时应稍遮阴,并使其通风。生长最适温度为20~25 ℃,越冬温度不可低于8 ℃。繁殖可于春季或初夏采用嫁接繁殖。由于球体没有叶绿素,必须采用绿色的量天尺、仙人球、叶仙人掌等为砧木。

绯牡丹球体色彩鲜艳,宜盆栽观赏或配置于多肉植物专类园。

14.2.9 条纹十二卷 *Haworthia fasciata* (Willd.) Haw.

别名:锦鸡尾。百合科,十二卷属。

多年生草本,无茎,基部抽芽,群生。根出叶簇生,肥厚、肉质,三角状披针形,先端细尖呈剑形,绿色或灰绿色,在背面横生整齐白色瘤状突起。总状花序,小花绿白色。

原产非洲南部。

喜温暖干燥和阳光充足的环境。怕低温和潮湿。对土壤要求不严,喜肥沃、疏松的沙质壤土。分株和扦插繁殖。分株,全年均可进行,常在换盆时,将母株周围的幼株直接剥下盆栽。扦插可将叶片轻轻切下后插于沙床。

本种叶片肥厚肉质,外面有白色星点,清新高雅,是室内外盆栽摆设的好材料。

图14.9 条纹十二卷

14.2.10 量天尺 *Hylocereus undatus* (Haw.) Br. et R.

别名:剑花、霸王花。仙人掌科,量天尺属。

附生至攀援状仙人掌类,株高可达10 m,叶退化。茎三棱柱形,绿色,多分枝,刺小或无;利用气生根附着于树木或墙壁上。花大型,生于叶状枝的边缘,白色,花径达 30 cm;萼片基部连合成长管状、有线状披针形大鳞片;花重瓣;雄蕊多数;肉质浆果;花期夏季,早开午闭。

原产中美洲及西印度群岛,我国广西、广东、福建的村舍旁也有种植。

喜温暖及湿润气候和半阴的环境,怕低温霜雪,冬季应维持在 12 ℃以上;要求肥沃、排水良好的酸性沙壤土。生长迅速,与其他仙人掌类进行嫁接亲和力较强。繁殖用扦插繁殖,在温室条件下全年均可扦插,以春、夏季最适宜。扦插时切取成熟叶状枝,在阴处放置 1～2 d 待切口干燥时进行扦插,保持半湿状态 20 d 左右即可成活。

量天尺生长强健,花大,可供攀援于园林中的岩石、树干等处;与仙人掌科其他种类亲和力强,可作嫁接砧木。

图 14.10　量天尺
1. 植株上部;2. 花枝
(引自安徽植物志)

14.2.11　令箭荷花 *Nopalxochia ackermannii*（Haw.）Kunth.

图 14.11　令箭荷花

别名:孔雀仙人掌,孔雀兰。仙人掌科,令箭荷花属。

灌木状附生仙人掌类,植株高 30～70 cm,叶退化,仅存 2 棱扁平的叶状茎。主干细圆。茎扁平,披针形,边缘具疏锯齿,齿间有短刺或仅见刺点,自刺点能长出新茎或花蕾。花着生在茎先端两侧,花大而艳丽,花色有紫、粉、红、黄、白等色;花形呈钟状,花被 40～50 片,张开而翻卷;花丝及花柱均弯曲,甚美。花期 4—9 月,花白天开放,单花开 1～2 d。

原产墨西哥及哥伦比亚。

喜温暖湿润气候及富含腐殖质的土壤,生长适温 25～30 ℃,盆栽时阳光不足或肥水过大则易徒长而不孕蕾。性耐旱。用扦插、嫁接、播种繁殖。繁殖季节春、夏、秋三季均可。扦插在生长季中剪取变态茎,放置阴凉通风处 2～3 d,使其切口干燥,然后插入湿润的沙质土中,保持半干状态,易于生根成活。嫁接多采用仙人掌属或量天尺属的种类作砧木。栽培基质以疏松肥沃的沙质壤土为佳。

令箭荷花的花大,色彩多样,花形美丽,可盆栽用作室内装饰或在庭园中布置。

14.2.12　仙人掌 *Opuntia dillenii*(Ker-Grawl.)Haw.

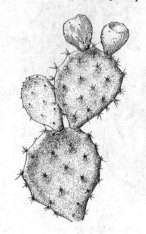

图 14.12　仙人掌
（引自广东植物志）

别名:绿团扇仙人掌。仙人掌科,仙人掌属。

多肉植物,常丛生成大灌木状。茎大部分近木质,圆柱形,茎节扁平,倒卵形至椭圆形,幼时鲜绿色,老时灰绿色。刺座幼时被褐色或白色短绵毛,不久脱落。刺密集,黄色。叶钻状,早期脱落。夏季开花,花单生,鲜黄色。浆果肉质,倒卵形或梨形,无刺,红色或紫色。

原产美国佛罗里达、西印度群岛、墨西哥及南美热带地区。中国、印度、澳大利亚及其他热带、亚热带地区亦有分布。

性强健,甚耐干旱。喜光、喜温暖气候,冬季要求冷凉干燥。对土壤要求不严,在沙土或沙壤土中皆可生长。畏积涝。繁殖多用扦插,可在夏季进行。插条宜在切后晾 3 ~ 5 d,待切口干燥后再插于沙床内。大量繁殖亦可用种子繁殖。

仙人掌植物的株形优美,可盆栽观赏或布置于草地中。

14.2.13　虎尾兰 *Sansevieria trifasciata* Prain

龙舌兰科,虎尾兰属。

多年生草本,株高约 40 cm,全株无毛。根茎匍匐,无直立茎。叶簇生,常 2 ~ 6 片成束,叶片肉质,线状披针形,长 20 ~ 40 cm,宽 3 ~ 5 cm,先端有一短尖头,基部渐狭成有槽的叶柄,两面有浅绿色和深绿色相间的黑色斑带,稍被白粉。花茎高可达 80 cm。花 3 ~ 8 朵一束,1 ~ 3 朵簇生于轴上。花淡绿色或白色,有香味。花期春、夏季。变种有**金边虎尾兰 var.** *laurentii*,叶缘金黄色;**短叶虎尾兰 'Hahnii'**,叶片极短,长仅 6 ~ 12 cm;**金边短叶虎尾兰 'Golden Hahnii'**,叶片极短,长约 6 ~ 12 cm,叶缘金黄色。

原产热带非洲。喜温暖干燥和半阴的环境。不耐寒,怕强光曝晒。在排水良好、疏松肥沃的沙质壤土中生长最好。冬季温度不能低于 5 ℃。繁殖常采用分株和扦插繁殖。分株繁殖在全年均可进行,利用换盆时将母株的根茎分开,每丛带 2 ~ 3 片叶栽植即可。扦插法选取健壮叶片,剪成 5 cm 一段插于沙床中,插后 4 周生根。

虎尾兰可盆栽布置于室内,或用于露地花坛中。

图 14.13　虎尾兰
（引自中国高等植物图鉴）

14.2.14　蟹爪兰 *Schlumbergera truncata*（Haw.）K. Schum.

仙人掌科,蟹爪兰属。

附生类仙人掌。茎节扁平,长约 7 cm,茎节的边缘有 2~4 对尖齿,边缘呈锐锯齿状。茎节先端有刺座,刺座生有细毛。茎节多分枝,绿色。花生于茎节的顶端,左右对称,花瓣反卷,淡紫红色。浆果,卵形,红色。花期1—2 月。

原产南美巴西。

喜温暖、湿润、半阴环境,生长期适温为 15~25 ℃,冬季温度如低于 10 ℃生长缓慢,低于 5 ℃进入半休眠状态。用扦插、嫁接和播种繁殖。嫁接的砧木可用三棱柱或仙人掌。播种一般只用于培育新品种。

蟹爪兰花多而艳,宜盆栽,供室内摆设。

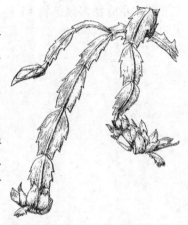

图 14.14　蟹爪兰
（引自广东植物志）

14.2.15　绿铃 *Senecio rowleyanus* Jacobs

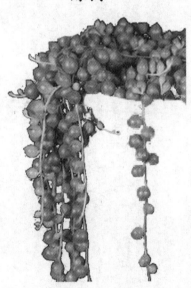

图 14.15　绿铃

别名:佛珠、一串珠。菊科,千里光属。

多年生蔓性肉质植物,茎枝极为纤细,能匍匐于地面生长,着地生根,全株无毛。单叶互生,圆球形,直径6~8 mm,先端带有微尖刺状突起,粉绿色中带有一条弦月状透明纵纹,叶内多水分。花小,白色;花梗细长。花期秋、冬季。

原产南非。世界各地温室栽培。

性耐旱,喜温暖,忌高温多湿,生长适温 15~22 ℃。喜半阴,要求排水良好的土壤。繁殖多用扦插法。扦插期在春、秋季,发根适温 15~22 ℃,夏季高温,较易腐烂。扦插时剪取带叶的枝条,每段长约 5 cm,斜埋于沙质基质中,保持半干燥状态,15~20 d 即能发根。栽培期间,需注意遮雨,遇夏季高温生长处于半休眠状态,不可长期潮湿,否则茎叶易脱落或腐烂。

本种茎叶伸长似成串的珍珠项链,造型奇特可爱,适用作盆栽悬挂在室内观赏。

14.3　结　语

①多浆植物是指植物中茎、叶具有发达的贮水组织,呈现肥厚而多浆的变态状植物类型。多浆植物的种类以仙人掌科、番杏科、景天科、大戟科、萝摩科、菊科、百合科、龙舌兰科等的种类为主。

②多浆植物分叶多浆植物和茎多浆植物两类:叶多浆植物的贮水组织主要分布于叶器官内,因而叶形变异极大;茎多浆植物的贮水组织主要在茎器官内,因而茎占主体,呈多种变态。

③多浆植物有鲜明的生长期及休眠期和具有非凡的生理耐旱能力。

④本章介绍多浆植物15种,其中仙人掌科8种,菊科1种、龙舌兰科2种、百合科1种、景天科2种、大戟科1种。

15 水生花卉类

15.1 水生花卉类概述

水生花卉是指生长于水中、沼泽地或湿地的观赏植物。水生花卉长期对水生或湿生环境的适应,在形态、生态习性上都表现出与中生植物有所不同的特点,因而要求的栽培措施也有所不同,在栽培上习惯将其划分为一个自然栽培类型。

根据其对水生环境的适应、形态与在水中的生活方式,可把水生花卉分为4个不同的类型:

15.1.1 挺水类

这类植物的根扎于水下泥土中,茎叶挺出水面,开花时花枝、花朵离开水面。这类植物一般具有细长的叶柄,以保持叶片挺出水面;根、茎、叶柄等常有气腔或气体通道,以利贮气和气体交换;茎、叶柄表面一般没有角质层、蜡质层或栓皮层等组织或极为退化;叶片的栅栏组织退化,有寻常的气孔。对水的深度要求也因种类而异,深者达 1~2 m,浅至沼泽地。如:荷花 *Nelumbo nucifera*、菖蒲 ***Acorus calamus***、石菖蒲 *Acorus gramineus* 等花卉属于此类。

15.1.2 浮水类

这类植物的根扎于水下泥土中,叶片漂浮于水面或略高出水面,开花时贴近水面。这类植物亦有细长的叶柄,体内有气腔和气体通道,叶片上的气孔分布于叶片表面,而背面无气孔或退化。对水的深度要求也因种类而异,有的深达 2~3 m。如睡莲 *Nymphaea tetragona*、王莲 *Victoria amazonica*、芡实 *Euryale ferox* 等花卉属于此类。

15.1.3 漂浮类

这类植物根系悬浮于水中,植株及叶片完全浮于水面,可随水漂流。这类植物常有贯穿全株的气体通道,茎叶有发达的泡状细胞,以利于植株悬浮水面,根系有发达的根毛。如凤眼莲 *Eichhornia crassipes*、浮萍 *Herba Spirodelae* 等属于此类。

15.1.4 沉水类

这类植物其根系扎于水下泥土中,茎叶沉于水中。这类植物的叶片小而薄,叶绿体大而多,没有栅栏组织或退化,气孔退化或只有痕迹,表面细胞可以直接吸收水分、溶解于水中的氧气和二氧化碳以及营养物质。这类植物是净化水质或布置水下景观的素材。如玻璃藻、莼菜 *Brasenia schreberi*、眼子菜等属于此类。

水生花卉大多数都喜欢光照充足、通风良好的环境;不耐干燥,一旦失水植株极易死亡。沉水类还要求较好的水质,水的透明度差,会影响生长。

在园林中,水生花卉不仅可盆栽室内外观赏,还可栽植于园林水体及其周围作为园林景观的主景或配景,也可开辟水生花卉专类园或主题公园,供水生花卉的研究和人们观赏,如广东三水的荷花世界。

15.2 常用水生花卉类

15.2.1 石菖蒲 *Acorus gramineus* Soland.

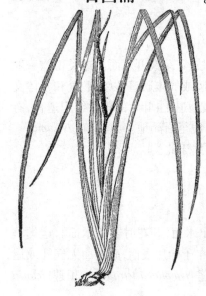

图 15.1 石菖蒲
(引自中国高等植物图鉴)

别名:山菖蒲、药菖蒲、水剑草、十香禾。天南星科,菖蒲属。

多年生挺水植物,全株有香气;根状茎粗壮,圆柱形,直径约 1.5 cm,横生或斜向上生,质硬;株高 30 ~ 40 cm。叶剑形,长 30 ~ 40 cm,宽 3 ~ 10 mm,叶鞘基部对折抱合,边缘膜质,无中脉。佛焰花序生于叶鞘内,花梗扁平,长约 10 cm,佛焰苞叶状且与花梗贯连;肉穗花序圆柱形,长 3.5 ~ 10 cm,直径 3 ~ 4 mm,结果时粗达 1 cm;花两性,花被片 6 枚,淡绿色;雄蕊 6 枚,花丝扁平,长于花被;子房上位,3 室。果黄绿色。花期 4—5 月。常用的变种**细叶石菖蒲(钱蒲)var. *pusillus* Engl.**,株型矮小,高 10 ~ 15 cm,叶细小而硬挺,长约 10 cm,宽 3 ~ 5 mm;**金线石菖蒲 var. *variegatus* Hort.**,株型矮小,叶具纵向黄色线状条纹。

分布我国黄河流域以南各地,长江流域以南各省区常见;越南、印度、日本也有分布。

喜温暖、阴湿的环境,自然界中常生于山谷溪流中或河边石上,或生于有流水的石缝中。具有一定的耐寒性,长江以南地区常绿,华北地区变为宿根性,地上部分枯死,以根茎越冬。喜水质清洁而流动的浅水,水深不宜超过 10 cm。喜生粗砂、

碎石或岩石上,不宜黏质土。适应性强,生长强健。分株繁殖。

石菖蒲叶色油绿光亮而芳香,生势强健而又耐阴,可作庭园中林荫下、潮湿处地被植物,在喷泉、湖边、人工瀑布、假山石等点缀栽植尤为适宜,也可作石山盆景配植或盆栽于室内观赏。

同属的**菖蒲(水菖蒲)** ***A. calamus* L.** 多年生挺水植物,高可达80 cm。根状茎粗壮、肥厚,稍扁,横卧泥中。叶剑形,长50~80 cm,宽6~15 cm,具明显突起的中肋;叶基两侧有膜质的叶鞘,后脱落。花葶基出,肉穗花序直立或斜向上。

15.2.2　风车草 *Cyperus involucratus* Rottboell

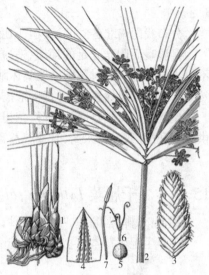

别名:九龙吐珠,水竹、伞草、旱伞草、水棕竹。莎草科,莎草属。

多年生草本;根状茎短粗,须根坚硬。杆粗壮,丛生,高30~150 cm,近圆柱形。叶退化成鞘状,包裹茎的基部。总苞片叶状,20枚,条形,宽2~11 mm,较花序长2倍,呈螺旋状排列在茎秆的顶部,辐射开展如伞状;长侧枝聚伞花序多次复出,第一次辐射枝多数,小穗于第二次的辐射枝顶端密集成近头状的穗状花序;小穗椭圆形或矩圆状披针形,有6~26朵花,淡紫色,小穗轴无翅;鳞片紧密排列,膜质,卵形,白色或黄褐色。小坚果椭圆形,近3棱状,长2~2.5 mm,褐色。花期7月。

图15.2　风车草
1. 植株的部分;2. 花序;
3. 小穗;4. 鳞片;5. 小坚果;
6. 花柱和柱头;7. 雄蕊
(引自中国植物志)

原产马达加斯加。华南地区常见栽培。

喜半阴,喜温暖湿润气候,喜高的空气湿度,忌干旱,不耐寒,对土壤要求不严,但在肥沃、保水力强的黏性土壤上生长良好。分株繁殖。

姿态轻盈,潇洒脱俗,苞片犹如一架架转动的风车,十分富有趣味,是良好的水生观叶植物,宜配置于湖边水旁、水池等浅水处,也可与山石相配,富自然野趣。

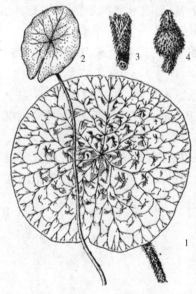

图15.3　芡实
1. 叶;2. 幼叶;3. 花;4. 果实
(引自中国植物志)

15.2.3　芡实 *Euryale ferox* Salisb. ex Koniget Sims

别名:芡、鸡头米、鸡头子、肇实。睡莲科,芡实属。

多年生浮水类花卉;全株具刺;根状茎粗短而肥厚。叶漂浮水面,圆形或稍心脏形,直径可达1.3 m,边缘向上折,表面绿色、皱曲,背面紫色,叶基盾形;叶脉放射状,两面脉上具刺;叶柄和花梗密被倒生的刺。花单生在花梗顶端,部分露出水面;花托外侧密生钩状刺,形如鸡头状;萼片4,披针形,

宿存,内面紫色,外面绿色,密生钩状刺;花瓣多数,紫红色,矩圆状披针形或条状椭圆形,内轮逐渐变成雄蕊状;雄蕊多数,成 8 束,花药内向;子房下位,8 室,藏于花托内,柱头扁平,圆盘状。浆果球形,直径 3～5 cm,海绵质,紫红色,密生钩状刺;种子球形,直径约 1.3 cm。花期 7—8 月。

分布我国南北各省区;日本、印度、朝鲜也有。世界各地常有栽培。

喜温暖而阳光充足的环境,适应性强,在深水、浅水中均能生长,水深以 80～120 cm 最佳。不畏高温,耐寒性强,冬季以地茎休眠越冬。对土壤要求不严,但泥土肥沃之处生长最佳。在自然条件下常可自播繁殖,可直接采挖小苗移植。

生势强健,适应性强,叶形、花托奇特,可与荷花、睡莲等相配植于湖泊、池塘或水池。种子供食用和酿酒,又可入药,有补脾益肾的作用;根、茎、叶均可入药。

15.2.4 千屈菜 *Lythrum salicaria* L.

别名:水柳、对叶莲。千屈菜科,千屈菜属。

多年生湿生草本植物,高约 1 m。茎直立,4 棱形或 6 棱形,被白色柔毛或无毛,多分枝。叶对生或 3 叶轮生,无柄;狭披针形,长 3.5～6.5 cm,宽 8～15 mm,先端稍钝或锐,基部圆形或心形,有时稍抱茎,两面具短柔毛或背面有毛,全缘。顶生大型的穗状花序,花紫色;苞片阔披针形至三角状卵形,萼筒长 5～8 mm,6 齿裂,有细棱 12 条,稍有粗毛,萼齿间有长于萼齿 2 倍的尾状附属物;花瓣 6,生于萼管上部,有短爪,稍皱缩;雄蕊 12,6 长 6 短。蒴果椭圆形,包于宿萼内,2 裂,裂瓣上部再 2 裂;种子细小,无翅。花果期 6～9 月。

图 15.4 千屈菜
1.花枝;2.根;3.轮生叶;4.花;5.花萼和花瓣
(引自中国植物志)

原产欧亚两洲的温带,广布全球,我国南北各省均有野生。

喜光,喜温暖至凉爽气候,耐寒性较强,喜生于浅水中,水深以 5～10 cm 为宜。喜肥沃、深厚的土壤和通风良好的环境。分株、扦插和种子繁殖。

姿态娟秀整齐,花色艳丽醒目,可成片配置于湖岸、河旁的浅水处。另外,全草入药,有收敛止泻作用,治肠炎、痢疾、便血,还用于外伤出血。

15.2.5 荷花 *Nelumbo nucifera* Gaertn.

别名:莲、莲花、藕、芙蓉、水芙蓉等。睡莲科,莲属。

多年生挺水类水生花卉;根状茎横生,长而肥大,称藕,节明显,根长于节上,节间长。叶圆形,高出水面,直径 25～90 cm,叶基盾形,叶脉放射状,叶柄常有刺。花单生在花梗顶端,直径 10～20 cm;萼片 4～5 枚,早落;花瓣多数,卵状椭圆形,长 6～10 cm,宽 2～3 cm,红色、粉红色或白色,有时逐渐变成雄蕊状;雄蕊多数,药隔先端伸成一棒状附属物;心皮多数,分离,嵌生于一大而平顶、蜂窝状的花托内,每心皮顶有一孔;花托果期膨大,海绵质。坚果椭圆形或卵形,长 1.5～2.5 cm,果皮革质,平滑;种子(莲子)卵形或椭圆形,长 1.2～1.7 cm,种皮海绵质。花期 5—9 月,边开花边结实。

原产亚洲热带、亚热带地区和大洋洲。我国大部分地区有分布;日本、印度、斯里兰卡、印尼、澳大利亚等地均有分布;现世界各热带、亚热带地区广泛栽培。

喜阳光充足和温暖环境,故炎夏为其生长旺盛期,也甚耐寒,我国东北南部尚能于露地池塘中越冬。喜湿怕干,喜相对稳定的静水,水深以 0.3～1.2 m 为宜,叶片稍耐水浸,淹没于水中 10 天以内不致枯烂。要求富含腐殖质而肥沃的微酸性黏质土壤;酸性过大、土质过于疏松均不利其生长发育。对氟、二氧化硫等有害气体抗性较强。分株或种子繁殖。

野生种为国家二级保护植物,既是著名的观赏植物,又是重要的经济植物。作为观赏植物,不仅花叶清秀,花香四溢,沁人肺腑,更有迎骄阳而不惧,出污泥而不染的气质,自古就深受人们的喜爱。可作庭园中各种水体的绿化美化,或片植于池塘、湖中,或点缀亭榭、湖岸、喷泉均可取得良好的景观效果,也可用能盛水容器栽植作室内观赏;其花枝可作切花。作为经济植物,用途广泛,全身是宝。地下茎——藕可作蔬菜或加工蜜饯,花、嫩叶(叶卷)、种子可食用;藕、藕节、叶、叶柄、莲蕊、莲蓬入药,能清热止血,莲心有清心火、强心降压之效,莲子有补脾止泻、养心益肾之功效。

图 15.5 荷花
1. 花;2. 叶;
3. 花托具多数心皮及 2 雄蕊;4. 根状茎
(引自中国植物志)

15.2.6　萍蓬草 *Nuphar pumila*（Timm.）DC

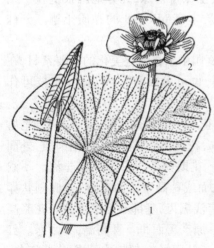

图 15.6 萍蓬草
1. 叶;2. 花
(引自中国植物志)

别名:萍蓬莲、黄金莲。睡莲科,萍蓬草属。

多年生浮水类水生花卉;根状茎粗壮,横卧。叶漂浮于水面,卵形或宽卵形,长 6～17 cm,宽 6～12 cm,基部深心形,具弯缺成 2 远离的圆钝裂片,表面光亮,背面密生柔毛,侧脉羽状排列,数回二分叉;叶柄有柔毛。花单生在花梗顶端,漂浮于水面,直径 3～4 cm;萼片 5 枚,革质,黄色,宽倒卵形,长 1.5～2 cm,宽约 2 cm,先端稍内弯;花瓣多数,远较萼片小,狭倒披针形狭楔形;雄蕊多数,围绕子房紧密排列,向内弯而呈磨盘状;子房上位,柱头盘状,常 10 浅裂。浆果卵形,长约 3 cm,不规则开裂,具宿存萼片和柱头。花期 4—9 月。

分布黑龙江、吉林、江苏、浙江、江西、广东、新疆等省区,日本、欧洲中北部地区也有。世界各地有栽培。

喜生于阳光充足,水质清洁的池沼、湖泊及河流等浅水处,水深不宜超过 60 cm。适应性强,对温度要求不严,

秋季叶片干枯进入冬眠(在高温地区不休眠),只要不结冰可在低温下越冬。对土壤要求不严,以腐殖质丰富的轻黏土为佳。适应性强,生长旺盛,用于水体绿化时,宜适当控制密度,以单株占水面 2~3 m² 为宜。分株繁殖。

叶色亮绿,叶形优美,花期长,可用于各种水体造景栽植,也可盆栽于室内观赏。

同属的中华萍蓬草 **N. sinense Hand.-Mazz.**,花梗粗壮而较长,花较大,直径 5~6 cm,高出水面 15~20 cm。原产我国湖南、浙江、贵州、江西等省。

15.2.7　睡莲 *Nymphaea tetragona* Georgi

别名:子午莲、水芹花、矮生睡莲。睡莲科,睡莲属。

多年生浮水类水生花卉;根状茎粗短,直立。叶漂浮水面,心脏状卵形或卵状椭圆形,长 5~12 cm,宽 3.5~9 cm,基部具心形深湾缺,叶面绿色有光泽,背面带红色或紫色,无毛,全缘;叶柄细长。

图 15.7　睡莲
1. 花;2. 叶
(引自中国植物志)

花单生于细长花梗顶端,直径 3~5 cm,漂浮于水面;萼片 4 枚,宽披针形或窄卵形;花瓣 8~15 枚,生于子房的近顶部,白色,卵状披针形,长 2~3 cm,内轮常变形成雄蕊;雄蕊多数,较花瓣短,花药内向;子房半下位,5~8 室,藏于肉质花托内,呈放射状排列,柱头 5~8 裂。浆果球形,直径 2~2.5 cm,为宿存萼片包裹;种子多数,椭圆形,有肉质囊状假种皮。花期 5—9 月。

我国南北均有分布;日本、朝鲜、印度、前苏联、北美等地也有分布。各国广泛栽培。

喜阳光充足,通风良好,水质清洁、温暖的静水环境,水深以不超过 80 cm 为宜。耐寒性强,长江流域以南地区冬季不加保护可安全越冬,甚至保持常绿,北方地区根茎在不结冰的水中休眠。喜有机质丰富 pH6~8 的黏质土壤。分株和种子繁殖。

花、叶俱美,是各类庭园中水景绿化美化的重要素材,在各地园林水景广泛应用,也可盆栽置室内观赏,花枝可作切花。

同属常见的有蓝睡莲 **N. caerulea Savigny.** 叶圆形,直径 12~23 cm,全缘,基部心形,稍盾状。花单生,稍高出水面,花蕾卵形,长约 6 cm,直径约 3 cm,花梗粗壮;花萼厚而稍肉质,外面绿色,内面淡蓝色;花径 7~15 cm,花瓣浅蓝色;白天开放。花期秋冬。原产热带非洲。不耐寒。**黄花睡莲(墨西哥睡莲)N. mexicana Zucc.**,叶浮于水面或稍高于水面,卵形或椭圆状卵形,长 20~35 cm,宽 15~23 cm,表面绿色而具褐斑,边缘有浅锯齿,基部心形深湾缺。花略高出水面,直径 10~15 cm,鲜黄色。白天开放。花期夏秋季。原产墨西哥。喜高温,不耐寒。**红花睡莲 N. rubra Roxb.**,叶圆形或卵状圆形,直径 15~25 cm,叶面绿色有光泽,背面淡紫红色,边缘具粗锯齿,基部心形,有时稍盾状。花单生花梗顶端,紧贴水面或稍高出水面,花径 15~25 cm,深紫红色或粉红色;有雄蕊化花瓣;夜间开放。原产印度。不耐寒。有众多品种,是各地栽培最广泛的水生花卉。

15.2.8　芦苇 *Phragmites communis*（L.）Trin.

别名:芦、苇。禾本科,芦苇属。

多年生草本,植株高 1~3 m。根状茎匍匐,粗壮;茎具节,平滑,中空,直径 1.5~2 cm。叶互生,线状披针形或狭披针形,长 30~40 cm,宽 1~3.5 cm;叶脉平行,中脉明显,无毛。圆锥花序顶生,稠密而多分枝,长 10~40 cm,分枝常向上倾斜或稍开展;小穗两侧压扁,脱节于第一小花基部,棕紫色或暗紫色,有花 3~7 朵;第一花常雄性;颖膜质,披针形,第一颖较第二颖短一半,第一外稃无毛,长于内稃,与颖同质地,3 脉,结实的外稃膜质,有芒状小尖头,基盘有长 6~12 mm 的丝质毛。颖果椭圆形或长圆形。秋冬抽穗。

分布遍及我国和全世界温带地区。

喜光,喜温暖湿润气候,耐寒力稍差;喜湿,常在池塘边、河旁或湖边等潮湿地成群落大片生长;耐干旱。分株繁殖。

生势强健,耐湿耐旱,不仅具有较强的保土、固堤、护坡的作用,芦苇荡更为独特的园林植物景观,常配植于南方的各类园林绿地中。此外,秆可作造纸和人造棉、人造丝原料,也供编席、帘等用;花序可作扫帚;花絮可填枕头;根状茎称"芦根",可药用。

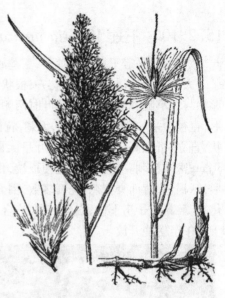

图 15.8　芦苇
（引自中国高等植物图鉴）

15.2.9　香蒲 *Typha angustifolia* L.

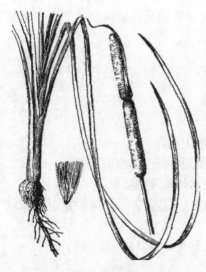

图 15.9　香蒲
（引自中国高等植物图鉴）

别名:水蜡烛、毛蜡烛、蒲草、蒲棒、狭叶香蒲。香蒲科,香蒲属。

多年生挺水类水生花卉,高 1~2 m。根茎匍匐,有多数须根。叶扁平,线形,宽 4~10 mm,质稍厚而柔,下部鞘状,有白色膜质边缘。花单性同株,构成蜡烛状穗状花序,长 30~60 cm,雌雄花序间有间隔 1~15 cm;雄花序在上,长 20~30 cm,雄花有早落的佛焰状苞片,花被鳞片状或茸毛状,雄蕊 2~3;雌花序长 10~30 cm,雌花小苞片较柱头短,匙形,花被茸毛状与小苞片等长,柱头线状圆柱形。坚果小,无沟。花期 6—7 月,果期 7—8 月。

广布于我国东北、西北和华北。

喜光,喜温暖气候,耐寒,喜深厚肥沃的泥土,栽培水深以 20~30 cm 为宜,最宜生长在浅水湖塘或池沼内。分株繁殖。

叶丛细长如剑,色泽光洁淡雅,雌雄花序同花轴,整齐圆滑,形似蜡烛,别具一格,是优良的水生植物,宜与芦苇一起相配植,丛植或片植于水滨处,也可盆栽观赏;花序经干燥后为良好的切花材料。此外,还具有较高的经济价值,如花粉可加蜜糖食用(蒲黄),叶可编织蒲包等。

15.2.10　王莲 *Victoria amazonica*（Poepp.）Sowerby

别名:亚马逊王莲。睡莲科,王莲属。

大型多年生浮水类水生花卉;根状茎粗短,其下生粗壮发达的侧根。叶大型,漂浮于水面,形状与大小随叶龄而变化,幼叶时两侧向内卷成锥状,后渐展开呈戟形至椭圆形,成叶时变成圆形,直径1~2.5 m;表面绿色,无刺,背面紫红色并具凸起的网状叶脉,脉上具坚硬长刺;叶缘波状,直立,折起高7~10 cm,全叶呈大圆盘状;叶基盾形;叶柄长2~3 m,圆柱状,直径2.5~3 cm,密被粗刺。花单生于花梗顶端,稍高出水面,大型,直径25~40 cm;花萼4枚,卵状三角形,绿褐色,背面具突刺;花瓣多数,倒卵形,初时白色,后渐变为淡红色至深红色;雄蕊极多,退化雄蕊瓣状;子房下位,心皮多数,连合。浆果球形;种子肾形,具海绵质假种皮。花期夏秋间,于下午至傍晚开放。

图15.10　王莲

原产南美亚马逊河流域;现各热带地区有栽培。我国台湾、广东、云南及一些大的植物园有栽培。

喜高温、阳光充足、水质清洁的静水环境,水深以不超过2 m为宜。生长季节要求水温30~35 ℃,低于20 ℃停止生长。喜腐殖质丰富、肥沃的黏性土壤。常用种子繁殖,也可用扦插或分株繁殖。生命力强,栽培较简单,但冬季要注意防寒,气温低于15 ℃时,宜挖起地茎盆栽,移至温室内越冬。

叶形巨大而奇特,花大色艳,漂浮水面,十分壮观,是美化水体的优良植物。种子含丰富淀粉,可供食用,有"水中玉米"之称。

15.3　结　语

①水景给园林带来生气,故几乎每一处的园林都会运用水生花卉。

②目前在园林中应用的水生花卉种类还比较少,应逐步引进不同生活型的种类。

③园林应用在造景中应充分考虑其体量的大小及能适应水体深度的要求。

④漂浮的水生花卉在应用于水体时应充分考虑可能带来的生态灾害。如凤眼莲由于环境的恶化和没有得到善用,而逸生为有害植物。

⑤水生花卉因其耐湿性,亦可作为室内水培的观赏植物,如金线石菖蒲、碗莲等。

16 草坪与地被植物类

16.1 草坪与地被植物类概述

16.1.1 草坪与地被植物的含义

草坪与地被植物同属于地面覆盖植物范畴,是组成绿色景观、改善生态环境的重要物质基础。实际上,草坪植物是地被植物中的一大类型,但由于草坪很早以前就为人们广泛应用,而且草坪的生产与养护管理较其他地被植物更为精细和专业,因而在长期的实践中,已形成了一个独立的体系。草坪植物是指一些适应性较强的矮性禾草。目前具有较高应用价值的草坪植物绝大多数都是属于禾本科的多年生草本植物,如结缕草 *Zoysia japonica*、狗牙根 *Cynodon dactylon* 等,也有部分是属于莎草科的多年生草本植物,如异穗苔草 *Carex heterostachya*、白颖苔草等。它们均具有叶丛低矮而密集,具有爬地生长的匍匐茎或匍匐枝,或具有分生能力较强的根状茎的特点。

地被植物则是指除草坪植物以外,紧贴地表生长的低矮植物。在园林中,地被植物常在庭石旁丛植,或在草坪内、林荫下较大面积地片植。地被植物种类非常丰富,主要是一些多年生的低矮草本植物,如沿阶草 *Ophiopogon bodinieri*、大叶仙茅 *Curculigo capitulata*。此外,部分低矮的多年生花卉,如玉簪、鸢尾 *Iris tectorum* 等,一些适应性强、生长迅速、易形成地面覆盖的一二年生花卉,如何氏凤仙、矮牵牛等,以及一些低矮而呈匍匐状或多分枝的灌木,如紫雪茄花 *Cuphea articulata*、金叶假连翘,及部分藤本植物,如蔓马缨丹 *Lantana montevidensis*、龟背竹等均为优良的地被植物。

16.1.2 草坪与地被植物的分类

草坪与地被植物,在植物分类中,处于不同的科、属中。在实践中,为便于生产和应用,又根据这些植物的生态学与生物学特性划分为不同的类型。

草坪植物根据其地域分布与生态特性通常分为两大类，即冷地型草坪植物和暖地型草坪植物。冷地型草坪植物的主要特性是耐寒性较强，冬季常绿或呈休眠状态(如莎草科草坪植物)，不耐炎热，高温时容易死亡，春、秋两季生长旺盛。这类草坪植物多起源于寒带、温带或亚热带，在我国适宜北方地区铺植草坪用，如羊茅 *Festuca ovina*、黑麦草 *Lolium perenne*、翦股颖等。暖地型草坪植物的主要特点是耐热性强而耐寒性较差，春、夏两季生长旺盛，冬季处于休眠状态，不耐霜雪，严寒时易死亡；在温暖地区，通常表现为常绿或半常绿性。这类草坪植物多起源于热带或亚热带，在我国适宜于南方温暖地区铺植草坪用，如中华结缕草 *Zoysia sinica*、马尼拉草 *Zoysia matrella*、狗牙根、天堂草 *Cynodon dactylon* × *Cynodon transvadlensis* 等。

地被植物根据其习性及种类特点，可以分为蕨类地被植物、多年生草本地被植物、矮灌木地被植物、藤本与匍匐地被植物四大类。蕨类地被植物常为低矮的蔓生性或丛生性的蕨类植物，其特点是有匍匐茎枝或横生地下茎，这类植物耐阴性强，适宜作林荫下地被栽植。如翠云草 *Selaginella uncinata*、肾蕨 *Nephrolepis auriculata*、贯众、铁线蕨 *Adiantum capillus-veneris* 等。多年生草本地被植物，其特点是分枝能力强，枝叶浓密，或具有丛生、蔓生的特点。很多宿根花卉、球根花卉都可作地被栽培，也称为观花地被植物，如四季秋海棠、地被菊、翠菊 *Callistepohus Chinesis*、美人蕉、水仙、石蒜 *Lycoris radiata* 等。有些可形成良好覆盖与整体效果的多年生草本植物，如红草 *Alternanthera dentata*、麦冬 *Ophiopogon japonicus*、沿阶草、天门冬等。藤本与匍匐地被植物，常指其主要用途是作地面覆盖的藤本及匍匐植物，其特点是茎枝匍匐贴地生长，易萌生不定根，容易形成整体的层面效果，如铺地木蓝 *Indigofera endecaphylla*、爬墙虎、络石 *Trachelospermum jasminoides*、三裂叶蟛蜞菊 *Wedelia trilobata*、花叶荨麻 *Pilea cadierei* 等。矮灌木地被植物，通常其主要用途作低矮覆盖层，其特点是株型矮小，枝叶茂密，萌枝力强，耐修剪，或具有匍匐性的枝条，能在地表形成良好的覆盖层面，如铺地柏 *Sabina procumbens*、平枝枸子 *Cotoneaster horizontalis*、六月雪、金叶假连翘、可爱花等。

16.1.3 草坪与地被植物的选择原则

草坪与地被植物的种类相当丰富，其生态习性与生态适应性差异很大，在选用时应当根据当地的气候条件、立地条件和功能要求，选取适宜的种类。

一般而言，优良的草坪植物应具备以下条件：

①繁殖容易；

②生长迅速，覆盖度大，形成草皮快；

③绿叶期长；

④耐修剪，耐践踏，再生力强；

⑤生命力旺盛，适应性强，抗逆性强；

⑥株矮叶细，生长一致，叶色美观；

⑦寿命长(应为多年生)，与杂草竞争力强等。

实际上一种草种能完全具备这些条件的并不多，在实际应用中可根据具体的气候条件、立地条件和应用目的，突出某几方面的条件。如在南方高温地区选择草坪植物，首先要具备耐炎热的条件，再考虑其他条件；作运动场的草坪植物首先要突出耐践踏、再生力强的条件；在北方地区要优先考虑耐寒性条件；等等。

在园林地被植物的选择方面,根据各地的实践经验,总结出以下几条标准:

①多年生,生长繁茂,最好是常绿。

②植株低矮、匍匐,不会攀爬到树上或墙上,枝叶茂密,覆盖性强。草本地被植物株高在50 cm以下为佳,小灌木株高在1 m以下且耐修剪者为佳。

③适应性强,抗逆性强,能抗御病虫害,能抵御有害气体污染及恶劣环境的种类尤佳。

④繁殖容易,生命力强,可粗放管理。此外,还应考虑当地的气候特点,具体的立地条件以及养护水平等综合因素,切实做到适地适树才能成功。如在林荫下栽植地被植物,就要选择耐阴性强的种类,在城市道路旁栽植地被植物,其抗逆性就要强等。

16.2　常用草坪植物类

16.2.1　地毯草 *Axonopus compressus*（Swartz）Pal.

别名:大叶油草。禾本科,地毯草属。

多年生草本;具长匍匐枝,节上长根;秆稍压扁,节上密生灰白色柔毛,高15～50 cm。叶宽条形,长4～10 cm,宽8～12 mm,绿色有光泽,中脉及边缘常有褐紫色晕,顶端钝,边缘具缘毛。总状花序常2～5枚排列于秆的上部,长4～8 cm;小穗两面稍隆起,几无柄,成二行排列于穗轴的一侧,长2.2～2.5 mm,含2小花,仅第二小花结实;外颖退化,内颖与第一外稃等长;第二外稃革质,以腹面对向穗轴,顶端疏生柔毛,边缘内卷,紧包内稃。

原产热带美洲。我国台湾、广东等地早期引入,在华南等地现已有逸为野生。

暖地型草坪植物。喜半阴,全日照下也能生长;喜高温湿润气候,耐炎热,不耐霜冻,耐寒力较差;喜湿润、肥沃土壤,不耐干旱和瘠薄,在生长季节要保持湿润,冬季地上部分干枯后,可适当干燥,分茎繁殖。

图16.1　地毯草
（引自中国高等植物图鉴）

匍匐茎枝蔓延迅速,再生力强,耐践踏,绿叶期长可达270 d,适合作观赏草坪、运动草坪、休息草坪。

16.2.2　野牛草 *Buchloe dactyloides*（Nutt.）Engelm.

别名:水牛草。禾本科,野牛草属。

多年生草本,具匍匐茎枝;秆丛生于茎节上,高5～25 cm,较细弱。叶窄条形,长10～20 cm,宽1～2 mm,两面均疏生白色柔毛。雌雄同株或异株;雄花序2～3枚,长5～15 mm,排列成穗状花序;雄小穗含2花,无柄,成两行紧密覆瓦状排列于穗轴的一侧,颖不等长,外稃长于颖片;

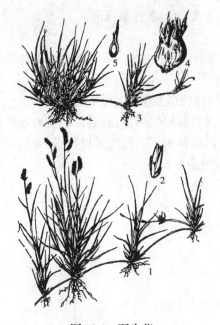

图16.2　野牛草

1. 雄株；2. 小穗；3. 雌株；4. 花序；5. 雌小花

（引自中国植物志）

雌小穗含 1 花,常 4～5 枚簇生成头状花序,花序长 7～9 mm,通常 2 个并生于一隐藏于上部叶鞘内的共同短梗上,熟时自梗上整个脱落。

原产北美洲。早年引入我国,各地有栽培,是我国华北地区使用最多的暖地型草种。

暖地型草坪植物。喜阳光,稍耐阴。耐热也耐寒,其根茎在 −39 ℃下能安全越冬。对土壤要求不严,较耐干旱,稍耐盐碱,但在土层深厚、肥沃的沙质壤中生长旺盛。再生力极强,极耐践踏,在华北地区绿叶期 180～190 d。分株或种子繁殖。

野牛草叶片纤细,生长迅速,适应性强,是我国北方优良草种之一,可作公园、工矿等各类草坪栽培,也可作回坡护坡草地栽培。其耐热性也较强,在南方地区也可引种尝试。

16.2.3　狗牙根 *Cynodon dactylon* (L.) Pers.

别名:绊根草、爬根草、百慕大草、天堂草。禾本科,狗牙根属。

多年生草本,具匍匐根状茎,节间长短不等;秆平卧部分长可达 1 m,并于节上生根及分枝,直立秆高 10～30 cm。叶条状披针形,长 3～6 cm,宽 1～3 mm;叶舌短小,具细纤毛。穗状花序 3～6 枚指状排列于茎顶,每枚长 3～5 cm;小穗排列于穗轴的一侧,长 2～2.5 mm,含 1 小花;内外颖近等长而较外稃短,长 1.5～2 mm,具 1 中脉隆起呈脊状;外稃压扁,脊被毛,坚硬,具 3 脉。变种 **双花狗牙根 var. *biflorus* Merino**,小穗含 2 枚结实小花。分布我国东南沿海各地。

广布全球亚热带至温带地区,我国分布于黄河流域以南各地。各地作草坪栽培。

暖地型草坪植物。喜光,不耐阴,耐旱,耐热,稍耐寒,地上部分经轻霜即枯死。对土壤要求不严,能耐瘠薄,但有喜肥特性,肥沃砂质壤土最为适宜。生命力强,极耐践踏,华南地区表现为半常绿,华中华东地区绿叶期约 250 d,华北约 180 d。在华南地区,冬季如能 2～3 周淋水 1 次,可保持常绿。种子不易采收,常用分根或分茎繁殖。

图16.3　狗牙根

1. 植株；2. 小穗；3. 外稃；
4. 内稃；5. 颖果；6. 叶舌
（引自中国植物志）

植株低矮,枝叶稠密,耐践踏,生命力旺盛,是优良的暖地型草。可作各类草坪运动场、足球场的栽植,也可作公园、庭园、高尔夫球场等各类开放性草坪的铺植,也可作各类边坡护坡草坪草种。

我国近年引入其杂交种天堂草 *C. dactylon × C. transvadlensis*,广泛用于高尔夫球场铺植。有多个品种,如天堂 328(Tifgreen)、天堂 419(Tifton)(别名:百慕大 419),这些杂交草种草质柔软,草层稠密,是作高尔夫球场球门区、发球区的高档草坪草。

16.2.4 假俭草 *Eremochloa ophiuroides*(Munro)Hack.

别名:百足草、蜈蚣草。禾本科,蜈蚣草属(假俭草属)。

多年生草本,有匍匐茎;秆斜生,高约 30 cm。叶扁平,剑状披针形,长 4～10 cm,宽 2～5 mm,顶端钝。总状花序单生秆顶,花穗绿色,微带棕紫色,长 4～6 mm,宽约 2 mm,压扁;穗轴迟缓断落,节间略成棒状,压扁;小穗成对生于各节上,无柄,有柄小穗退化成仅余一扁压的柄;无柄小穗呈覆瓦状排列于穗轴的一侧,长约 4 mm,含 2 小花,仅第二小花结实;外颖边缘有不明显的短刺,上部有宽翼;第一外稃透明膜质,内有雄花;第二外稃较小,具 1 脉,内有雌花或两性花 1 朵。花期秋冬季。

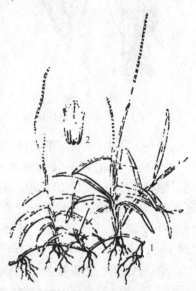

图 16.4 假俭草
1. 植株;2. 第一颖
(引自中国植物志)

原产我国,分布长江以南各省区,印度支那也有分布。我国南部常用作草坪栽培。

暖地型草坪植物。喜光,稍耐半阴,不耐寒。原生潮湿草地和山脚路边,喜排水良好、土层深厚、湿润肥沃的壤土,耐瘠薄。抗污染,耐旱性稍差,在生长季节要保持湿润。匍匐茎蔓延迅速,较耐践踏,绿叶期长 250～280 d,耐修剪。种子繁殖或分茎繁殖。

生势强健,抗逆性较强,是我国华南地区优良的草坪植物,可作庭园、工矿、公园等开放性草坪铺植,特别是在湖岸或稍阴处尤为适宜;也可作护坡植物,还可供放牧。

16.2.5 紫羊茅 *Festuca rubra* L.

别名:葡红孤茅,红孤茅。禾本科,羊茅属。

多年生草本;须根纤细,数量多,入土深。秆瘠薄斜升或膝曲,株高 45～70 cm,基部红色或紫色。分枝丛生,先匍匐而后直立,有短匍匐茎。叶细长,线形内卷,光滑油绿色;叶鞘基部红棕色,呈破碎纤维状,分蘖叶的叶鞘闭合。圆锥花序狭窄,稍向下垂,每节有 1～2 分枝,小穗淡绿色,先端带紫色,含 3～6 小花。第一颖具一脉,第二颖具三脉;外稃近边缘或上半部有微毛或粗糙;子房顶端无毛。颖果,种子长 2.5～3.2 mm,宽 1 mm。花期 6—7 月。

广布北半球的温寒地带。我国东北、华北、西北、华中、西南诸省均有野生资源分布。

冷地型草坪植物。喜冷凉湿润气候,最适宜在海拔高的地区生长。耐寒性强,在 −30 ℃低

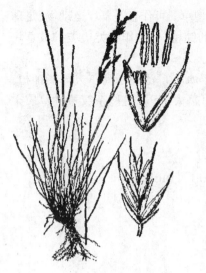

图 16.5　紫羊茅
（引自中国高等植物图鉴）

温地区,仍能安全越冬生长。耐旱能力强;耐阴能力亦较强,在乔木下半阴处能正常生长。对土壤要求不严,能适应瘠薄土壤。适应性及抗逆性均较强,但不耐炎热,夏季有休眠现象。耐践踏能力较强,耐低剪。种子繁殖或栽植草块法。

草丛低矮、密集,生势强健,抗逆性较强,是北方优良的草坪植物,可作庭园、工矿、公园等开放性草坪铺植,特别是稍阴处尤为适宜;也可作花境和花坛的镶边材料,以及作固土护坡、保持水土的植物。还可供放牧。

16.2.6　黑麦草 *Lolium perenne* L.

别名:多年生黑麦草。禾本科,黑麦草属(毒麦属)。

多年生草本,根状茎细弱;秆丛生,高可达 50 cm。叶片线状披针形,长 10~20 cm,宽 3~6 mm,被微柔毛;叶鞘疏松,叶舌短小,具微毛。穗状花序略扁,长 10~20 cm;小穗含 7~15 花,长 10~14 mm,宽 5~7 mm,穗轴节间约 1 mm;第一颖退化,第二颖长 4~6 mm,具 5 脉;外稃近膜质,具 5 脉;第一外稃无芒。颖果,种子矩圆形,长 2.8~3.4 mm,宽 1.1~1.3 mm,棕褐色至深棕色,顶端有茸毛。

原产西南欧、北非及亚洲西南部等地区,各温带地区广为栽培。我国华东、西北等地有引种,近年各地开始推广。

冷地型草坪植物。喜温暖湿润气候,耐严寒和不炎热,-15 ℃以下或 35 ℃以上均易枯死,适宜于冬无严寒、夏无酷暑的地区生长。喜湿润、肥沃、疏松的微酸性或中性土壤,pH 6~7 为宜,不耐干旱瘠薄。生势强健,较耐践踏,但不耐低剪,寿命 4~5 年,达 6 年后生势减弱。在广东东部和北部试引种,冬季生长良好,但越夏困难。种子繁殖或分茎繁殖。

图 16.6　黑麦草
（引自 Flora von Deutschland
Österreich und der Schweiz）

叶色翠绿,草质柔软,常作牧草或边坡固土栽培;也可作公园、庭园及小型绿地作先锋草种迅速形成草坪,或可与狗牙根、草地早熟禾、紫羊茅等草种混栽,使草坪可以保持到冬季。

16.2.7　百喜草 *Paspalum notatum* Flugge

别名:巴哈雀稗、美洲雀稗。禾本科,雀稗属。

多年生草本植物,茎秆高 30~75 cm。根系发达,种植当年的根深可达 1.3 m 以上,具短而粗壮的根茎。芽内叶片具卷曲或折叠两种芽型,叶舌短,膜质;基生叶众多,平展或折叠,边缘具短柔毛,叶长 20~30 cm,宽3~10 mm。穗状花序,有 2~3 个分枝,长约 6.5 cm,小穗 2 行,排列穗轴一侧,每小穗有 1 朵小花。颖果,种子卵圆形,有光泽,长约 3 mm。

原产巴西东南部、阿根廷北部、乌拉圭及其附近,现广泛应用于热带、亚热带地区。我国广东、广西、海南、福建、四川、贵州、云南等长江以南地区均可种植。

暖地型草坪植物。喜温暖湿润的气候,在年降水量超过 1 000 mm 的地区长势最好,不耐寒。植株高且极易抽穗,常需频繁修剪以保持草坪的景观效果,可修剪到 5 ~ 8 cm。最适合于在贫瘠土壤环境中栽植,具有较好的耐践踏性。耐水淹性强,也比较抗旱,但长期干旱时它会处于休眠状态,并且生长不良。种子繁殖。

匍匐茎发达,覆盖度高,生势强健,是南方优良的草坪植物,还是保持水土、固土护坡的优良草种。匍匐茎可形成坚固稠密的草皮,基生叶多而又耐践踏,为优良的牧草。

图 16.7 百喜草
1. 植株;2. 花序;3. 小穗背面;4. 小穗腹面;5. 第二小花腹面;6. 雌蕊及花丝
(引自中国植物志)

16.2.8 草地早熟禾 *Poa pratensis* L.

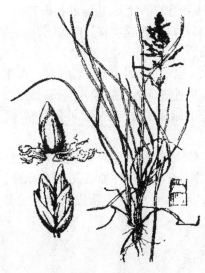

图 16.8 草地早熟禾
(引自中国高等植物图鉴)

别名:六月禾。禾本科,早熟禾属。

多年生草本,根系发达,具细根状茎;秆丛生,光滑,高 50 ~ 80 cm。叶密生基部,叶条形,柔软,宽 2 ~ 4 mm;叶鞘具条纹,叶舌膜质,长 1 ~ 2 mm。圆锥花序开展,长 13 ~ 20 cm,分枝下部裸露;小穗长 4 ~ 6 mm,含 3 ~ 5 小花;第一颖长 2.5 ~ 3 mm,具 1 脉,第二颖宽披针形,长 3 ~ 4 mm,具 3 脉;外稃纸质,顶端钝而多少有些膜质,脊与边缘在中部以下有长柔毛,间脉明显隆起,基盘具稠密白色绵毛;第一外稃长 3 ~ 3.5 mm,内稃短于外稃,脊上粗糙;雄蕊 3 枚,花药长 1.2 ~ 2 mm。

广布北半球温带地区;我国黄河流域、东北和江西、四川等地有分布。华北各地广为栽培。

冷地型草坪植物。喜光,稍耐阴,喜温暖湿润气候,耐寒力极强,不耐炎热。对土壤的适应性较强,在 pH 5.8 ~ 8.2 范围内的土壤均能正常生长,而以排水良好、肥沃疏松的土壤生长特别旺盛,耐干旱。绿叶期长,在华北地区可达 270 d,在温暖地区,冬季加强护理,可保持常绿。耐割刈,耐践踏。虽为冷地型草种,近年在广东一些高速公路边坡试引种,夏季生长稍差,但基本能越夏,可以进一步尝试推广。种子繁殖。

叶色鲜绿,质地柔软有光泽,基部叶片稠密,草坪均匀整齐,为重要的草坪植物。适于工矿、风景区、学校等封闭性或半开放性草地种植,在各类边坡作护坡固土尤为适宜,也是优良的牧草,可供放牧。

同属的细叶早熟禾 *P. angustifolia* L.,多年生草本,根状茎纤细;秆瘦弱,高 30 ~ 50 cm。叶片狭披针形,宽约 2 mm,基生叶内卷,宽 1 mm,针状。圆锥花序较狭窄,长圆形,长 4 ~ 10 cm,分枝每节3~5枚;小穗含3~5小花。北温带广布;我国分布于黄河流域、东北、西南各地。加拿大早熟禾 **P. compressa L.** ,多年生草本,具发达根状匍匐茎;秆直立丛生,压扁成脊,具5~6节,高可达1 m。茎生叶线状披针形,基生叶多而短小,边缘内卷。圆锥花序紧缩,小穗长4~5 mm;第一颖具3脉;外稃间脉明显,脉与基盘具少量柔毛、绵毛或无毛。原产欧洲、中亚、西亚与北美。

16.2.9　钝叶草 *Stenotaphrum helferi* Munro ex Hook. f.

图16.9　钝叶草
1.植株下部;2.植株上部;
3.小穗;4.第一颖;5.第二颖;
6.第一外稃;7.第一内稃;
8.第二小花腹面
(引自中国植物志)

别名:苡米草、金丝草、金线钝叶草。禾本科,钝叶草属。

多年生草本,有匍匐茎枝;秆扁压,基部平卧,花枝高10~40 cm。叶带状,长7~15 cm,宽5~10 mm,灰绿色,有时具黄绿相间条纹,顶端钝,具尖头。圆锥花序穗状,长6~15 cm;主轴曲折肥厚而扁,叶状,主轴顶端延伸成一小头状;穗状分枝长7~18 mm,贴生于主轴的凹穴内,穗轴三棱形;小穗排列于穗轴的一侧,长4~4.5 mm,含2小花,仅第二小花结实;第一颖长为小穗的1/2~2/3,具5~7脉;第二颖与小穗等长,具9~11脉;第二外稃革质,有一具微毛的小尖头,边缘卷抱内稃。

分布我国广东、云南;缅甸、马来西亚也有。广东、云南、四川、海南、福建等地常见栽培。

暖地型草坪植物。喜光,也耐阴,耐炎热,不耐寒。喜湿润、肥沃土壤,亦耐瘠薄。蔓生性强,耐践踏,绿叶期长,长江以南达270 d以上,在华南,冬季加强水分与护理,可保持常绿。分株或分茎繁殖。

植株矮贴,叶色美观,生势强健,是优良的草坪植物。可作公园、厂矿、学校、生活区等各类开放性草坪种植,也可作水库、堤岸护坡草地种植,用于花坛、花丛、花境等镶边装饰也十分美观。

16.2.10　中华结缕草 *Zoysia sinica* Hance

别名:结缕草。禾本科,结缕草属。

多年生草本,具匍匐根状茎,秆高10~30 cm。叶互生,叶片条状披针形,长5~8 cm,宽约3 mm,边缘常内卷;叶舌不显著,为一圈纤毛。总状花序,顶生,初时包藏于叶鞘内,长2~4 cm,宽约5 mm;小穗披针形,两侧压扁,紫褐色,长4~6 mm,宽1~1.5 mm,小穗柄长达2 mm;小穗仅有小花1朵,花两性,成熟后整个小穗脱落;外颖缺,内颖革质,边缘于下部合生,全部包裹着内外稃;雄蕊3枚;颖果与稃离生。

分布我国东北南部、华东、华南,以山东至广东沿海地区为主。是黄河流域以南地区主要的草坪植物。

暖地型草坪植物。喜光,耐高温,较耐寒,在-20 ℃左右其根茎仍能安全越冬。对土壤的

图 16.10　中华结缕草

1.植株;2.小穗

（引自中国植物志）

适应性较强,微酸至微碱土均能正常生长,喜湿润、肥沃土壤,也较耐干旱瘠薄。耐践踏,耐修剪。绿叶期长,在长江流域约280 d,东北南部约180 d,在华南地区表现为常绿性。播种或分茎繁殖。

为国家二级保护野生植物。植株低矮,茎叶密集且生长整齐,是优良的草坪植物。可作公园、庭园、道路、高尔夫球场等处开放性草坪铺植,也可作水库、堤坝、道路边坡等的护坡草地栽植。

同属的**结缕草(日本结缕草、锥子草)** *Z. japonica* **Steud.** ,多年生草本,秆高约 15 cm。叶条状披针形,长 2~5 cm,宽约 5 mm,扁平;总状花序长2~6 cm,宽3~5 mm;小穗卵形,两侧压扁,宽 3~3.5 mm。原产东亚地区,我国北起辽东半岛、东部沿海南至海南、西达陕西均有分布,日本、朝鲜也有。本种既耐热也耐寒,耐阴性也较强。**马尼拉草(沟叶结缕草、台湾草)** *Z. matrella* **（L.）Merr.** ,多年生草本,植株低矮,秆高 8~12 cm。叶线状披针形,长 6~12 cm,宽约 2 mm,叶内卷具纵沟。总状花序长 1~2 cm,紫褐色;小穗披针形,长2~2.5 mm。分布华南,东南亚、日本也有,常生于海边沙地,是华南地区最常用的草坪植物,在华东地区也广泛栽植。**细叶结缕草(天鹅绒草、朝鲜芝草)** *Z. tenuifolia* **Willd. ex Trin.** ,多年生草本,秆高 10~15 cm。叶内卷呈针状,长 2~7 cm,宽约0.5 mm。总状花序长 0.7~1 cm,褐紫色或绿色;小穗披针形,长约 2 mm。分布于我国华南,北美也有。

草坪作为群众休息、娱乐和运动的场所,能提供给人以真正亲近自然的感受。但草坪的养护需花费很多的人力、物力,尤其是对水的需求量很大,而且生态效能远不及乔木和灌木,对于一个严重缺水和生态破坏较严重的国家,在园林造景中,不应该为追求疏林草地景观,而盲目地铺设过大面积的草坪。在铺设草坪时,应根据具体情况,选用不同的草种,如公园绿地,宜选择低养护水平的草种,如大叶油草、假俭草等,观赏草坪,选用细叶类的结缕草。

16.3　常用地被植物类

16.3.1　**海芋** *Alocasia macrorrhiza* （L.）Schott

别名:山芋、广东狼毒。天南星科、海芋属。

多年生大型草本,高达 3 m。茎粗壮,皮茶褐色;具肥大肉质的根茎。叶聚生茎顶,革质,卵状盾形,长 30~90 cm,具短尖头,基部心形,边缘微波状,主脉宽而显著,叶面深绿色,有光泽;叶柄长达 1 m,有宽的叶鞘,盾状着生。佛焰苞直立,黄绿色,管卵状,檐部延长,脱落;肉穗花序粗壮而直立,黄白色,短于佛焰苞,雄花和雌花为中性花所分隔;花无花被,雄花有雌蕊 3~8,合生成柱;雌花,子房 1 室,胚珠数

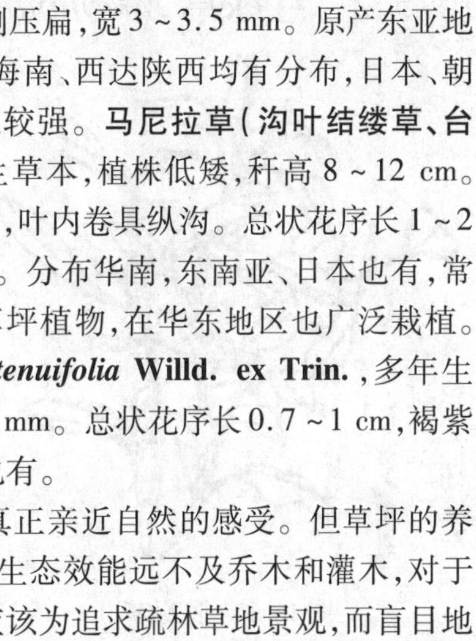

图 16.11　海芋

1.植株;2.佛焰花序;3.肉穗花序;

4.能育雄花;5.子房;6.柱头顶面观;

7.子房纵剖;8.子房横切面

（引自中国植物志）

颗,基生。浆果鲜红色,有种子数颗。

原产我国台湾、福建、江西、湖南、广东、广西、贵州和云南等省区,印度和东南亚也有分布。

喜半阴,喜高温至温暖、高湿气候,生长适温为 28 ~ 30 ℃;生势强健,不择土壤。分株和扦插繁殖。

植株高大,叶色翠绿,叶形奇特,为优良的观叶植物,林下片植,富自然野趣和热带气氛,也可盆栽室内观赏。茎和叶内的汁液有毒,不可误食或溅入眼中。

16.3.2 红绿草 *Alternanthera ficoides* (L.) Pal. 'Bettzickiana'

图 16.12 红绿草

别名:锦绣苋、五色草、模样苋、法国苋。苋科,虾钳菜属(莲子草属)。

多年生草本,高 10 ~ 15 cm。茎直立,多分枝,节稍膨大。叶对生,椭圆形、狭倒卵形或倒卵状披针形,长 2.5 ~ 4.5 cm,宽 1 ~ 1.8 cm,绿色或红色,或部分绿色杂以红色或黄色斑纹,基部窄楔形,先端钝圆,边缘微波状。头状花序 3 ~ 5 个聚生叶腋,白色,无总花梗,花两性;花萼 5 枚,不等长;花瓣缺;雄蕊 5,花丝连合成管状,花药条状长椭圆形;退化雄蕊舌状,顶端流苏状;子房上位,1 室,基生胎座,胚珠 1 枚。胞果压扁。

原产热带南美洲;各热带地区广为栽培。我国各地有引种栽培。

喜高温、湿润、光照充足的环境,稍耐阴。不耐寒,3 ℃左右低温会引起落叶或小枝枯死,10 ℃以上可安全越冬。生势强健,对土壤要求不严,以肥沃、疏松、湿润的土壤生长好,不耐旱。扦插繁殖。

植株矮小,叶色富季相变化,秋季,红草和绿草分别变为鲜红色和黄色,是常用的彩叶地被植物,可作公园、道路隔离带、边坡、工矿等各类绿地的地被,也可作花坛镶边装饰、在草坪上铺砌花纹图案、植字等。

同属的**大叶红草(红龙草)** *A. dentate* '**Ruliginosa**',茎叶暗红色;头状花序,白色。花期冬季。

16.3.3 蔓花生 *Arachis duranensis* Kraoov. et W. C. Gregory

别名:长喙花生、遍地黄金、巴西花生藤。蝶形花科,落花生属。

多年生草本,高 5 ~ 15 cm。茎呈蔓性,匍匐生长;有明显主根,须根发达,均有根瘤。羽状复叶互生,小叶 2 对;倒卵形,长 1.5 ~ 3 cm,宽 1 ~ 2 cm,全缘,夜晚闭合。花单生叶腋,花冠蝶形,鲜黄色。荚果长条形,果壳薄。花期长,春至秋季均能开花。

图 16.13 蔓花生

原产亚洲热带及南美洲。华南地区近年有引种,表现良好。

喜光,耐阴;喜高温高湿,生长适温 18~24 ℃,有一定的耐寒、耐热性。喜排水良好、肥沃之沙质壤土,贫瘠土壤生长不良。对有害气体抗性较强。扦插繁殖。

生性强健,分枝多,茎节易发根,匍匐性强,因酷似花生茎叶而得名,为热带、亚热带优良的观花地被植物,可作地被应用于各类园林绿地或道路隔离带,以及作固土护坡植物。

16.3.4 艳锦密花竹芋 *Ctenanthe oppenheimiana* (Merr.) Schum 'Quadricolor'

别名:三色竹芋。竹芋科,锦竹芋属(栉花竹芋属)。

多年生草本,高 30~60 cm。地下有根茎,丛生。根出叶,叶长椭圆状披针形,长 25~35 cm,宽 6~10 cm,全缘,叶面深绿色,具有淡绿、白至淡粉红色羽状斑,叶柄及叶背暗红色。

原产南美巴西、哥斯达黎加。

喜半阴,忌阳光直射;喜高温高湿气候,生长适温为 22~28 ℃,不耐寒,低于 10 ℃,叶片容易卷曲,变黄;干燥环境,易导致叶尖干枯。栽培土质以排水良好的腐殖质土或沙质壤土为佳。分株和扦插繁殖。

叶色鲜明艳丽,生长密集,是具有较高观赏价值的彩叶植物,适于庭园阴蔽处丛植作地被,也可盆栽室内观赏,摆设于宾馆、居家的厅堂、门廊或花槽等地。

图 16.14 艳锦密花竹芋

16.3.5 大叶仙茅 *Curculigo capitulata* (Lour.) O. Kuntze

图 16.15 大叶仙茅
1.植株;2.花序
(引自广东植物志)

别名:野棕、假槟榔树。仙茅科,仙茅属。

多年生草本,高约 1 m。根状茎块状,粗厚。叶基生,常 5~6 枚,矩圆状披针形,长 30~90 cm,宽 7~15 cm,具折扇状脉,全缘,光滑或下面脉上有疏毛;叶柄长 30~60 cm,有槽。花葶从叶腋抽出,短于叶,高 10~20 cm,密被褐色长柔毛,顶端稍俯垂;花聚生成直径 2.5~5 cm 的头状花序,苞片披针形,被长柔毛;花被裂片 6,卵形,长 6~8 mm,黄色,有毛;雄蕊 6 枚,花丝长不及 1 mm;子房下位,3 室,顶端无喙。浆果球形,直径 4~5 mm。花期夏季。

原产我国西南、华南及东南部,越南至印度也有分布。

喜半阴,耐阴性强,不宜暴晒;喜温暖湿润的气候,较耐寒,长江以南各地可露地越冬。喜湿润、肥沃、疏松的

土壤;不耐积水,稍耐旱。分株或种子繁殖。

株丛密集,叶片挺拔,叶色浓绿,且耐阴性强,为优良的地被植物,可栽植于庭荫处、林荫下或树丛边,也可点缀于山石、亭廊周边;或作盆栽置室内观赏;还可切叶,作插花的配材。

同属的**仙茅 *C. orchioides* Gaertn.** ,多年生草本;根状茎圆柱形,株高 10~40 cm。叶基生,3~6 枚,披针形,长 15~30 cm,宽 6~20 mm。花葶极短,隐藏于叶鞘内;总状花序短缩呈伞房花序状;苞片黄色。果具喙。

16.3.6　蔓马缨丹 *Lantana montevidensis*（Spreng.）Briq.

图 16.16　蔓马缨丹

别名:紫花马缨丹。马鞭草科,马缨丹属。

常绿小灌木,匍匐状或披散。茎枝四棱形,疏被刚毛,无刺。叶对生,卵形或卵状披针形,长 4~7 cm,宽 3~4 cm,先端渐尖,基部两侧不对称,两面被粗毛,粗糙,揉之有强烈气味,边缘有锯齿;叶柄长 0.5~2 cm。穗状花序伞形,顶生或腋生,直径 2.5~3 cm;花稠密,花轴粗短而肥厚,总花梗长 4~6 cm;苞片矩圆形状披针形,约为花萼长度的两倍;花萼短筒状,膜质,长约 2 mm,上部 2~4 裂;花冠喇叭状,两侧对称;花冠管稍内弯,长 8~10 mm,中部稍膨大,上部四裂,上下两裂片较大,两侧裂片较小,裂片紫色,近喉部深紫色;雄蕊 4 枚,着生于花冠管中部,内藏,2 枚在上,2 枚在下;子房上位,2 室,有胚珠 2 颗,花柱长仅及花冠管 1/3。浆果状核果,球形,直径约 4 mm,熟时紫黑色。几乎全年均可开花,秋冬季尤盛。

原产热带南美洲,热带、亚热带地区广泛栽培。我国华南、台湾、香港等地有普遍栽培。

喜温暖、湿润、阳光充足的环境,较耐旱,不耐寒。要求肥沃、疏松而排水良好的沙质土壤,稍耐盐碱,在滨海及石灰岩地区均能正常生长。扦插或种子繁殖。

茎枝披散匍匐,枝叶浓密,花期长,适应性强,是优良的地被植物。在南方,常作公园、庭园、道路、边坡等各类绿地的地被栽培;在北方,可作温室盆栽观赏。

同属的**黄花马缨丹 *L. lilacina* Desf.** ,直立矮灌木,株高常不及 1 m;茎枝方形,疏被小刺及刚毛。穗状花序伞形,花密集,花轴粗壮,卵形;花冠黄色或橙红色,花序中央的数朵常为黄色,周围的花为橙红色;花冠近轴裂片呈波状 3 浅裂。原产巴西。

16.3.7　龟背竹 *Monstera deliciosa* Liebm.

别名:蓬莱蕉。天南星科,龟背竹属。

常绿木质藤本。茎绿色,粗壮,长达 7~8 m;有长而下垂深褐色的气生根。叶互生,厚革质,暗绿色或绿色;幼时心形,无孔,老叶长圆形,长 50~60 cm,具不规则羽状深裂,沿中脉两侧有椭圆形穿孔;叶柄长 30~50 cm,深绿色,有叶痕,叶痕处有苞片,革质,黄白色。佛焰苞花序,佛焰苞厚革质,外面淡黄色,内面白色;肉穗花序淡黄色。浆果淡黄色,长椭圆形。夏至秋季为开花期。

原产墨西哥,热带地区多有栽培。我国福建、广东、云南常见栽培。

喜半阴,喜温暖多湿气候,不耐旱,不耐寒,喜肥沃、富含有机质、潮湿和排水良好的土壤。压条或扦插繁殖。

叶形奇特,极似龟背,气生根长而下垂,为著名的观叶植物,可丛植于公园、庭园等处的山石旁、湖边或大树下,也可盆栽室内观赏。

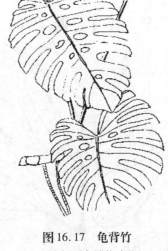

图16.17　龟背竹
（引自河南植物志）

16.3.8　沿阶草 *Ophiopogon bodinieri* Lévl.

别名:蒲草、细叶麦冬。百合科,沿阶草属。

多年生草本。根细,近末端处常膨大成纺锤形的小块根;地下匍匐茎长,直径1~2 mm,节上具膜质的鞘;茎粗短。叶簇生,条形,长20~40 cm,宽2~4 mm,具3~5条脉,中部以上弯垂,先端渐尖,基部有膜质鳞片。花葶较叶短或几近等长,总状花序轴长1~7 cm,具几朵至十几朵花;花常单生或2朵簇生于苞片腋内;苞片条形或披针形,少数呈针形,最下面的长约7 mm,少数更长;花梗长5~8 mm,关节位于中部;花被片6,卵状披针形、披针形或近矩圆形,长4~6 mm,白色或稍带紫色;雄蕊6枚,花丝短,长不及1 mm,花药狭披针形,长约2.5 mm,呈黄绿色;子房半下位,花柱细,长4~5 mm。浆果熟时蓝黑色,种子近球形或椭圆形,直径5~6 mm。

分布于西南、华南、江苏、河南、甘肃、陕西等地。各地庭园有栽培。

喜温暖、湿润气候。耐阴性强,稍耐日晒。耐炎热,耐寒性强。喜富含腐殖质、疏松、肥沃、湿润的沙质土壤,忌积水,稍耐干旱。播种或分株繁殖。

生势强健,植株低矮而整齐,终年常绿,是常用的地被植物。适宜在庭荫处片植,也可用于庭园内山石旁、台阶下、花坛边等处栽植,盆栽置室内观赏也相当优雅。

同属的**麦冬(沿阶草)** *O. japonicus*(**L. f.**)**Ker-Gawl.**,根较粗,中部或末端膨大成块根。叶长10~50 cm,宽1.5~3.5 mm,具3~7条脉。花白色或淡紫。种子球形。产黄河流域以南各地;越南、印度、日本也有。**阔叶沿阶草** *O. platyphyllus* **Merr. et Chun**,根细长,局部膨大成肉质块根,长达3.5 cm,直径7~8 mm。叶片长25~65 cm,宽1~3.5 cm,具9~11条脉。花葶较叶长,长45~100 cm;子房上位,上部3裂。分布长江以南各地,日本也有分布。**假银丝马尾** *O. jaburan*(**Sieb.**)**Lodd. var. *argenteus-vittatus***,根较细,常在中部膨大成块根。叶长15~35 cm,宽8~12 mm,具7~9条脉,表面灰绿色,有白色条纹,先端钝。

图16.18　沿阶草
1.植株;2.花
（引自中国植物志）

16.3.9　花叶荨麻 *Pilea cadierei* Gagn. et Guill.

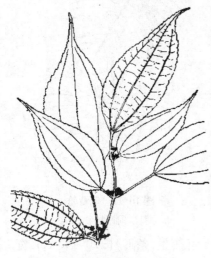

图 16.19　花叶荨麻
（引自中国高等植物图鉴）

别名:花叶冷水花、花叶吐烟花。荨麻科,冷水花属。

多年生匍匐状草本。茎平卧或斜伸,多分枝,稍肉质。叶交互对生,椭圆形或椭圆状披针形,长 5~8 cm,宽 3~4 cm,先端钝尖,基部钝圆,边缘具波状浅齿,叶绿色,有白色斑块,基 3 出脉。花单性,雌雄同株;花白色,排成腋生的小聚伞花序;雄花花被 4 裂,雄蕊 4 枚;雌花花被 3 裂,裂片不等大,退化雄蕊小;子房上位,1 室,1 胚珠。瘦果,压扁,硬壳质。秋季为开花期。

原产越南。我国台湾、香港、广东、广西、海南等地有栽培。

喜半阴,耐阴性强,不耐烈日。喜温暖、湿润气候,不耐寒,低于 5 ℃不利于生长,8 ℃以上可安全越冬。要求湿润、肥沃、疏松而排水良好的土壤,不耐干旱和瘠薄。扦插繁殖。

株型低矮,枝叶茂密,叶具白斑甚是优美,生势健旺,是优良的地被植物。可作公园、庭园、生活区、道路等林荫下或背阴处栽培;也可作盆栽置室内观赏,用吊盆悬挂于室内尤为适宜。

16.3.10　吉祥草 *Reineckea carnea* (Andr.) Kunth

别名:松寿兰、小叶万年青、玉带草、观音草。百合科,吉祥草属。

多年生草本,根状茎匍匐。叶 3~8 枚,簇生于根状茎顶端,条形或披针形,长 10~38 cm,宽 0.5~3.5 cm,先端渐尖,基部渐狭,深绿色,有中脉,侧 4~6 条。花葶生于叶丛中,短于叶,长 5~15 cm;穗状花序长 2~6.5 cm,多花;苞片卵状三角形,长 5~7 mm,膜质,淡褐色或带紫色;花芳香,花被片合生成短管状,上部 6 裂,内面粉红色,外面淡紫色;裂片开花时反卷,矩圆形,长 5~7 mm,稍肉质;雄蕊 6 枚,花丝丝状,花药近矩圆形,背部着生;子房上位,瓶状,3 室,每室 2 胚珠,柱头小,3 裂。浆果球形,鲜红色。

图 16.20　吉祥草
（引自中国高等植物图鉴）

分布西南、华南、长江流域各地;日本也有。各地有栽培。

喜温暖、湿润、半阴环境,耐阴性强,忌烈日。对土壤要求不严,但以肥沃、湿润的土壤生长旺盛,不耐干旱。分株或种子繁殖。

株型秀美,叶色浓绿,耐阴性强,是良好的地被与室内观赏植物。适宜在庭园的林荫下、庭荫处作地被栽培,也可以盆栽作室内观赏。全株可入药。

16.3.11　蚌花 *Tradescantia discolor* L'Hérit.

别名:紫背万年青、蚌兰、紫锦兰。鸭跖草科,紫万年青属。

多年生草本,高 20~60 cm;茎短而粗壮。叶密生,基部抱茎,剑形,长 15~40 cm,宽 4~6 cm,肉质,上面绿色,下面紫色,全缘。佛焰花序生于叶腋,花白色,被 2 枚蚌壳状的淡紫色的苞片所包覆;萼片 3,分离,花瓣状;花瓣 3,分离;雄蕊 6,全部发育,花丝被长毛;子房 3 室,每室有胚珠 1 颗;蒴果径 5~8 mm,成熟时黑色,3 或 2 室,室背开裂。夏末至冬初为开花期。栽培品种**小蚌花 'Compacta'**,植株较小;叶簇密集,叶较小,叶背淡紫红色,在强光下栽培,叶色转为紫红晕彩;不易开花。

图 16.21　蚌花

原产古巴和墨西哥,热带、亚热带地区多有栽培。

喜半阴,但对光线适应性强,在全日照下,只要保持湿度,亦能正常生长。喜高温多湿气候,生育适温为 20~30 ℃,低于 10 ℃要预防寒害;不耐干旱和瘠薄。生势强健,适应性强。分株或扦插繁殖。

叶片上下两面绿紫相衬,白色小花被 2 枚宛如蚌壳的苞片所包,开花时,"蚌壳"首先微微张开,随之白色小花徐徐露出,十分别致有趣,因而得名。为优良的彩叶植物,宜作地被片植于各类城市园林绿地,也可作花坛植物,或盆栽室内观赏。

16.3.12　彩叶草 *Coleus hybridus* Voss

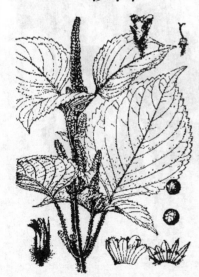

图 16.22　彩叶草
（引自中国高等植物图鉴）

别名:五彩苏、洋紫苏。唇形科,鞘蕊属。

多年生草本,高 20~50 cm。茎四棱,基部木质化,少分枝;全株有毛,具香味。叶对生,卵形,长 5~10 cm,先端长渐尖或锐尖,基部宽楔形至圆形,边缘具钝锯齿,常有深缺刻,绿色,有黄、红、紫等斑纹。轮伞花序多数,排列成疏松的总状花序或圆锥花序,顶生;花小,二唇形,白色或淡蓝色;二强雄蕊,花丝基部连成筒状。小坚果近圆形,褐色,有光泽。花期7—12 月,秋季果熟。

原产印度尼西亚的爪哇岛,热带、亚热带地区广泛栽培。

喜光;喜高温多湿气候,不耐寒,低于 10 ℃,叶片变黄脱落,5 ℃以下枯死;栽培土壤须疏松、肥沃和排水良好,不耐旱,忌积水。扦插繁殖。

叶色丰富,鲜艳亮丽,生势健旺,为优良的彩叶植物。在园林中常植为花钵、花坛或花境,或片植作地被,也可盆栽,室内观赏。

16.3.13　合果芋 *Syngonium podophyllum* Schott

别名:长梗合果芋。天南星科,合果芋属。

多年生藤本,蔓性强;茎绿色,具多数气生根;根肉质,肥厚;具乳汁。叶互生,2 型,掌状 3 裂或箭形,深绿色;叶片具长柄。佛焰苞花序,佛焰苞绿色;肉穗花序白色。变种**白蝶合果芋'White Butterfly'**,叶箭形,长 10 ~ 12 cm,淡绿色,有淡黄白色斑,主脉银白色;佛焰苞背面绿色,里面白色;肉穗花序白色。

原产中南美洲巴拿马至墨西哥,我国广东、福建、台湾等地广泛栽培。

喜半阴,但对光线的适应性强,全日照和阴蔽环境均可生长;喜高温高湿气候,不耐寒;栽培须富含腐殖质、湿润和排水良好之微酸性壤土,不耐旱;抗大气污染。扦插和分株繁殖。

生性强健,叶色翠绿,为优良的地被植物,广泛应用于各类城市园林绿地,可配植于道路分车带、高架桥及大树下等

图 16.23　合果芋

阴蔽处,也可作绕柱盆栽观赏。

16.3.14　三裂叶蟛蜞菊 *Wedelia trilobata*（L.）Hitchc.

别名:南美蟛蜞菊。菊科,蟛蜞菊属。

多年生草本;茎匍匐,长可达 60 cm。叶对生,条状披针形或倒披针形,叶缘 2 浅裂,中部以下全缘而上部具疏锯齿,两面密被伏毛,基部三出脉,无柄或有短柄。头状花序单生叶腋或枝顶,直径 1.5 ~ 2.5 cm,具长 6 ~ 12 cm 的细梗;总苞片 1 轮,5 枚,近相等,矩圆形,长约 1 cm,草质,背面被伏毛;花托平,托片膜质;总苞片 2 轮,外面数枚常叶状;花杂性;舌状花 1 轮排于花序边缘,黄色,顶端 2 或 3 齿裂,为雌花;子房下位,1 室,柱头 2 裂;筒状花多数,排于花序中央,两性,淡红褐色,花冠筒顶部 5 齿裂;雄蕊 5 枚;子房下位,1 室 1 胚珠,柱头 2 裂。瘦果倒卵形,长约 3.5 mm,有 3 棱或两侧压扁;上部被毛,冠毛为一具浅齿的杯状物。全年均可开花,以夏至秋季为盛花期。

图 16.24　三裂叶蟛蜞菊

原产南美洲,热带地区广为栽培。

喜高温至温暖、湿润、光照充足的环境;阴蔽处,植株徒长,开花不良;不耐寒,畏霜冻。对土壤要求不严,耐湿,耐旱,耐瘠薄,但肥沃湿润的土壤生长极茂盛。生势强健,耐践踏。扦插

繁殖。

枝叶浓密,花期长,生势强健,管理容易,是城市园林绿地和荒坡等良好的地被植物。可用于公园、工矿、生活区、学校等各类绿地作地被栽培,也可用于边坡、堤岸固土护坡栽培。

16.3.15　吊竹梅 *Zebrina pendula* Schnizl.

别名:吊竹兰、紫罗兰、斑叶鸭跖草。鸭跖草科,水竹草属(吊竹梅属)。

多年生草本。茎柔弱,稍肉质,被粗毛,匍匐状。叶互生,卵形、卵状椭圆形或椭圆形,长 5~8 cm,宽 3~4 cm,基部钝圆,先端渐尖,全缘;叶面银白色,中央及两侧近叶缘处紫色,背面紫红色;叶柄下部呈鞘状抱茎,鞘长约 12 mm,顶部有粗毛。花数朵聚成束,近无柄,生于 2 枚覆叠的苞片内;苞片紫红色,开花前覆叠闭合成扁扇形;萼片 3,连成管状;花瓣下部合生成管状,上部 3 裂,花冠裂片卵形,蓝紫色;雄蕊 6 枚,等长,着生于花冠管的喉部;子房上位,3 室,每室 2 胚珠,柱头 3 裂。蒴果。变种**紫吊竹梅'Purpusii'**,叶阔卵形,密生,叶面中央和叶背紫褐色,在强光照射下叶色转为紫红。

原产墨西哥,我国各地有引种栽培。

喜温暖、湿润、半阴环境,稍耐烈日,不耐寒,3 ℃左右低温会引起叶片受冻伤,约 10 ℃可安全越冬。喜疏松、湿润、肥沃的土壤,较耐水湿,不耐干旱。扦插繁殖。

图 16.25　吊竹梅
1. 植株;2. 花;3. 雄蕊;4. 柱头
(引自中国草本彩色图鉴)

植株匍匐,枝叶茂密,叶色优美,四季常艳,为优美的彩叶植物,在南方地区主要作公园、庭园、居住小区等林荫下或庭荫处的地被,也可用吊盆栽培作室内观赏。

16.4　结　语

在强调景观可持续发展的今天,地被植物以其繁多的种类,艳丽的叶色、花色,以及较低的养护成本等优点,其在园林中应用的价值必为越来越多的人所认识和接受。适于作地被植物的种类很多,如第 18 章室内观赏植物中的部分种类,如吊兰、绿萝等,常作为乔、灌木下的耐阴地被,是营建复层植物景观的良好植物材料;第 12 章一二年生花卉中的许多种类,如凤仙花、千日红等,也常作为地被植物,配植于全日照下,在营造色彩艳丽、悦目、喜庆、热闹的西式花园时,广泛应用。另外,在冬季平均温度低于 10 ℃的地方,部分地被植物种类,常作盆栽室内观赏,如艳锦密花竹芋、龟背竹等均为优良的室内观赏植物。

17 室内观赏植物类

17.1　室内观赏植物类概述

随着城市发展与工业化进程的加快,人与自然的距离越来越远,人们渴望创造一个宁静舒适的、具有大自然情趣的工作和生活环境,借助生机盎然的绿色环境,驱除紧张的学习和工作所带来的疲劳,恢复活力。因此,室内绿化装饰越来越受到人们重视,它不仅可以美化室内环境,组织、引导和柔化空间,而且可以净化空气,调节小气候,有益于身心健康。室内观赏植物渐已成为室内环境布置不可缺少的生命元素。

室内观赏植物(Indoor Garden Plants,Houseplants)是指主要以叶子作为观赏对象(包括部分叶和花共赏的品种),适宜室内较长期摆放和观赏的一类植物。这类植物也称为阴生观赏植物(Sciophytes);在生产与应用上,也有统称为观叶植物(Foliage Plants)。室内观赏植物的叶片除为绿色外,很多品种还有花叶或彩叶。它们大多数原产于热带地区森林的下层,故此类植物一般对光周期不敏感,比较耐阴,喜散射光,畏直射光,喜高温多湿的气候。

在发达国家,室内观赏植物的生产,始于20世纪60—70年代。随着经济的发展,人们对居家环境要求的提高,室内观赏植物的消费在欧美国家迅速增长,如意大利、挪威、瑞典等国家,室内观赏植物的消费已超过传统的切花。我国室内观赏植物的生产,始于20世纪80年代中期,至90年代初已形成较大的生产规模。在广东、福建、浙江等地已成为当地花卉产业的重要组成部分。随着我国经济的发展,人们居住条件的改善,室内观赏植物的生产和贸易已引起各地的重视。从目前室内观赏植物的生产发展情况看,其种类是相当丰富的,且科、属很集中。常用的室内观赏植物有:蕨类植物,天南星科蔓绿绒属、白鹤芋属,龙舌兰科龙血树属、丝兰属,凤梨科,竹芋科,棕榈科,五加科,桑科榕属等科属或类型的植物。

室内环境通常是光照较弱,通风不良,湿度较低,温度较稳定,故选择室内观赏植物首先可从植株的观赏特性方面考虑,株型优美,叶形奇特,叶色浓绿或亮丽,有各式斑点、斑纹为优,花色艳丽,观赏期长,装饰效果较强的种类;其次从对环境的适应性方面考虑,则应能在

低光照条件下生长,或在低光照条件下不易落花、落果、落叶;能适应对流弱、相对湿度低的环境,植株在这种条件下不易发生生理损伤或受病虫为害。此外,还应具备抗性强、易繁殖、易管理等特点。

室内观赏植物常盆栽观赏,一般按其在室内摆设时的高度分为 5 类:

1) 大型盆栽类

自然高度超过 1.30 m 的盆栽,在室内常作为视觉的焦点摆设于墙角或入口处,如马拉巴栗 *Pachira macrocarpa*、澳洲鸭脚木 *Schefflera actinophylla* 等。

2) 中型盆栽类

自然高度在 0.5~1.30 m 的盆栽,使用摆设时,最常采用 0.7~0.8 m,常摆设于沙发或茶几旁,如果子蔓 *Guzmania lingulata*、绿巨人 *Spathiphyllum floribundum cv. Maura* 等。

3) 小型盆栽类

自然高度在 0.2~0.5 m 的盆栽,常摆设于桌面或窗台上,如花叶万年青 *Dieffenbachia picta*、金脉单药花 *Aphelandra squarrosa* 等。

4) 特小型盆栽

自然高度在 0.2 以下的盆栽,常摆设于茶几、书桌等地,如文竹 *Asparagus plumosus*、水晶花烛 *Anthurium crystallinum* 等。

5) 悬垂植物类

主要作吊盆观赏的种类,常悬吊于厨房、浴室等地,如吊兰、绿萝等。

室内观赏植物繁殖最常采用组织培养和扦插,前者如绿巨人、花烛 *Anthurium andreanum* 等,后者如蔓绿绒属、椒草属等。此外,还有播种法,如人参榕、马拉巴栗等和分株、分球法,如吊兰、球根类等。

盆栽的花盆可根据实际需要选用通气透水良好的陶盆或轻质的塑料盆,栽培基质宜用通气透水的植物,可用木炭、泥炭土、腐叶土、干蕨根、木屑、轻质陶粒、河沙等加少量有机肥,如腐熟的饼肥、花生麸作基质。在荫棚或有遮光网的温室内栽培,夏秋季遮光 70%~80%,冬春季遮光 40%~50%;多喷水以保持较高的空气湿润;夏季要注意通风降温;冬季要注意防寒,温度保持在 12 ℃以上,并减少水分,即可以安全越冬。以叶片为观赏对象的种类,生长期每月施肥 1~2 次,以氮肥为主,适当配合磷、钾肥,在冬季施用磷、钾肥可增强植物的抗旱和抗寒能力。对于花叶共赏的种类,则更须注意在不同生长发育期氮、磷、钾的合理配合施用,花后要及时修剪和补充营养。追肥一般采用根外喷施。

17.2　常用室内观赏植物类

17.2.1　美叶光萼荷 *Aechmea fasciata* (Lindl.) Baker

图 17.1　美叶光萼荷
（引自《花卉学》　包满珠主编
中国农业出版社）

别名:蜻蜓凤梨、粉菠萝、粉叶珊瑚凤梨。凤梨科,光萼荷属。

多年生、附生性草本,高 30～60 cm。具短茎,茎基多吸芽。叶莲座状基生,基部相互交叠成筒状;叶片带状条形,长 40～60 cm,宽 5～8 cm,先端具短尖头,边缘有黑色刺状细锯齿;两面被白粉,有银白色横纹。花两性,花序从叶筒中央抽出,花在上部密集成头状的穗状花序,有短分枝,花序梗长,伸出叶筒外;花序轴下部有多数苞片,紧贴花梗,粉红色;小苞片生花序上部,斜向上伸展,粉红色,锐三角状披针形,长约 6 cm,基部宽 1.2～1.8 cm,边缘有细锯齿,先端具硬尖头;花萼 3,分离,披针形,长约 1.5 cm,粉红色;花瓣合生成管状,上部 3 裂,花冠管长约 1.5 cm,裂片与花冠管近等长,紫蓝色;雄蕊 6 枚,分离;子房下位,3 室,柱头 3 裂,中轴胎座。聚花果状浆果。自然花期春、夏季。

原产巴西,现各热带地区有栽培。我国广东、福建、台湾常见栽培。

喜明亮散射光、温热湿润的环境;耐阴,但过分阴蔽,叶片易徒长,色斑暗淡,忌暴晒。不耐寒,生长适温 18～25 ℃,花芽分化要求 20 ℃以上,6 ℃以上可以安全越冬。喜排水良好,富含腐殖质和纤维质的土壤,可耐旱。分株繁殖,大量繁殖时可用组培法。在植株老熟(常有 13 片叶以上),温度在 20 ℃以上时,可行催花,常用(300～350)×10⁻⁶乙烯利喷叶,约 2 个月见花。

植株飘逸,叶色秀丽,花期较长,为优良的室内观叶、观花或观果植物。

同属的光萼荷(斑马珊瑚凤梨) *A. chantinii* (Carr.) Baker,叶开展,橄榄绿色,具灰白色或玫红带灰的横条纹,边缘有直伸刺状细锯齿。花序梗长,花密集成短三角形的总状花序;苞片橙红色,花黄色。

17.2.2　广东万年青 *Aglaonema modestum* Schott

别名:亮丝草、粗肋草。天南星科,广东万年青属。

多年生草本,高 40～70 cm。茎秆直立,青绿色,竹节状。叶卵状披针形,长 15～25 cm,先端渐尖至尾状渐尖,基部楔形;浓绿色,有光泽,叶脉清晰;叶柄长约 30 cm,中部以下鞘状。总花梗长 7～10 cm,佛焰苞长 5～7 cm,黄绿色;肉穗花序黄白色,雄花在上,雌花在下。浆果鲜红色。

原产我国云南、广西和广东三省南部,菲律宾也有分布。

耐阴性强,忌阳光直射;喜高温多湿气候,生长适温 25～30 ℃,冬季应保持在 13 ℃以上。

栽培土壤以疏松、肥沃、排水良好的微酸性土壤为宜。分株和扦插繁殖。

　　植株生势强健，茎叶翠绿，四季常青，是优良的中小型室内观赏植物。耐水湿，适合瓶插水养，也可盆栽室内观赏，或于室外庭园阴蔽处丛植。汁液有毒，切勿溅入眼内或误食。

　　同属的**心叶粗肋草***A. costatum* **N. E. Br. Foxii Engel. var.** *immaculatum*，高 20 ~ 30 cm，地下茎匍匐生长；叶卵状披针形，叶色浓绿，中肋（中脉）为明显的乳白色。原产马来西亚。**银后粗肋草（银皇后）***A. roebelinii* **‘Silver Queen’**，茎直立，高 40 ~ 50 cm，易生吸芽；叶片密簇，长椭圆形，叶面银灰色；耐阴性较强，耐湿、耐旱，不耐寒，8 ℃以下，叶缘和叶尖便会枯萎。

图 17.2　广东万年青
1. 叶；2. 花序
（引自广东植物志）

17.2.3　美叶观音莲 *Alocasia sanderiana* Bull.

别名：美叶芋、黑叶观音莲、观音莲。天南星科，海芋属（观音莲属）。

多年生草本。有透明乳汁；根状茎稍膨大呈块茎状，卵形或纺锤形，直径 2 ~ 4 cm。叶聚生茎顶，叶基盾状，卵状戟形或箭头形，长 25 ~ 40 cm，基部 2 裂片，三角状钝圆形，裂片合生长度为裂片的

图 17.3　美叶观音莲

1/3 ~ 1/2，叶面墨绿色，背面褐紫色；表面叶脉淡白色，主脉三叉状，上部侧脉 4 ~ 8 对，裂片上侧脉 3 ~ 5 条，分向一边；叶柄肉质柔弱，近圆柱状，长 30 ~ 50 cm，基部扩展呈鞘状。佛焰状花序，总花梗长 20 ~ 40 cm；佛焰苞直立，长 10 ~ 15 cm，下部管状，檐部延长，卵状披针形，外面灰褐色，内面淡黄色；花单性，无花被，雌雄花为中性花所分隔；雄花生于肉穗花序上部，雄蕊 4 枚，合生；中性花生于肉穗花序中部，有退化雄蕊；雌花生于肉穗花序下部，子房上位，1 室，胚珠数颗，基生。花期 5—8 月。

原产亚洲热带。现热带地区常见，我国广东、台湾等地有栽培。

　　喜高温、高湿、半阴环境，不耐强光直射。生长温度至少要 20 ~ 30 ℃以上，不耐寒，低于 8 ℃，叶片会干枯，以块茎越冬。喜肥沃、湿润而疏松透水的土壤，不耐积水，也不耐旱。分株繁殖，大规模繁殖常用组培法。

　　叶脉与叶片对比明显，甚是美丽，且耐阴性极强，是优良的观叶植物，可作各种室内装饰摆设，在冬季温暖的地区，还可在庭园背风处及林荫处栽植。

　　同属的**箭叶观音莲（箭叶海芋、大叶观音莲）***A. longiloba* **Miq.**，根状茎圆柱形，长 15 ~ 20 cm，粗 1 ~ 1.5 cm，上部被宿存叶鞘。叶片长箭形，长 25 ~ 50 cm，宽 12 ~ 25 cm，基部 2 裂，稍不对称，基部 2 ~ 3.5 cm 合生，叶片表面深绿色，背面红褐色；叶脉绿白色，主脉三叉状，裂片上侧脉 4 ~ 7 条，生向一边。佛焰苞灰绿色，管部长 2 ~ 3.5 cm，檐部为长圆形或披针形，长 6 ~ 8 cm。雄花有雄蕊 3 枚。浆果圆球形，淡绿色。

17.2.4　芦荟 Aloe vera L. var. chinensis（Haw.）Berger

别名:龙角、油葱、狼牙掌。百合科,芦荟属。

图 17.4　芦荟
(引自中国植物志)

多年生肉质草本,具粗短的直立茎。叶交互对生,幼时呈 2 列状排列,植株长大后节间短而呈莲座状;叶片肥厚,多汁,披针形,长渐尖,长 15 ~ 36 cm,基部宽 3.5 ~ 6 cm,厚约 1.5 cm,粉绿色,两面具矩圆形的灰白色斑纹,边缘疏生三角形齿状刺,刺黄色。花葶单一,连同花序高 60 ~ 90 cm,具少数疏离的三角形苞片;总状花序长 9.5 ~ 20 cm,具疏离的花;花黄色或具红色斑点;花梗长 4 ~ 6 mm,位于花序下部的下弯;花被片 6,长约 2.5 cm,下部合生成筒状;裂片披针形,顶端稍外弯,与花被筒近等长;雄蕊 6 枚,与花被等长;子房上位,3 室,每室胚珠多数,花柱略伸出花被筒外。蒴果三角形。花期 6—8 月。

原产地中海地区至印度,我国云南南部有逸为野生,现各热带地区广为栽培。

喜温热、通风而稍干燥的环境。喜光,也可耐半阴。生长适温 20 ~ 30 ℃,可耐炎热,稍耐寒,5 ℃以上可安全越冬。极耐干旱,不耐水湿,生长期宜湿润,休眠期宜稍干。要求疏松排水良好、肥沃的沙质壤土。分生侧芽、萌株和扦插繁殖。

株形优美,叶肉质,粉绿色,适应性较强,常作盆栽室内观赏。全株可入药,也可作化妆品、保健食品之原料,可以说全身都是宝,近年引起全球性的重视,并广泛栽培。

原种**羊角掌 A. vera L.**,植株较矮小;叶莲座状排列,三角状披针形,长 12 ~ 25 cm,基部宽 3 ~ 5 cm,两面深绿色而有灰白色的斑纹,边缘刺状齿疏而细、不明显;花葶较短,花被下部淡黄色,上部粉红色。近年我国引入多种芦荟属植物用于生产,如**库拉索芦荟(多产芦荟)A. ferox Mill.,海虎兰(杂种芦荟)A. delaetoe Radl.**。

17.2.5　艳山姜 Alpinia zerumbet（Pers.）Burtt. et Smith.

别名:熊竹兰、月桃。姜科,山姜属。

多年生草本,株高 2 ~ 3 m;具横生根状茎。叶片披针形,长 30 ~ 60 cm,宽 5 ~ 10 cm,顶端渐尖、有一旋卷的小尖头,基部渐狭,边缘具短柔毛,两面均无毛;叶柄鞘状,长 20 ~ 30 cm,顶部具叶舌,叶舌至叶基间叶柄缩窄,长 1 ~ 1.5 cm;叶舌长 5 ~ 10 mm,外被毛。花两性,总状式圆锥花序顶生,下垂,长达 30 cm,花序轴紫红色,被毛,分枝极短,每一分枝上有花 1 ~ 2 朵;小苞片椭圆形,长 3 ~ 3.5 cm,白色,顶端粉红色,无毛,小花梗极短;花萼近钟形,长约 2 cm,白色,顶端粉红色,一侧开裂,裂片顶端具齿裂;花冠 3 裂呈唇形,花冠管较花萼为短,裂片长圆形,长约 3 cm,后方一枚较大,乳白色,顶端粉红色,唇瓣匙状宽卵形,长 4 ~ 6 cm,顶端皱波状,内侧黄色而有紫

红色纹彩;侧生退化雄蕊 2 枚,钻状,长约 2 mm,发育雄蕊 1
枚,长约 2.5 cm;子房下位,3 室,胚珠多数,被金黄色粗毛。
蒴果卵圆形,直径约 2 cm,被稀疏的粗毛,具突起条纹,顶端
常冠以宿萼,熟时朱红色;种子有棱角。花期 4—6 月,果期
7—10 月。园艺品种花叶艳山姜'*Variegata*',株型较矮,高 1
~1.5 m;叶片有横向的黄色条纹。

热带亚洲广布,我国台湾、浙江、广东、四川等地有分布。
各热带、亚热带地区常作园林植物栽培。

喜高温多湿的环境,既耐阴也可耐日晒,不甚耐寒,4 ℃
左右低温即会引起叶片损伤。在肥沃、疏松、湿润、排水良好
的土壤中生长良好。分株或种子繁殖。

姿态优美,适应性强,生命力旺盛,为一美丽的观赏植
物。在南方地区,多作庭院美化种植,常植于湖边、山石旁、
林荫下或内庭处,也可作盆栽室内摆设。

图 17.5 艳山姜
1. 植株;2. 花序;3. 花;4. 唇瓣;5. 雄蕊
(引自中国植物志)

17.2.6 艳凤梨 *Ananas comosus*(L.)Merr. 'Variegatus' Hort.

图 17.6 艳凤梨
(引自《花卉学》 包满珠主编 中国农业出版社)

别名:彩叶凤梨、金边凤梨、斑叶凤梨。凤梨
科,凤梨属。

多年生、地生性草本,茎高可达 120 cm。叶莲
座状着生,叠卷成松散的筒状,成株有叶 30~50
片;剑形,厚而硬,革质,长 60~90 cm,宽 3~4 cm,
两边近叶缘处有象牙黄色纵向宽条纹,边缘有硬
刺,边缘及刺为红褐色。花序梗伸出叶丛之上,有
披针状小叶,顶有一稠密、球果状的穗状花序;花
两性,无柄,生于苞片腋内;苞片披针形,边缘有细
锯齿,萼片短,3 裂;花瓣 3,离生,紫色或紫红色;
雄蕊 6;子房下位,藏于肉质的中轴内。果由肥厚
肉质的中轴、苞片和螺旋排列的不育子房合成聚
合浆果,顶部有冠芽,苞片鲜红色。

是从果品菠萝中选育出来的观赏种。原产南
美洲热带。

喜光,喜高温至温暖湿润、通风的环境,稍耐阴。生长适温 20~30 ℃,可耐炎热,不耐寒,
5 ℃以上可安全越冬。宜疏松、肥沃、排水良好的沙质壤土。耐干旱。常用根茎处萌芽分株繁
殖,或用茎上芽及果顶上芽扦插繁殖,也可将叶片连同休眠腋芽切下作叶插。

生势强健,株形优美,叶果艳丽,常年可供观赏,果也可食用,为优良的室内观赏植物,可盆
栽或切果观赏,也可丛植或与棕榈科乔木相配置,营造富有热带特色的植物景观。

同属的**斑叶红凤梨(红菠萝)***A. bracteatus*(**Lindl.**)**Schult. var. *striatus*** M. D. Foster,叶革质,扁平,较短,长40~60 cm,宽2~4 cm,中央铜绿色,两边近叶缘处有象牙黄色纵向条纹。苞片及果鲜红色。

17.2.7　花烛 *Anthurium andreanum* Lind. ex Andre

别名:哥伦比亚安祖花、红掌、红鹤芋。天南星科,花烛属(安祖花属、火鹤花属)。

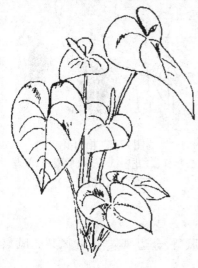

图17.7　花烛
(引自《花卉学》 包满珠主编
中国农业出版社)

多年生、附生性草本。茎粗壮,半直立,节上多气根。叶聚生茎顶,革质,长圆状椭圆形或卵圆形,长18~30 cm,宽12~16 cm,叶基心形,两侧裂片圆形,稍不对称,先端具小尖头;掌状脉,中肋背面隆起,小脉网状;叶柄圆柱形,坚挺,长可达50 cm,腹面具浅槽,顶端有关节,基部稍扩展呈鞘状;鳞叶(托叶)披针形,长3~5 cm,常宿存。佛焰花序单生叶腋,花梗圆柱形,直立,长30~50 cm;佛焰苞平展,鲜红色或橙红色,心状卵形,长8~12 cm,宽6~8 cm,有明显网脉;肉穗花序无柄,淡黄色,直立,长5~7 cm;花两性,有花被,花被4枚,常呈两轮排列;雄蕊4枚,花丝扁平,花药外向纵裂;子房上位,2室,每室2胚珠。浆果。花期几乎为全年。常见的变种有**红花烛 var. *alrosanguineum***,佛焰苞猩红色,有亮光,佛焰苞中等大;**玫红花烛 var. *reidii***,佛焰苞中等大,玫红色。**三角花烛(粉绿花烛)var. *rhodochlorum***　Andre,佛焰苞大,三角状卵形,玫红色,基部两侧裂片带绿色。

原产哥伦比亚,各地广为栽培。我国东南部至西南各地常见栽培。

喜温热、高湿、通爽而半阴的环境,不宜强光直射。生长适温22~30 ℃,不耐寒,6 ℃以下易受低温伤害,低于12 ℃产花少或不开花;忌炎热,超过35 ℃不开花,且生长不良。喜较高的空气湿度,以70%~80%为宜。要求腐殖质丰富、肥沃疏松、富含纤维质而排水良好的土壤。组织培养,分株或茎段扦插繁殖;原种也可用种子繁殖。

叶色翠绿,形姿优美,花大而奇特,是著名的热带切花和观叶植物。盆栽可以作各种室内布置,花枝寿命长,是插花的好材料,也可作干燥花素材。

同属的**水晶花烛***A. crystallinum* Lind. et Andre,叶椭圆状卵形或卵圆形,叶面有丝绒般光泽,叶背淡玫红色,叶脉银白色。佛焰苞黄绿色,披针形,长约5 cm,宽2~3 cm。原产哥伦比亚。**火鹤花(红鹤芋)***A. scherzerianum* Schott,茎粗短。叶聚生茎顶,革质,长圆状椭圆形或长圆状披针形,长18~28 cm,宽7~11 cm。佛焰苞鲜红色,卵圆形或卵状长圆形,长7~12 cm,宽5~7 cm,先端具小尖头;肉穗花序红色,螺旋状卷曲。原产哥斯达黎加和危地马拉。**深裂花烛***A. variabile* Kunth,攀援植物,节间伸长。叶掌状分裂,裂片7~9,具长柄。佛焰花序具短柄,长3~10 cm,佛焰苞披针形,绿色,反卷。原产巴西。

17.2.8　金脉单药花 *Aphelandra squarrosa* Nees 'Dania'

别名:丹尼斯单药花、花叶爵床、金苞花。爵床科,单药花属。

亚灌木状草本,株高 30～40 cm,茎稍肉质。叶对生,长卵形或椭圆状披针形,长 8～12 cm,宽 3～4 cm;上面墨绿色,中脉和侧脉淡黄色,对比明显,十分美丽。花两性,左右对称,穗状花序顶生,长 8～15 cm,有苞片;苞片金黄色,卵状三角形,宽 1.8～2.5 cm,相互迷生,将花包于腋内,使整个花序呈三角锥体状;花萼 5 裂,萼管短;花冠合瓣,白色,5 裂,二唇形;雄蕊 4 枚;子房上位,2室,中轴胎座。蒴果。全年均有开花,其中 6—10 月最为集中。另一栽培变种 **银脉单药花(斑马爵床)**'**Louisae**',中脉和侧脉银白色。

原产美洲热带及亚热带地区。我国近年及华南各省区有栽培。

图17.8　金脉单药花

喜半阴,忌阳光直射,喜高温至温暖湿润　　　　热、畏严寒,生长适温 22～28 ℃,高于 35 ℃生长不良,低于 5 ℃易引起叶片冻伤。　　　　的酸性土壤,根系忌积水。扦插繁殖。

植株小巧玲珑,叶色美丽,花期长,耐阴性　　　　的观花、观叶花卉,可作室内绿化装饰,摆设于案台、茶几、窗台或花架上。

17.2.9　文竹 *Asparagus plumosus* Baker

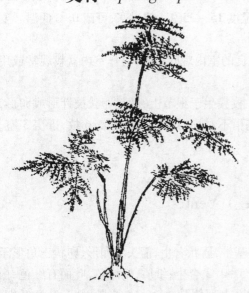

图17.9　文竹

(引自《花卉学》　包满珠主编　中国农业出版社)

别名:云片竹、羽毛天门冬。百合科,天门冬属。

多年生攀缘性草本;根系稍肉质,具小块根。茎蔓性,纤细,绿色,其上具三角形倒刺;幼时直立,成长后,长达数米;分枝末端水平展开或稍稍弯曲。叶状枝浅绿色,细柔,如羽毛状,长约6 mm。花白色。浆果球形,紫红色;种子黑色。变种 **矮文竹(鸡绒芒) var. *nanus* Nichols.**,直立,高 30～40 cm,不攀缘,羽状分枝;叶状枝密生如绒毛。

原产南非。

喜半阴,喜温暖湿润气候,生长适温 22～28 ℃,冬季保持 8～10 ℃,低于 3 ℃茎叶会冻死;要求潮湿、肥沃、疏松土壤,不耐旱。分株或种子繁殖。

株形优美,枝叶纤细、苍翠,姿态幽静文雅,为优雅的室内观赏植物,小型盆栽适合摆设于茶几、书桌或案头,或点缀山石盆景;切枝可作切花配材。

17.2.10 蜘蛛抱蛋 *Aspidistra elatior* Blumea

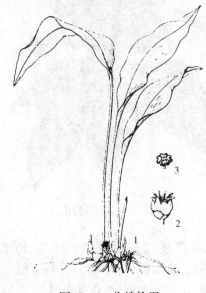

图 17.10 蜘蛛抱蛋
1. 植株;2. 花;3. 柱头
(引自中国植物志)

别名:一叶兰、箬叶。百合科,蜘蛛抱蛋属。

多年生草本;根状茎粗壮,直径 5~10 mm,具节和鳞片。叶鞘 3~4 枚,生于叶柄基部,绿褐色,有紫色小斑点。叶单生茎节上,矩圆状披针形至椭圆形,长 22~46 cm,宽 8~11 cm,深绿色,顶端渐尖,基部楔形,边缘皱波状;叶脉明显,纵向平行脉多数;叶柄粗壮,坚硬、挺直、上面具槽,长 5~35 cm。花两性,单生根节上,贴近地面,花梗长 0.5~2 cm,上有 1~2 枚膜质鳞片,花基部有苞片 2 枚;花被钟状,长约 1.8 cm,直径约 1.5 cm,外面紫色,内面深紫色,8 深裂;裂片肉质,近三角形,长约 6 mm,内侧具 4 条隆起的棱;雄蕊 8 枚,花丝短,生于花被筒基部,低于柱头;子房上位,4 室,每室 2 胚珠,柱头盾状膨大,圆形,直径约 1.3 cm,4 深裂而每裂又具 1 浅裂。浆果球形。花期春季。常见变种**洒金蜘蛛抱蛋(点叶蜘蛛抱蛋)var. minor** Hort.,叶片满布金黄色斑点;**花叶蜘蛛抱蛋 'Variegata'**,叶片上有纵向条状斑纹或斑块。

原产我国长江流域以南各省区,东南亚也有分布。

各地热带亚热带有栽培。

喜温暖、湿润的环境,耐阴性强,忌烈日。适生温度 15~25 ℃,较耐寒,可耐 0 ℃低温。要求肥沃的砂壤土,稍耐水湿,也较耐旱。分株繁殖。

生命力强,叶色浓绿,叶形优美,耐阴性强,是优良的室内观叶植物,可作室内盆栽观赏或用于内庭、林荫下作地被绿化布置;还可切叶用于插花。

同属的**卵叶蜘蛛抱蛋 *A. typica* Baill.**,叶 2~3 枚簇生于根节上,叶片卵状披针形或卵形,长 26~32 cm,宽 10~12 cm,具稀疏黄色斑点,叶基稍不对称;花被 6 裂,雄蕊 6 枚,子房 3 室。原产越南及我国的云南。

17.2.11 花叶芋 *Caladium bicolor* (Ait.) Vent.

别名:二色花叶芋、彩叶芋。天南星科,花叶芋属。

多年生草本。具块茎,扁球形,有膜质鳞叶。叶基生,盾状着生,箭头状卵形、卵状三角形至圆卵形,长 8~20 cm,宽 5~10 cm,基部两侧裂片 1/5~1/3 合生;纸质,暗绿色,叶面有红色、白色或淡黄色等各色透明或不透明的斑点;主脉三叉状,上部侧脉 4~6 对,小脉网状;叶柄纤细,圆柱形,长 15~25 cm,基部扩展呈鞘状,有褐色小斑点。佛焰状花序基出,花序柄长 10~

13 cm;佛焰苞下部管状,管部卵圆形,长约 3 cm,外面绿色、内面绿白色、基部青紫色;檐部长约 5 cm,白色、卵状舟形,先端凸尖;肉穗花序稍短于佛焰苞,具短柄;花单性,无花被;雌花生于花序下部,雄花生于花序上部,中部为不育中性花所分隔;雄花具 4~5 枚合生雄蕊,药隔厚,先端平坦;中性花具退化雄蕊;雌花仅有雌蕊,子房上位,2 室,无花柱,柱头圆形。浆果白色。花期4—5月。

原产南美亚马逊河流域。我国广东、广西、福建、云南、台湾等地常见栽培。

喜高温、高湿、半阴环境。生长适温 22~30 ℃,低于 12 ℃叶片开始枯黄,以块茎休眠越冬。要求疏松、肥沃、排水良好的土壤,不耐积水。分株繁殖。冬季可待其叶片干枯后,将块茎挖起晾干后去残根用沙层积藏至春季栽植。

绿叶嵌各色斑点,似锦如霞,艳丽夺目,为观叶花卉的上品,作室内盆栽,布置茶几、案台、博古架等极为雅致,也可在室外半阴处丛植或片植观赏。

同属的**孔雀花叶芋(彩叶芋)C. hortulanum Birdsey**,叶常不为盾状着生,卵状披针形,长 15~25 cm,宽 8~12 cm,叶基浅心形或截平,裂片不明显或短而钝,叶面有大面积连片的红色斑纹或斑块;网状脉,叶脉淡白色或绿色。原产热带美洲。**银斑芋 C. humboldtii Schott.**,株形矮小;叶盾状着生,卵形或卵状披针形,长 8~15 cm,宽 6~9 cm,基部浅心形,两侧裂片短而圆,叶面有灰白色或银白色斑块。

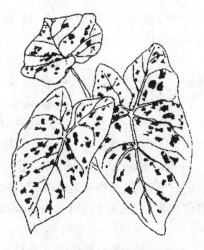

图 17.11　花叶芋
(引自《花卉学》. 包满珠主编
中国农业出版社)

17.2.12　绒叶肖竹芋 *Calathea zebrina* (Sims) Lindl.

别名:天鹅绒竹芋、斑叶肖竹芋、斑马竹芋。竹芋科,肖竹芋属。

多年生草本,高可达 1 m。丛生,具根状茎。叶基生,长圆状披针形,长达 45 cm,宽达16 cm,中脉两侧稍不对称,顶端钝尖,基部渐狭;叶面深绿色,有天鹅绒光泽,间以灰绿色的横向条纹;叶背幼时浅灰绿色,老时淡紫红色,两面无毛;叶柄鞘状,长 25~45 cm,顶端以关节和叶片相连。花两性,头状花序卵形,直径 6~7 cm,单生于花葶上,花葶长 30~50 cm,苞片覆瓦状螺旋排列,宽卵形,宽约 5 cm,多数,里面的紫红色;小苞片线形,膜质;萼片 3枚,长圆形,长约 2.5 cm;花瓣 3 片,蓝紫色或白色,长圆状披针形,长约 1.5 cm;外轮退化雄蕊 1 枚,倒卵状长圆形,淡蓝色,长约 1.7 cm;硬革质的 1 枚退化雄蕊与其相似,囊状退化雄蕊长仅及其半;发育雄蕊 1 枚,有瓣状附属体;子房下位,3 室,每室 1 胚珠,柱头 3 裂。蒴果,开裂为 3 瓣。花期6—8月。

原产巴西。我国台湾、广东、福建等地常见栽培。

图 17.12　绒叶肖竹芋
1.植株;2.叶;3.花序;4.花
(引自广东植物志)

喜温暖、湿润、半阴环境,忌日晒。生长适温 20~26 ℃,超过 35 ℃生长不良,低于5 ℃易引起叶片损伤。要求疏松、湿润、肥沃的轻质壤土。需要较高的空气湿度,不耐干旱。分株繁殖。

叶面深绿色,有天鹅绒光泽,间以灰绿色的横向条纹,十分美丽;叶背幼时浅灰绿色,老时淡紫红色,是优良的室内观叶植物,可作各种室内装饰摆设。

同属的**孔雀竹芋 *C. makoyana* Nichols.**,有根状茎,株高 30~50 cm。叶卵状或矩圆状椭圆形,长 20~30 cm,宽 10~15 cm;叶面黄绿色,有孔雀尾羽状的深绿色椭圆状斑纹;叶背面淡紫红色;叶柄上部圆柱形,腹面具浅槽,下部鞘状。原产中美洲至南美洲。**肖竹芋(红羽竹芋) *C. ornata* Koern.**,叶卵状椭圆形,长约 40 cm,宽约 20 cm;叶面绿色,沿侧脉有呈羽状排列、线状的红色条纹,斜伸至近叶缘;叶背紫红色;叶柄圆柱形,腹面具浅槽。原产哥斯达黎加和巴西。**彩红竹芋(红边肖竹芋) *C. roseo-picta* Regel.**,高可达 80 cm,具根状茎。叶椭圆形,长 25~40 cm,宽 15~25 cm,基部不对称;叶面翠绿色有光泽,中脉浅黄色,两侧有黄绿相间的条状斑纹,沿叶缘有一圈玫红色的环形斑纹,极为美丽;叶背紫红色;叶柄紫红色,长可达 60 cm,上部圆柱形,基部鞘状。本种极不耐热。原产巴西。

17.2.13　吊兰 *Chlorophytum comosum*（Thunb.）Jacq.

图 17.13　吊兰
（引自《花卉学》 包满珠主编
中国农业出版社）

百合科,吊兰属。

多年生草本,具肉质根。叶基生,条形,长 20~40 cm,宽约 3 mm,鲜绿色;从叶间抽生匍匐枝,伸出气根处发生新植株,长 30~80 cm。花葶细长,从匍匐茎上抽生后下垂,顶生总状花序,有花 1~6 朵,花小,白色。花期春季。变种**银边吊兰 'Variegata'**,叶缘白色;**金边吊兰 'Marginatum'**,叶缘金黄色。

原产南非的热带丛林。

喜温暖、湿润及半阴的环境,对光线适应性强,不耐寒,冬季温度不可低于 5 ℃;喜疏松、肥沃的沙质壤土,耐适度的干旱。分株繁殖。

株形优美,叶色翠绿,匍匐茎上生小植株,十分可爱,是优良的室内观赏植物,宜作中小型盆栽摆设于茶几、窗台等处,也可悬垂观赏。

17.2.14　花叶万年青 *Dieffenbachia sequine*（Jacq.）Schott.

别名:哑蔗。天南星科,花叶万年青属。

亚灌木状多年生草本,有透明乳汁。茎绿色,高可达1.5 m,直径 2~4 cm,节间长 2~4 cm。叶互生,长圆形、长圆状椭圆形或长圆状披针形,长 20~40 cm,宽 10~20 cm,两面暗绿色,有光泽,有多数不规则的、白色或黄绿色的斑块或斑点;侧脉 15~20 对,背面隆起;基部圆形或渐狭,先端钝尖;叶柄鞘状抱茎,下部的叶柄具长鞘,中部的鞘长约为叶柄的一半,上部的鞘长几达叶柄顶端。佛焰苞长圆状披针形,下部席卷成管状,喉部扩开,先端骤尖;肉穗花序圆柱形,先端稍弯垂,花序柄短;花单性,无花被;雄花生于花序中上部,密集,雄蕊 4 ~ 5 枚,无花丝,花药生于盘状药隔的下部,花药顶孔开裂;雌花生于花序下半部,疏散,子房上位,2 ~ 3 室,无花柱,柱头 2 ~ 3 裂,退化雄蕊 4 ~ 5 枚,棒状,超出子房;中性不育花疏散生于花序中部,有退化雄蕊 4 ~ 5 枚。浆果橙黄绿色。栽培种**斑马万年青(彩叶万年青)** 'Tropic Snow',高可达 2 m,茎粗壮,直径 4 ~ 6 cm;叶长圆形或卵状长圆形,长 30 ~ 50 cm,宽 15 ~ 25 cm,侧脉间有较规则的淡绿色、淡白色或淡黄色的斑块;中肋粗厚,侧脉 5 ~ 15 对,表面凹下,背面隆起;叶柄具鞘,绿色,有绿白色条状斑纹;佛焰苞绿色或白绿色;不育花少而稀疏;子房 1 室。

图 17.14　花叶万年青
(引自《花卉学》　包满珠主编
中国农业出版社)

　　原产南美洲热带。我国广东、福建、海南、台湾常见栽培,海南有逸为野生。

　　喜高温、多湿、半阴环境,忌烈日。不耐寒,8 ℃以下低温易引起叶片受冻伤。要求肥沃、疏松、排水良好的酸性土壤。不耐干旱,稍耐水湿。采用扦插和分株繁殖。

　　叶色优美,耐阴性强,可作各种室内摆设。

17.2.15　**香龙血树** *Dracaena fragrans* (L.) Ker-Gawl.

　　别名:巴西铁、巴西木、香千年木。龙舌兰科,龙血树属。

图 17.15　香龙血树

　　常绿灌木或小乔木,高达 6 m 以上。常单干,有时有分枝;有明显叶痕。叶簇生茎顶,革质,条状披针形,长 30 ~ 90 cm,宽 3 ~ 10 cm,绿色或有时有条状斑纹;叶基渐狭,先端渐尖,具锐尖头;中肋粗厚,背面隆起,侧脉不明显;叶柄短,基部呈鞘状。花两性,有香味,由伞形花序排成圆锥花序,长 30 ~ 50 cm,有小苞片,卵状披针形,长 3 ~ 5 mm;花被裂片 6 枚,下部合生成管状,淡黄色,裂片卵状披针形,长约 10 mm;雄蕊 6 枚,分离,花药背着;子房上位,3 室,每室 1 胚珠。浆果卵形,熟时淡黄色。花期 12 月至翌年 2 月。常见变种有**白纹香龙血树** var. *lindeniana* Hort.,叶片有乳白色纵向条纹,老叶时条纹呈黄绿色;**花叶香龙血树(金边巴西铁)** var. *victoria* Hort.,叶绿色,有黄的宽边,中央间有纵向银灰色的线状条纹;**缟纹香龙血树(金心巴西铁)** 'Massangeana',叶绿色,中央有黄色、较宽、纵向的带状条纹,新叶时尤为鲜明,老时转为淡黄绿色。

原产西非至非洲东南部热带地区。我国广东、福建、台湾等地常见栽培。

喜高温多湿的环境。喜半阴,耐阴性强;对光照适应性强,在全光照下亦可正常生长。生长适温18～30 ℃,不耐寒,7 ℃以下低温,叶片易受伤害,13 ℃以上可安全越冬。要求70%～80%的相对湿度。喜疏松、肥沃、湿润的土壤,可浸水莳养。扦插繁殖。

叶形优美,适应性较强,是优良的室内观叶植物,可作各种室内绿化装饰,在居家厅堂、会场、宾馆大堂或门庭等场所布置尤其适宜;可作丛植于庭园。

同属的**密叶龙血树(太阳神)** *D. deremensis* Engl. ' Compacta ',常绿灌木,茎粗壮,直径2～3 cm,绿色,节密;叶剑状披针形,长10～18 cm,宽2～4 cm,无柄,常螺旋状排列,先端扭转状反卷;圆锥花序顶生,花淡绿色。原产坦桑尼亚。有多个栽培品种。**白边龙血树(银边富贵竹、镶边仙达龙血树)** *D. sanderiana* Sander. ,常绿灌木,高可达3 m,有根状茎,直立茎纤细,丛生,节间明显,绿色如竹状;叶卵状披针形,基部渐狭呈鞘状抱茎,有白色宽边,中央间有银灰色条纹。原产西非。有多个栽培品种。**虎斑龙血树(虎斑木、虎斑千年木)** *D. goldieana* Bull. ,常绿灌木,高1～2 m,茎细长,丛生;叶卵形,螺旋状排列,有长柄,腹面具槽,叶面具绿色和银灰色相间的斑点及不规则横纹,呈虎斑状,叶背紫红色;总状花序排列紧密呈头状,花白色。原产几内亚。**星点木(星龙血树)** *D. godseffiana* Sander,矮小灌木,无主茎,轮状分枝,节上常有宿存的膜质托叶;叶对生或3片轮生,有鞘状短柄,椭圆形或卵状椭圆形,叶面具多数黄色或乳白色小斑点。原产几内亚。

17.2.16　八角金盘 *Fatsia japonica* (Thunb.) Decne. et Planch.

图17.16　八角金盘

别名:八金盘、手树。五加科,八角金盘属。

常绿灌木,高可达2 m。茎基多萌芽而呈丛生状,嫩芽被灰黄色鳞秕。叶互生,掌状分裂,较大,长12～18 cm,宽15～20 cm,裂片7～9,深近叶片2/3,裂片卵状长椭圆形,边缘具浅锯齿;叶柄下端肥厚,鞘状,半抱茎,包被腋芽,长15～22 cm。花两性,白色,有花梗,排成圆锥花序式的伞形花序;花梗无节;花萼5裂;花瓣5片,分离,镊合状排列;雄蕊5枚;子房下位,5室,每室1胚珠,柱头5裂。浆果球形,紫黑色,外被白粉。花期10—11月,翌年5月果熟。

原产日本及我国的台湾。我国长江流域普遍栽培。

喜温暖至冷凉湿润环境,极耐阴。怕干旱,畏酷热,忌烈日。生长适温10～20 ℃,可耐短暂0 ℃低温,5 ℃以上可安全越冬。在湿润、疏松、肥沃的土壤中生长良好,较耐水湿。分株或扦插繁殖。

株丛茂密,叶形优美,耐阴性强,是优良的观叶植物。盆栽可作室内观赏,也可以配植于庭前、门旁、花廊、树下及庭荫处。

17.2.17　深红网纹草 *Fittonia verschaffeltii*（Lemaire）Van Houtte

别名:深红网纹菜。爵床科,网纹草属(费道花属)。

多年生草本,株高 5～20 cm。茎匍匐状,易长不定根。茎枝、叶柄、花梗均密被茸毛。叶交互对生,纸质,椭圆形或卵圆形,长 7～10 cm,宽 5～7 cm,基部圆形或近心形,全缘,叶面暗绿色,叶脉深红色;叶柄长约 1 cm。穗状花序,花两性,灰白色或淡黄色。常见变种**小叶白网纹草'Minima'**,叶小,网脉银白色;**红网纹草 var. *pearcei* Nichols.**,网脉红色。

原产哥伦比亚至秘鲁。我国南部各省区有栽培。

喜高温多湿环境,忌干燥;喜半阴,忌直射强光。生长适温 20～28 ℃,不耐寒,低于 10 ℃,植株易受伤害。喜富含有机质、疏松、排水良好的土壤;需充足水分,不耐旱,干旱易引起落叶。扦插或分株繁殖。

株形小巧,叶色美丽,网络状叶脉尤具特色,宜作小型盆栽,摆设于室内案台、窗台、书桌或悬挂观赏。

图17.17　深红网纹草

17.2.18　果子曼 *Guzmania lingulata*（L.）Mez.

图 17.18　果子蔓
（引自《花卉学》　包满珠主编
中国农业出版社）

别名:红杯凤梨、红星凤梨、姑氏凤梨。凤梨科,果子曼属。

多年生、附生性草本,株高 20～45 cm。茎短,基部多萌芽。叶莲座状基生,基部相互叠生成筒状,成株有叶 15～25 片;剑状披针形,长 30～40 cm,宽 2～3 cm,革质,有光泽,前端弯垂,边缘无齿而平滑。穗状花序,花两性;花序梗长,伸出叶筒上,有苞片多数,红色;花梗上贴生苞片卵状披针形,长 4～6 cm,最上一轮苞片叶状、大而平展,长 8～10 cm,宽 2～3 cm;花萼浅杯状,3 裂;花瓣白色或淡黄色,合生成管状,花冠管长约 1.2 cm,上端 3 裂;雄蕊 6 枚;子房下位,3 室,花柱及柱头 3 裂。花期长达 3—4 个月。常见变种有**小果子曼(小红星凤梨)var. *magnifica* Hort.**,株型较小,高 20～25 cm;叶剑状条形,长约 20 cm,宽约 2 cm,开花时中央一轮苞片中部以下红色,先端绿色;花序梗短,仅伸出叶筒。**大果子曼(大红星凤梨)'Major'**,株型高大,高可达 50 cm;叶片剑形,长 35～45 cm,宽 3～4 cm,斜向上伸展;花序梗长可达 60 cm。

原产哥伦比亚和厄瓜多尔。我国南部各地近年有引种栽培。

喜半阴,不宜暴晒,喜温热和湿润的环境,生长适温 22～28 ℃,不耐寒,冬季 8 ℃ 以上可安全越冬。要求排水良好、富含腐殖质和粗纤维的基质。分株繁殖。

叶色浓绿亮泽,花序挺立,苞片艳丽,观赏期长达数月,为优良的花叶兼用之室内盆栽植物,常作中型盆栽,摆设于商场、酒店、居家等室内场所或配置于庭荫处,也可作切花。

同属的**红叶果子曼** *G. sanguinea* (Andre) Ande ex Mez.,叶片上半部呈染红色,开花时中央一轮苞片全部红色。原产南美洲热带。

17.2.19　酒瓶兰 *Nolina recurvata* (Lem.) Hemsl.

图 17.19　酒瓶兰

龙舌兰科,酒瓶兰属。

常绿小乔木,在原产地高可达 2 ~ 3 m,通常高 1 ~ 1.5 m。茎干直立,不分枝或少分枝;基部特别肥大,状似酒瓶,老株表皮会龟裂。叶细条形,生于茎顶,长 1.5 ~ 2 m,薄革质,柔软下垂,浅绿色。圆锥花序顶生,长达 50 cm;花白色。夏季为开花期。

原产墨西哥,世界热带地区多有栽培。

喜光,耐阴;喜高温湿润气候、耐干旱,具较强的耐寒能力。喜肥沃的砂壤土。适应性强,生长旺盛、快速。种子繁殖。

植株状如酒瓶,老株树皮龟裂,状似龟甲,颇具特色;叶密生茎顶而下垂,清秀而素雅,为热带观叶植物的优良品种。中型盆栽摆放于家居,极为优雅清秀;大型盆株用来布置厅堂、会议室等处,极富热带情趣,惹人喜爱。

17.2.20　瓜栗 *Pachira* aquatica Aublet.

别名:马拉巴栗、发财树。木棉科,瓜栗属。

常绿乔木,高可达 15 m。茎基常膨大,疏生栓质皮刺;分枝轮生,大枝绿色。掌状复叶互生,具长柄,长 10 ~ 18 cm,两端稍膨大;小叶 4 ~ 7,柄短,长椭圆形,长 9 ~ 20 cm,宽 3 ~ 6 cm。花单生叶腋,花大,两性;苞片 2 ~ 3 枚,细小,披针形;花萼杯状,3 ~ 5 浅裂,暗绿色,外面被疏毛或无毛;花瓣 5 片,黄绿色,长圆状披针形,开放后常扭转;雄蕊多数,下部合生成管状,管长约 5 cm,上部深裂成 10 束,花丝长约为雄蕊管的 2 倍,花药 1 室;子房上位,5 室,胚珠多数,柱头 5 浅裂。蒴果卵状椭圆形,长 7 ~ 9 cm,宽 4 ~ 6 cm,室背开裂为 5 个果瓣,无纤维;种子四棱状楔形。夏至秋季为开花期,种子秋后成熟。

原产墨西哥。我国广东、海南、台湾等地大量种植,已成为全球最大的生产与供应中心。

适应力极强。喜高温多湿气候,既耐阴也耐日晒。生

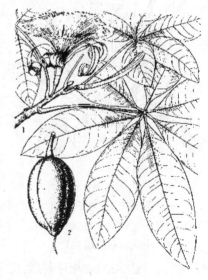

图 17.20　瓜栗
(引自广东植物志)

长适温 20 ~ 30 ℃,不畏炎热,稍耐寒,可耐 0 ℃左右低温,但低温干燥时易落叶。喜肥沃疏松的

微酸性土壤,忌积水,较耐旱。生长速度快,移植容易,全年均可裸根移植。播种或扦插繁殖,但扦插苗茎基常不膨大。常用粗桩单干式或数株绞成鞭状作桩景式盆栽。

树冠圆锥形,树姿挺拔,叶形优美,叶色终年翠绿,茎基膨大而奇特,是优良的室内观赏植物和园景树。大型和中型盆栽常布置于家居、宾馆、办公楼等各种室内场所;也可丛植、对植或列植于庭园、公园、居住区等处。

17.2.21 西瓜皮椒草 *Peperomia argyreia* C. J. Morren

别名:西瓜皮。胡椒科,草胡椒属(豆瓣绿属)。

多年生草本,株高 20 ~ 25 cm;无茎。单叶,呈丛状基生;叶片厚而近肉质,卵圆形,宽8 ~ 12 cm,表面具绿白相间的斑纹,如西瓜皮状;叶基盾形,叶脉放射状;叶柄暗红色,长10 ~ 18 cm。穗状花序腋生,具分枝;花极小,两性,无花梗,与苞片一同着生于花序轴的孔穴中;花被缺;雄蕊 2 枚,花丝极短,花药圆形;子房上位,1 室,1 胚珠。浆果。

原产巴西。我国广东、福建、台湾等地常见栽。

喜高温、湿润及半阴环境,忌日晒。生长适温 20 ~ 28 ℃,不耐寒,5 ℃以下植株会受伤害,10 ℃以上可安全越冬。喜肥沃、疏松土壤,稍耐干旱,忌积水;喜较高的相对湿度。分株或扦插繁殖。

图 17.21　西瓜皮椒草

植株小巧玲珑,叶色奇特,甚是优美,可作小型盆栽室内摆设于案台、花架、窗台或悬挂于露台等处装饰美化。

同属的**圆叶椒草(卵叶豆瓣绿、豆瓣绿)** *P. obtusifolia*(L.)A. Dietr.,株高约 30 cm,茎直立,稍肉质;叶互生,肉质,倒卵状圆形,长 5 ~ 7 cm,宽 4 ~ 6 cm,叶缘紫红色;穗状花序顶生,花绿白色,总花梗紫红色。原产热带美洲及西印度群岛。**斑叶豆瓣绿** *P. maculosa*(L.)Hook.,多年生草本,茎直立;叶互生,肉质,卵状披针形,基部心形或盾形,叶片上有淡红色或淡黄色的斑纹,叶缘红褐色,叶柄较长,有红褐色斑点;花序较长,红褐色。原产西印度群岛。**皱叶椒草** *P. caperata* Yuncker,多年生草本,株高 20 ~ 25 cm,无茎;叶基生,卵圆形,基部盾形,叶面泡状皱缩,表面浓绿色,背面灰绿色,叶柄红褐色,长 8 ~ 15 cm。原产西印度群岛。

17.2.22 红柄喜林芋 *Philodendron erubescens* K. Koch. et Augustin.

别名:红苞喜林芋、红柄蔓绿绒、红宝石蔓绿绒。天南星科,喜林芋属(蔓绿绒属)。

多年生肉质藤本;茎圆柱形,嫩茎节间淡红色,老茎灰白色,节间长 6 ~ 12 cm。叶互生,纸质,三角状箭头形,长 15 ~ 25 cm,宽 12 ~ 18 cm,嫩叶淡红色,老叶表面绿色,背面淡红褐色;基部心形,两侧裂片三角形或半卵形;基出侧脉 4 对,小脉网状;叶柄红褐色,长 15 ~ 25 cm,粗 7 ~ 10 mm,腹面扁平,背面圆形;托叶 2 片,包被顶芽,稍肉质,红色,背面有 2 条龙骨状突起,狭披针形,长 7 ~ 10 cm,基部宽 1.5 ~ 2.5 cm。佛焰状花序单生叶腋,花序柄长 6 ~ 7 cm;佛焰苞外面深紫色,内面胭脂红色,舟状,管部卵圆形,长 7 ~ 8 cm,檐部卵形,长约 7 cm,宽 4 ~ 5 cm,肉穗花序

具长约 3 mm 的短梗；花单性，无花被，雌雄异序；雄花序长约 10 cm，雄花有雄蕊 3 枚，无花丝；雌花序长约 5 cm，子房上位，倒卵圆形，长约 1.5 mm，8 室，柱头盘状。浆果。花期 11 月至翌年 1 月。

原产哥伦比亚。我国广东、广西、福建、浙江、台湾等地常见栽培。

喜高温、多湿、半阴的环境，忌强光。生长适温 20～28 ℃，能耐 3～5 ℃短暂低温，10 ℃以上可安全越冬。喜肥沃、疏松、排水良好的微酸性土壤，稍耐水湿。扦插繁殖。

图 17.22　红柄喜林芋

生长强健，耐阴性强，叶色艳丽，是优良的室内观赏植物，常作攀附爬柱的桩景式盆栽，摆设于室内厅堂或内庭，也可于庭荫、林荫处攀附栽培。

本属约有 275 种，是天南星科作观赏栽培最多的一个属之一。常用的有**琴叶喜林芋（琴叶蔓绿绒）** *P. panduraeforme*（Hook.）Kunth，藤本，茎绿色；叶 5 浅裂，呈提琴形，长 15～25 cm，基部两侧裂片呈耳陲形，中部两侧裂片浅而呈波浪状，先端裂片长圆形，叶柄长 15～20 cm，腹面扁平，背面隆起，托叶披针形，长 12～15 cm，黄绿色。原产巴西。**箭叶喜林芋（丛叶蔓绿绒、明脉蔓绿绒）** *P. sagittifo-lium* Liebm.，半直立性大型藤本，茎木质化；叶长圆状箭形，长 30～50 cm，宽 15～30 cm，基部心形，两侧裂片三角状圆形，中肋粗厚，基出脉 2～3 对，侧脉 12～15 对，叶脉在表面凹下；叶柄粗壮，腹面扁平，背面隆起，长达 20～30 cm，托叶线状披针形，长 18～25 cm，背面具两条龙骨状突起；佛焰花序从叶柄基部抽出，佛焰苞长圆状披针形，外面绿色，有小红点，内面紫红色。原产墨西哥。**心叶喜林芋（缎叶喜林芋、心叶树藤）** *P. scandens* C. Koch. et Sello，藤本，茎纤细，绿色；叶纸质，心状卵形，长 10～18 cm，宽 8～12 cm，表面墨绿色，有亮光，背面灰绿色，叶柄长 8～10 cm，腹面扁平，背面隆起，托叶 2 片，绿白色或淡红色，披针形，长约 6 cm，不易脱落。原产哥伦比亚。

17.2.23　圆叶南洋参 *Polyscias balfouriana*（Sander ex Andre）Bailey

别名：圆叶福禄桐。五加科，南洋参属。

常绿小乔木，高达 8 m。枝圆柱形，青铜色，杂以灰白色斑纹。三出复叶互生，长 8～12 cm；叶柄长 5～8 cm，有灰白色斑点，基部鞘状，抱茎，包被腋芽，脱落后枝条上留下半月形叶痕；小叶圆形或肾状圆形，近革质，长、宽各 5～10 cm，边缘乳白色，有犬牙状疏而宽的锯齿，中央一片叶最大，侧脉 3～5 对。花两性，复伞形花序，花梗有关节；萼筒上端 5 齿裂；花瓣 5 片；雄蕊与花瓣同数；子房下位，5 室，花柱基部合生；花盆扁平。果近球形，具棱。

原产新喀里多尼亚。我国广东、海南、福建、台湾等地有栽培。

喜温暖、湿润、有明亮散射光的环境，忌暴晒，也不宜过暗。

图 17.23　圆叶南洋参
（引自广东植物志）

生长适温 22 ~ 28 ℃,不耐寒,低于 15 ℃生长缓慢,低于 5 ℃易引起落叶,10 ℃以上可以安全越冬。喜富含腐殖质而疏松的沙质土壤,忌积水。扦插繁殖。

枝叶繁茂,叶形优雅,叶色翠绿亮泽,适应性强,是优良的室内观赏植物,常作大型和中型盆栽,摆设于宾馆、酒楼、写字楼的大堂、内庭及家居室内、露台等处,也可作庭园造景栽植。

同属的多种植物均为当今较为流行的室内观赏植物,如**银边南洋参(银边福禄桐)** *P. guilfoylei* **Bailey var.** *lancinata* **Bailey**,小乔木,高达 5 ~ 7 m,干粗壮,枝柔软下垂;羽状复叶互生,长 30 ~ 45 cm,小叶 3 ~ 9 片,纸质,椭圆形或长圆形,边缘白色,有疏生锐锯齿;由伞形花序组成圆锥花序。**南洋参** *P. fruticosa* (**L.**) **Harms**,小乔木,高 5 ~ 7 m;3 ~ 5 回羽状复叶,长30 ~ 60 cm,小叶近革质,狭卵形或长圆状披针形,边缘具刺毛状锯齿,基部有不明显的 3 出脉,侧脉 5 ~ 10 对;伞形花序组成的大型圆锥花序。

17.2.24 孔雀木 *Schefflera elegantissima* (Veitch. ex Mast.) Lowry et Frodin

别名:手掌树。五加科,鹅掌柴属。

常绿灌木或小乔木,高可达 5 m。少分枝,茎枝有乳白色斑点。掌状复叶互生,叶柄长 15 ~ 25 cm,有乳白色斑点,基部鞘状,半抱茎;小叶 9 ~ 12 枚,革质,长披针形或长椭圆形,长 10 ~ 15 cm,宽 2 ~ 3 cm,叶面暗绿色或古铜色,叶脉灰白色,边缘有向上的粗锯齿,小叶无柄。少见开花。

原产澳大利亚及太平洋群岛,热带地区有栽培。我国广东、福建、台湾等地近年有引种栽培。

喜半阴,忌强光直射;喜高温至温暖、多湿气候。生长适温 18 ~ 25 ℃,耐热,不耐寒,持续 5 ℃低温会引起落叶。要求较高的空气湿度,过分干

图 17.24 孔雀木

燥易引起落叶。喜肥沃、疏松的微酸性土壤,忌积水。扦插繁殖。

树冠伞形,树姿优美,叶形、叶色也颇为奇特,是名贵的观赏植物,可长期作各种室内装饰美化布置,也可丛植或孤植于庭园或入口处。

同属的**澳洲鸭脚木(伞树)** *S. actinophylla* (**Endl.**) **Harms**,常绿乔木,叶大型,掌状复叶互生,叶柄长;小叶长椭圆形,深绿色而有光泽,小叶叶柄长。热带地区广为栽培。

17.2.25 绿萝 *Epipremnum aureum* (Linden et Andre) Bunting

别名:黄金葛。天南星科,麒麟尾属。

大型藤本,茎吸附性攀缘;节间长 15 ~ 20 cm,具浅槽。叶互生,纸质,宽卵形,叶片绿色,有光泽,有不规则的黄色斑块,基部心形或圆形,先端短渐尖,叶缘偶有 2 ~ 3 深裂;叶片大小变化大;茎吸附他物时叶片长 32 ~ 45 cm,宽 24 ~ 36 cm,叶柄粗壮,长 30 ~ 40 cm,呈鞘状扩大,腹面具槽,上端关节(叶枕)2.5 ~ 3 cm;茎枝悬垂时叶长 6 ~ 10 cm,宽 5 ~ 6.5 cm,叶柄长 8 ~ 10 cm,

图 17.25 绿萝
(引自《花卉学》 包满珠主编
中国农业出版社)

呈鞘状达顶部;中肋粗壮,侧脉 8~9 对,两面隆起。佛焰状花序生叶腋,具粗壮花序柄,柄长 6~10 cm;佛焰苞卵状阔披针形,长约 12 cm;肉穗花序粗壮,无柄,长约 10 cm;花两性,无花被;雄蕊 4 枚,花丝纤细,长约 2 mm,药隔线状上伸;子房上位,1 室,侧膜胎座,花柱缺。浆果。

原产所罗门群岛。我国长江流域以南各地常见栽培。

喜高温、高湿、有明亮散射光的环境。耐阴,但过于阴蔽时,叶片上色斑不明显或消失;忌烈日暴晒。生长适温 20~30 ℃,稍耐寒,5 ℃以上可安全越冬。要求肥沃、疏松、湿润的土壤。耐水湿,可用水插莳养;稍耐旱。扦插繁殖。常用 4~6 株苗攀附于由纤维材料包扎成的桩柱上,作桩景式盆栽。

叶色优美,易适应室内环境,常作桩景式盆栽,用于各种室内装饰布置,也可作室内悬挂观赏或水插莳养,是目前我国各地最为常用的室内观赏植物;也可攀附于山石或树干上或作地被植物。

同属的**麒麟叶 _E. pinnatum_（L.）Engl.**,叶薄革质,幼叶披针状矩圆形,全缘,老叶轮廓为宽矩圆形,长达 60 cm,宽可达 40 cm,羽裂或羽状深裂达中脉,裂片宽条形,叶柄长达 40 cm,顶端膝状膨大。原产我国广东、海南,东南亚也有分布。

17.2.26 白鹤芋 _Spathiphyllum floribundum_（Lind. et Andre）N. E. Brown

别名:银苞芋、翼柄白鹤芋、多花苞叶芋、白掌等。天南星科,苞叶芋属(白鹤芋属)。

多年生草本,具短根状茎,多萌芽而呈丛生状。叶基生,薄革质,有光泽,长椭圆形或长圆状披针形,长 20~30 cm,宽 6~12 cm,基部圆形或阔楔形,先端长渐尖或锐尖;叶柄长而纤细,长 12~25 cm,粗约 5 mm,基部扩展呈鞘状,腹面具浅沟,背面圆形。佛焰状花序生叶腋,具长梗,绿色,花序高出叶面上;佛焰苞白色,卵状披针形,长 7~12 cm,宽 5~8 cm,先端锐尖;肉穗花序几近无柄,长 3~6 cm,白色,后转绿色;花两性,单被花,花被 4 片;雄蕊 4 枚,花丝长约 1 mm,扁平,药隔短;子房上位,卵形,长 2~3 mm,1 室,无花柱。花期 2—6 月。栽培品种**绿巨人 'Sensation'**,大型草本,高可达 1.2 m,常单生而少萌芽;叶基生,厚纸质,墨绿色,椭圆形或卵状椭圆形,长 30~60 cm,宽 20~32 cm,叶基阔楔形或渐狭,先端锐尖或渐尖,叶脉粗壮,

图 17.26 白鹤芋
(引自《花卉学》 包满珠主编
中国农业出版社)

表面下陷成浅槽状,侧脉 16~22 对,在表面凹下,叶柄粗壮,鞘状,腹面具半圆形浅槽,干后黑褐色,内含丰富的丝质纤维。佛焰花序具长梗,高出叶面;佛焰苞较大,白色。

原产哥伦比亚。我国广东、福建、广西、海南、浙江、台湾等地常见栽培。

喜温热、多湿、半阴环境,极耐阴,忌烈日。生长适温 20~30 ℃,稍耐寒,可耐 2 ℃短暂低温,5 ℃以上可安全越冬。喜肥沃、疏松、湿润而排水良好的微酸性土壤。不耐干旱,缺水时叶

片容易萎蔫下垂,但浇水后可迅速恢复。分株繁殖,大规模生产用组培繁殖。

生势强健,叶色浓绿亮泽,花多而持久,是观叶和观花兼具的观赏植物,可作室内厅堂、门庭、内庭等的装饰美化,也可作林荫下地被栽植,花枝可作切花,瓶插持久。

17.2.27　红背卧花竹芋 *Stromanthe sanguinea* Sonder

别名:紫背竹芋、红背竹芋。竹芋科,红背竹芋属。

多年生草本,高近 1 m。根状茎匍匐,粗壮,近肉质。叶 2 列,叶片椭圆状披针形,长 30～45 cm,宽 6～12 cm,顶端渐尖,基部圆,叶面绿色,光亮,叶背紫红色;基生叶具长柄,下半部鞘状,上半部圆柱状,茎生叶叶柄呈鞘状,较短,上端仅有叶枕与叶片相连。圆锥花序腋生,具长的总花梗,花两性;苞片卵形,长 1.5～3 cm,红色;萼片 3 枚,分离,长圆形,长 8～9 mm,红色;花冠白色,花冠管长约 1 mm,花冠裂片披针形,长约 9 mm;外轮 2 枚退化雄蕊线形,内轮 1 枚退化雄蕊披针形,发育雄蕊 1 枚;子房下位,1 室,被绢毛。蒴果;种子有假种皮。花期 4—6 月。

原产巴西。我国南部、东南部和西南部各省区均有栽培。

喜温热、湿润、半阴的环境,耐阴性强,也喜亮光。生长适温 20～30 ℃,较耐热,稍耐寒,5 ℃以上可安全越冬。喜疏松、肥沃、湿润而排水良好的酸性土壤,不耐干旱,忌积水。分株繁殖。

生命力强,叶色秀美,花色艳丽,是优良的室内观赏植物,可作各种室内布置,也可在庭荫或林荫下作地被栽植。

图 17.27　红背卧花竹芋
1. 植株上部;2. 花;3. 花冠;
4. 雄蕊群及花柱;5. 种子
(引自广东植物志)

17.2.28　紫花凤梨 *Tillandsia cyanea* Linden ex C. Koch

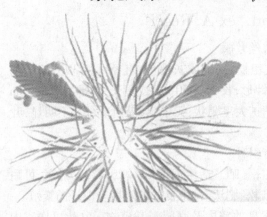

图 17.28　紫花凤梨

别名:紫花铁兰。凤梨科,铁兰属。

多年生、附生性草本,株高约 25 cm,冠幅约 35 cm。叶莲座状基生;叶绿色,全缘,长 20 cm,宽 2 cm,质薄且硬,向外弯曲,开展;花茎自叶丛中抽生,穗状花序高于叶面或与叶同高;苞片 2 列,对生重叠,色彩各异,苞片腋间绽放小紫花。

原产厄瓜多尔、危地马拉。我国华南各省区有引种。

喜半阴,喜高温多湿气候。不耐寒,低于 10 ℃进入半休眠状态。要求排水良好、富含腐殖质和粗纤维的基质。分株繁殖。

植株小巧,叶色深绿,花序艳丽,苞片持久,可作为春节期间的小型盆栽。

17.2.29　虎纹凤梨 *Vriesea splendens*（Brongn.）Lem.

图 17.29　虎纹凤梨

别名:丽穗兰、火剑凤梨、红剑、斑马莺歌凤梨。凤梨科,丽穗凤梨属(莺歌凤梨属)。

多年生、附生性草本,株高 40~50 cm。叶莲座状基生,叶基相互叠生成筒状,成株有叶 12~20 片;剑状条形,长 30~45 cm,宽 4~6 cm,有灰绿色和紫黑色相间的虎斑状横纹。穗状花序顶生,苞片红色,2 列,相互叠生成扁平剑状,长 20~30 cm,宽 2~3 cm;花序梗长 15~25 cm,有贴生的绿色苞片,苞片背面有紫黑色横纹;花两性,无柄,淡黄色;花萼 3 片,分离,披针形,长 2~2.5 cm,宽 6 mm;花冠合生,花冠管长 5~5.5 cm,顶部 3 裂;雄蕊 6 枚,花丝与花冠管近等长,花药条形;子房上位,3 室,每室有胚珠数粒,花柱长 1.5~2 cm。蒴果。花期长达 3 个月。

原产圭亚那和巴西。我国华东、华南各省区有引种。

喜半阴,喜高温多湿气候。生长适温 20~27 ℃,不耐寒,低于 13 ℃进入半休眠状态,2 ℃低温会导致叶片与花序损伤。要求排水良好、富含腐殖质和粗纤维的基质。分株或扦插繁殖。

叶色奇特,花序艳丽,苞片持久,为观叶和观花俱佳的室内观赏植物,可作各种室内摆设,也可作切花。

同属的**彩苞凤梨 *V. poelmannii* Hort.**,株高 20~30 cm;叶绿色,有光泽,成株有叶片 18~25 片,长 20~30 cm,宽 2~4 cm,弯垂;复穗状花序,有分枝,花序扁圆形,肥厚;花序梗粗壮,长约 10 cm,苞片鲜红色,花黄绿色。

17.2.30　**巨丝兰** *Yucca elephantipes* Hort. ex A. Regel

别名:象腿丝兰、无刺丝兰、荷兰铁。龙舌兰科,丝兰属。

常绿乔木,高可达 10 m。茎粗壮,少分枝,表皮粗糙,褐色或灰褐色,直径可达 30 cm,干基常膨大。叶螺旋状聚生茎顶,无柄,厚革质,剑状披针形,长 25~50 cm 或更长,中部宽 3~5 cm 或更宽,先端长渐尖,具刺状尖头,下部渐狭,基部稍扩大呈鞘状;无中脉,纵向平行脉不明显;叶缘有细密锯齿;叶基有短而横生、褐色的鳞叶。

原产墨西哥、危地马拉。我国广东、福建等地有引种。

喜通风而稍干爽的环境;喜光,也耐半阴,忌烈日暴晒。适生温度 15~25 ℃,较耐寒,可耐 2 ℃左右的短暂低温,5 ℃以上可以安全越冬。喜疏松、肥沃、排水良好的轻壤土。扦插繁殖。

生性强健,适应性强,株形优美,叶色浓绿,是优良的室内及庭园观赏植物。盆栽可作室内装饰美化,在温暖地区也可作庭园布置。

同属的**凤尾丝兰(华丽丝兰)** *Y. gloriosa* **L.**,灌木或小乔木,高可达 5 m,有分枝。叶螺旋状聚生枝顶,坚硬而挺直,条状披针形,长 40~80 cm,宽 4~6 cm,长渐尖,顶端呈刺状,边缘幼时具少数疏离的齿,老时全缘。圆锥花序生于茎顶或枝顶,长 1~1.5 m;花两性,下垂,白色或淡黄白色,顶端常带紫红色;花被片 6,卵状棱形,长 4~5.5 cm,宽 1.5~2 cm;雄蕊 6 枚;子房上位,3 室。

17.3　结　语

图 17.30　巨丝兰

在室内观赏植物中,有部分种类适合作地被植物,如白鹤芋、红背卧花竹芋;部分种类在营建复层植物景观时,可作为层间植物,如绿萝、红柄喜林芋;有些种类幼苗时适合室内摆设,成年植株高大,可配置于公园、庭园等室外园林中,如瓜栗、孔雀木。限于篇幅,一些在室内表现良好的观赏植物,如可作大型盆栽的福木、兰屿肉桂、澳洲鸭脚木,中型盆栽类的金黄百合竹,可作小型盆栽的佛珠、金边虎尾兰等只能在附表中作简单的介绍,有兴趣的读者可进一步参阅相关的文献。此外,第 18 章特色植物类中介绍的兰花和观赏蕨类,几乎都可以用于室内的观赏,在棕榈类植物中,也有一些中小型的盆栽很适合在室内长期摆设,如袖珍椰子、散尾葵等。

18 特色植物类

将具有独特观赏效果的分类群或反映地域特色的一类植物，统一归入特色植物类。其中，包括常用于室内外园林的观赏蕨类，兰科花卉，以及体现中国传统艺术特色的盆景树类。

18.1 观赏蕨类

植物界的高等植物分为 3 个门，分别为苔藓植物门 Bryophyta、蕨类植物门 Pteridophyta 和种子植物门 Spermatophyta。在此之前，本书涉及的种类均属于种子植物门的裸子植物亚门 Gymnospermae（如针叶绿荫树类）和被子植物亚门 Angiospermae（如阔叶绿荫树类）；观赏蕨类论述的种类则属于蕨类植物门。

蕨类植物又称羊齿植物，大部分为矮小的草本，仅极少数种类，如桫椤 *Alsophila spinulosa* 较高大。蕨类植物具独立生活的配子体和孢子体；孢子体发达，具有根、茎、叶的分化，有维管组织构成的输导系统。蕨类植物产生孢子，而不产生种子，有别于种子植物，因此也称为孢子植物。孢子呈粉状，多为黄褐色。

蕨类植物多数原产于森林的下层，及沟边等阴湿环境下，耐阴性强。虽然没有鲜艳的花朵与美丽的果实，但其千姿百态的叶姿和四季常青的叶色，使其独树一帜，具有较高的观赏价值，为优良的观叶植物。丛植、片植于室外园林或盆栽于室内观赏，均可营造出清幽、素雅、自然、野趣的氛围。桫椤、笔筒树等常作为大型盆栽布置于公共场所的大堂或内庭，铁线蕨、凤尾蕨 *Pteris* spp. 摆设于茶几、书桌，巢蕨 *Neottopteris nidus*、鹿角蕨 *Platycerium bifurcatum* 等作吊盆，布置室内空间或附生于大树树干上，肾蕨 *Nephrolepis auriculata*、翠云草 *Selaginella uncinata* 等还可作为地被，配置于建筑物的内庭或公园。此外，观赏蕨类种类众多，不仅可作专类园，而且其翠绿的叶色很适合切叶，作为插花的配材。

观赏蕨类最具特色的繁殖方式就是孢子繁殖。孢子繁殖宜于蔽荫、潮湿环境中进行。首先收集孢子，然后与细沙混匀，播于育苗盆，浸盆灌水，用薄膜覆盖盆口保湿，或直接将孢子收集播于水苔上，保持水苔湿润，1~2 个月即可出苗。待小苗长至 2~3 叶时，可移植至用泥灰土、木屑或椰糠等加少量腐叶土拌制的通气透水性能良好的盆土中栽培。生长季要保持湿润，每月薄施追肥 1~2 次。冬季要注意防寒。

常用的观赏蕨类介绍如下:

18.1.1　铁线蕨 *Adiantum capillus-veneris* L.

铁线蕨科,铁线蕨属。

多年生草本,植株小而纤细;株高 15～40 cm,直立披散;具匍匐状根茎。叶丛生,2 回羽状复叶,长 10～25 cm,宽 8～16 cm;叶柄纤细,紫黑色,长 8～15 cm;小叶疏生,圆扇形,外缘浅裂至深裂;叶脉扇状分叉;初生叶常淡红色,老叶绿色。孢子囊群生于叶背外缘,孢子囊群盖圆肾形至矩圆形。

原产热带美洲及南欧。我国长江以南地区逸为野生种,全国各地均有栽培。

喜温暖、湿润、半阴环境,可耐直射光照。生长适温 15～25 ℃,冬季要求 5 ℃以上,0 ℃左右持续低温会引起落叶。对土壤要求不严,但肥沃疏松土壤生长较快,微酸至微碱性土壤均可正常生长,为钙质土指示植物。稍耐水湿,可耐旱。孢子或分株繁殖。

株形秀丽,叶色翠绿,适应性强,是室内盆栽观赏的优良材料,可用于各种室内装饰摆设。枝叶可作插花和干燥花制作素材。

图 18.1　铁线蕨

1.植株全形;2.能育小羽片;3.不育小羽片;4.根状茎上的鳞片

（引自中国植物志）

同属的**团叶铁线蕨 *A. capillus-junonis* Rupr.**,植株矮小,高 10～20 cm,根状茎直立。叶丛生,羽状复叶近膜质,长 10～20 cm;小叶团扇形,上缘 2～5 浅裂,下缘具浅波状钝锯齿;叶轴先端延伸成鞭状,着地可生根;叶柄亮栗色,长约 7 cm。孢子囊群生于小裂片顶部。原产我国秦岭以南地区,日本也有。**鞭叶铁线蕨(尾状铁线蕨)*A. caudatum* L.**,根状茎直立。羽状复叶,丛生;长 10～30 cm,宽 2～4 cm;小叶斜棱形,上缘深裂,下缘全缘;叶轴先端延伸成鞭状,着地可生根发芽。孢子囊群盖长圆形。原产我国秦岭以南地区,印度也有分布。**扇叶铁线蕨 *A. flabellulatum* L.**,株高 20～50 cm。根状茎直立,有亮棕色披针状鳞片。叶簇生,2～3 回羽状复叶,叶轴和羽轴上密被红棕色短刚毛;小叶扇形或斜方形,外缘浅裂。孢子囊群盖半圆形至矩圆形,生于小叶外缘背面。分布于长江流域以南各省区,亚洲热带地区也有。

18.1.2　桫椤 *Alsophila spinulosa*（Wall. ex Hook.）Tryon

别名:树蕨、刺桫椤。桫椤科,木桫椤属。

木本乔木状蕨类植物,高 1～3 m,甚至可达 8 m。树干为圆柱形,黑褐色;上面密生多层直径 2 mm 的气生根,植株年龄越老,主干上的气生根越多越厚;树上不分枝。叶顶生,呈丛状;叶片大,叶形如凤尾,长可达 3 m,纸质,上面绿色,背面灰绿色或淡灰白色;3 回羽状深裂,羽片多数,矩圆形,长 30～50 cm,中部宽 13～20 cm,顶端渐尖;裂片披针形,具短尖头,有疏锯齿;叶柄和叶轴粗壮,深棕褐色,有密刺;叶柄基部的鳞片二色。孢子囊群生于裂片下面小脉分叉处;孢

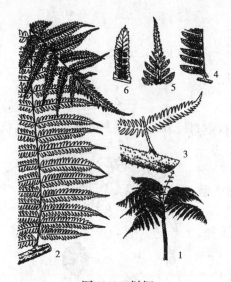

图18.2　桫椤

1.植株外形；2.羽片；3.叶柄一段；4.小羽片；5.小羽片上部；6.裂片

（引自中国植物志）

子囊有盖,近圆球形。

分布于我国广东、海南、福建、台湾、贵州、四川等省区,尼泊尔、锡金、印度等国也有分布。

喜半阴,喜高温至温暖、湿润的气候,不耐寒;忌干燥和通风不良,空气干燥会使叶边缘焦枯;要求疏松、排水良好,富含腐殖质的壤土。分株繁殖或孢子繁殖。

桫椤科所有种为国家二级保护野生植物,桫椤同时还是国家珍稀濒危植物。树干直立而挺拔,株形优美,大而长的羽状复叶鲜绿、柔软、飘逸,是著名的大型观赏蕨类,可作为室内花园的主景植物,亦可盆栽室内观赏。

18.1.3　福建观音座莲 *Angiopteris fokiensis* Hieron.

别名:观音莲座蕨,福建莲座蕨。莲座蕨科,观音莲座属。

多年生大型蕨类植物,株高1.5~3 m以上。根状茎为肥大肉质直立莲座状。叶簇生,阔卵形,长和宽各为60 cm以上,2回羽状复叶;羽片5~7对,互生,披针形,下部的小羽片渐缩短,近基部的长仅约3 cm,具短柄,顶生小羽片与侧生小羽片同形,有柄,边缘具浅三角形锯齿。叶柄粗壮,多汁肉质,长约50 cm;叶柄基部有长圆形肉质的托叶状附属物,似观音的底座,而名。孢子囊群着生于近叶缘的细脉两侧,棕色,长约1 mm;由8~10个孢子囊组成。孢子囊大形,具短柄,缝裂。孢子四面体,外壁小疣状纹饰或有时成条纹纹状或弯曲条状,周壁具小瘤或光滑。

分布于我国广东、广西、福建、贵州、湖南、湖北等省,日本南部也有分布。

喜半阴,喜温暖湿润气候,生长适温21~27 ℃,越冬温度最好在15 ℃以上,若低于10 ℃,则生长停顿;尤喜高的空气湿度。喜肥沃、疏松的酸性土壤。分株和孢子繁殖。

植株高大,株形优美,叶大型而开展,叶色深绿,为奇特而别致的观赏蕨类,宜于阴棚或林下等阴湿处,与桫椤、肾蕨等其他观赏蕨类植物相配置,也可盆栽室内观赏。

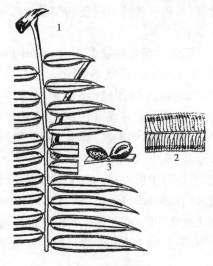

图18.3　福建观音座莲

1.羽片的一部分；2.小羽片的一部分,表示叶脉、锯齿及孢子囊群的位置；3.孢子囊群的横切面,表示两个孢子囊着生的位置

（引自中国植物志）

18.1.4 海金沙 *Lygodium japonicum*（Thunb.）Swartz

别名:罗网藤、铁线藤、蛤蟆藤、转转藤等。海金沙科,海金沙属。

常绿缠绕型陆生蕨类植物,茎(叶轴)长可达 4 m;根状茎长而横走,有毛而无鳞片。叶多数,绿色,对生于茎上短枝两侧;叶 2 型,纸质,2 回羽状深裂;不育叶尖三角形,小羽片掌状或三裂,能育叶卵状三角形。小羽片边缘密生孢子囊穗,棕黄色;孢子囊成熟时散发出暗褐色的孢子,如细沙状,而得名。

图 18.4 海金沙
1.植株;2.叶轴横切面;3.一个孢子囊,表示其形状及顶生环带;4.四面形的孢子
（引自中国植物志）

我国暖温带及亚热带地区广泛分布,北至陕西及河南南部,西至云南、贵州、四川,越南、朝鲜、日本及澳大利亚也有分布。

喜温暖、湿润,喜半阴,稍耐寒。生长温度为夜间 10 ~ 15 ℃,白天 21 ~ 26 ℃。为酸性土壤指示植物,适宜生长在湿润而且排水良好的肥沃沙质酸性土壤上。孢子繁殖或引种野生苗盆栽。

是蕨类植物中唯一能以叶轴(茎)缠绕向上或向四周生长的植物。倒垂的碧绿细枝,婀娜多姿;营养叶小巧奇特,郁郁葱葱;当能育叶形成时,棕黄色的孢子囊穗生长在翠绿色的叶片边缘,色彩分明,别有趣味,是一种优良的观赏蕨类,可作吊挂盆栽室内观赏,也可使其缠绕于树木、支撑物上,或点缀山石。

同属的**小叶海金沙 *L. scandens*（L.）Swartz**,茎(叶轴)纤细,不育叶矩圆形,单数羽状,能育叶,小羽片卵状三角形。**海南海金沙 *L. conforme* C.Chr.**,茎(叶轴)粗可达 3 mm,叶厚纸质,不育叶掌状深裂,裂片披针形;能育叶二叉掌状深裂,裂片披针形。

18.1.5 巢蕨 *Neottopteris nidus*（L.）J.Sm.

别名:鸟巢蕨、山苏花。铁角蕨科,巢蕨属。

多年生草本,附生蕨类;植株高 100 ~ 120 cm。根状茎短而粗壮;顶部密生鳞片,鳞片条状,上端纤维状分叉而卷曲。叶放射状丛生于根状茎顶部,中间无叶空如鸟巢状;叶长条状倒披针形,长 45 ~ 100 cm,宽 4 ~ 8 cm,全缘或微波浪状;叶柄长约 5 cm,近圆柱形;中脉两面稍隆起,侧脉分叉或单一,侧脉顶端在叶边相连成边脉。孢子囊群条形,生于叶背面上部的侧脉上,向叶边伸达 1/2;囊群盖条形,厚膜质,全缘,向上开裂。

原产亚洲热带地区,我国广东、广西、云南、台湾有分布。

常成大丛附生在大树干分枝处或岩石上,喜温暖、潮湿、半阴环境,忌日晒。生长适温 20 ~ 28 ℃,不耐寒,冬季 5 ℃以上可以安全越冬。根系不耐积水,但要求较高空气湿度,稍耐干旱。孢子繁殖。

叶片茂密,株形奇特,叶色翠绿,是著名的观赏蕨类,可作各种室内绿化装饰,也可在庭园中

图 18.5　巢蕨

（引自《花卉学》 包满珠主编
中国农业出版社）

较阴处种植，或悬挂于树上、花廊架下观赏。

同属的**狭翅巢蕨** *N. antrophyoides*（Christ）
Ching，植株高 40 ~ 50 cm。根状茎短而直立，顶端
密生披针形鳞片。叶辐射状丛生根状茎顶部，中
空如鸟巢状；叶柄极短或近无柄，压扁，基部有鳞
片；叶狭倒披针形，长 40 ~ 50 cm；侧脉通常分叉，
在叶边连成边脉。孢子囊群生于叶背中部以上的
侧脉上，向叶边伸达 1/2 ~ 2/3；囊群盖条形，膜质。

18.1.6　肾蕨 *Nephrolepis auriculata* (L.) Trimen

别名:圆羊齿、蜈蚣草、石黄皮。骨碎补科,肾
蕨属。

多年生草本,附生或地生。根状茎有直立主轴及从主轴向四面横走的匍匐茎,并从匍匐茎
短枝上长出圆形或卵形块茎;主轴及匍匐茎上密生钻形鳞片。叶簇生于主轴上,羽状复叶,长
30 ~ 60 cm,宽 5 ~ 7 cm;小叶条状披针形,长 2 ~ 3 cm,宽约
0.8 cm,小叶基部呈不对称的耳垂形;小叶无柄,以关节着生于叶
轴。孢子囊群生于小叶背面每组侧脉的上侧小脉顶端,圆肾形;
囊群盖肾形。

原产我国长江流域以南及亚洲热带地区。现各热带、亚热带
地区广为栽培。

喜温暖、潮湿环境;喜半阴,也耐烈日直射。最适生长温为
20 ~ 22 ℃,能耐短暂 - 2 ℃低温,冬季保持 5 ℃以上,可以安全越
冬。喜疏松、通气、透水、腐殖质丰富的土壤,也可附生于树干上。
分株和孢子繁殖。

叶片翠绿光润,姿态优雅,四季常青;生势强健,适应性强,为
优良的观赏蕨类,可盆栽室内观赏,也可丛植与山石相配置或片
植于庭园、公园等处作地被,也可切叶作插花的配材,还可以把叶
片加工成干叶,作各种装饰品。

同属的**高大肾蕨** *N. exaltata* Schott. ,植株强健而直立。叶长
60 ~ 150 cm,宽达 15 cm;小叶长 6 ~ 8 cm;孢子囊群圆形。原产美
洲、非洲及亚洲东部。其变种**碎叶肾蕨** var. *scottii* Schott. ,叶多
而短,2 回羽状复叶;羽片互生而密集,内旋或外曲;**细叶肾蕨** var.
marshallii Hort. ,3 回羽状复叶,整叶呈短三角状,叶细而分裂;**波士顿蕨** '**Bostoniensis**' ,主茎匍
匐,由匍匐茎上长出小植株。叶丛茂密,淡绿色,羽状复叶,长约 100 cm,先端下垂,有光泽,叶
缘波状皱褶,叶尖扭曲。

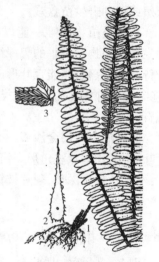

图 18.6　肾蕨

1. 植株全形;2. 根状茎上的鳞
片;3. 羽片的一部分,表示叶脉
及孢子囊群的位置

（引自中国植物志）

18.1.7 鹿角蕨 *Platycerium bifurcatum*（Cav.）C. Christensen

别名:蝙蝠蕨、二歧鹿角蕨。水龙骨科,鹿角蕨属。

大型附生蕨类。植株灰绿色,全株被星状柔毛。叶2型,一种为"裸叶"(不孕叶),一种为"实叶"(可孕叶);裸叶圆盾状,紧贴根茎处,直径15～20 cm,边缘浅波浪状;实叶丛生,基部直立,上部下垂,长可达60～90 cm,上部2～3回二歧状分叉,形似鹿角,裂片条状椭圆形,先端钝圆,叶基楔形。孢子囊群呈毡状生于实叶裂片背面,棕褐色。变种**大叶鹿角蕨 var. *majus***,叶片深绿色,中央叶片厚而直立,甚美丽。

原产澳大利亚,常附生于树干分枝处或树皮开裂处。

喜温暖、潮湿、半阴环境。生长适温16～21 ℃,可耐3～5 ℃低温,冬季5～10 ℃即可越冬。耐干旱;相对湿度80%以上生长最好,空气干燥时,不孕叶易干枯。分株或孢子繁殖。

叶形奇特别致,姿态优美,盆栽悬挂室内、亭、台、楼、阁等处作绿化装饰,附生于木桩或树干上,作室内装饰尤具自然情趣。

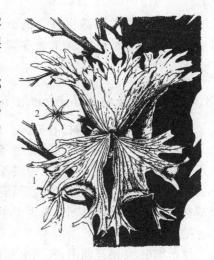

图18.7 鹿角蕨
1.植株;2.星状毛
(引自中国植物志)

同属的**三角叶鹿角蕨(西非鹿角蕨)*P. stemaria*（Beauvaux）Desvaux**,可孕叶直立,长20～40 cm,基部呈阔三角形,边缘波状,网脉明显。原产西非。

18.1.8 白羽凤尾蕨 *Pteris ensiformis* Burm. var. *victoriae* Bak.

图18.8 白羽凤尾蕨

别名:银脉凤尾蕨。凤尾蕨科,凤尾蕨属。

植株高30～50 cm。根状茎细长,斜升或横卧,粗4～5 mm,被黑褐色鳞片。叶密生,2型,在淡绿色的羽片中央有银灰色白斑。柄长10～30 cm(不育叶的柄较短),粗1.5～2 mm,与叶轴同为禾秆色,稍光泽,光滑;叶片长圆状卵形,长10～25 cm(不育叶远比能育叶短),宽5～15 cm,羽状深裂,羽片3～6对,对生,稍斜向上,上部的无柄,下部的有短柄;不育叶的下部羽片相距1.5～2 cm,三角形,尖头,长2.5～8 cm,宽1.5～4 cm,小羽片2～3对,对生,密接,无柄,斜展,长圆状倒卵形至阔披针形,先端钝圆,基部下侧下延下部全缘,上部及先端有尖齿;能育叶的羽片疏离,通常为2～3叉,中央的分叉最长,顶生羽片基部不下延,下部两对羽片有时为羽状,小羽片2～3对,向上,狭线形,先端渐尖,基部下侧下延,先端不育的叶缘有密尖齿,余均全缘主脉禾秆色,下面隆

起。孢子囊群沿叶缘分布。

原产我国海南岛,产于印度北部、中南半岛及马来半岛。

常生于阴湿的岩石上,在湿润、肥沃、排水良好的土壤上生长繁盛。分株、孢子繁殖或组织培养。

生长旺盛,细柔多姿,是优良的小型观赏蕨类,可盆栽用于室内布置,点缀书桌、茶几、窗台等处,也可作为地被植物,或布置在墙角、假山和水池边。

18.1.9　翠云草 *Selaginella uncinata*（Desv. ex Poiret）Spring

别名:蓝地柏。卷柏科,卷柏属。

多年生草本。茎纤细,伏地蔓生,长 30~60 cm,有细纵沟,侧枝疏生并多回分叉,分枝处常生不定根。叶异型,在枝两侧及中间各 2 行;侧叶卵形,基部偏斜心形,先端尖,边缘全缘,或有小齿;中叶质薄,斜卵状披针形,基部偏斜心形,淡绿色,先端渐尖,边缘全缘或有小齿,嫩叶上面呈翠蓝色。孢子囊穗四棱形,单生于小枝顶端;孢子叶卵状三角形,龙骨状,顶端渐尖;孢子囊卵形。孢子期 8—10 月。

原产华东、华南至西南,我国南方有栽培。

喜半阴,喜温暖多湿气候,在自然状态下,常生于林下或阴湿的岩石上,忌强阳光直射和干旱,宜栽培于湿润、肥沃、疏松和富含腐殖质的壤土。分株繁殖。

植丛密似层云,叶片蓝绿色,宜在半阴和潮湿处作地被,或装饰盆景、盆面的材料。

同属的卷柏 S. tamariscina（Beauv.）Spring,高 5~15 cm;**主茎直立**,顶端丛生小枝,小枝扇形分叉,辐射开展,干时内卷如拳;叶异型,侧叶披针状钻形,长约 3 mm,中叶两行,卵状披针形,长 2 mm;孢子囊圆肾形。广布全国各地,朝鲜、日本及前苏联,远东地区也有分布。

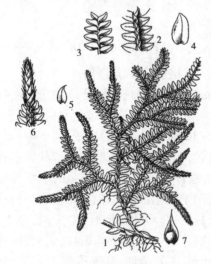

图 18.9　翠云草

1.植株;2.小枝(背面);3.小枝(腹面);4.侧叶;5.中叶;6.能育枝(背面);7.孢子叶

（引自中国植物志）

图 18.10　笔筒树

1.羽片;2.叶柄基部及鳞片;3.羽片部分;4.鳞片;5.羽片下面的小鳞片;6.鳞片边缘一部分;7.中脉上的针状毛

（引自中国植物志）

18.1.10　笔筒树 *Sphaeropteris lepifera*（J. Sm ex Hook）Tryon

别名:蛇木桫椤、蛇木。桫椤科,白桫椤属。

木本乔木状蕨类植物,高 3 ~ 4 m。茎干粗壮,直立,黄褐色,顶端被鳞片;叶痕椭圆形状极明显。叶大型,纸质,被毛或小鳞片。叶柄平滑或有疣突或皮刺,黄褐色;基部鳞片白色或棕色,鳞片边缘常具小黑齿;老化的叶柄易脱落。孢子囊群圆形。

分布于亚洲热带至澳大利亚及波利尼西亚,我国广东及台湾有分布。

喜半阴,喜高温至温暖、湿润的气候,不耐寒;忌干燥和通风不良;要求疏松、排水良好,富含腐殖质的壤土。分株繁殖或孢子繁殖。

树干直立而挺拔,树姿优美,叶色鲜绿、柔软、飘逸,是著名的大型观赏蕨类,可作为室内花园的骨干植物,亦可盆栽室内观赏。

18.2　兰花类

兰花类是指在兰科 Orchidaceae(种子植物门,被子植物亚门,单子叶植物纲)植物中具有观赏价值的种类。全科约有 700 多属,20 000 多种,种类十分丰富。广泛分布于世界各地,但主要产于热带地区,以亚洲热带和美洲热带最为丰富,其中我国约有 166 属,1 019 种,南北各地均有分布,并以云南、海南与台湾最为丰富。另外,兰花还有大量的杂交种或栽培品种,在英国《国际散氏兰花杂种登记目录》中正式登记的人工杂交种约有 4 万种。在系统分类中,兰科植物的分类通常采用在科、亚科、族、亚族、属的方法。了解兰科的系统分类对杂交育种十分必要,实践证明,兰科植物同一亚族内的种类间具有较强的杂交亲和性,在同一亚族内的各属间常能相互杂交并产生能育的后代,而不同亚族的属间杂交则难以成功。

兰花类为多年生草本,具根状茎或假鳞茎,有些种类具直立茎;单轴分枝或合轴分枝。肉质根或具根被的气生根。单叶互生或聚生假鳞茎茎顶而呈基生,常肥厚而稍肉质。花两性,单生或呈穗状、总状和圆锥花序,开花时花柄常扭转 180°。花被有萼、瓣分化;花萼 3 片,与花瓣互生;花冠常两侧对称,花瓣 3 枚,其中下方一枚大而显著,亦称唇瓣。雄蕊与花柱、柱头合生成一体,称合蕊柱;花粉常黏合成花粉块;子房下位,3 心皮合生成 1 室,侧膜胎座,极少为中轴胎座,胚珠极多。蒴果,种子极多。

根据兰花的生长习性,可分为地生兰类和附生兰类。地生兰类是指地生性的兰花,其根系常扎于坭土中,如春兰 *Cymbidium goeringii*、建兰 *Cymbidium ensifolium*。这类兰花通常具肉质根,具根状茎或块茎,有时具假鳞茎。多分布于温带、亚热带或热带高山。附生兰类是指常附着于树干、树枝、枯木或岩石表面生长的兰花,如卡特兰 *Cattleya labiata*、石斛兰 *Dendrobium nobile*。这类兰花常具假鳞茎,可以储蓄水分与养料,能适应短期干旱;其根系常有根被,可以从潮湿的空气中吸收水分维持生活。主要分布于热带地区,少数分布于亚热带,适生于热带雨林的气候环境。

兰花类常盆栽室内观赏或作专类园,如广州的兰圃,附生兰类还可作切花或壁挂。兰花具有奇特的花形,地生兰类以叶态飘逸,花姿秀美,花色淡雅,香气馥郁营造出清幽、素雅的氛围;

附生兰类则以大型的花朵,高雅的花姿和纷繁鲜艳的花色带来喜庆和欢乐。孔子称兰为王者香。在《家语》:"孔子曰与善人交,如入芝兰之室,久而不闻其香,则与之俱化"的记载。在我国古代,兰花与梅、竹、菊四大名花,并列为"四君子";又与水仙、菖蒲、菊花列为"花草四雅";更有把兰花的观赏价值置于松、竹、梅之上,据载:"世称三友,竹有节而无花,梅有花而无叶,松有叶而无香,唯兰独并有之",乃诚非虚语。

兰花类喜欢具有明亮散射光的半阴环境,忌阳光直射;喜高温至温暖、湿润、通风良好的环境;根系忌积水。故兰花栽培的关键是要选择合适的基质,控制温度、光照、水分和通风等环境条件,最好能在温室环境中栽培。附生兰类的栽培基质一般选用木炭、轻质陶粒、木屑、苔藓、蕨根或树皮等疏水性和持水性良好,又有利于通气的基质;地生兰类的栽培基质一般选用 1 ~ 2 cm 颗粒状塘泥,或拌以木炭、轻质陶粒、木屑、泥炭等疏松通气透水基质。夏、秋季遮光 80% ~ 85%,要加强环境通风和降温,保持较高的空气湿度,并注意防病;冬、春季遮光 40% ~ 50%,适当减少水分,要保持较高的温度,特别是在抽花时应保持 18 ℃ 以上的温度。施肥宜勤施、薄施,最好用包衣颗粒肥或含磷钾较高的有机肥,如饼肥,生长季节每月 1 次。地生兰类的繁殖常采用分株或种子繁殖;附生兰类,如蝴蝶兰 *Phalaenopsis amabilis*、文心兰 *Oncidium sphacelatum* 则常采用组织培养,组培苗一般 2.5 ~ 4 年可开花。

18.2.1 卡特兰 *Cattleya labiata* Lindl.

图 18.11 卡特兰
(引自《花卉学》 包满珠主编 中国农业出版社)

别名:卡得利亚兰、嘉德丽亚兰。卡特兰属(卡得利亚兰属)。

附生兰;假鳞茎丛生,呈基部稍窄、上部稍膨大的棒状,长 10 ~ 15 cm,有纵沟。叶常 1 枚,顶生,革质而肥厚,矩状椭圆形或椭圆状倒披针形,长 14 ~ 22 cm,宽 3 ~ 5 cm,先端凸尖而稍扭转,基部稍对褶。花 2 朵或数朵呈聚伞花序状生于茎顶,花葶基部有 2 枚舟状大苞片,苞片长 7 ~ 12 cm;花大型,直径 13 ~ 15 cm,紫红色或白色、淡黄色而具紫红色唇瓣;萼片 3 枚,瓣状,椭圆状披针形,长 4.5 ~ 6 cm,宽 2 ~ 3 cm,中萼片稍向内弯;侧斜卵形,长 5 ~ 7 cm,宽约 4 cm,边缘微波状;唇瓣较侧瓣大,基部卷成管状,上部扩展而呈喇叭状,边缘绉波状,基部内侧有褐色或黄色斑纹,先端不明显的 3 浅裂,裂片边缘具锯齿;合蕊柱长约 2 cm,淡白色或淡黄色。花期 8—11 月。

原产巴西。我国台湾、广东、福建、云南及各地植物园有栽培。

喜温暖、湿润、通风而有明亮散射光的环境,忌阳光直射。要求较高生长温度,以 20 ~ 30 ℃ 为宜,不耐寒,低于 10 ℃ 常不开花或不能完全开放。生长季节要求较高空气湿度,但也较耐干燥。组织培养和分株繁殖。

形态奇特,花大色艳,有"花中之皇"的美称,是一种名贵的热带兰花,可作高档的盆花和切花材料布置室内,在庭荫处、花架下吊挂栽培或附于树干上更别具热带风情,尤为美观。

18.2.2　建兰 *Cymbidium ensifolium*（L.）Sw.

别名:秋兰、秋蕙、四季兰等。兰属。

地生兰;假鳞茎椭圆形,直径 1~2 cm。叶 2~6 枚丛生,带形,较柔软,弯垂,长 30~50(80) cm,宽 1~1.7 cm,薄革质,稍有光泽,顶端长渐尖,边缘有不甚明显的钝齿,侧脉每边 2~3 条,叶基有关节。总状花序,花葶直立,较叶为短,高 20~35 cm,常有花 4~7 朵,有时多达 13 朵;总花梗下部有苞片 4~5 枚,鞘状抱茎,长 3~5 cm,小花苞片 1枚,披针形,长 8~15 mm;花浅黄绿色,有清香;萼片狭矩圆状披针形,长约 3 cm,宽 5~7 mm,浅绿色,顶端较绿,基部较浅,具 5 条较深色的脉纹;花瓣较短,互相靠拢,淡黄色带有紫色斑纹;唇瓣不明显 3 裂,侧裂片浅黄褐色,唇盘中央具 2 条半月形褶片,白色,中裂片反卷,浅黄色带紫红色斑点;合蕊柱较短,向前倾,子房长约 2.5 cm。花期 7—9 月或 11—翌年 1 月。

分布于我国长江流域以南各地,印度、泰国、日本也有分布。我国各地均有栽培,以长江流域地区最盛。

喜温暖、湿润、通风良好、遮光度 70%~80% 的环境,忌阳光直射。适生温度,夏季 20~28 ℃,冬季 3 ℃以上,不耐炎热。喜腐殖质丰富、疏松肥沃、透水持水性良好的微酸性土壤。分株繁殖,组织培养或无菌播种育苗。

株形清秀,叶色浓绿,花香独特,清烈而不浊,醇正而幽远,可远闻而不能近嗅,品质高雅,深受文人墨客的喜爱,是家居装饰和庭园布置的优良素材。室内装饰可点缀书斋、茶几、案台、客厅、卧室、走廊等处;在室外可在内庭、树荫、花廊架下点缀栽植,品种繁多,也可作兰园供人游玩观赏。

图 18.12　建兰
1. 植株;2. 唇瓣
（引自广东植物志）

18.2.3　春兰 *Cymbidium goeringii*（Rchb.）Rchb. f.

别名:草兰、山兰、朵香、扑地兰。兰属。

地生兰;假鳞茎集生成丛,球形,直径 1~2 cm,鳞叶 4~6 片。叶 4~6 枚丛生,狭长带形,长 20~40(60) cm,宽 6~11 mm,顶端长渐尖,边缘具细锯齿,基部有关节。花单生,少有 2 朵,浅黄绿色,有清香味;花葶直立,远比叶短,高 5~12 cm,被 4~5 枚鞘状苞片,花基部苞片宽而长,比子房连花梗长;萼片 3 枚近相等,厚而稍肉质,狭矩圆形,长约 3.5 cm,宽 6~8 mm,顶端急尖,中脉基部具紫褐色条纹;花瓣卵状披针形,比萼片稍短;唇瓣不明显 3 裂,比侧瓣短,浅黄色带紫褐色斑点,顶

图 18.13　春兰
1. 植株;2. 唇瓣;3. 花粉块
（引自中国植物志）

端反卷,唇盘中央从基部至中部具2条褶片。花期2—4月。本种的栽培品种极为丰富,按花瓣形状分有梅瓣、水仙瓣、荷瓣、蝶瓣等不同瓣形的品系。常用变种**春剑 var. *longibracteatum* Y. S. Wu et S. C. Chen**,叶直立性强,花茎直立,高25～35 cm,花瓣侧瓣较长;**线叶春兰 var. *serratum*（Schltr.）Y. S. Wu et S. C. Chen**,叶狭线形,背面叶脉上有细锯齿,花深绿色;**苗粟素心兰 var. *tortisepalum* Y. S. Wu et S. C. Chen**,与春剑相似,不同点在于花2～4朵,萼片扭曲翻转,花被白色。

分布于华东、中南、西南、甘肃、陕西南部,朝鲜、日本也有。各地广为栽培,以长江流域各地尤盛。

图18.14 寒兰
（引自中国高等植物图鉴）

生态习性与建兰相似,但较建兰耐寒,冬季短期在积雪覆盖之下,对开花毫无影响,在室温0～2 ℃也能安全越冬。

观赏特性与建兰相似,但香气为地生兰类中之最醇,可谓幽香清远。

18.2.4　寒兰 *Cymbidium kanran* Makino

兰属。

地生兰;假鳞茎椭圆状卵形,长2～3.5 cm,直径1.5～2.5 cm,鳞叶干后常呈纤维状。叶3～7枚丛生,薄革质,带形,直立或斜伸,长35～70 cm,宽1～1.7 cm,顶端长渐尖,全缘或近顶端具细齿。总状花序,与叶片近等长或略长于叶,疏生5～10余朵花,花葶直立,下部有3～4枚鞘状总苞,长2～4 cm;小花苞片线状披针形,长13～28 mm,花梗连子房长2.5～4 cm;花色多变,有浅绿色、紫红色、褐紫色等,有浓香气味;萼片狭矩圆状披针形,长约4 cm,宽4～7 mm,顶端渐尖,常为褐紫色或浅黄绿带褐色;花瓣较短而宽,侧瓣向上外伸,中脉紫红色,基部有紫晕;唇瓣不明显3裂,向下反卷,侧裂片直立,半圆形,有紫红色斜纹,中裂片乳白色,中间黄绿色带紫斑,唇盘从基部至中部具2条平行的褶片,褶片黄色,光滑无毛。花期11月至翌年1月。

分布于我国福建、浙江、江西、湖南、广东、广西、云南、贵州、四川等地,日本亦多分布。

生态习性和观赏特性与建兰相近,但较耐寒、耐阴。开花时正值隆冬,故而得名。

18.2.5　墨兰 *Cymbidium sinense*（Andr.）Willd.

别名:报岁兰、丰岁兰。兰属。

地生兰;多年生草本,假鳞茎粗壮,卵状椭圆形,长2～4 cm,直径1.5～3 cm。苞叶3～4枚,三角形或三角状披针形,长3～6 cm,呈"V"形对折。叶2～5枚丛生,革质,有光泽,剑形,长30～80 cm,宽2～4 cm,全缘,基部渐狭,先端长渐尖;中脉明显,侧脉4～6条,在背面隆起;叶柄鞘状,有关节与叶片相连。总状花序,花葶直立,常高出叶外,具数朵至20余朵花,芳香;总花梗上有苞片3～5枚,长2～3 cm,小花的苞片披针形,长6～9 mm,紫褐色;萼片3枚,狭披针形,长约3 cm,宽5～7 cm,紫褐色,有5条脉纹;花瓣较短而宽,稍向前合抱,覆于合蕊柱之上,侧瓣披

针形,紫褐色,有脉纹7条,唇瓣不明显3裂,浅黄色带紫斑,侧裂片直立,中裂片反卷,唇盘上面具2条黄色褶片;合蕊柱长1.5~2 cm,稍向下弯;子房下位,长2.5~3 cm,1室,胚珠多数,侧膜胎座。蒴果长纺锤形,有3棱,中部直径1.2~1.5 cm。花期1—3月。墨兰的品种极为丰富,常见的有'金嘴''银边''企黑''白黑'四大家兰品种,也有价值昂贵的'达摩''大屯麒麟'等名品。

原产我国华东、华南、西南各省区,越南也有分布。东亚地区广泛栽培,国内以广东、广西、福建、台湾、香港等地栽培极为普遍。

生态习性、栽培与观赏应用与建兰相似,但耐寒性稍差。

图18.15　墨兰
(引自中国高等植物图鉴)

18.2.6　石斛兰 *Dendrobium nobile* Lindl.

别名:石斛、金钗石斛、吊兰花。石斛属。

附生兰,有根状茎;假鳞茎呈棒状,丛生,直立,上部多少呈'之'字形曲折,稍扁,长10~60 cm,直径达1.3 cm,具槽纹,节略粗,基部收窄。叶互生,近革质,矩圆形,长8~11 cm,宽1~3 cm,顶端2圆裂,基部渐狭稍呈鞘状。总状花序具1~4朵花,生于上部节上,总花梗长约1 cm,基部被鞘状总苞;花苞片膜质,长6~13 mm;花大型,直径达8 cm,白色或淡玫红色,先端带紫红色;萼片矩圆形,先端钝圆,两侧萼基部与蕊柱足合生成萼囊,萼囊短而钝,长约5 mm;两侧花瓣椭圆形,与萼片等大,顶端钝圆;唇瓣宽卵状矩圆形,比萼片略短,宽达2.8 cm,先端不开裂,基部具短爪,两面被毛,唇盘上面具1个紫斑;合蕊柱较短,有明显蕊柱足,花粉块4个,蜡质。花期春夏间。

分布我国广东、广西、台湾、湖北及西南地区,亚洲热带其他地区也有。在热带、亚热带地区作观赏或药材广为栽培。

喜半阴,忌阳光直射。喜高温至温暖湿润气候,低于10 ℃停止生长。分株、扦插繁殖或组织培养。

花色艳丽,株形古朴,是观赏价值较高的兰花,宜作盆栽或吊盆于室内观赏,也可布置于庭园的林荫下、内庭或花架下观赏。花枝可作切花,花朵可作襟花或头饰。

同属的**鼓槌石斛 *D. chrysotoxum* Lindl.**,茎呈卵状纺锤形或棒状而下端稍膨大,边缘具波状纵条纹。叶革质,2~3枚顶生,矩圆形,长达17 cm,宽2~3.5 cm,顶端略勾转。总状花近顶生,下垂,具多数花,总苞片4~5枚,鞘状;花黄色,直径3~4 cm;萼片矩圆形,萼囊短圆锥形;侧瓣倒卵形,宽为萼片的两倍;唇瓣深黄色,具红色条纹,近圆形,顶端微凹,边缘具

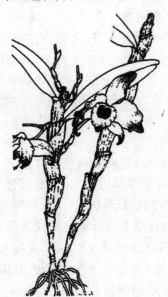

图18.16　石斛兰
(引自中国植物志)

流苏。原产云南、广东及印度至马来西亚。**送鞘石斛** *D. denneanum* **Kerr.** ,茎圆柱形,长达70 cm,表面具槽。叶互生,革质,狭披针形或矩圆形,长达13.5 cm,宽达4.2 cm,顶端略勾转。总状花序直立,近顶生,长5~10 cm,疏生2~7朵花;总苞片4~9枚,叠生呈莲座状;花黄色,直径4~6 cm;中萼片矩圆形,侧萼片卵状矩圆形,较中萼片稍长,萼囊圆锥形,长约5 mm;侧瓣椭圆形;唇瓣近圆形,上面密被柔毛,具1个紫色斑块,边缘具细圆齿。分布在我国台湾、广西及西南地区;锡金至缅甸也有。**密花石斛** *D. densiflorum* **Lindl. ex Wall.** ,茎丛生,棒状,长6~80 cm,表面具棱。叶革质,常3~4枚近顶生,矩圆状披针形,长8~17 cm,宽2.5~6 cm。总状花序生于近茎顶的节上,具多数密集而下垂的花,总花梗基部被2~4枚鞘状苞片;花金黄色,直径约4 cm;萼片矩圆形,萼囊近球形;侧瓣近圆形,基部具爪,边缘啮蚀状;唇瓣圆状棱形,基部具短爪,边缘具流苏。花期3—5月。分布广东、海南、广西、云南南部及西藏东南部;亚洲热带其他地区也有。**蝶花石斛** *D. phalaenopsis* **Fitzg.** ,茎丛生,圆柱形或棒状。叶6~8枚生于茎的上部,革质,矩圆状椭圆形或矩圆状倒披针形,长达15 cm,宽3~4 cm。总状花序生于近茎顶,长20~40 cm,稍弯垂,疏生8~15朵花;花蝶形,直径5~7 cm;萼片卵状椭圆形,白色或玫红色,萼囊圆锥形;唇瓣紫红色,全缘。原产新几内亚和澳大利亚。

18.2.7　文心兰 *Oncidium sphacelatum* Lindl.

别名:舞女兰、跳舞兰、瘤瓣兰。瘤瓣兰属(文心兰属、金蝶兰属)。

图18.17　文心兰

附生兰,根状茎横生;假鳞茎扁卵形,长3.5~6 cm,宽2.5~4 cm,厚约1 cm,具棱,丛生。叶4~5枚,2~3枚生于假鳞茎顶部,纸质,长椭圆状倒披针形,长12~22 cm,宽3~4.5 cm,先端渐尖,下部两侧对褶,有关节;2枚生于假鳞茎基部,较小。圆锥花序,下部直立而上部弯垂,从假鳞茎基部抽出,长45~80 cm,总花梗长达花序1/3~1/2,下部有3~4枚鞘状苞片,着花以上花序轴呈'之'字形,花极多而疏散;花小,黄色,直径2~3 cm,花梗连子房长约3 cm;中萼片椭圆状披针形,长约1 cm,宽约4 mm,上部稍扭曲,先端渐尖,基部有褐色横纹或斑点,侧萼片披针形,与中萼片近等大,基部连合,有褐色斑点或斑纹;侧瓣倒卵状披针形,与萼片近等大,边缘皱波状,中下部具褐色横纹及斑点;

唇瓣大,3裂,两侧裂片矩形,长3~4 mm,中裂片扇状扩大呈圆扇形,径1.8~2.3 cm,先端心形2裂,边缘波状,基部具褐色斑块,有2个叠生、疣状突起的胼质体;蕊柱短,长约6 mm,基部有蕊柱足,上部两侧具半月形褶片;花粉块2。花期几乎全年,以春、秋两季为主。

原产哥伦比亚、厄瓜多尔和秘鲁。我国台湾、广东、云南常见栽培。

喜高温、高湿、通风而半阴的环境。适生温度20~30 ℃,较耐热,不耐寒,低于10 ℃进入休眠状态,低于3 ℃易受低温伤害。要求较高的空气湿度,生长季节以80%左右、冬季50%左右为宜,过于干燥生长不良且开花少。分株繁殖或组织培养。

适应性较强,周年有花,花形奇特,开花时犹如芭蕾舞演员翩翩起舞,十分优美,是世界著名的热带切花。花枝可作各种艺术插花素材;盆栽或桩柱栽培布置室内尤为适宜;在热带地区的庭园中,常附着于树干、或置于花架下、内庭、庭荫处,开花时可令满园生辉,别有情趣。

同属的**大花瘤瓣兰(大花文心兰)***O. ampliatum* Lindl.,植株较大,假鳞茎紧密丛生,扁卵形或扁圆形,长约 12.5 cm,直径约 9 cm,有红棕色斑点。叶 1~3 枚,椭圆状长披针形,长可达 37 cm,宽达 12.5 cm。总状花序或有时有分枝而呈圆锥花序状,长可达 1.3 m;花鲜黄色,萼、瓣背面乳白色,花径约 2.5 cm;萼片下部有红褐色的斑点;唇瓣的胼质体白色,有红色斑点。花期春季。原产危地马拉、委内瑞拉、特立尼达和多巴哥、秘鲁等。**虎斑瘤瓣兰(虎斑文心兰)***O. tigrinum* Liave. & Lex.,假鳞茎扁卵形,长 4~7 cm,宽 3~4 cm,厚约 1.5 cm。叶 2~3 枚,倒披针形,长 15~25 cm,宽 3~5 cm,先端钝尖。总状花序,偶有分枝,长 30~60 cm;花较大,直径 3~4 cm,红褐色;花萼、花瓣质厚,有深褐色虎斑状横纹;唇瓣中裂片近棱状倒卵形,先端深裂达 1/3。原产哥伦比亚、玻利维亚、秘鲁等地。不耐热。

18.2.8　鹤顶兰 *Phaius tankervilliae* (Aiton) Bl.

鹤顶兰属。

地生兰;假鳞茎圆锥状卵形,径 3~4 cm,紧密丛生。叶 2~6 枚,矩圆状披针形,长达 70 cm,宽达 10 cm,顶端渐尖,基部收窄为长柄,平行脉 7~9 条。花葶侧生于假鳞茎上或生于叶腋,直立,圆柱形,长达 90 cm,下部具 5~6枚鞘状总苞;总状花序具多数花;花苞片舟形,早落;花大,直径 7~10 cm;萼片和侧瓣矩圆形,近等长,长约 5 cm,顶端短尖,外面白色,内面暗赭红色;唇瓣宽倒卵形,比萼片略短,平伸,外缘向上卷,3 浅裂,前部边缘波状,侧裂片短而圆,中裂片顶端凹或尖凸,背面上部紫色,腹面内侧紫色带白色条纹;唇瓣基部有距,圆柱形,长约 1 cm,顶端 2 叉状浅裂;合蕊柱长约 2 cm,花粉块 8,蜡质,具柄。花期春夏间。

图 18.18　鹤顶兰
1. 植株;2. 花枝;3. 中萼片;
4. 花瓣;5. 侧萼片;6. 唇瓣
（引自广东植物志）

分布我国台湾、广东、广西、云南,日本、亚洲热带其他地区也有。

喜温暖、湿润和半阴的环境。适生温度 20~30 ℃,不畏炎热,35 ℃以上仍能正常生长;不耐寒,低于 10 ℃进入休眠状态,5 ℃左右会引起叶片损伤。要求腐殖质丰富、通气、透水的微酸性土壤,忌积水。分株繁殖。

生命力和适应性强,花葶健壮,花大而奇特,是优良的观赏兰花。盆栽可作室内装饰摆设,也可以在庭园的背阴处、林荫下或内庭作地被栽培;花枝可作切花,瓶插寿命长。

18.2.9　蝴蝶兰 *Phalaenopsis amabilis* Bl.

别名:大白花蝴蝶兰、蝶花兰。蝴蝶兰属(蝶兰属)。

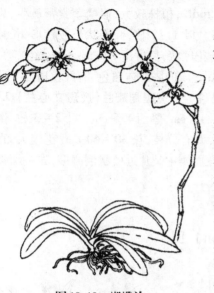

图 18.19　蝴蝶兰
(引自《花卉学》 包满珠主编
中国农业出版社)

附生兰,具短根状茎;呈丛生状。叶 6～8 枚,2 列,厚而近肉质,卵状矩圆形或倒卵状矩圆形,长 16～30 cm,宽 6～12 cm,中肋在背面隆起,先端浑圆,两侧稍不对称,叶基相互交叠抱合,几近无柄。总状花序生于叶腋,常单轴,偶有分枝,疏生 6～20 朵花,花葶下部直立,上部弓状弯曲,总花梗褐紫色,密布淡绿色小斑点;苞片三角状卵形,长约 6 mm;花白色或有淡粉红色晕,蝶形,直径 8～11 cm,无香气;萼片 3 枚,中萼片矩圆状椭圆形,长约 3.5 cm,宽约 2.5 cm,侧萼片同形而稍窄,基部有时有褐色斑点;侧瓣近棱状扇形,宽 4.5～6 cm,长 3.5～4.5 cm,先端圆形,基部近截平,纯白色;唇瓣 3裂,具爪,淡黄色、紫红色或白色具紫红色条纹和斑点;两侧裂片斜倒卵形,呈圆弧形上伸,基部具分叉的胼胝体,胼质体长约 6 mm,有褐紫色斑点;中裂片倒三角状卵形,先端具 2 条内弯的龙须状裂片;蕊柱短,长约8 mm;花粉块 2 个,蜡质,蕊喙近无柄,黏盘大。花期 10月至翌年 2 月。

原产我国台湾地区及印度尼西亚、澳大利亚北部、巴布亚新几内亚和菲律宾。我国广东、海南、广西、福建、云南等地有栽培。

喜温暖、潮湿、通风良好而半阴的环境,开花时需全日照。最适生长温度为日间 25～28 ℃,夜间 18～20 ℃,不耐寒,低于 15 ℃会停止生长,5 ℃左右持续低温即会引起叶片伤害,并会引致落花、落蕾。要求较高的空气湿度和富含腐殖质和粗纤维而通气透水的栽培基质,忌积水。组织培养,组培苗 1.5～2 年可开花;也可分株或花茎扦插繁殖。

花大型,花形奇特,花枝长而开花持久,是世界著名的热带兰花,有"花中皇后"之称,是优良的切花,也可盆栽作室内观赏,还可以用吊盆或蛇木桩栽培,在庭荫处、内亭、花廊、花架下等装饰布置。

同属的**爱神蝴蝶兰(阿芙若蝴蝶兰)*P. aphrodite* Rchb. f.**,与蝴蝶兰十分相似,但花稍小,花径约 7 cm 或更小;唇瓣上有深红色的斑点。原产我国台湾地区及菲律宾、澳大利亚北部。**红花蝴蝶兰(桃红蝴蝶兰)*P. equestris* Rchb. f.**,叶片椭圆形,肉质,长约 15 cm,宽约 7 cm,背面暗绿色或暗紫红色。花序长约 30 cm,呈弯弓状,密生 10～15 朵花;花径约 2.5 cm,淡玫红色;唇瓣洋红色,有深红色斑点。原产菲律宾和我国台湾地区。**大蝴蝶兰 *P. gigantea***,是本属中植株最大的一种,株高可达 1 m。叶片长可达 50 cm,宽 20 cm。花茎长 20～30 cm,下垂,花径约2.5 cm,花白色有紫红色或深紫红色的斑点。原产缅甸、泰国和老挝。

18.2.10　大花万带兰 *Vanda coerulea* **Griff. ex Lindl.**

别名:蓝花万带兰,蓝胡姬花,大花万代兰。万带兰属。

附生兰,根状茎短;茎直立,株高 70 ~
100 cm。叶 2 列,条状,呈弧曲状伸展,长 18 ~
35 cm,宽 2 ~ 4 cm,顶端具稍不对称的 2 浅裂,
略勾转,下部两侧对褶,基部相互套叠,有明显
关节。总状花序腋生,有 7 ~ 20 朵花,总花梗
下部有 3 ~ 4 枚鞘状苞片;花大,膜质,直径 7 ~
10 cm,淡蓝色至深蓝色,有方格状网纹;中萼
片棱状倒卵形,长 3 ~ 4.5 cm,最宽处约 2 cm,
上端稍向内弯,侧萼片较大,镰状;侧瓣近匙
形,基部具爪,与中萼片近等长;唇瓣小,3 裂,
基部有短矩;侧裂片镰刀状,顶端渐尖,中裂片
提琴形,先端浅 2 圆形;蕊柱短,基部两侧增厚
而凸起;花粉块 2 个,具深裂隙。花期秋、冬
季,长达 1 个月。

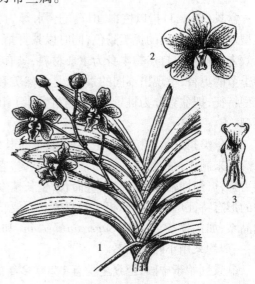

图 18.20　大花万带兰
1. 植株;2. 花;3. 唇瓣正面观
(引自中国植物志)

原产云南南部和贵州;印度、缅甸、泰国、
柬埔寨也有分布。

喜高温、高湿、通风好的环境,适宜较强的
散射光,忌强光直射。适生温 25 ~ 30 ℃,较耐热,不耐寒,20 ℃以下即进入休眠状态,低于10 ℃
易受低温伤害,越冬温度应保持 15 ℃以上。分株、扦插繁殖或组织培养。

花叶并茂,花色稀有,花期长久,是优良的观赏兰花。盆栽或多株附于木桩成桩景,布置于
室内,可令满室生辉,在庭园攀附于树干上或于庭荫处沿柱而植或植于山石上又别有情趣,可以
创造无限的热带风情。其花枝也可作切花瓶插观赏。

同属的**白花万带兰** *V. denisoniana* **Benson. et Rchb. f.**,与大花万带兰近似,茎较短,叶片
较小。花白色,直径约 4.5 cm,花萼、花瓣质厚而稍肉质,具淡紫色的方格状网纹。分布在我国
的云南南部及中南半岛、缅甸、印度东北部。**桑德利阿万带兰** *V. sanderiana*,植株高可达
1.5 m。叶长条形,长 30 ~ 40 cm,宽 2 ~ 4 cm,叶尖缺刻状 2 裂,不对称。总状花序腋生,具 10 ~
15 朵花;花大型,直径 7 ~ 12 cm;中萼片和花瓣乳白色、浅黄色或淡玫红色,基部有咖啡色斑点,
侧萼片窄而呈镰状,有明显的棕色网纹。原产菲律宾。**棒叶万带兰** *V. teres* **Lindl.**,攀援状附
生,茎木质化,长达 1 m 多,具分枝,绿色。叶肉质,圆柱形,长 8 ~ 18 cm,粗约 4 mm。总状花序
与叶对生,疏生 3 ~ 5 朵花;花大型,直径 7 ~ 10 cm,萼片和花瓣粉白色或紫红色;侧瓣近圆形,唇
瓣 3 裂,侧裂片斜椭圆形,朝内上卷,中裂片扩大呈扇形,顶端 2 深裂。分布我国云南南部及广
东南部沿海岛屿,锡金、缅甸、中南半岛及印度东北部也有。

18.3　盆景树类

盆景(Bonsai)指以植物、山石、土、水等为材料,经过艺术处理和园艺加工,在盆钵中集中、典型地表现大自然的优美景色,同时以景抒情,创造深远的意境,达到缩龙成寸、小中见大的艺术效果。盆景以自然物本身为主要材料,具有天然的神韵和生命的特征,它能够随时间的推移和季节的更替,呈现出不同的景色,是自然美和艺术美的有机结合。根据创作材料、表现对象及造型特征,把盆景分为桩景类(即树桩盆景),山水类(即山水盆景)和树石类(即水旱盆景)三大类型。

桩景类指以木本植物为主要材料,通过技术加工和园艺栽培,在盆中表现自然界的树木景象。用来制作树桩盆景的植物,称为桩景树,它们多具有植株矮小、叶片细小翠绿、枝条柔韧、萌发力强,可塑性强、生势强健、寿命长,生长速度快的特点。常用桩景树简介见本节后的附表,树种的形态特征可参照前面相关的章节。需要特别说明的是,有些桩景树种有大叶、中叶和小叶的品系,如福建茶、雀梅藤 *Sageretia theezans* 和栀子等,在做盆景时,从观赏和便于造型等角度考虑,一般均采用小叶的品系。

盆景创始于中国,至今至少有 1 200 多年的历史,是中国的传统艺术之一,形成了很多的盆景艺术流派。盆景艺术流派指盆景创作方面的派别。盆景的流派主要是以树桩盆景来区分的,主要流派有扬州的扬派、苏州的苏派、成都的川派、广州的岭南派、上海的海派和安徽的徽派。各流派的特点简述如下:

(1)岭南派　指以岭南地区的广东、广西、福建,尤以广州为中心的盆景流派。代表树种是九里香、福建茶、雀梅、榕树、栀子、六月雪。主要采用蓄枝截干的技法,整个过程都以剪为主,很少蟠扎,体现飘逸豪放,挺茂自然的艺术风格。

(2)川派　又分为川东(也称成都盆景)、川西(也称重庆盆景)两个艺术风格。代表树种是紫薇、银杏、竹、梅、罗汉松。主要采用蟠扎的技法,体现虬曲多姿,苍古雄奇的艺术风格。

(3)苏派　以苏州为中心,包括上海、常熟等地,代表树种是榔榆 *Ulmus parvifolia*、雀梅、三角枫、石榴、梅。主要采用粗扎细剪的技法,体现老干蟠枝,清秀古雅的艺术风格。

(4)扬派　以扬州、泰州一带为中心,代表树种是五针松 *Pinus kwangtungensis*、罗汉松、桧、榔榆、黄杨。主要采用精扎细剪的技法,体现层次分明、严整平稳的艺术风格。

(5)徽派　以安徽歙县卖花渔村为代表,包括绩溪、休宁、黟县等县。常用树种为梅、桧、翠柏、桃、罗汉松等。主要采用棕皮、树筋缚扎,先扎后剪的技法,体现苍古奇特的艺术风格。

(6)海派　以上海为中心,常用树种为五针松、罗汉松、黑松 *Pinus thunbergii*、榔榆。主要采用金属丝缚扎逐年细剪的技法,体现屈伸自如,自然流畅,雄健精巧的艺术风格。

在园林中应用,常在公园开辟专类盆景园,如在广州流花湖公园内的"岭南盆景之家"西苑,或在一些外国人进出比较集中的地方摆设,如东方宾馆的内庭。此外,盆景还可以作为室内观赏植物摆设于室内,但必须注意的是,盆景树类绝大多数为喜阳植物,室内摆设宜放置于光线较充足的地方,若长期摆设于光线不足的地方,则宜在室内摆设一段时间后,换出到室外调养。

盆景树类的水肥管理应根据盆景土壤一般较浅、蒸发面则较大的特点来进行。在浇水方面,生长季一般早晚均需进行,尤其是南方的夏季;休眠期可根据气温而定,保持适度的湿润即

可。在施肥方面,总的原则是,盆土肥度宜适度偏瘦,这样可控制成型树桩的生长;对于观花、观果的桩景树,在开花前后宜适当添加磷、钾肥和增加施肥的次数。经常的修剪是形成和维持盆景姿态的重要技术措施。在生长季,需及时剪除破坏既定树形的枝条或用铁丝、细绳牵引枝条。只有通过细致的养护管理,盆景树才会长久地维持理想的姿态,展现其鲜活的艺术魅力,这也就是盆景不同于其他艺术作品的特点。不同流派的桩景盆景所用植物种类有较大差异,常用桩景树类的观赏植物见表 18.1。

表 18.1　常用桩景树类观赏植物简介

中名(别名)	学　名	科名属名	主要习性	观赏特性
红枫	*Acer palmatum* var. *atropurpureum*	槭树科	喜光,喜温暖,不耐干旱。喜湿润肥沃土壤	树姿秀丽,叶色长期红紫色,尤以春秋色艳,片片丹霞,分外夺目
佛肚竹	*Bambusa ventricosa* Muclure	禾本科竹属	喜光,耐阴,喜温暖湿润气候和肥沃深厚的土壤	常绿乔木。体态形如佛肚,别具风韵,秆亮叶绿,枝叶秀丽,幽雅别致,四季常青
细叶小檗	*Berberis poirettii* Schneid.	小檗科	喜凉爽湿润环境,耐寒、耐旱,喜阳,耐半阴	枝叶细密,春开黄花,秋赏红叶、红果,是叶、花、果俱美的桩景树
宝巾(簕杜鹃、三角梅)	*Bougainvillea glabra* Choisy.	紫茉莉科叶子花属	喜光,喜高温高湿气候,耐旱,不耐寒冷,忌水涝和霜冻,土壤要求不严;生势健旺,萌枝力极强,耐修剪	常绿灌木,为岭南树桩盆景的代表树种。树体苍劲,花色艳丽,枝条柔韧
黄杨	*Buxus microphylla* Sieb. et Zucc. subsp. *sinica* (Rehd. et Wils.) Hatusima	黄杨科黄杨属	喜半阴,喜温暖湿润气候,喜肥沃的中性至微酸性土壤;生长缓慢,耐修剪,对多种有害气体抗性强	常绿灌木,为苏派、徽派树桩盆景的代表树种。树冠紧密,株形矮小,叶色翠绿光亮,幽雅秀丽
福建茶(基及树)	*Carmona microphylla* (Lam.) Don	紫草科基及树属	喜光,耐半阴,喜温暖湿润气候,怕寒冷,略耐旱,耐瘠薄,极耐修剪,可修剪或制成各种造型	常绿灌木,为岭南树桩盆景的主要树种。树形美观,老干苍劲奇特,盘根裸露,姿态古雅,叶色翠绿、细小、密集
朴树(相思)	*Celtis sinensis* Pers.	榆科朴属	喜光,喜温暖湿润气候,喜深厚、肥沃、排水良好之中性黏质壤土,抗风力强,抗大气污染;萌芽力强,寿命较长	落叶乔木,为岭南树桩盆景的代表树种。树形古拙,扶疏挺拔,枝条柔韧,易于弯曲造型

续表

中名(别名)	学　名	科名属名	主要习性	观赏特性
平枝栒子	*Cotoneaster horizontalis* Dence.	蔷薇科	喜光,稍耐阴,耐瘠,耐旱,不抗热,不耐涝	树姿低矮,枝叶横展,叶小而密,初夏花繁于枝头,晚秋叶色红亮
山楂	*Crataegus pinnatifida* Bunge	蔷薇科	性耐寒,耐旱,耐瘠,稍耐阴。性强健	叶面光亮,花色洁白,秋果红紫,为一优美的花、果并赏的桩景树
苏铁	*Cycas revoluta* Thunb.	苏铁科苏铁属	喜光,耐半阴,耐旱,不耐寒,但耐霜冻,忌积水,宜生在肥沃、湿润的微酸性沙质土壤;树性强健,抗大气污染,生长缓慢	常绿灌木。株形坚韧挺拔,叶色浓绿,充满生机活力
伏牛花	*Damnacanthus indicus* Ga-ertn. f.	茜草科	喜温暖湿润环境,肥沃土壤,耐半阴,不耐寒	四季常青,红果艳丽,经久不落。为一优美的桩景树,也适于园林作地被
红果仔	*Eugenia nuiflora* L.	桃金娘科番樱桃属	喜光,喜温暖湿润气候,耐半阴,不耐干旱和瘠薄,喜肥沃、湿润和排水良好之壤土,耐修剪,抗大气污染	常绿灌木。枝叶繁茂,新叶红色,花小,洁白芳香,果晶莹艳丽,形如小灯笼,为花、果并赏的桩景树
榕树(小叶榕)	*Ficus microcarpa* L.	桑科榕属	喜光,喜高温多湿气候,不耐寒,耐潮湿,耐瘠薄,抗风,抗大气污染;耐强度修剪,可作各种造型,适应性强,生长迅速,寿命长	常绿乔木,为岭南树桩盆景的主要树种。枝叶浓绿,气生根细长,小枝平展,树姿优雅别致;尤其野生的榕树树桩,根干奇曲,形态自然,更为难得
金橘	*Fortunella margarita* (Lour.) Swingle	芸香科	喜温暖湿润和阳光充足的环境。耐寒,稍耐阴	枝叶繁茂,树姿秀雅,花白如玉,金果玲珑。为一优美的观果桩景树
栀子(水横枝、山栀子)	*Gardenia jasminoides* Ellis	茜草科栀子属	喜温暖湿润、稍阴环境,不耐寒,喜肥沃、疏松、排水良好的酸性土,耐湿,不耐旱;萌芽力强,耐修剪;叶具吸收 SO_2 功能	常绿灌木。叶色翠绿,枝繁叶茂,花色洁白,香气浓郁,为一美丽的桩景树

续表

中名(别名)	学 名	科名属名	主要习性	观赏特性
银杏	*Ginkgo biloba* L.	银杏科 银杏属	喜阳,喜温暖湿润气候,稍耐旱,不耐严寒和全年湿热,适生于土层深厚、湿润肥沃、排水良好的酸性至中性土壤	落叶乔木,为川派树桩盆景的代表树种。树形古朴典雅,枝叶扶疏,姿秀挺拔,叶形似扇,叶色秀丽,盎然可爱
枸骨	*Ilex cornuta* Lindl.	芸香科	喜光,耐阴,稍耐寒。喜肥沃土壤。耐修剪	枝叶繁茂,叶形奇特,经冬不凋,秋天果实艳丽,花果叶并美的桩景树
紫薇	*Lagerstroemia indica* L.	千屈菜科 紫薇属	喜光,耐寒,对土壤要求不严,怕涝,耐旱,在深厚、肥沃、湿润之地开花繁茂,寿命亦长。对SO_2、HF、Cl_2的抗性较强	落叶灌木,为川派、徽派树桩盆景的代表树种。树干、小枝扭曲,形态极为奇特,叶面光滑,叶脉红色,树姿别具一格
枫香	*Liquidambar formosana* Hance	金缕梅科	喜光,幼树稍耐阴,耐旱,忌涝。喜肥沃土壤	干形挺拔,姿态雄伟,秋叶橙红,十分鲜艳,为一优美的桩景树
檵木	*Loropetalum chinense* (R. Br.) Oliver	金缕梅科 檵木属	耐半阴,喜温暖气候和酸性土壤,适应性强	常绿灌木,为岭南派树桩盆景的代表树种。小枝纤细平展,枝叶繁茂,花白色,呈狭长的带状,形态奇特,素雅别致
阔叶 十大功劳	*Mahonia bealei* (Fort.) Carr.	小檗科	喜光,耐阴,耐旱,较耐寒。土质要求不高	叶形奇特,树姿典雅,花果秀丽,既是观叶上品,也是优美的桩景树
九里香 (月橘)	*Murraya paniculata* (L.) Jack	芸香科 九里香属	喜光,不耐阴,喜温暖湿润气候,耐干热,不耐寒,耐湿,要求土层深厚、肥沃及排水良好沙质土。萌芽力强,移植容易,耐修剪,抗风,抗大气污染	常绿灌木,为岭南派树桩盆景的代表树种。树姿优美,四季常青,花素洁芳香

续表

中名(别名)	学　名	科名属名	主要习性	观赏特性
南天竹	*Nandina domestica* Thunb.	小檗科 南天竹属	喜半阴,喜温暖气候及湿润而排水良好的土壤,耐寒性不强,较耐旱,生长较慢	常绿灌木,是徽派树桩盆景的代表树种。枝叶扶疏,花小,洁白素雅,秋冬红叶满枝,红果累累,经久不落,为观叶、观果俱佳的植物
日本五针松	*Pinus parviflora* Sieb. et Zucc.	松科	性喜光,怕低湿,怕炎热。喜生于肥沃土壤	针形叶有长短之分,叶色有金色和银色,色彩分明,为理想的桩景树
黑松	*Pinus thunbergii* Parl.	松科 松属	喜光,喜温暖湿润气候;适应性强,抗海风,耐瘠薄,抗寒,抗病虫能力较强	常绿乔木,为海派、川派、扬派、徽派和岭南树桩盆景的代表树种。树冠浓郁,干枝苍劲,针叶粗壮,盘曲造型后,树姿古朴典雅
罗汉松	*Podocarpus macrophyllus* (Thunb.) D. Don	罗汉松科 罗汉松属	喜半阴,喜温暖湿润气候,耐寒性弱,抗风力较强,抗大气污染,栽培要求肥沃、排水良好的沙质土壤;萌枝力强,耐修剪,寿命较长	常绿乔木,为海派、川派、扬派、徽派和岭南树桩盆景的代表树种。姿态古朴、挺拔苍劲,叶色翠绿,有光泽;种子为肉质的假种皮所包,下部为紫红色肥大的珠托,形似罗汉
金钱松	*Pseudolarix amabilis* (Nelson) Rehd.	松科	性喜光和温暖湿润的环境,也耐寒。喜酸性土壤	树姿挺拔优美,新春、深秋呈金黄色,叶圆形如金钱
石榴	*Punica granatum* L.	安石榴科	性喜温暖潮湿,喜光,耐旱,耐肥,喜沙壤土	入春新芽红艳;入夏繁花殷红;秋冬锦果满枝,枝间果裂,籽粒晶莹
火棘	*Pyracantha fortuneana* (Maxim.) L.	蔷薇科 火棘属	喜光,不耐寒,要求排水良好的土壤	常绿灌木。枝叶繁茂,初夏时节满树白花,入秋时节红果累累,而且经久不衰,为优美的观果类桩景树
雀梅藤 (酸味、雀梅)	*Sageretia thea* (Osb.) Johnst.	鼠李科 雀梅藤属	喜光,耐热耐寒,不择土壤,萌发力强	落叶攀缘状灌木,为苏派、徽派、海派和岭南树桩盆景的主要树种。根干自然奇特,树姿苍劲古雅

中名(别名)	学 名	科名属名	主要习性	观赏特性
金松	*Sciadopitys verticillata* (Thunb.) Sieb. et Zucc.	杉科	性喜光,较耐严寒,耐阴,喜肥沃疏松的土壤	枝条轮生平展,叶簇美丽苍绿,枝柔易造型,树枝端庄。是理想的桩景树
六月雪(满天星)	*Serissa foetida* Conn.	茜草科 六月雪属	喜半阴,喜温暖湿润气候,耐寒,不耐旱,根系发达,萌芽力和萌枝力均强,生长迅速,分枝密集,耐修剪,忌通风不良	常绿灌木,为川派、苏派、扬派、徽派、海派和岭南树桩盆景的代表树种。老干苍劲,嫩枝柔软,叶细小密集,花洁白素雅
落羽杉	*Taxodiumdisticum* (L.) Rich.	杉科	强阳性树种,喜温暖湿润性气候,耐水湿	树冠端庄优美,叶条形,春色翠绿,秋呈红褐,殊为美观
榔榆(榆树)	*Ulmus parvifolia* Jacq.	榆科 榆属	喜光,喜温暖湿润气候,耐寒,喜肥沃、湿润土壤,亦有一定耐干旱瘠薄能力;生长速度中等,寿命长,萌芽力强,对 SO_2 等有害气体抗性较强	落叶乔木,为苏派、徽派、海派和岭南树桩盆景的主要树种。幼芽嫩翠,晚秋老叶黄褐,老干斑驳奇特,树姿古朴典雅
黄荆	*Vitex negundo* L.	马鞭草科	喜光,耐半阴,耐旱	树形疏散,叶形秀丽,花色淡雅

附录1 常用园林植物一览表

附表1 常用绿荫树类简介

中 名	学 名	科 名	主要习性	观赏特性
针叶绿荫树类				
肯氏南洋杉	*Araucaria cunninghamia* D. Don	南洋杉科	喜光,喜温暖及高温湿润气候,不耐阴、干燥及寒冷	主干浑圆通直,苍翠挺拔,树冠尖塔形,优雅壮观
南洋杉	*Araucaria heterophylla* (Salisb.) Franco	南洋杉科	喜光,喜温暖湿润气候,不耐寒,不抗风。喜酸性土,忌积水地	树形高大,树冠塔形,树姿苍劲挺拔,整齐优美,为世界著名的园景树和行道树
雪松	*Cedrus deodara* (D. Don) G. Don. f.	松科	喜光,喜温暖、凉爽、湿润气候及中性土壤。根系浅	树体高大,树冠塔形,雄伟壮观,宜孤植或列植
柳杉	*Cryptomeria japonica* (L. f.) D. Don var. *sinensis* Miq.	杉科	喜光及温暖湿润气候,喜深厚肥沃的酸性土,抗空气污染能力强	树冠卵状圆锥形,树干粗壮,枝叶茂密,是优良的绿荫树种
苏铁	*Cycas revoluta* Thunb.	苏铁科	喜光,耐旱、半阴,不耐寒。宜生在肥沃、湿润的微酸性沙质土壤	树冠倒伞形,体态优雅端庄,终年苍劲翠绿,富有热带风光的观赏效果
华南苏铁	*Cycas rumphii* Miq.	苏铁科	与上种近似	与上种近似
云南苏铁	*Cycas siamensis* Miq.	苏铁科	与上种近似	与上种近似
四川苏铁	*Cycas szechuanenesis* Cheng et L. K. Fu	苏铁科	与上种近似	与上种近似
台湾苏铁	*Cycas taiwaniana* Carruth.	苏铁科	与上种近似	与上种近似

中　名	学　名	科　名	主要习性	观赏特性
福建柏	*Fokienia hodginsii* （Dunn）A. Henry et H. Thomas	柏科	喜光,喜温暖湿润气候,耐寒,略耐干旱	树姿优美而高雅,鳞叶紧密浓绿,形态奇异,为优良的绿荫树种
银杏	*Ginkgo biloba* L.	银杏科	喜阳,喜温暖湿润气候,稍耐旱,不耐严寒和全年湿热	姿态雄伟,叶形奇特,浓荫如盖,秋色金黄
水松	*Glyptostrobus pensilis* （Staunt.）K. Koch.	杉科	喜光,喜温暖湿润气候,不耐寒冷与干燥,耐水湿	树姿优美,最宜配置于河边湖畔或沼泽地带,也可作护堤树
水杉	*Metasequoia glyptostroboides* Hu et Cheng	杉科	喜光,耐热抗寒,对气候适应性广,宜土层深厚、肥沃及排水良好的土壤	树冠尖塔形,树干高大通直,树姿优美,叶色秀丽,秋叶转棕褐色
竹柏	*Nageia nagi* （Thunb.）Kuntze	罗汉松科	喜阴,喜温热潮湿气候,不耐寒、旱和瘠薄,对土壤要求严格	树冠椭圆状塔形,枝叶浓密,叶面光泽,翠绿可鉴,宁静雅致
大叶竹柏	*Nageia fleuryi* （Hickel）de Laubenf.	罗汉松科	与上种近似	与上种近似
白皮松	*Pinus bungeana* Zucc. ex Endl.	松科	喜光,对土壤要求不严,喜湿润耐旱,深根性,对SO₂有抗性	树形多姿,苍翠挺拔,树皮闪闪发光,别具特色,是优良的园景树
湿地松	*Pinus elliottii* Engelm.	松科	与上种近似	与上种近似
马尾松	*Pinus massoniana* Lamb.	松科	与上种近似	与上种近似
火炬松	*Pinus taeda* L.	松科	与上种近似	与上种近似
侧柏	*Platycladus orientalis*（L.）Franco	柏科	喜半阴,适应性强,对土壤要求不严,浅根性,抗风力较弱	树冠幼树呈尖塔形,老树呈椭圆形。树干苍劲,气魄雄伟,肃静清幽
短金柏	*Platycladus orientalis*（L.）Franco 'Aurea' Nana	柏科	与上种近似	灌木,树冠圆形至卵圆形,小枝顶部叶为黄绿色,后变绿
金塔柏	*Platycladus orientalis*（L.）Franco 'Beverleyensis'	柏科	与上种近似	树冠塔形,新叶金黄色,老叶变绿
垂丝柏	*Platycladus orientalis*（L.）Franco 'Filiformis'	柏科	与上种近似·	观赏特性与侧柏近似
凤尾柏	*Platycladus orientalis*（L.）Franco 'Sieboldii'	柏科	与上种近似	丛生灌木,树冠球形或卵形,枝密生

续表

中 名	学 名	科 名	主要习性	观赏特性
罗汉松	*Podocarpus macrophyllus* (Thunb.) D. Don	罗汉松科	喜半阴,喜温暖湿润气候,抗大气污染,要求肥沃、排水良好的沙质壤土	树冠广卵形,树形古雅,树姿优美
斑叶罗汉松	*Podocarpus macrophyllus* (Thunb.) D. Don 'Argentens'	罗汉松科	与上种近似	与上种近似
短叶罗汉松	*Podocarpus macrophyllus* (Thunb.) D. Don var. *maki* Endl.	罗汉松科	与上种近似	与上种近似
金钱松	*Pseudolarix amabilis* (J. Nelson) Rehd.	松科	性喜光,喜温暖湿润,不耐干旱和水湿,宜深厚、肥沃、微酸性土壤	树高干直,簇生叶展开作圆盘形,入秋变为金黄色,极为美丽
圆柏	*Sabina chinensis* (L.) Ant.	柏科	喜半阴,耐干旱及瘠薄,忌水湿,抗大气污染能力较强	枝叶密集葱郁,幼树呈美丽的尖塔形,老树千姿百态,雄伟壮观
金星柏	*Sabina chinensis* (L.) Ant. 'Aurea'	柏科	与上种近似	矮型灌木,鳞叶初发时为金黄色,后渐变为绿色
球柏	*Sabina chinensis* (L.) Ant. 'Globosa'	柏科	与上种近似	矮型丛生灌木,树冠圆球形,枝细密
龙柏	*Sabina chinensis* (L.) Ant. 'Kaizuca'	柏科	与上种近似	树冠圆锥状塔形,观赏特性与圆柏近似
金龙柏	*Sabina chinensis* (L.) Ant. 'Kaizuka Aurea'	柏科	与上种近似	形似龙柏,唯枝端的初生叶呈金黄色
鹿角桧	*Sabina chinensis* (L.) Ant. 'Pfitzerlana'	柏科	与上种近似	丛生灌木,树形圆锥形,枝开展,小枝下垂
落羽杉	*Taxodium distichum* (L.) Rich.	杉科	喜光,性好水湿,不耐旱和严寒,喜富含有机质微酸性至中性的土壤	树冠圆锥形,树姿端庄秀丽,叶色翠绿,入秋叶变黄再变为褐红,是优良的秋色叶树种
池杉	*Taxodium distichum* (L.) Rich. var. *imbricatum* (Nutt.) Croom	杉科	与上种近似	与上种近似
墨西哥落羽杉	*Taxodium mucronatum* Tenore	杉科	与上种近似	树冠广圆锥形,观赏特性与落羽杉近似

中　名	学　名	科　名	主要习性	观赏特性
阔叶绿荫树类				
台湾相思	*Acacia confusa* Merr.	含羞草科	喜光,颇耐干旱,抗风力强,并耐盐碱	树冠自然,形态优美;开花之际,金球满树,幽香阵阵,色香姿兼备
七叶树	*Aesculus chinensis* Bunge	七叶树科	喜光,稍耐阴,能耐寒,深根性	树干耸直,叶大形美,夏季白花开放,蔚然可观
合欢	*Albizia julibrissin* durazz.	含羞草科	喜光,适应性广,对土壤无苛求,耐干旱瘠薄	树姿飘逸,花繁叶茂,可作观花树或提供绿荫
石栗	*Aleurites moluccana*（L.）Willd.	大戟科	喜光,喜温暖多湿气候,耐旱;深根性;以沙质壤土为佳	树冠椭圆形,树姿健壮,绿荫常青,可作庭荫树、行道树
糖胶树	*Alstonia scholaris*（L.）R. Br.	夹竹桃科	喜光,喜高温多湿气候,不择土壤,抗风,抗大气污染	树冠近椭圆形,叶色终年亮绿。盛花期满树小白花,清丽雅致
盆架树	*Alstonia rostrata* C. E. C. Fischer.	夹竹桃科	与上种近似	与上种近似
番荔枝	*Annona squamosa* L.	番荔枝科	喜温暖湿润气候,稍耐阴,对土壤要求不严格	著名热带名果,树姿秀丽,果形奇特,颇有观赏价值
菠萝蜜	*Artocarpus heterophyllus* Lam.	桑科	喜光,喜高温多湿气候,不耐寒、旱和瘠薄,喜深厚肥沃土地	树冠半圆形或圆头形,叶色浓绿亮泽,绿荫宜人。其大型聚花果,极富热带色彩
桂木	*Artrocarpus nididus* Tréc. ssp. *linganensis*（Merr.）Jarr.	桑科	与菠萝蜜近似,可耐半阴	观赏特性与菠萝蜜近似
白花羊蹄甲	*Bauhinia acuminata* L.	苏木科	与红花羊蹄甲近似	观赏特性与红花羊蹄甲近似,但花为白色
红花羊蹄甲	*Bauhinia* × *blakeana* Dunn	苏木科	喜光,适应性强,喜生长于肥沃、土层深厚的土壤上,抗大气污染	树冠开展如伞,绿荫效果甚佳;花大艳丽,花期长,为优良的观花乔木
羊蹄甲	*Bauhinia purpurea* L.	苏木科	喜光,要求温暖滋润气候,适应性强	树冠宽阔,叶形奇特,花玫瑰红色,观赏价值高
宫粉羊蹄甲	*Bauhinia variegata* L.	苏木科	与上种近似	观赏特性与上种近似,但花为粉红色

续表

中　名	学　名	科　名	主要习性	观赏特性
亮叶桦	*Betula luminifera* Winkl.	桦木科	喜光,喜温暖湿润气候及酸性沙壤土,也能耐干旱瘠薄	树体高大,树冠开展,干皮光洁,生长又快,也可作庭荫树
秋枫	*Bischofia javanica* Bl.	大戟科	喜光,稍耐阴,耐寒力弱,耐水湿,深根性	树冠圆盖形,新叶淡红色,枝叶繁茂,遮阴效果好
重阳木	*Bischofia polycarpa*(Levl.) Airy-Shaw	大戟科	喜光,要求热带湿热气候	树形自然,枝叶美观,是优良行道树
木棉	*Bombax ceiba* L.	木棉科	喜光,喜高温湿润气候,适应性强,深根性,对土壤要求不严	树体高大雄伟,树冠伞形,春天先花后叶,满树红花,极富热带色彩
红千层	*Callistemon rigidus* R. Br.	桃金娘科	与串钱柳近似	与串钱柳近似
串钱柳	*Callistemon viminalis* (Gaertn)G. Don f.	桃金娘科	喜光,不耐寒、阴,抗大气污染。喜肥沃、湿润和排水良好的壤土	枝叶繁茂,树姿整齐,雄蕊花丝细长,色泽艳丽。枝、叶、花下垂,婀娜多姿
喜树	*Camptotheca acuminata* Decne	紫树科	喜光,耐寒,宜植于土层深厚、肥沃、湿润之地,抗烟尘能力较弱	树冠倒卵形,树干挺直,姿态端直雄伟,果实形态奇特
橄榄	*Canarium album* (Lour.) Raeusch.	橄榄科	喜半阴,不耐寒、旱、水湿,在深厚肥沃的微酸性土中生长良好	干形端直,姿态秀丽,枝叶茂密,绿荫如盖。可作为海防林树种
乌榄	*Canarium pimela* Leenh.	橄榄科	与上种近似	与上种近似
鱼尾葵	*Caryota ochlandra* Hance	棕榈科	产热带地区,略耐寒	杆直而高,叶大,形别致,花序大而下垂,美丽而壮观
腊肠树	*Cassia fistula* L.	苏木科	与黄槐近似	与黄槐近似
铁刀木	*Cassia siamea* Lam.	苏木科	与黄槐近似	与黄槐近似
黄槐	*Cassia surattensis* Burm. f.	苏木科	喜光,适应性强,耐旱,适于肥沃、疏松、排水良好土壤	枝叶茂密,树姿优美,花繁耀目,花期长,为优良的观花乔木
美丽异木棉	*Ceiba insignis* (Kunth) Gibbs et Semir	木棉科	喜光,不耐阴,喜高温多湿气候,不耐寒,抗风,对土质要求不严	树冠伞形,花大色艳,盛花期满树姹紫,秀色照人,为优良的观花乔木

续表

中　名	学　名	科　名	主要习性	观赏特性
麻楝	*Chukrasia tabularis* A. Juss.	楝科	喜光、喜温暖至高温湿润气候,不耐寒,要求深厚、肥沃的壤土	树冠伞形,树姿开展,嫩叶鲜红,是常见的庭荫树、行道树
毛麻楝	*Chukrasia tabularis* A. Juss. var. *velutina* (Wall.) King	楝科	与上种近似	与上种近似
阴香	*Cinnamomum burmanii* (Nees) Bl.	樟科	喜半日照、土层深厚、肥沃、疏松之绿地	观赏特性与樟树近似
樟树	*Cinnamomum camphora* (L.) J. Presl.	樟科	喜光,耐半阴、寒,喜土层深厚、肥沃、排水良好的土壤。对 CO_2、SO_2、F_2 等抗性强	树冠广卵形,枝叶茂密翠绿,绿荫效果甚佳
蝴蝶果	*Cleidiocarpon cavaleriei* (Lévl.) Airy-Shaw	大戟科	喜光,喜温暖至高温多湿气候,不耐寒,对土壤要求不严	树姿挺拔,冠形优美,枝叶婆娑,绿荫浓密
水翁	*Cleistocalyx operculatus* (Roxb.) Merr. et Perry	桃金娘科	喜光,喜高温至温暖湿润气候,耐水湿,根系发达,抗风力强	树冠浓密,根系能净化水源,宜配植于庭园、公园等水滨处,作固堤树种
凤凰木	*Delonix regia* (Hook.) Raf.	苏木科	喜光,喜高温多湿气候,极不耐寒;喜肥沃、富含有机质的沙质壤土	树冠广伞形,树姿优雅秀美,叶片大型而柔嫩;花大艳丽,具热带特色
蚊母树	*Distylium racemosun* Sieb. et Zucc.	金缕梅科	喜光稍耐阴,喜温暖湿润气候,耐寒性不强,对土壤要求不严	枝叶密集,叶色浓绿,花时红色,抗性强,为理想绿化树种
五桠果	*Dillenia indica* L.	五桠果科	与大花五桠果近似	与大花五桠果近似
大花五桠果	*Dillenia turbinata* Fin. et Gagn.	五桠果科	喜光,耐半阴,喜高温湿润气候,喜土层深厚,腐殖质丰富的砂壤土	树冠浓密,树干通直,叶大翠绿,花果鲜艳美丽
猫尾木	*Dolichandrone cauda-felina* (Hance) Benth. et Hook. f.	紫葳科	喜光,稍耐阴,喜高温湿润气候,要求土层深厚、肥沃、排水良好的土壤	树姿婆娑,枝叶浓密,花大而美丽,蒴果形态奇异,酷似巨型猫尾

续表

中 名	学 名	科 名	主要习性	观赏特性
人面子	*Dracontomelon duperreanum* Pierre	漆树科	喜光,喜温暖湿润气候,不耐旱、寒,宜栽植于土层深厚、湿润、肥沃之地	树冠圆伞形,树干通直,树姿优美,绿荫浓郁
尖叶杜英	*Elaeocarpus apiculatus* Mast.	杜英科	喜光,喜温暖至高温湿润气候,较耐干旱和瘠薄,深根性树种	树干通直,大枝轮生形成塔形树冠,盛花期一串串洁白的花朵悬垂于枝梢
秃瓣杜英	*Elaeocarpus glabripetalus* Merr.	杜英科	与上种近似	与上种近似
水石榕	*Elaeocarpus hainanensis* Oliv.	杜英科	与上种近似	与上种近似
龙牙花	*Erythrina corallodendron* L.	蝶形花科	与刺桐近似	与刺桐近似
鸡冠刺桐	*Erythrina crista-gallis* L.	蝶形花科	与刺桐近似	与刺桐近似
刺桐	*Erythrina variegata* L. var. *orientalis* (L.) Merr.	蝶形花科	喜光,喜温暖至高温湿润气候,不耐寒,耐旱,抗风,对土壤无苛求	枝叶茂密,树姿扶疏,叶形美观,花先叶而放,火红如炬,富于热带色彩
柠檬桉	*Eucalyptus citriodora* Hook. f.	桃金娘科	极喜光,不耐阴,不耐寒,深根性,对土壤要求不严	树形高耸,树干洁净灰白,美丽优雅,枝叶芳香
蓝桉	*Eucalyptus globulus* Labill.	桃金娘科	喜光,要求温暖干爽气候,不耐湿热。喜肥沃湿润的土壤,忌钙质土	树干端直,枝叶婆娑,绿荫宜人,是城市行道树和乡村绿化的优选树种
高山榕	*Ficus altissima* Bl.	桑科	与榕树近似	与榕树近似
垂榕	*Ficus benjamina* L.	桑科	喜光,不耐寒、旱,耐潮湿、瘠薄,抗风,抗大气污染。耐强度修剪	树形下垂,叶簇油绿,姿态优美
斑叶垂榕	*Ficus benjamina* L. 'Variegata'	桑科	与上种近似	与上种近似
雅榕	*Ficus concinna* Miq.	桑科	与榕树近似	与榕树近似
橡胶榕	*Ficus elastica* Roxb.	桑科	与榕树近似	与榕树近似
榕树	*Ficus microcarpa* L. f.	桑科	喜光,不耐寒,耐潮湿、瘠薄,抗风,抗大气污染。耐强度修剪	树冠庞大,姿态雄伟,绿荫浓郁,气生根入土后,形成独特的独木成林景观

续表

中　名	学　名	科　名	主要习性	观赏特性
金叶榕	*Ficus microcarpa* L. f. 'Golden Leaves'	桑科	与上种近似	与上种近似
乳斑榕	*Ficus microcarpa* L. f. 'Milky'	桑科	与上种近似	与上种近似
菩提榕	*Ficus religiosa* L.	桑科	与上种近似	与上种近似
黄葛树	*Ficus virens* Ait. *var. sublanceolata*(Miq.) Cornor	桑科	与上种近似	与上种近似
梧桐	*Firmiana simplex* (L.) W. Wight.	梧桐科	喜光,稍耐阴,耐寒、瘠薄,对土质选择不严,对多种有害气体均具有较强抗性	树冠圆形,树干通直,树姿优雅
白蜡树	*Fraxinus chinensis* Roxb.	木犀科	喜光,耐寒性较强,喜湿润肥沃的钙质土或沙壤土。耐干旱	树干通直,树冠整齐,羽叶潇洒,浓荫蔽日
银桦	*Grevillea robusta* A. Cunn. ex R. Br.	山龙眼科	喜光,喜温暖湿润气候,对土壤条件要求较严,对烟尘及有毒气体抗性较强	树冠圆锥形,树干端直,枝叶茂密,自然下垂,叶形别致
幌伞枫	*Heteropanax fragrans* (D. Don) Seem.	五加科	喜光,耐半阴,不耐寒、旱,土质以肥沃湿润的壤土为佳	植株挺拔,树冠圆形,亭亭如盖,望如幌伞,雄伟壮丽,为优美的园景树
黄槿	*Hibiscus tiliaceus* L.	锦葵科	喜光,喜温暖湿润气候,不耐寒,耐干旱和瘠薄,抗大气污染	树冠伞形,树姿秀丽,花繁叶茂,花期长,为常见的观花乔木
冬青	*Ilex purpurea* Hassk.	冬青科	耐阴,喜温暖湿润气候,好生于深厚肥沃土壤,能抗风,对SO_2有一定抗性	枝叶繁茂,绿荫宜人,果红艳,经冬不落,其观赏价值令人瞩目
铁冬青	*Ilex rotunda* Thunb.	冬青科	喜光,耐寒、旱和贫瘠,喜生于肥沃的疏林中或溪边,抗大气污染能力较强	树冠伞形,叶色终年浓绿亮泽,果多密集,鲜红夺目,果期长
蓝花楹	*Jacaranda mimosifolia* D. Don	紫葳科	喜光,喜高温和干燥气候,耐旱不耐寒,对土壤要求不严	树干伞形,树姿优美,盛花期满树蓝花,清秀雅丽

续表

中　名	学　名	科　名	主要习性	观赏特性
核桃	*Juglans regia* L.	胡桃科	喜光,颇耐寒,喜较干燥的气候及深厚的土壤,不耐空气污染	树冠庞大,枝叶茂密,绿荫覆地,树干灰白洁净
刺楸	*Kalopanax septemlobus* (Thunb.) Koidz.	五加科	喜光,要求温暖湿润气候,喜深厚肥沃的酸性土或中性土	树冠整齐,叶形美观,是优良的庭荫树
非洲楝	*Khaya senegalensis* (Desr.) A. Juss.	楝科	喜光,喜温暖至高温湿润气候,宜栽培于土层深厚、肥沃的壤土	树冠广阔,树姿挺拔,枝叶婆娑,为优良的行道树、园景树和庭荫树
复羽叶栾树	*Koelreuteria bipinnata* Franch.	无患子科	喜光,不耐寒;耐旱,抗风,抗大气污染,对土质要求不严	树冠宽阔呈伞形,枝繁叶茂,花果艳丽,色彩富于变化
栾树	*Koelreuteria paniculata* Laxm.	无患子科	与上种近似	与上种近似
大花紫薇	*Lagerstroemia speciosa* Pers.	千屈菜科	喜光,耐半阴;耐高温高湿气候,不耐寒,对土壤要求不严	树冠呈半球形,枝叶繁茂,叶落前变黄,花序和花均硕大而显著,花期长
女贞	*Ligustrum lucidum* Ait.	木犀科	稍耐阴,喜温暖湿润气候及湿润肥沃的酸性土,不耐干旱瘠薄	生长强健,仪态大方,因抗污染力强,易繁殖,常作行道树
枫香	*Liquidambar formosana* Hance	金缕梅科	极喜光,喜生于湿润肥沃土壤	树干挺拔,姿态雄伟,秋叶橙红
鹅掌楸	*Liriodendron chinensis* (Hemsl.) Sarg.	木兰科	喜光及温湿气候,耐寒性不强,喜深厚肥沃土壤	树冠圆锥形或长椭圆形,树形端正,叶形奇特,花大而美丽
北美鹅掌楸	*Liriodendron tulipifera* L.	木兰科	与上种近似	与上种近似
荔枝	*Litchi chinensis* Sonn.	无患子科	喜光,要求温暖湿润气候,遇霜即凋。喜深厚富腐殖质的土壤	树姿优美,新叶橙红。为著名的岭南佳果
木莲	*Manglietia fordiana* (Hemsl.) Oliv.	木兰科	耐阴,喜温暖湿热的气候及肥沃的酸性土壤	四季常绿,枝叶繁茂,花如莲花,观赏价值较高

中　名	学　名	科　名	主要习性	观赏特性
荷花玉兰	*Magnolia grandiflora* L.	木兰科	喜半阴、温暖湿润至凉爽气候,耐寒,要求深厚肥沃土壤	树冠圆形或椭圆形,叶大浓郁,花朵硕大,洁白芳香,是名贵的观花乔木
狭叶荷花玉兰	*Magnolia grandifolra* L. var. *lanceolata* Ait.	木兰科	与上种近似	与上种近似
杧果	*Mangifera indica* L.	漆树科	喜光、高温多湿,喜土层深厚、肥沃的沙质壤土;抗大气污染	树冠广卵形或伞形,树姿端整,枝叶茂密,花色淡雅,硕果累累
扁桃	*Mangifera persiciformis* C. Y. Wu et T. L. Ming	漆树科	与上种近似	树冠球形,观赏特性与上种近似
人心果	*Manilkara zapota*(L.)P. Royen	山榄科	喜光,较耐阴,喜高温湿润气候,不耐寒,对土壤适应性较强	树冠圆形或塔形,树形优美,四季开花,花果同存
白千层	*Melaleuca quinquenervia* (Cav.) S. T. Blake	桃金娘科	喜光,喜高温多湿气候,不甚耐旱,喜肥沃、湿润和排水良好之壤土	树冠长椭圆形,枝条略下垂,树姿优雅,花白叶绿,相映成趣
苦楝	*Melia azedarach* L.	楝科	极喜光,要求温暖气候,对土壤要求不严。耐干旱瘠薄,耐尘烟	树干端直,枝条稀疏而叶大荫浓
白兰	*Michelia alba* DC	木兰科	喜光,不耐寒、旱,要求肥沃、排水良好的微酸性沙质壤土,忌积水	树冠宽卵形,树姿优雅、恬静,分枝茂密,叶色碧绿,花洁白如玉,芳香宜人
黄兰	*Michelia champaca* L.	木兰科	与上种近似	与上种近似
乐昌含笑	*Michelia chapensis* Dandy	木兰科	与上种近似	与上种近似
金叶含笑	*Michelia foveolata* Merr. ex Dandy	木兰科	与上种近似	与上种近似
桑	*Morus alba* L.	桑科	喜光,喜温暖亦耐寒,耐干旱及水湿,耐瘠薄,适应性广	树冠宽阔,枝叶茂密,干皮色泽明亮,美观,是绿化首选树种
蓝果树	*Nyssa sinesnsis* Oliv.	蓝果树科	喜光,要求温暖湿润气候,在深厚肥沃的微酸性土壤中生长良好	树体雄伟,干皮美观,是很有观赏价值的观赏树,也可作城市行道树

续表

中　名	学　名	科　名	主要习性	观赏特性
海南红豆	Ormosia pinnata (Lour.) Merr.	蝶形花科	喜光,耐半阴,喜高温湿润气候及肥沃、湿润壤土,不耐寒、旱	树冠圆伞形,枝叶繁茂,以素洁的花序和念珠状的荚果而独具特色
南洋楹	Paraserianthes falcataria (L.) I. Nielsen	含羞草科	喜光,喜高温多湿气候,喜肥沃、湿润之土壤,不耐旱、瘠	树冠宽阔如伞形,树干通直,树形挺拔,盛花期形成的覆被花相,十分壮观
紫楠	Phoebe sheareri (Hemsl.) Gamble	樟科	耐阴,喜温暖湿润气候,较耐寒,要求肥沃、排水良好的微酸性或中性土壤	树形端庄,叶密荫浓。珍贵用材树种
黄连木	Pistacia chinensis Bunge	漆树科	喜光,耐干旱瘠薄,在湿润肥沃之地生长良好	树干挺拔,姿态雄伟,常见观赏植物
悬铃木	Platanus ×acerifolia (Ait.) Willd.	悬铃木科	喜光,喜温暖湿润气候,对土壤的适应能力极强,能耐干旱瘠薄	树形优美,树干挺拔,叶形奇特,球形花序和聚花果下垂,十分别致
三球悬铃木	Platanus orientalis L.	悬铃木科	与上种近似	与上种近似
一球悬铃木	Platanus occidentalis L.	悬铃木科	与上种近似	与上种近似
化香树	Platycarya strobilacea Sieb. et Zuc.	胡桃科	极喜光,耐干旱瘠薄,在酸性土及钙质土上均能生长	奇数羽状复叶,叶形整齐,为重要的绿化树种
加拿大杨	Populus canadensis Moench.	杨柳科	喜光,喜温凉气候及湿润土壤,耐水湿和盐碱土	树冠卵圆形,侧枝开展,姿态雄伟,树势健旺,绿荫宜人
美洲黑杨	Populus deltoides	杨柳科	与上种近似	与上种近似
意大利杨	Populus euramevicana	杨柳科	与上种近似	与上种近似
欧洲黑杨	Populus nigra	杨柳科	与上种近似	与上种近似
紫檀	Pterocarpus indicus Willd.	蝶形花科	喜光,喜高温湿润气候,不耐寒,喜土层深厚、排水良好之地	树姿优美,树大荫浓,生势强健,是优良的园景树、庭荫树和行道树
枫杨	Pterocarya stenoptera C. DC	胡桃科	喜光,稍耐阴,较耐寒,对土壤要求不严,耐水湿,不耐积水,深根性,具有一定的耐旱力	树冠宽广,枝叶茂密,羽状叶片颇具风姿,果形独特;也作庭荫树和园景树

中　名	学　名	科　名	主要习性	观赏特性
菜豆树	*Radermachera sinica*（Hance）Hemsl.	紫葳科	喜光,要求温暖气候,常生于石灰岩山地,在酸性红壤中也能生长	树干挺拔,叶形优美,花色淡雅,令人称奇,是常见观赏植物
刺槐	*Robinia pseudoacacia* L.	蝶形花科	喜光,不耐阴、寒及高温,喜干冷气候及湿润、肥沃土壤	树冠近卵形,树势健旺,生长迅速,春季白花满树,素洁芳香
垂柳	*Salix babylonica* L.	杨柳科	喜光,耐半阴;喜温暖湿润气候,极耐水湿,喜湿润黑色之壤土	树形倒广卵形,枝叶细长柔软,树姿婀娜
无患子	*Sapindus mukorossi* Gaertn.	无患子科	喜光,耐半阴,喜温暖湿润气候,在酸性土、钙质土上均能生长	树冠圆伞形,枝条开展,绿荫稠密,冬季落叶前,叶色变为金黄色,富季相变化
槐树	*Sophora joponica* L.	蝶形花科	喜光,要求干冷气候,适应性广	姿态雄伟,枝叶茂密,园林中常见观赏植物
乌墨	*Syzygium cumini*（L.）Skeels	桃金娘科	喜光及温暖至高温湿润气候,不耐旱、寒,对土质要求不严	树干通直挺拔,枝叶繁茂,为优良庭院绿荫树和行道树
蒲桃	*Syzygium jambos*（L.）Alston	桃金娘科	喜光,喜高温湿润气候,喜深厚、肥沃的中性或酸性土壤。抗大气污染	树冠广阔,树姿婆娑,叶色浓绿亮泽,花形如绒球,果实光莹可爱
洋蒲桃	*Syzygium samarangense*（Bl.）Merr. et Perry	桃金娘科	与上种近似	观赏特性与上种近似,果粉红或红色
柽柳	*Tamarix chinensis* Lour.	柽柳科	耐寒抗热,耐旱耐水湿,尤以耐盐碱闻名。喜光,深根性	枝叶纤秀,入春翠绿,花期长,适于水边池畔、庭院中孤植
阿江榄仁	*Terminalia arjuna*（DC）Wight et Arn.	使君子	与榄仁树近似	与榄仁树近似
马尼拉榄仁	*Terminalia calamansanai*（Blanco）Rolfe	使君子	与榄仁树近似	与榄仁树近似
榄仁树	*Terminalia catappa* L.	使君子科	喜光,耐半阴;喜高温多湿气候,不择土壤,喜生于滨海沙滩地区	树冠宽阔呈伞形,枝繁叶茂,落叶前叶色变红,新叶嫩绿色,富明显的季相变化

续表

中 名	学 名	科 名	主要习性	观赏特性
小叶榄仁	*Terminalia mantaley* H. Perr.	使君子	与上种近似	与上种近似
美洲榄仁	*Terminalia muelleri* Benth.	使君子	与上种近似	与上种近似
厚皮香	*Ternstroemia gymnanthera* (Wight et. Arn.) Sprauge	山茶科	耐阴,喜温暖湿润气候,要求深厚肥沃,排水良好的酸性土壤	树冠卵形,枝叶繁茂,光洁可爱,黄花点缀,姿色不凡
香椿	*Toona sinensis* (A. Juss.) Roem.	楝科	喜光,温带树种,适应性广,在深厚肥沃湿润的沙壤土中生长快	树干通直,羽叶潇洒,姿色不凡,极好的行道树

附表 2　观赏棕榈类简介

中 名	学 名	科 名	主要习性	观赏特性
假槟榔	*Archontophoenix alexandrae* (F. Muell.) H. Wendl. et Drude	棕榈科	喜高温、高湿和避风向阳的气候环境和土层深厚、肥沃、排水良好的微酸性沙壤土	树干通直、形姿优美,生长迅速。作行道树、庭院孤植、列植、群植等应用
三药槟榔	*Areca triandra* Roxb.	棕榈科	喜温暖、湿润的气候,适应背风、半阴蔽的环境。要求肥沃、疏松而排水良好的土壤	树形优雅、叶色翠绿,形如翠竹,在南方可作庭院园林布置,其耐阴性强,也可盆栽作室内观赏
槟榔	*Areca catechu* L	棕榈科	喜温暖、湿润的气候和半阴蔽的环境。要求肥沃、疏松而排水良好的土壤	树干通直、形姿优美,作行道树、庭院孤植树
桄榔	*Arenga pinnata* (Wurmb.) Merr.	棕榈科	喜阳,不耐寒,年平均温度在 20 ~ 30 ℃ 生长良好	树干通直,羽叶如盖,作行道树、庭荫树
散尾棕	*A. engleri* Becc	棕榈科	喜温暖湿润气候,较耐阴,喜肥沃土壤	丛生灌木,株形优美,可植于草地或庭园赏其姿态
霸王棕	*Bismarckia nobilis* Hildebr. et H. Wendl.	棕榈科	喜高温、多湿的热带气候。喜光,不甚耐寒,大树可耐 2 ℃ 左右低温。要求深厚肥沃微酸性至中性土壤	树干高大挺拔,叶片茂密,极为壮观,可作行道树及庭院的丛植、片植或孤植

续表

中 名	学 名	科 名	主要习性	观赏特性
鱼尾葵	*Caryota ochlandra* Hance	棕榈科	喜温暖、湿润气候。能耐短期－5 ℃低温。可耐半阴环境。不耐干旱。要求排水良好、疏松肥沃的土壤	树形端庄,叶形优美,在庭院或园林布置中可作丛植、列植栽培,也可以盆栽作室内观赏
董棕	*Caryota urens* L.	棕榈科	喜温暖、湿润气候。能耐短期－5 ℃低温。可耐半阴环境	树干通直,羽叶大型,姿态优美,对植或孤植,作行道树或园景树
短穗鱼尾葵	*Caryota mitis* Lour	棕榈科	喜温暖、湿润气候。能耐短期－5 ℃低温。耐阴。喜肥沃土壤	丛生灌木,姿态优美,作绿荫树或盆栽室内布置
富贵椰子	*Chamaedorea cataractarum* Liebm.	棕榈科	喜温暖、湿润、半阴、幼时喜阴,成树稍耐日晒。要求肥沃、深厚微酸性土壤,忌积水	植丛密集紧凑,叶色墨绿,耐阴性强,是观赏价值较高的室内盆栽植物。叶片可作插花素材
袖珍椰子	*Chamaedorea elegans* Mart.	棕榈科	要求肥沃、疏松、排水良好的土壤,不耐干旱瘠薄	树形清秀、叶色浓绿、耐阴性强,极为适宜作室内盆栽观赏,叶片也可作插花素材
夏威夷椰子	*Chamaedorea seifrizii* Burret	棕榈科	喜温暖、湿润气候。较耐阴,不耐寒	茎叶疏落有致,株形清雅,叶色翠绿,耐阴性强,是优良的室内观赏棕榈植物
散尾葵	*Chrysalidocarpus lutescens* H. A. Wendl.	棕榈科	喜温暖、湿润、半阴环境。耐阴性强,成树耐晒;不耐寒。要求疏松、肥沃、深厚的土壤	丛生灌木,枝叶茂密,叶色翠绿,且耐阴性强,是著名的室内观赏植物。可作盆栽,作各种室内布置
椰子	*Cocos nucifera* L.	棕榈科	喜高温、湿润、阳光充足的环境。不耐寒冷,要求年平均温度24～25 ℃以上,最低温度10 ℃以上,才能正常开花结实	苍翠挺拔,树姿优美,具有浓厚的热带风情,是热带和南亚热带地区风景区的园林绿化树种,可作行道树,或丛植,成片栽椰林
油棕	*Elaeis guineensis* Jacq	棕榈科	喜光照充足、高温多湿环境,不耐寒,5 ℃左右低温即会引起叶片损伤。要求肥沃、疏松、土层深厚的微酸性土壤	油棕树干粗壮,树冠浓密,树形雄伟,可作行道树、庭院的列植、群植、丛植、片植等

续表

中　名	学　名	科　名	主要习性	观赏特性
酒瓶椰子	*Hyophorbe lagenicaulis* (L. H. Bailey) H. E. Moore	棕榈科	喜高温、多湿的热带气候,适宜向阳或背风的环境。不耐寒,怕霜冻,冬季最低温度要求 10 ℃以上。要求排水良好、湿润、肥沃的土壤	树干形如酒瓶,美观而极具特色。在南亚热带地区适宜用于庭院的各类栽植及植物造景,在北方地区也可作温室栽培观赏
蒲葵	*Livistona chinensis* (Jacq.) R. Br. ex Mart.	棕榈科	喜温暖多湿气候,较耐寒,可耐 0 ℃ 短暂低温,苗期稍耐阴。喜深厚、湿润、肥沃的黏质壤土,稍耐干旱和水湿。抗逆性较强,对氯气和二氧化硫抗性强	树冠浓密,树形优美,抗性强,可作行道树栽植,也可作庭院丛植、列植、孤植,在南方地区也是水边置景的良好树种。在北方可作温室栽培
圆叶蒲葵	*Livistona rotundifolia* (Lam.) Mart	棕榈科	喜温暖多湿气候,耐阴,不耐寒	树形优美,作园景树,亦可作盆栽观赏
三角椰子	*Neodypsis decaryi* Jumelle	棕榈科	喜高温、湿热气候。喜充足光照,不耐阴蔽。不耐寒,喜疏松、肥沃、深厚的微酸性土壤,不耐积水,稍耐干旱	叶鞘呈三角形,树形清秀亮丽,优美奇特,是优良的庭园造景树种。作行道树及各种庭园栽培应用
长叶刺葵	*Phoenix canariensis* Hort. ex Chabaud.	棕榈科	喜高温、多湿的热带气候。需要光照充足的环境,较耐寒,成树可耐 −10 ℃ 低温。要求肥沃、深厚的土壤,耐干旱瘠薄,稍耐盐碱	树干高大雄伟,羽叶繁茂,形成一密集的羽状树冠,尤具热带风情。作行道树及各种庭院及园林绿化种植,幼株可盆栽作室内观赏
软叶刺葵	*Phoenix roebelenii* O' Brien	棕榈科	喜高温、高湿的气候,喜光,亦耐阴,适合湿润肥沃的土壤	树形矮小,姿态优雅,作园景树,也可作盆栽观赏
海枣	*Phoenix dactylifera* Linn.	棕榈科	喜高温干燥气候及排水良好轻软沙壤土,耐碱性强	树干高大,羽叶繁茂,树冠优美。作行道树

中 名	学 名	科 名	主要习性	观赏特性
国王椰子	*Ravenea rivularis* Jum. et Perr.	棕榈科	喜温暖湿润气候,喜光也耐阴,苗时可在蔽阴条件下生长良好。稍耐寒,要求深厚、肥沃、湿润的土壤	形姿优美,园林上可作庭院各种配置、行道树等。苗期及幼树耐阴性较强,作盆栽室内观赏也甚雅致
棕竹	*Rhapis excelsa* (Thunb.) Henry ex Redh.	棕榈科	喜温暖湿润气候;耐阴性强,也稍耐日晒。较耐寒,宜湿润而排水良好的微酸性土壤,在石灰岩区微碱性土也能正常生长,忌积水	株丛饱满,秀丽青翠,叶形优美,生势强健,富有热带风光,适宜作盆栽室内观赏
多裂棕竹	*Rhapis multifida* Burr.	棕榈科	喜温暖湿润气候;耐阴性强,也稍耐日晒。较耐寒,宜湿润而排水良好的微酸性土壤	丛生灌木,株丛饱满,秀丽青翠,叶形优美,是优良而富有热带风光的观赏植物。适宜作盆栽室内观赏
细棕竹	*Rhapis gracilis* Burret	棕榈科	喜温暖湿润气候;耐阴性强,也稍耐日晒。较耐寒,宜湿润而排水良好的微酸性土壤	丛生灌木,植株低矮,可用作地被和盆栽植物
大王椰子	*Roystonea regia* (Kunth) O. F. Cook.	棕榈科	喜高温多湿的热带气候,大树可耐短暂的 0 ℃ 低温。喜光照充足的环境,不耐阴蔽;要求疏松、肥沃而湿润的土壤,有一定的抗湿能力	树干高大挺拔、中部膨大呈纺锤形,树姿尤为优美壮观。作行道树和园景树,可孤植、丛植和片植,均具良好效果
金山葵	*Syagrus romanzoffiana* (Cham.) Glassma	棕榈科	喜高温、高湿、光照充足气候条件。幼苗可耐半阴,可耐 − 2 ℃ 低温。要求肥沃疏松的微酸性土壤,抗风力较强的,能耐碱潮	树干挺拔,簇生在干顶的叶片,有如松散的羽毛,酷似皇后头上的冠饰。可作庭院孤植、列植、群植或行道树,亦可作海岸绿化树
棕榈	*Trachycarpus fortunei* (Hook.) H. Wendl	棕榈科	喜温暖湿润的气候,耐寒,较耐阴,成长植株较耐旱。要求排水良好的肥沃土壤	棕榈的树形挺拔秀丽,适应性强,能抗各种有毒气体,可植于庭园赏其树姿,尤其适于小庭园或空间稍狭窄处

续表

中　名	学　名	科　名	主要习性	观赏特性
丝葵	*Washingtonia filifera* (Linden ex Andre) H. Wendl	棕榈科	喜温暖、湿润、光照充足的环境，幼时稍耐阴。较耐寒，成年树可耐－12 ℃低温。喜疏松肥沃的土壤，较耐干旱瘠薄，抗风力强，忌积水	树干挺拔，叶片茂密，为优美的风景树种。可作各类庭园栽植，也可作行道树
狐尾椰子	Wodyetia bifurcata A. K. Irvine	棕榈科	喜高温、湿润的热带气候，喜光照，苗期稍耐阴。有一定耐寒性，大树可耐－3 ℃低温，要求湿润、肥沃、深厚的土壤，根系较深，不甚耐干旱	树干挺拔清秀，叶形优美，可作城市道路绿化与庭院的绿化

附表3　常用观赏竹类简介

中　名	学　名	科　名	主要习性	观赏特性
粉单竹	*Bambusa chungii* (McCl.) McCl	禾本科	喜温暖湿润气候，喜光及肥沃疏松的壤土	竹秆分枝高，节间长，被明显的白粉，株形亭亭玉立，姿态优美，适宜于河岸、湖边及草地中丛植
青丝黄竹	*Bambusa eutuldoides* var. *varidi-vittata* (W. T. Lin.) Chia	禾本科	喜温暖湿润的气候，湿润肥沃的沙壤土	丛生竹，中型，竹秆色彩鲜黄，非常美观，宜种植庭园中，列植或丛植供观赏
小琴丝竹	*Bambusa multiplex* (Lour.) Raeusch. 'Alphonse-Karr'	禾本科	喜温暖湿润的气候。湿润肥沃的沙壤土	丛生竹，小型，竹秆金黄色有绿色纵条纹，广泛应用于庭园中作绿篱，或植于建筑物附近及假山边
凤尾竹	*Bambusa multiplex* (Lour.) Raeusch. 'Fernleaf'	禾本科	喜温暖湿润的气候。湿润肥沃的沙壤土	丛生竹，竹丛低矮，适宜盆栽或作低矮绿篱
孝顺竹	*Bambusa multiplex* (Lour.) Raeusch.	禾本科	喜温暖湿润的气候。湿润肥沃的沙壤土	丛生竹，中型，广泛应用于庭园中作绿篱，或植于建筑物附近及假山边
青皮竹	*Bambusa textilis* McCl	禾本科	喜温暖湿润的气候，喜深厚湿润而肥沃的土壤	竹丛密集，姿态优雅，宜用作园景树，布置于草坪、广场及河岸边

中 名	学 名	科 名	主要习性	观赏特性
佛肚竹	*Bambusa ventricosa* McClure	禾本科	喜温暖湿润的气候和肥沃深厚的土壤	竹秆形异,节间膨大,可盆栽供观赏
龙头竹	*Bambusa vulgaris* Schrad. ex Wendl.	禾本科	喜温暖湿润的气候和湿润肥沃的土壤	丛生竹,大型,秆直立,株丛紧密
大佛肚竹	*Bambusa vulgaris* Schrad. ex Wendl. 'Wamin'	禾本科	喜温暖湿润的气候和湿润肥沃的土壤	丛生竹,大型,秆直立,株丛紧密,秆的节间缩短,下部膨大,秆形美观,供园林中孤植或丛植
黄金间碧竹	*Bambusa vulgaris* Schrad. ex Wendl. var. *vittata* A. et C. Riviere	禾本科	喜温暖湿润的气候和湿润肥沃的土壤	丛生竹,大型,秆直立,株丛紧密,秆金黄色,有绿条纹,具有良好的观赏效果,供园林中孤植或丛植
四方竹	*Chimonobambusa quadrangularis* (Fenzi) Maki	禾本科	喜温暖湿润的气候和肥沃深厚的土壤,喜光,较耐寒	本种因秆下部近方形,节上生直而短的气生根,枝叶优美,秆形奇异,在庭园中广为种植
麻竹	*Dendrocalamus latiflorus* Munro	禾本科	喜温暖湿润气候,深厚肥沃的土壤	秆淡绿,分枝高,秆梢下垂或弧曲,叶大,姿态优美,常栽植于湖岸或山坡,在草地中丛植亦可
人面竹	*Phyllostachys aurea* Carr. ex A. et Riv.	禾本科	性较耐寒,适生于温暖湿润、土层深厚的低山丘陵或平原地区	为庭园常见观赏竹种,可于庭院空地栽植
毛竹	*Phyllostachys edulis* (Carr.) H. de Lehaie	禾本科	喜温暖湿润气候,耐最低温度 −16 ℃,喜空气相对湿度大;喜肥沃、深厚和排水良好的酸性沙壤土	秆高、叶翠,四季常青,秀丽挺拔,雅俗共赏,自古以来常植于庭园曲径、池畔、溪涧、山坡、石际
紫竹	*Phyllostachys nigra* (Siebert ex Miquel) Makino	禾本科	喜温暖湿润气候,适生于土层深厚湿润,地势平坦的地方	紫竹株型优美,秆紫黑色,宜植于庭园山石之间或书斋、厅堂四周、园路两旁、池旁水边
大明竹	*Pleioblastus gramineus* (Bean.) Nakai	禾本科	喜温暖湿润的气候,肥沃疏松的壤土	秆丛生,上部低垂,叶片狭长,形态较优美,常作盆栽观赏

续表

中 名	学 名	科 名	主要习性	观赏特性
泡竹	*Pseudostachyum polymorphum* Munro	禾本科	喜温暖湿润气候,肥沃疏松的壤土	株形优美,可置于草坪或假山一侧
菲白竹	*Sasa fortunei* (Van Houtte) Fiori	禾本科	喜温暖湿润气候,喜阴性,耐寒性较强,在疏松、肥沃、排水良好的沙壤土生长良好,耐瘠薄。	植株低矮、叶异色,在叶面间有灰白、金黄色条纹,独特秀美、根系发达,是很好的地被植物或绿篱植物
泰竹	*Thyrostachys siamensis* (Kurz ex Munro) Gamble	禾本科	喜温暖湿润气候,喜光,喜排水良好的肥沃壤土	秆通直密集,节间劲直而坚韧,竹箨宿存,分枝高,叶细,枝柔叶秀,具有很高的观赏价值

附表4 常用风景林木类简介

中 名	学 名	科 名	主要习性	观赏特性
大叶相思	*Acacia auriculiformis* A. Cunn. ex Benth.	含羞草科	喜光,耐半阴,喜高温湿润气候,不择土壤,耐干旱和瘠薄	树冠长卵球形,枝叶浓密,适应性强
马占相思	*Acacia mangium* Willd.	含羞草科	与上种近似	与上种近似
岭南槭	*Acer tutcheri* Duthie	槭树科	喜光,喜温暖湿润气候	掌状裂的叶形和翅果均十分可爱,且幼叶和秋叶均为红色
土沉香	*Aquilaria sinensis* (Lour.) Gilg.	瑞香科	喜半阴及高温至温暖湿润,不耐寒,喜土层深厚、肥沃、排水良好的壤土	树姿优雅,枝叶繁茂,叶色翠绿亮泽,花香四溢,蒴果形态可爱
油茶	*Camellia oleifera* Abel.	山茶科	喜半阴,喜温暖湿润气候,耐寒,不耐干旱、盐碱;较耐瘠薄	树冠扁球形,树叶浓密,花素洁芳香
红花油茶	*Camellia semiserrata* C. W. Chi	山茶科	与上种近似	与上种近似
黎蒴栲	*Castanopsis fissa* (Champ. ex Benth) Rehd. et Wils.	壳斗科	喜光,喜温暖湿润气候,对立地要求不严,耐干旱和贫瘠	初期生长迅速,枝叶茂密,落叶量大,花感强烈
红锥	*Castanopsis hystrix* A. DC	壳斗科	与上种近似	与上种近似

中　名	学　名	科　名	主要习性	观赏特性
朴树	*Celtis sinensis* Pers.	榆科	喜光,喜温暖湿润气候,喜深厚、肥沃、排水良好之中性黏质壤土	树冠伞形,树形美观,绿荫浓郁,生势强健,果实可诱鸟采食
黄樟	*Cinnamomum porrectum*（Roxb.）Kosterm.	樟科	喜光和温暖湿润气候,喜土层深厚、肥沃疏松的酸性红壤、砖红壤	树冠广伞形,枝叶繁茂,为优良的绿荫树和行道树
中华杜英	*Elaeocarpus chinensis* Hook. f. ex Benth.	杜英科	与山杜英近似	与山杜英近似
山杜英	*Elaeocarpus sylvestris*（Lour.）Poir.	杜英科	喜半日照及温暖湿润气候,耐寒性不强,适于酸性黄壤和红壤	树干通直,枝叶茂密,落叶前叶色变红,红绿相间,颇为美丽
格木	*Erythrophleum fordii* Oliv.	苏木科	喜光、温暖湿润气候及土层深厚、湿润肥沃的砖红壤和红壤,不耐寒	树冠宽阔,四季常绿、浓密,树干端直
灰木莲	*Manglietia glauca* Bl.	木兰科	喜光、温暖至高温湿润气候,不耐寒、旱,喜生于酸性赤红壤或红壤	树冠伞形,茎干端直,花素洁芳香,为优良的观花乔木
醉香含笑	*Michelia macclurei* Dandy	木兰科	喜光,耐半阴,喜温暖湿润气候,喜肥耐旱,忌积水	树冠圆伞形,树干端直,花洁白芳香,为优良的木本花卉
深山含笑	*Michelia maudiae* Dunn.	木兰科	与上种近似	与上种近似
杨梅	*Myrica rubra* Sieb. et Zucc.	杨梅科	喜半日照,温暖湿润气候,耐寒性不强;不择土壤	树冠整齐,近球形,红果累累,是优良的观果树种
壳菜果	*Mytilaria laosensis* Lecomte	金缕梅科	喜光,喜温暖至高温湿润气候,喜生于土层深厚、湿润的山坡地	树冠宽阔,干形通直,枝叶繁茂,萌芽力强,生长迅速
枫香	*Liquidambar formosana* Hance	金缕梅科	喜光及温暖至冷凉气候,耐寒,宜选择土层深厚、排水良好的土壤	树冠圆锥形,树姿优雅,叶色呈明显的季相变化
仪花	*Lysidice rhodostegia* Hance	苏木科	喜光,喜温暖湿润气候;喜肥沃、排水良好土壤,耐旱	树冠宽阔,树姿优雅,圆锥花序大,花繁色艳

续表

中 名	学 名	科 名	主要习性	观赏特性
翻白叶树	*Pterospermum heterophyllum* Hance	梧桐科	喜光,喜温暖湿润气候,喜生于土层深厚、湿润、肥沃之沙质土	树冠伞形,树干通直,树姿清秀,为优良的园景树和庭荫树
红花荷	*Rhodoleia championii* Hook. f.	金缕梅科	喜半日照、温暖湿润气候及肥沃、富含有机质的壤土,不耐旱、瘠	树姿高雅,花形可爱,花色艳丽,为优良的观花乔木
山乌桕	*Sapium discolor*（Champ. ex Benth) Muell. -Arg.	大戟科	喜光,喜温暖湿润气候,在土层深厚、湿润的酸性土壤上生长良好	植株富季相变化,春季嫩叶和秋季叶均呈红色,为优良的春色叶和秋色叶树种
乌桕	*Sapium sebiferum* Roxb.	大戟科	与上种近似	与上种近似
鸭脚木	*Schefflera heptaphylla*（L.) D. C. Frorin	五加科	喜光,耐半阴,喜温暖湿润气候,不耐寒,对土壤要求不严	生长迅速,树冠圆伞形,终年常绿,白色大型的圆锥花序顶生,甚为壮观
木荷	*Schima superba* Gardn. et Champ.	山茶科	喜光,喜温暖湿润气候,耐寒,栽培须富含有机质、肥沃的壤土	树冠浑圆,树姿挺拔,枝叶浓密;盛花期满树白花与绿叶相映,素洁清雅
红荷木	*Schima wallichii* Choisy	山茶科	与上种近似	与上种近似

附表5　常用花灌木类简介

中 名	学 名	科 名	主要习性	观赏特性
红桑	*Acalypha wilkesiana* Muell. -Arg.	大戟科	性喜温暖、强光、湿润的环境,耐高温不耐寒,喜保水力强的肥沃腐叶土,不耐酸,但有较强的抗碱能力	叶色鲜艳秀丽,酷似桑叶,富于变化,可作盆栽、列植、丛植。作花坛中的镶边、图案布景及路旁彩篱、建筑物基础种植
四季米仔兰	*Aglalia duperreana* Pierre	楝科	性喜温暖、湿润、阳光充足环境,不耐寒,不耐旱,耐半阴。土壤以肥沃、疏松、微酸为宜,忌盐碱	株形密集,花芳香,为优良的庭院观形、赏香树种。室内陈设也颇适宜

中　名	学　名	科　名	主要习性	观赏特性
黄蝉	*Allamanda schottii* Pohl.	夹竹桃科	喜高温高湿,不耐寒冷,忌霜。喜光、稍耐半遮阴,喜肥沃湿润的沙壤	花黄色,大而美丽,夏天灿烂满枝,宜于盆栽布置门前、厅堂、阳台、居室等处,也宜地种于公园、绿地、花坛、花径或建筑物基础
软枝黄蝉	*Allemanda cathartica* L.	夹竹桃科	喜高温多湿、排水良好肥沃的壤土。一般用扦插繁殖	花黄色,枝下垂,宜于布置门前、厅堂、路旁等处,也宜地种于花坛、花径或建筑物基础
红绒球	*Calliandra haematocephala* Hassk	含羞草科	喜温暖、高温湿润气候,喜光,稍耐阴蔽,对土壤要求不苛,但忌积水,对大气污染抗性较强	优良的木本花卉植物,宜于园林中作添景孤植、丛植,又可作绿篱和道路分隔带栽培
山茶	*Camellia japonica* L.	山茶科	性喜温暖湿润半阴环境,不耐烈日暴晒,过热、过冷、干燥、多风均不宜。喜疏松、肥沃、腐殖质丰富、排水良好的微酸性(pH5~6.5)土壤	是极好的庭园和室内布置材料,开花于冬末春初花市冷落之时。我国长江以南常配置于公园和用于建筑环境绿化,孤植、群植、丛植无不相宜,是丰富园林景点和布置会场、厅堂的好材料
贴梗海棠	*Chaenomeles speciosa* (Sweet) Nakai	蔷薇科	适生于深厚肥沃、排水良好的酸性、中性土,耐旱、忌湿,耐修剪,萌生根蘖能力强	园林中的重要花灌木。适于庭园、草坪边,树丛周围和溪边种植
蜡梅	*Chimonanthus praecox*(L.) Link	蜡梅科	性喜阳光,稍耐阴,较耐寒,耐旱,怕风,要求深厚、肥沃和排水良好的中性或微酸性沙质壤土,忌湿涝	蜡梅花色美丽,香气馥郁,冬季开花,花期达3个月之久,常用作布置庭园,成丛或成片栽植,或作盆景材料和室内插花
龙吐珠	*Clerodendrum thomsonae* Balf. f.	马鞭草科	性喜温暖、湿润和阳光充足,不耐寒,要求肥沃、疏松和排水良好的沙质壤土	适宜于作盆花,供室内、厅堂等处陈列,也可植于庭院、公园等处作时花。园林中采用较多的,是成丛或单行种植在草坪、花坛上,作镶边花卉或构成图案

续表

中　名	学　名	科　名	主要习性	观赏特性
变叶木	*Codiaeum variegatum* (L.) Bl.	大戟科	性喜温暖湿润气候，不耐霜寒，在华东、华北地区均温室栽培，在华南可露地栽植	很好的观叶植物，在我国华南一带常于庭园中丛植，或作绿篱；华东、华北等地则作盆栽，点缀几案或陈设厅、堂和会场用
朱蕉	*Cordyline fruticosa* (L.) Goeppert	龙舌兰科	喜温暖湿润气候，不耐寒，在华东、华北地区作温室栽培。喜半阴环境。忌碱性土，以排水良好之沙壤为宜	宜于室内、厅、堂布置，为习见之观叶植物。也可成行种植于花坛、花径等处，作镶边图案
瑞香	*Daphne odora* Thunb.	瑞香科	喜温暖气候和阴凉环境，不耐寒，忌干旱与积水。适生于肥沃、排水良好酸性壤土	为我国传统园林花木。散植林下，丛植路缘、建筑雕像四周，列植作绿栽，配植花坛、假山、岩石均宜。盆栽为室内装饰上品
胡颓子	*Elaeagnus pungens* Thunb.	胡颓子科	对土壤要求不严，在中性、酸性和石灰质土壤上均能生长，耐干旱和瘠薄，不耐水涝	生于山坡杂木林内，向阳的溪谷两旁，山脚水沟边及郊野路旁
铁海棠	*Euphorbia milii* Ch. des Moulins	大戟科	喜温暖，不耐寒，要求充足的阳光，不怕日光暴晒。对土壤要求不严，耐瘠薄和干旱，怕水渍。扦插繁殖	花形美丽，颜色鲜艳，茎枝奇特，园林中主要应用为露地植篱和配置于庭园
一品红	*Euphorbia pulcherrima* Willd. ex Klotzsch	大戟科	不耐寒，喜温暖及充足的阳光，忌酷暑，怕暴晒，宜肥沃、湿润和排水良好的土壤	花期长，顶叶色艳如花，时值圣诞、元旦，最宜盆栽作室内装饰。南方可植于庭园作点缀材料
灰莉	*Fagraea ceilanica* Thunb.	马钱科	性喜阳光，耐寒力较强，在南亚热带地区栽培生长良好。对土壤要求不严，适应性强，粗生易栽培	本种分枝茂密，枝叶均为深绿色，花大而芳香，为良好的庭院观赏植物、也可盆栽
连翘	*Forsythia suspensa* (Thunb.) Vahl	马鞭草科	喜光，耐半阴，耐寒，耐旱，耐瘠薄。但怕涝，抗烟尘和臭氧的能力较强	在园林中多在路边、山石旁的向阳地方丛植或群植，也作花篱或护坡栽植

续表

中 名	学 名	科 名	主要习性	观赏特性
栀子	*Gardenia jasminoides* Ellis	茜草科	喜温暖、湿润、稍阴环境，-12℃叶片受冻脱落。要求湿润、疏松、肥沃、排水好的酸性土	枝丛生，叶亮绿；花洁白，香馥郁，为江南著名传统香花，花朵美丽，四季常青，为庭园中优良的观赏树种。萌芽力强，耐修剪。叶有吸收二氧化硫功能
鹅掌藤	*Heptapleurum arboricola* Hayata	五加科	耐阴喜湿，具一定的耐旱性和较强的耐寒力。忌夏季阳光直射	可作庭果树、花材及用于盆栽
朱槿	*Hibiscus rosa-sinensis* L.	锦葵科	喜温暖、湿润气候；不耐寒，好阳光，生性强健，适应性强	枝叶茂密，耐修剪，也是花篱的好材料。可孤植或丛植于房前、亭侧、池畔，也可植于街道两侧
吊灯花	*Hibiscus schizopetalus* (Masters) Hook. f.	锦葵科	喜温暖湿润气候和充足的阳光。喜光略耐阴，不甚耐寒，忌干旱，耐水湿	晚秋开花，花大色美。可植于池畔、水滨、沟渠边与垂柳、桃花为伴，波光花影，相映成趣
八仙花	*Hydrangea macrophylla* (Thunb.) Seringe	虎耳草科	喜温暖，适应性很强，对土质要求不高，忌烈日直晒，半阴及湿润之地，最为适宜	花大色美，是长江流域著名观赏植物。园林中可配置于稀疏的树荫下及林荫道旁，片植于阴向山坡上
龙船花	*Ixora chinensis* Lam.	茜草科	喜高温多湿和阳光充足环境，不耐寒，耐半阴，要求富含腐殖质、疏松、肥沃的酸性土壤	在南方露地栽植，适合庭院、宾馆、风景区布置。盆栽，特别适合于窗台、阳台和客室摆设
茉莉	*Jasminum sambac* (L) Aiton.	木樨科	喜湿润、肥沃的酸性沙质壤土，性喜阳光，不耐阴，不耐干旱瘠薄	家庭盆栽的上品，配置路旁、墙隅、建筑物四周或庭院中。其花都在傍晚开放，其香清婉，风味特殊，清香压秋
紫薇	*Lagerstroemia indica* L.	千屈菜科	喜光。为温带及亚热带树种，能耐-20℃低温，对土壤要求不严，怕涝，耐干旱，在深厚、温沃、湿润之地开花繁茂，寿命亦长。对二氧化硫、氟化氢及氯气的抗性较强	在园林中常以乔木形式出现，孤植或三五成丛，亦可控制为灌木状，则散植列植均可。因枝干柔韧，两株可相接为拱，则可形成园门或绿廊，毋须支架，起到了藤蔓植物的作用。可作为盆景

续表

中　名	学　名	科　名	主要习性	观赏特性
红花檵木	*Loropetalum chinense* （R. Br.）Oliver var. *rubrum* Yie	金缕梅科	喜光,喜温暖凉爽和湿润的气候,耐寒,耐旱,不耐贫瘠,不耐高温	优良的木本花卉,适宜群植和列植,也可密植作绿篱或盆栽
玉兰	*Magnolia denudata* Desr.	木兰科	喜光,稍耐阴,适生于温带至暖温带气候,休眠期能抗−20 ℃低温。要求肥沃湿润土壤,根肉质,不耐碱及瘠薄,忌积水。有较强萌芽力	在庭园中不论窗前、屋隅、路旁、岩际,均可孤植或丛植,若与松树搭配,甚为古雅。在宽敞的庭院中,若与迎春,红梅,翠柏相配合,构成春天的美丽景观
辛夷	*Magnolia Liliflora* Desr.	木兰科	喜光,适应性强,要求肥沃的沙质壤土,庭院旷野、山区平原均可栽植	观赏价值极高,花大而美丽,兼有莲、兰之香,是城乡绿化的优良花木,宜孤植或丛植,配植于庭院窗前,或丛植于草地边缘
含笑	*Michelia figo*（Lour.）Spreng.	木兰科	性喜温湿,稍耐寒,喜半阴,不耐暴晒和干旱瘠薄,要求排水良好微酸性土或中性土,忌积水	为我国著名芳香观赏树。多用于庭院、草坪、小游园、街道绿地、树丛林缘配置。亦盆栽作室内装饰,花开时,香幽若兰
夹竹桃	*Neriun oleander* L.	夹竹桃科	喜光能耐阴。喜温暖湿润气候,不耐寒,越冬温度 5 ℃左右。极耐旱,土壤适应性强,忌积水	夹竹桃抗烟,树姿潇洒,叶形似竹,四季常青。花期长,艳若桃花,为城市绿化不可多得的花灌木
桂花	*Osmanthus fragrans*（Thunb.）Lour.	木樨科	喜温暖,颇耐阴,为亚热带或暖温带树种,能耐零下 10 ℃之短期低温,要求深厚肥沃土壤	在园林中或孤植于草地,或列植于道旁,庭院道路两侧或假山旁,均可赏姿闻香,而更宜群植成林
鸡蛋花	*Plumeria rubra* L. ' Acuti-folia'	夹竹桃科	喜光,喜高温、湿润气候,耐干旱,喜生于排水良好的沙质壤土中	常植于园林观赏,花可提取芳香油。花、树皮可作药用

续表

中 名	学 名	科 名	主要习性	观赏特性
梅花	*Prunus mume* (Sieb.) Sieb. et Zucc. (*Armeniaca mume* Sieb.)	蔷薇科	喜光喜温,系暖温带、亚热带树种。对土壤要求不严,在排水良好的肥沃沙壤土中生长良好,忌积水。但不耐 SO_2	最宜植于庭院、草坪、低山、石旁及风景区,丛植、林植俱美。在园林中也可孤植、或与山石、溪水、小桥、明窗、雕栏等搭配。也可作树桩盆景
桃花	*Prunus persica* (L.) Batsch (*Amygdalus persica* L.)	蔷薇科	喜光。温带树种,较耐寒,畏湿热气候,要求排水良好的沙质壤土	在园林中更宜成片群植;观赏种则种植于山坡、水畔、墙际、草坪边俱宜
安石榴	*Punica granatum* L.	安石榴科	性喜向阳、温暖的气候。	美丽的观赏花卉,石榴还是极好的观果树种,其果实还是著名的水果;果皮可做染料,根可供药用
杜鹃花	*Rhododendron simsii* Planch	杜鹃花科	喜疏阴,忌暴晒。要求凉爽湿润气候,通风良好环境,土壤以疏松、排水良好,pH 4.5～6.0 为佳,较耐瘠薄干燥	杜鹃最宜丛植于林下、溪旁、池畔、岩边、缓坡、陡壁、林缘、草坪,也宜庭园之中植于台阶前、庭荫树下、墙角、天井或植为花篱、花境,同时也是盆栽和制桩景的优良材料
月季	*Rosa chinensis* Jacq.	蔷薇科	阳性,喜光性较强,宜暖凉、湿润的环境,不耐旱、涝,高温对开花不利,好肥沃,黏质土壤及沙质土壤均可生长,而以排水良好的微酸性土壤(pH6～6.5)为最好	月季以花艳、勤开称著,绚丽多彩,四时不绝,香气馥郁,历来深受人们喜爱。在园林中可培植成花坛、花篱、花境、花带、花门,攀援种可培养成花廊等。也可作分盆花、切花
夜来香	*Cestrum nocturnum* L.	茄科	喜温暖湿润、阳光充足环境和肥沃土壤,忌积水,不耐寒	枝叶潇洒,开花期间,白天花瓣闭合,只微微散布香气,天转暗时,花瓣张开,送出浓烈的香味

续表

中 名	学 名	科 名	主要习性	观赏特性
黄花夹竹桃	*Thevetia peruviana* (Pers.) K. Schum.	夹竹桃科	不耐寒,喜阳光和温暖、湿润的气候,也稍耐阴,要求疏松的土壤	花期长,花大色艳,花呈鲜黄色,为中型庭园观赏盆花。园林应用中以列植、片植、丛植最佳

附表6　常用绿篱和绿雕塑类简介

中 名	学 名	科 名	主要习性	观赏特性
红桑	*Acalypha wikesiana* M.-A.	大戟科	生性强健,性喜高温、阳光,不耐阴	叶形变化丰富,叶色五彩缤纷,极为出色,非常适合绿篱、庭园绿化
红龙草	*Altemanthera dentata* 'RuLiginosa'	苋科	性喜高温和肥沃的土壤,稍耐寒	叶色艳丽,常随季节的变化而变化。为一优良的绿篱植物
匙叶黄杨	*Buxus harlandii* Hance	黄杨科	与黄杨近似	与黄杨近似
黄杨	*Buxus sinica* (Rehd. et Wils.) M. Cheng	黄杨科	喜半阴及温暖湿润气候,喜肥沃的中性至微酸性土壤;耐修剪	枝叶茂密,叶色翠绿,为优良的绿篱植物
福建茶	*Carmona microphylla* (Lam.) Don	紫草科	喜光,喜温暖湿润气候,怕寒冷,不择土壤。极耐修剪	叶富光泽,终年常绿,枝繁叶密,白色小花,优雅脱俗
变叶木	*Codiaeum variegatum* Bl.	大戟科	生性强健,性喜高温、阳光,不耐阴	叶形变化丰富,叶色五彩缤纷,极为出色,非常适合绿篱、庭园绿化
雪茄花	*Cuphea ignea* A.DC	千屈菜科	性喜温暖湿润气候。稍耐寒	花小,紫红色,可作绿篱,也可按照一定的图案种植
蚊母树	*Distylium racemosum* Sieb. et Zucc.	金缕梅科	喜光,稍耐阴,对土壤要求不严,耐烟尘性和抗大气污染	树冠球形,枝叶密集,叶色浓绿,抗性强,耐修剪
假连翘	*Duranta erecta* L.	马鞭草科	喜光,喜温暖湿润气候,不耐寒,耐修剪。对土壤要求不严	植株繁茂,枝条柔软下垂,花、果色极富色彩美,观花、观叶、观果并举
金叶假连翘（黄叶假连翘）	*Duranta erecta* L. 'Golden Leaves'	马鞭草科	喜强光,耐热、耐旱、耐瘠、耐碱、耐剪,易移	枝叶小巧玲珑,叶色金黄,既可作绿篱,也可修剪造型,构成图案

中　名	学　名	科　名	主要习性	观赏特性
花叶假连翘	*Duranta erecta* L. 'Variegata'	马鞭草科	与上种近似	与上种近似
大叶黄杨	*Euonymus japonica* Thunb.	卫矛科	不择土壤,耐旱、瘠薄、耐修剪,耐湿、耐海潮,抗大气污染	树干球形,春季新叶娇嫩翠绿,颇为秀美
银边黄杨	*Euonymus japonica* Thunb. var. *alba-margintus* T. Moore.	卫矛科	与上种近似	叶缘白色,观赏特性与上种近似
金边黄杨	*Euonymus japonica* Thunb. var. *aureo-marginata* Nichols.	卫矛科	与上种近似	叶缘金黄色,观赏特性与上种近似
金心黄杨	*Euonymus japonica* Thunb. 'Medio-pictus'	卫矛科	与上种近似	叶心具金黄色斑点,观赏特性与上种近似
红背桂	*Excoecaria cochinchinensis* Lour.	大戟科	喜半阴,忌阳光直射,喜肥沃而排水良好的沙质壤土,耐贫瘠	枝叶疏密有致,叶色紫中透绿,是一种优良的观叶植物
驳骨丹	*Gendarussa vulgaris* Nees	爵床科	喜光,耐半阴,喜温暖、湿润气候,耐寒、旱,耐修剪	叶色翠绿,茎干为紫红色,生性强健
希茉莉	*Hamelia patens* Hance	茜草科	喜强光,耐热,耐旱,不耐阴,忌霜	枝叶青翠,花姿轻盈,可作绿篱,也可作庭园、校园、公园等处绿化
枸骨	*Ilex cornuta* Lindl. ex Paxt.	冬青科	喜光,耐半阴,耐寒性不强,喜肥沃、湿润而排水良好的微酸性土壤	枝叶稠密,叶形奇特,深绿光亮,入秋红果累累,鲜艳美丽
龙船花	*Ixora chinensis* Lam.	茜草科	喜散射光照,耐热、耐旱、耐剪,易移植	叶黄绿至暗绿。花色多样,可作绿篱,也可修剪成各种图案
马缨丹	*Lantana camara* L.	马鞭草科	喜强光,耐热、耐旱、耐瘠、耐碱、耐剪,易移	生长快速,花色多样,四季常绿。宜作绿篱,花槽、地被等绿化

续表

中 名	学 名	科 名	主要习性	观赏特性
小腊树	*Ligustrum sinense* Lour.	木樨科	喜光,耐半阴,较耐寒,耐瘠薄,抗大气污染,耐修剪	四季常青,分枝茂密,盛花期,满树白花,香飘数里
细叶十大功劳	*Mahonia fortunei* (Lindl.) Fedde	小檗科	喜半日照,喜温暖湿润气候,喜土壤肥沃之地	叶形秀丽,经秋转红,鲜艳夺目
含笑	*Michelia figo* (Lour.) Spereng	木兰科	性喜温暖,稍耐寒,不耐暴晒和干旱	枝叶繁茂,花香宜人。可作街道、庭园、草坪等处绿化
九里香	*Murraya paniculata* (L.) Jack	芸香科	喜光,不耐阴,要求土层深厚、肥沃及排水良好沙质土	树姿态优美,四季常青,芳香宜人
尖叶木樨榄	*Olea ferruginea* Royle	木樨科	喜光,对气候、土壤的适应性较强,耐旱和水湿,抗大气污染	枝繁叶茂,叶终年深绿色,新叶呈淡黄色,是优良的绿篱和绿雕塑植物
桂花	*Osmanthus fragrans* Lour	木樨科	喜散射光照,耐热、耐旱、耐剪,易移植	古老树种,以花香而闻名,可作绿篱,也可作庭园、校园、公园绿化
海桐	*Pittosporum tobira* (Thunb.) Ait.	海桐花科	对光线适应性强,具一定的耐寒能力,忌水湿,耐盐碱,抗风	树冠圆球形,分枝低,叶浓绿亮泽,花洁白芳香
侧柏	*Platycladus orientalis* (L.) Franco	柏科	喜强光,耐热、耐寒、耐旱,耐瘠,易移植	终年常绿,树冠端庄。可作绿篱树、行道树、添景树。也可修剪成图案
杜鹃花	*Rhododendron simsii* Planch.	杜鹃花科	耐寒、耐阴、耐旱也耐湿。喜微酸性土壤	四季常绿,花品高雅,宜作绿篱,修剪整形造型。可列植、丛植,群植
蓝花草	*Ruellia brittoniana* Leorata	爵床科	性喜高温多湿和明亮的散射光	叶片绿色,叶脉紫色;花紫色。为一优美的绿篱植物
龙柏	*Sabina chinensis* 'Kaizucz'	柏科	喜强光,耐热、耐寒、耐旱,不耐阴	终年常绿,树冠端庄。可作绿篱树、行道树、添景树。也可修剪成图案
黄脉爵床	*Sanchezia nobilis* Hook. f	爵床科	性喜高温多湿和散漫明亮的光照	叶色翠绿,叶脉金黄,显得鲜明清丽。也适宜庭园美化或盆栽

续表

中　名	学　名	科　名	主要习性	观赏特性
六月雪	*Serissa serissoides*（DC.）Druce	茜草科	喜光,耐半阴、寒,喜温暖湿润气候,不耐旱,对土壤要求不严	树形纤巧,枝叶玲珑清雅,适宜作花坛境界或花篱
金边白马骨	*Serissa serissoides*（DC.）Druce 'Aureo-marginata'	茜草科	与上种近似	叶缘金黄色,观赏特性与上种近似
重瓣白马骨	*Serissa serissoides*（DC.）Druce 'Pleniflora'	茜草科	与上种近似	花重瓣,观赏特性与上种近似
珊瑚树	*Viburnum odoratissimum* Ker-Gawl.	忍冬科	喜半阴及温暖湿润气候,不耐寒;喜肥沃湿润之中性、微酸性土壤	枝繁叶茂,终年碧绿光亮,花素洁芳香,果鲜红美丽,布满枝头,甚为自然美观

附表7　常用藤蔓类简介

中　名	学　名	科　名	主要习性	观赏特性
美味猕猴桃	*Actinidia deliciosa*（A. Chev.）C. F. Liang et A. R. Ferguson	猕猴桃科	喜光,稍耐阴,较耐寒。适应性强,忌水湿	花色雅丽芳香,硕果累累。可作为花架、绿廊、绿门等处绿化
软枝黄蝉	*Allamanda cathartica* L.	夹竹桃科	性喜高温多湿,不耐寒	枝叶浓绿,花大,色艳,适合大型盆栽或阴棚栽培
珊瑚藤	*Antigonon leptopus* Hook. et Arn.	蓼科	喜光,喜高温潮湿气候,喜肥沃的酸性土壤	生势强健,枝条攀援性强,花繁色艳,花期长
鹰爪花	*Artabotrys hexapetalus*（L. f.）Bhandari	番荔枝科	喜半阴,土壤以肥沃、疏松、排水良好为佳。生性强健,适应性强	叶色终年翠绿亮泽,花下垂,小巧玲珑,聚合果青翠可爱
光叶子花	*Bougainvillea glabra* Choisy	紫茉莉科	喜光,耐干热,不耐寒冷、忌水涝和霜冻;对土壤要求不严	枝干粗壮而柔韧,枝叶繁茂,株型萧洒脱俗;苞片五彩缤纷;用途广泛
叶子花	*Bougainvillea spectabilis* Willd.	紫茉莉科	与上种近似	与上种近似
龙须藤	*Bauhinia championii* Benth.	蝶形花科	喜光耐寒,耐贫瘠,适应性强	叶形奇特,长势旺,宜作绿篱、棚架等处绿化
凌霄花	*Campsis grandiflora*（Thunb.）K. Schumann	紫葳科	喜光,耐寒,喜排水良好、肥沃湿润的微酸性土壤,耐旱,忌积水	生长强健,干枝虬曲,花大色美,宜依附于老树、石壁、花架等处

续表

中 名	学 名	科 名	主要习性	观赏特性
美国凌霄	Campsis radicans (L.) Seem.	紫葳科	与上种近似	与上种近似
铁线莲	Clematis florida Thunb.	毛茛科	喜光,夏季忌阳光直射,耐寒性较差	枝叶扶苏,花大色艳,风格独特,可作花架、凉亭等处绿化
龙吐珠	Clerodendron thomsonae Balf. f.	马鞭草科	喜高温,忌寒冷。喜排水良好的肥沃土壤	萼片乳白色,花冠高盆形,鲜红色,花姿素雅,宜花架、篱笆美化
美丽赪桐	Clerodendrun speciosissimum Vang.	马鞭草科	喜光,喜高温湿润气候,不耐寒、旱,喜肥	枝叶繁茂,叶色深绿,花大色艳,宜作栅栏、花架、花门等地绿化
连理藤	Clytostoma callistegioides Bur.	紫葳科	喜高温,忌寒冷。喜排水良好的肥沃土壤	枝条粗壮,叶色浓绿,花色明艳瑰丽。宜作花廊、花架绿化
假鹰爪	Desmos chinensis Lour.	番荔枝科	喜温暖湿润气候,不耐寒	常年枝叶浓绿,花期长,花朵清香,果形奇特,宜配制庭院观赏
扶芳藤	Euonymus fortunei (Turcz.) Hand.-Mazz.	卫矛科	亚热带及温带植物。对有害气体抗性较强	入秋叶红艳可爱
爬行卫矛	Euonymus fortunei (Turcz.) Hand.-Mazz. var. radicans Rehd.	卫矛科	与上种近似	与上种近似
薜荔	Ficus pumila L.	桑科	喜高温至温暖湿润的气候,耐旱,喜生于富含腐殖质的土壤	生势健旺,叶深绿发亮,梨形。花、果别具一格
花叶薜荔	Ficus pumila L. 'Variegata'	桑科	与上种近似	叶具粉红色和乳黄色斑驳,观赏特性与上种近似
瓜馥木	Fissistigma oldhamii (Hemsl.) Merr.	番荔枝科	喜温暖潮湿气候	花香,花期长,可用于墙篱攀援
买麻藤	Gnetum montanum Makgr.	买麻藤科	较耐阴,喜高温潮湿	叶大荫浓,为裸子植物中少见的类型,可作棚架、围墙、山石绿化

中　名	学　名	科　名	主要习性	观赏特性
中华常春藤	*Hedera nepalensis K. koch var. sinensis*（Tobl.）Rehd.	五加科	与洋常春藤近似	花浅绿白色,有香味,观赏特性与上种近似
洋常春藤	*Hedera helix* L.	五加科	喜半阴,喜温暖至凉爽湿润气候,耐寒,栽培以腐殖质的壤土为佳	四季常青,蔓秀叶密;叶形如枫,应用于园林假山、建筑墙面、围墙等处
金边常春藤	*Hedera helix* L. ‘Aureovariegata’	五加科	与洋常春藤近似	叶缘黄绿色,观赏特性与上种近似
金心常春藤	*Hedera helix* L. ‘Goldheart’	五加科	与洋常春藤近似	叶中心部黄色,观赏特性与上种近似
银边常春藤	*Hedera helix* L. ‘Silver Queen’	五加科	与洋常春藤近似	叶灰绿色,边缘乳白色,观赏特性与上种近似
三色常春藤	*Hedera helix* L. ‘Tricolor’	五加科	与洋常春藤近似	叶色灰绿边缘白色,具有季相变化,观赏特性与上种近似
五爪金龙	*Ipomoea cairica*（L.）Sweet	旋花科	与茑萝近似	观赏特性与牵牛近似
牵牛	*Ipomoea hederacea* Jacq.	旋花科	与茑萝近似	叶翠枝繁,花朵像一个个五颜六色的小喇叭,是垂直绿化及小型花架的常用材料
槭叶茑萝	*Ipomoea multifida* House	旋花科	与茑萝近似	与上种近似
圆叶牵牛	*Ipomoea purpurea* Lam.	旋花科	与茑萝近似	叶为心形,通常不开裂,观赏特性与牵牛近似
茑萝	*Ipomoea quamoclit*	旋花科	喜光及高温多湿气候,耐旱,以肥沃、排水良好壤土或沙壤土为佳	脱俗、小巧玲珑,适合小花架、盆栽、窗台等处的美化
云南黄素馨	*Jasminum mesnyi* Hce.	木樨科	喜温暖向阳的环境和肥沃土壤。不耐寒	枝叶翠绿,花色素雅芳香,宜于窗前、堤岸等处绿化
南五味子	*Kaksura longipedunculata* Finet et Gagnep	五味子科	喜温暖湿润气候和阴湿环境。稍耐寒耐旱	叶茂花香,果色鲜红,叶果兼赏。可作垂直绿化,也可绿化廊架、门廊等
金银花	*Lonicera japonica* Thunb.	忍冬科	喜光及温暖至高温湿润气候,耐半阴、寒、旱和水湿,对土壤要求不严	藤蔓缭绕,翠绿成簇,花香叶美,适合配植于篱笆、栏杆、门架、花廊等处

续表

中　名	学　名	科　名	主要习性	观赏特性
黄脉金银花	*Lonicera japonica* Thunb. var. *aureo-reticulata* Nichols	忍冬科	与金银花近似	叶网脉黄色,观赏特性与上种近似
红金银花	*Lonicera japonica* Thunb. var. *chinensis* Baker	忍冬科	与金银花近似	花冠外面带红色,观赏特性与上种近似
白金银花	*Lonicera japonica* Thunb. var. *halliana* Nichols	忍冬科	与金银花近似	花色纯白,后变黄色,观赏特性与上种近似
紫脉金银花	*Lonicera japonica* Thunb. var. *repens* Rehd.	忍冬科	与金银花近似	网脉紫色,花冠白色带紫晕,观赏特性与上种近似
白花油麻藤	*Mucuna birdwoodiana* Tuctcher	蝶形花科	喜光,耐半阴、寒,不耐旱瘠,喜肥沃、富有机质和湿润、排水良好的壤土	老茎若龙盘咬舞,串串花洁白无瑕。适于大型棚架、跨路长廊等处绿化
玉叶金花	*Mussaenda pubescens* Ait. f.	茜草科	喜半阴,喜温暖湿润气候,喜酸性土壤	盛花时节,白玉似的叶状萼片映衬着金黄色的小花,色彩分明,清新素雅
异叶爬山虎	*Parthenocissus dalzielii* Gagnep.	葡萄科	对气候、土壤的适应性强。喜半阴,耐寒、热,抗大气污染	生长快速,茎蔓纵横,吸盘密布,翠叶匍匐如屏,变化丰富
彩叶爬山虎	*Parthenocissus henryana* (Hemsl.) Diels et Gilg	葡萄科	与上种近似	与上种近似
三叶爬山虎	*Parthenocissus himalayana* (Royle) Planch.	葡萄科	与上种近似	与上种近似
红三叶爬山虎	*Parthenocissus himalayana* cv. Rubrifolia	葡萄科	与上种近似	与上种近似
鸡蛋果	*Passiflora edulis* Sims	西番莲科	喜光,喜高温至温暖湿润气候,不耐寒,宜土壤肥沃、排水良好的环境	茎蔓繁茂,叶片翠绿光滑,花大芳香,宜于地植作水平绿化
黄西番莲	*Passiflora edulis* Sims var. flavicarpa Degen	西番莲科	与上种近似	与上种近似
杂交牵牛	*Pharbitis* × *hybrida*	旋花科	与上种近似	花冠紫红色,边缘及花冠裂片交汇处白色,很为优美
野牵牛	*Pharbitis abscura*	旋花科	喜光,喜高温至温暖干燥的气候,不耐霜冻;对土壤要求不严,耐干旱瘠薄	花冠黄色,观赏特性与牵牛近似

中　名	学　名	科　名	主要习性	观赏特性
锐叶牵牛	*Pharbitis acuminata*	旋花科	与上种近似	叶锐尖,花深紫红色,观赏特性与牵牛近似
夜牵牛	*Pharbitis alba*	旋花科	与上种近似	花冠白色,观赏特性与牵牛近似
炮仗花	*Pyrostegia venusta*（Ker-Gawl.）Miers	紫葳科	喜光,不耐寒,适生于肥沃、湿润、疏松、排水良好的酸性土壤	花朵艳丽,花多叶少,用于美化篱墙、栏杆、花廊、或阴棚等处
使君子	*Quisqualis indica* L.	使君子科	喜光及高温至温暖湿润气候,怕霜冻,喜土壤湿润、肥沃、酸性	四季常绿,枝繁叶茂,花香色美,适于长廊、棚架等处顶面的绿化
多花蔷薇	*Rosa multiflora* Thunb.	蔷薇科	喜光,耐半阴。好肥耐瘠,忌水湿	枝繁叶茂,花团锦簇,灿若云霞,可作为花架,绿亭等处绿化
大血藤	Sargentodoxa cuneata（Oliv.）Rehd. er Wils.	大血藤科	喜温暖湿润气候,有一定的耐寒性	叶大形奇,盛花时,繁花似锦,芳香美观。可作阴棚、花架花廊等处绿化
夜丁香	*Telosma cordata*（Burm. f.）Merr.	萝藦科	喜温暖湿润气候、肥沃土壤。忌积水,不耐寒	枝叶潇洒,花芳香,宜于庭院中棚架等处绿化
翼叶老鸦嘴	*Thunbergia alata* Bojer	爵床科	与大花老鸦嘴近似	与大花老鸦嘴近似
大花老鸦嘴	*Thunbergia grandiflora*（Roxb. ex Rottl）Roxb.	爵床科	喜温暖潮湿气候,要求阳光充足的避风地,喜湿润、排水良好的土壤	长势旺盛,花大色雅,果也美,可供缠绕大型花架或用于桥上绿化
非洲老鸦嘴	*Thunbergia gregorii*	爵床科	与上种近似	与上种近似
葡萄	*Vitis vinifera* L.	葡萄科	喜光,忌遮阴;喜昼夜温差大的大陆性气候;喜肥,忌旱	盛夏时节绿叶满架,硕果累累,常应用于棚架、庭园等处绿化
紫藤	*Wisteria sinensis*（Sims.）Sweet	蝶形花科	喜光,喜温暖湿润气候,耐寒,喜湿润、肥沃、排水良好的轻质壤土	枝繁叶茂,躯干粗壮、苍劲,花香形美,宜作花架、绿廊等处的垂直绿化
白花紫藤	*Wisteria sinensis* Sweet var. *alba*	蝶形花科	与上种近似,但耐寒性较差	花白色,芳香馥郁,观赏特性与上种近似
重瓣紫藤	*Wisteria sinensis* Sweet 'Plena'	蝶形花科	与上种近似	花重瓣,堇紫色,观赏特性与上种近似
丰花紫藤	*Wisteria sinensis* Sweet 'Prolific'	蝶形花科	与上种近似	花多而丰满,花序长而尖,观赏特性与上种近似

附表8　常用一二年生花卉类简介

中　名	学　名	科　名	主要习性	观赏特性
三色苋	*Amaranthus tricolor* L.	苋科	喜阳光,好湿润及通风环境。能耐旱,耐碱。喜肥	花叶色彩艳丽,是很好的观花观叶植物,作花坛布置或盆栽观赏
金鱼草	*Antirrhinum majus* L.	玄参科	喜阳光,耐半阴,较耐寒,不耐酷热,宜在轻松、肥沃、排水良好的土壤生长	花色浓艳丰富,花型奇特,花茎挺直,是初夏和秋冬季花坛优良的配景草花。也可作切花和盆栽,作室内装饰
雏菊	*Bellis perennis* L.	菊科	耐寒,适应性强,喜肥沃、湿润和排水良好的沙质壤土	花朵整齐美丽,叶色翠绿可爱,适宜布置花坛、花境边缘,也可作盆栽观赏,是春季的主要盆花之一
荷包花	*Calceolaria crenatiflora* Cav.	玄参科	喜凉爽、空气湿润、通风良好的环境。不耐严寒,又畏高温,要求光照充足,但栽培中要避开夏季的强光。喜肥沃、忌土湿,宜排水良好的疏松土壤	色彩艳丽,花形奇特,是深受人们喜爱的温室盆花,用于室内布置
金盏菊	*Calendula officinalis* L.	菊科	喜夏季凉爽的气候,耐寒,生长快,适应性强,对土壤及环境要求不严,但以疏松肥沃的土壤和日照充足之地,生长显著良好	花大,黄色,整齐美丽,叶色翠绿可爱,适宜布置花坛、花境边缘,也可作盆栽观赏
长春花	*Catharanthus roseus* (L.) G. Don	夹竹桃科	喜温暖湿润的气候,排水良好的肥沃沙质壤土。要求阳光充足,忌干热	花期长,病虫害少,花朵鲜艳,多用于布置花坛,尤其矮性种,株高仅 25～30 cm,全株呈球形,花朵繁茂,春夏栽于花坛尤为美观
鸡冠花	*Celosia cristata* L.	苋科	喜炎热而空气干燥的环境,不耐寒,宜栽于阳光充足、肥沃的沙质壤土中	色彩绚丽,适合于花境、花丛或花坛中布置;亦可作切花,水养持久,制成干花,经久不凋
千日红	*Gomphrena globosa* L.	苋科	喜炎热干燥气候,不耐寒,要求向阳地方,土壤要求疏松而肥沃	花色紫红,花期长,适宜作花坛、花境材料。也可作盆栽或切花

续表

中　名	学　名	科　名	主要习性	观赏特性
向日葵	*Helianthus annuus* L.	菊科	喜温热和湿润,要求深厚肥沃、排水良好的土壤	花朵硕大,颜色鲜艳,作花境或切花。矮生品种可布置花坛或盆栽观赏
非洲凤仙	*Impatiens walleriana* Hook. f.	凤仙科	喜温暖,但忌高温多湿,生长季适温为 15 ~ 28 ℃,夏季 32 ℃ 以上呈休眠状态;性耐阴,要求排水良好的肥沃土壤	本种花朵平布于叶腋顶端,全年几乎有花,花色鲜艳多样,是盆栽观赏或布置花坛的材料
紫罗兰	*Matthiola incana*（L.）R. Br.	十字花科	喜凉爽气候,忌燥热。喜通风良好的环境,冬季喜温和气候,但也能耐短暂的 - 5 ℃ 的低温。喜疏松肥沃、土层深厚、排水良好的土壤	株形整齐,花大,花期长,观花效果明显。可以布置花坛、花境,或作盆花、切花
美兰菊	*Melampodium paludosum*	菊科	喜高温湿热环境。生长期耐阴,花后喜光照,耐热、耐干旱,宜生长在疏松肥沃的壤土中	本种植株矮小,花金黄色,繁多,可作全日照花坛花境或空地的成片栽种,也可盆栽于公共环境摆放
矮牵牛	*Petunia × hybrida*（Hook.）Vilm.	茄科	喜温暖、向阳、通风良好的地方。不耐寒,忌雨涝。喜肥沃的土壤	花朵硕大,色彩丰富,花型变化多,在欧美及日本等地广泛栽培,为布置花坛、阳台或盆栽的重要材料。重瓣品种还可作切花材料
半支莲	*Portulaca grandiflora* Hook.	马齿苋科	喜温暖,要求阳光充足而干燥的环境,在夏季高温、多湿、多阴天情况下,植株易腐烂;在干旱、阳光充足的条件下,开花繁茂	植株低矮,茎叶肉质光洁,花朵繁多,色彩丰富,栽培容易,用于布置花坛、花境和岩石园
一串红	*Salvia splendens* Sellow ex Roemer et Schultes	唇形科	喜温暖,不耐寒。要求阳光充足,但也能耐半阴,忌霜害。最适生长温度为 20 ~ 25 ℃,30 ℃ 以上则花叶变小。喜疏松肥沃的土壤	花序长,花色红艳,花期长,适应性强,为园林及城市最普遍栽培的花卉。适宜布置大型花坛、花境。在草地边缘、树丛外围成片种植效果极佳。矮生种可盆栽,用于窗台、阳台美化或屋旁点缀

续表

中　名	学　名	科　名	主要习性	观赏特性
瓜叶菊	*Senecio cruentus* DC	菊科	喜凉爽气候,冬惧严寒,夏忌高温。喜富含腐殖质而排水良好的沙质壤土	花色艳丽,花色异常丰富,且有一般室内花卉少见的蓝色花。是元旦、春节、"五一"等节日花卉布置的主要花卉。星形品种适作切花
万寿菊	*Tagetes erecta* L.	菊科	喜温暖,喜阳光,耐干旱,耐轻霜,在半阴和多湿条件下生长不良。对土壤要求不严	开花繁多,花色鲜艳,花期长,栽培容易,是园林中常用的草本花卉。可盆栽观赏或布置花坛。亦可作切花
金莲花	*Tropaeolum majus* L.	金莲花科	喜温暖湿润和阳光充足环境,喜肥沃、排水良好的沙质壤土	本种茎蔓缠绕,叶形如莲。花朵盛开时,如群蝶飞舞。广泛用于露地布置花坛,花槽或栅篱,盆栽后悬挂在室内或窗台,别具一格
三色堇	*Viola tricolor* L.	堇菜科	耐寒,喜凉爽环境,怕高温,略耐半阴,在炎热多雨的夏季生长发育不良。耐肥	花色瑰丽,株型低矮,是布置早春花坛的最佳材料。也可用于地面的覆盖,形成独特的早春景观。也适用于盆栽,点缀窗台、阳台和台阶
百日菊	*Zinnia elagans Jacq.*	菊科	性强健,喜温暖、阳光充足的环境,亦可耐半阴。要求排水良好的肥沃土壤,较耐旱	宜作花坛、花境、花丛栽植。矮性品种可盆栽观赏,高秆品种适作切花

附表9　常用宿根花卉类简介

中　名	学　名	科　名	主要习性	观赏特性
蜀葵	*Alcea rosea* L.	锦葵科	喜光,不耐阴,地下部耐寒;不择土壤,但忌涝,以疏松肥沃的土壤为好。繁殖可用播种和扦插繁殖	花繁色艳,花期长,宜于种植在建筑物旁或点缀花坛、草坪,列植或丛植。园艺品种较多,矮生品种可作盆栽,也可剪取作切花,供瓶插或作花篮、花束等用

中 名	学 名	科 名	主要习性	观赏特性
四季秋海棠	*Begonia cucullata* Willd.	秋海棠科	喜温暖、湿润、光照充足的环境，稍耐阴，长期阴蔽易徒长少开花，喜疏松、肥沃、湿润的微酸性土壤，管理粗放。	株型低矮，叶色优美，常年开花，既可作盆花栽培，也可作地被植物；可作花坛、花境、或在草坪作图案、花纹、色块等装饰植被
射干	*Belamcanda chinensis* (L.) DC		耐寒，喜阳，耐半阴，忌涝。	蜀葵花繁、色艳，花期长，是园林中栽培较普遍的花卉。假山旁或点缀花坛、草坪，成列或成丛种植。矮生品种可作盆花栽培
大花君子兰	*Clivia miniata* (Lindley) Regel	石蒜科	性喜温暖湿润，宜半阴的环境；要求疏松肥沃、排水良好、富含腐殖质的沙质壤土	花、叶、果兼美，观赏期长，可周年布置观赏，是布置会场、楼堂馆所和美化家庭环境的名贵花卉
菊花	*Chrysanthemum morifolium* Ramat.	菊科	耐寒性较强，喜光照，但夏季应遮挡烈日照射。喜深厚肥沃、排水良好的沙质壤土。忌积涝及连作	可布置花坛、花境及岩石园等；盆栽观赏也深受人们喜爱；切花可供花束、花圈、花篮制作用
香石竹	*Dianthus caryophyllus* L.	石竹科	性喜空气流通，干燥和阳光充足的环境。喜肥，要求排水良好、腐殖质丰富黏质土壤	为世界四大切花之一，是制作插花、花束、花篮、花环、花圈等的极好材料
非洲菊	*Gerbera jamesonii* Bolus ex Adlam	菊科	性喜温暖、阳光充足和空气流通。喜肥沃疏松、排水良好、富含腐殖质的沙质壤土	风韵秀美，花色艳丽，周年开花，装饰性强；宜盆栽观赏，用于装饰厅堂、门侧，点缀窗台、案头皆为佳品
锥花丝石竹	*Gypsophila paniculata* L.	石竹科	喜冷凉气候，耐寒性强，耐暑性弱；喜向阳含石灰质的高燥地	花色雪白，花繁多，适于花坛及切花用
萱草	*Hemerocallis fulva* L.	百合科	性强健而耐寒，适应性强，又耐半阴，华北可露地越冬。对土壤选择性不强，以富含腐殖质、排水良好的湿润土壤为佳	花色鲜艳、栽培容易，且春季萌发早，绿叶成丛，极为美观。园林中多丛植或于花镜、路旁栽植

续表

中 名	学 名	科 名	主要习性	观赏特性
玉簪	*Hosta plantaginea*（Lam）Aschers.	百合科	耐湿又耐干旱,特别耐寒,各地均能露地栽培,喜肥沃、湿润、排水良好的沙质土壤,在阴湿的环境中生长良好	叶色翠绿,是美丽素雅的夏季观赏花卉,是弱光条件下的优良的地被植物。在夜间开放,有清香气味
鸢尾	*Iris tectorum* Maxim.	鸢尾科	性强健,耐半阴,耐寒性较强。要求湿润、排水良好的土壤	花朵大而艳丽,叶丛美观,可在花坛、花境、地被等进行园林布置,盆栽观赏,或作切花
长寿花	*Kalanchoe blossfeldiana* Van Poelln.	景天科	喜温暖稍湿润气候,要求充足阳光的环境,不耐寒,夏季怕高温,耐干旱,土壤以排水良好的肥沃壤土较好	叶片密集翠绿,开花时花色丰富,花多而拥簇成团,是盆栽观赏的良好材料。盆栽后,可布置窗台、案头或花槽、大厅等,亦可用于露地花坛
褐斑伽蓝	*Kalanchoe tomentosa* Baker.	景天科	喜温暖干燥和阳光充足环境。不耐寒,耐干旱,不耐水湿。土壤以肥沃疏松排水良好的沙质壤土为宜	株型美观,叶片肉质形似兔耳,叶片边缘着生斑纹,叶面密被绒毛,酷似熊猫,又有熊猫植物的美称。常用作盆栽观赏,装饰客厅,乐趣无穷
花叶麦冬	*Liriope muscari*（Decne）L. H. Bailey 'Variegata'	百合科	喜温暖、湿润和半阴环境。较耐寒,怕强光暴晒,忌干旱。宜在疏松、排水良好的沙质壤土中生长	四季常绿,绿色叶片中有黄色纵条纹,十分诱人。夏季开花时,配上淡蓝色花序,更加绚丽,是理想的园林地被和边缘植物,用作花坛或草本的镶边材料。本种亦可盆栽作室内摆设
天竺葵	*Pelargonium × hortorum* L. H. Bailey	牻牛儿苗科	喜温暖,忌高温多湿,生育适温约 15~25 ℃;土壤以肥沃的沙质壤土为佳,忌强酸性土壤,排水需良好;喜光	花多,花期长,具有很高的观赏价值,栽培管理粗放,是良好的盆栽花卉或露地花卉
非洲紫罗兰	*Saintpaulia ionantha* H. Wendl.	苦苣苔科	喜温暖湿润的半阴环境。若光照不足,就会开花少而色淡,甚至只长叶不开花;若光照过强又会造成叶片发黄、枯焦现象。生长适温 16~24 ℃	植株小巧,四季开花,花形俊俏雅致,花色绚丽多彩,是室内的优良花卉

附表10　常用球根花卉类简介

中　名	学　名	科　名	主要习性	观赏特性
球根海棠	*Begonia × tuberhybrida* Voss.	秋海棠科	喜冷凉湿润气候及日光不过强的环境。栽植土壤以疏松、肥沃、排水良好和微酸性的沙质壤土为宜	姿态秀美，花大色艳或花小而繁密。是世界著名的夏秋盆栽花卉。其垂枝类品种，花梗下垂，花朵密若繁星，枝叶铺散下伸，最宜室内吊盆观赏
大花美人蕉	*Canna × generalis* L. H. Bailey	美人蕉科	喜温暖炎热气候，好阳光充足及湿润肥沃的深厚土壤。可耐短期水涝	花大色彩丰富，花期长，适合大片的自然栽植，或花坛、花境以及基础栽培。低矮品种盆栽观赏
文殊兰	*Crinum asiaticum* L. var. *sinicum* Baker	石蒜科	性喜温暖湿润，耐盐碱土壤，夏忌烈日暴晒，性喜肥。宜腐殖质丰富的土壤	叶丛优美，花色洁白或艳丽，多芳香清馥，宜作厅堂、会场布置。暖地可在建筑物附近及路旁丛植
仙客来	*Cyclamen persicum* Mill.	报春花科	性喜凉爽、湿润及阳光充足的环境，疏松、肥沃、排水良好而富含腐殖质的沙质壤土	花形别致，娇艳夺目，是冬春季节优美的名贵盆花。也常用于室内布置，摆放花架、案头；点缀会议室和餐桌均宜。用以切花，插瓶持久
大丽花	*Dahlia pinnata* Cav.	菊科	既不耐寒又畏酷暑而喜高燥凉爽、阳光充足、通风良好的环境，且每年需有一段低温时期进行休眠。土壤以富含腐殖质和排水良好的沙质壤土为宜	花大，花形美观，色彩艳丽，宜作花坛、花境及庭院丛栽；矮生品种最宜盆栽观赏。高型品种宜作切花，作为花篮、花圈和花束制作的理想材料
唐菖蒲	*Gladiolus hybridus* Hort.	鸢尾科	喜光性长日照植物。怕寒冷，不耐涝。夏季喜凉爽气候，不耐过度炎热。喜肥沃、排水良好的沙质壤土	国内外常见的球根花卉，花梗挺拔修长，着花多，花期长，花型变化多，花色艳丽多彩。主要用于切花瓶插，制作花束、花篮，也可布置花境及专类花坛
网球花	*Haemanthus multiflorus* (Traft.) Martyn.	石蒜科	性喜温暖湿润气候。喜疏松、肥沃而排水良好的微酸性沙质壤土	花球大，花色艳丽，花密集，为室内装饰的珍贵盆花

续表

中　名	学　名	科　名	主要习性	观赏特性
朱顶兰	*Hippeastrum × hybridum* Hort.	石蒜科	喜温暖湿润气候,稍耐寒。要求富含腐殖质、疏松肥沃而排水良好的沙质壤土	花大色艳,叶片鲜绿洁净,宜切花和盆栽观赏。配置于露地庭院,花坛花径和林下的自然式布置
风信子	*Hyacinthus orientalis* L.	百合科	喜冬季温暖湿润,夏季凉爽稍干燥,向阳或半阴的环境。耐寒性强,冬季可耐 −35 ℃的低温,适应性较广。要求富有腐殖质肥沃而排水良好的沙质壤土	重要的春季球根花卉,其品种繁多,花期早,花色明快而艳丽,最宜作切花,花镜,花坛布置或草坪边缘自然丛植。中矮品种可盆栽观赏
蜘蛛兰	*Hymenocallis littoralis*（Jacq.）Salisb.	石蒜科	喜温暖、湿润和半阴环境。怕阳光直射,盛夏季节稍遮阴。宜黏质壤土	花形奇特,叶色深绿,宜盆栽观赏或地栽于树下或遮阴处
百合	*Lilium brownii* F. E. Br. ex Miellez *var. viridulum* Baker	百合科	喜冷凉湿润气候,耐热性较差;要求肥沃,腐殖质丰富,排水良好的微酸性土壤及半阴环境	品种繁多,花期长,花大美丽,有色有香,为重要的球根花卉。最宜大片群植或丛植疏林下,草坪边,亭台畔以及建筑基础栽植。亦可作花坛、花镜及岩石园材料或盆栽观赏及作切花
中国水仙	*Narcissus tazetta*（L.）var. *chinensis* Roem.	石蒜科	喜温暖湿润气候及阳光充足的环境,对土壤要求不甚严格,除重黏土及沙砾地外均可生长,但以土层深厚肥沃湿润而排水良好的黏质壤土最好,土壤 pH 值以中性和微酸性为宜	株丛低矮清秀,花形奇特,花色淡雅,芳香,久为人们所喜爱。既适宜室内案头,窗台点缀,又宜园林中布置花坛、花境;也宜疏林下,草坪上成丛成片种植
花毛茛	*Ranunculus asiaticus* L.	毛茛科	性喜凉爽及半阴环境,忌炎热,较耐寒,要求腐殖质多、肥沃而排水良好的沙质或略黏质土壤	花大,宜作切花或盆栽,也可植于花坛或林缘、草坪四周

续表

中　名	学　名	科　名	主要习性	观赏特性
大岩桐	*Sinningia speciosa* Benth. et Hook.	苦苣苔科	喜温暖湿润，喜肥，栽植用土以疏松、肥沃而排水良好的腐殖质土壤为宜	花朵大，花色浓艳多彩，花期很长。是深受人们喜爱的温室盆栽花卉。宜布置窗台、几案或花架
葱兰	*Zephyranthes candida* (Lindl.) Herbert	石蒜科	要求阳光充足，排水良好，肥沃而略带黏质土壤；耐半阴及低湿环境，喜温暖，但具一定耐寒性	花期长，花色雅致，最宜林下、坡地栽植作地被。也可作花坛、花境的边缘镶边或点缀，也可盆栽观赏

附表11　常用仙人掌与多浆植物类简介

中　名	学　名	科　名	主要习性	观赏特性
龙舌兰	*Agave americana* L.	龙舌兰科	生性强健，多采用分生吸芽进行繁殖。冬季可在冷室越冬	株形美观，作盆栽观赏或园林布置
鼠尾掌	*Aporocactus flagelliformis* (Mill.) Lem.	仙人掌科	喜温暖，越冬温度需10℃以上；喜排水、透气良好的肥沃土壤；喜充足阳光	茎细软下垂，姿态优美，花大而艳，一种很好的室内观赏植物，适宜盆栽，也可用作吊篮
燕子掌	*Crassula ovata* (Mill.) Druce	景天科	喜温暖干燥和阳光充足环境。不耐寒，怕强光，稍耐阴。土壤以肥沃、排水良好的沙壤土为好，忌土壤过湿	树冠挺拔秀丽，茎叶碧绿，顶生红色花，十分清雅别致，适宜布置室内环境
石莲花	*Echeveria peacockii* Baker	景天科	喜温暖湿润的气候，疏松排水良好的肥沃土壤	株形优美，适盆栽作室内观赏
金琥	*Echinocactus grusonii* Hildm.	仙人掌科	性强健，喜含石灰质及石砾的沙质壤土。要求阳光充足，但夏季则宜半阴，以防顶部被灼伤	球体碧绿，被金黄色硬刺，顶部有金黄色绵毛，美丽壮观。宜盆栽作室内摆设或在仙人掌专类园中布置
昙花	*Epiphyllum oxypetalum* (DC) Haw.	仙人掌科	喜温暖、湿润及半阴的环境条件，生长季应充分浇水及喷水，夏日应有遮阴设备	开花时，花大形美，香气四溢，光彩夺目，非常壮观，可盆栽观赏

续表

中　名	学　名	科　名	主要习性	观赏特性
火殃勒	*Euphorbia antiquorum* L.	大戟科	喜高温气候。要求光照充足，耐干旱。喜排水好的沙质壤土	生长快，四季常青，树形美观。盆栽观赏或布置于园林中
绯牡丹	*Gymnocalycium mihanovichii* Br. et R. var. *friedrichii* 'Hibotan'	仙人掌科	喜温暖和阳光充足，在直射阳光下，越晒下球体越红，但在夏季高温时应稍遮阴，并使其通风	球体色彩鲜艳，宜盆栽观赏或配置于多肉植物专类园
条纹十二卷	*Haworthia fasciata* (Willd.) Haw.	百合科	喜温暖干燥和阳光充足的环境。怕低温和潮湿。对土壤要求不严，以肥沃、疏松的沙质壤土为宜	叶片肥厚肉质，外面有白色星点，清新高雅，是室内外盆栽摆设的好材料
量天尺	*Hylocereus undatus* (Haw.) Br. et R.	仙人掌科	喜温暖及湿润气候和半阴的环境，怕低温霜雪，冬季应维持在 12 ℃以上；要求肥沃、排水良好的酸性沙壤土	生长强健，花大，可供攀援于园林中的岩石、树干等处；与仙人掌科其他种类亲和力强，可作嫁接砧木
令箭荷花	*Nopalxochia ackermannii* (Haw.) Kunth.	仙人掌科	喜温暖湿润气候及富含腐殖质的土壤，生长适温25～30 ℃，盆栽时阳光不足或肥水过大则易徒长，而不孕蕾。性耐旱	花大，色彩多样，花形美丽，可盆栽用作室内装饰或在庭园中布置
仙人掌	*Opuntia dillenii* (Ker-Grawl.) Haw.	仙人掌科	性强健，甚耐干旱。喜光、喜温暖气候，冬季要求冷凉干燥。对土壤要求不严，在沙土或沙壤土中皆可生长。畏积涝	株形优美，可盆栽观赏或布置于草地中
虎尾兰	*Sansevieria trifasciata* Prain	龙舌兰科	喜温暖干燥和半阴的环境。不耐寒，怕强光暴晒。在排水良好、疏松肥沃的沙质壤土中生长最好	盆栽布置于室内，或用于露地花坛中
蟹爪兰	*Schlumbergera truncata* (Haw.) Moran	仙人掌科	喜温暖、湿润、半阴环境，生长适温为 15～25 ℃，冬季温度如低于 10 ℃生长缓慢，低于 5 ℃进入半休眠状态	花多而艳，宜盆栽，供室内摆设

续表

中　名	学　名	科　名	主要习性	观赏特性
绿铃	*Senecio rowleyanus* Jacobsen	菊科	性耐旱,喜温暖,忌高温多湿,生长适温15～22℃。喜半阴,要求排水良好的土壤	茎叶伸长似成串的珍珠项链,造型奇特可爱,适用作盆栽悬挂在室内观赏

附表12　常用水生花卉类简介

中　名	学　名	科　名	主要习性	观赏特性
菖蒲	*Acorus calamus* L.	天南星科	与石菖蒲近似	与石菖蒲近似
石菖蒲	*Acorus gramineus* Soland.	天南星科	喜温暖、阴湿的环境,能耐寒,喜水质清洁而流动的浅水,不宜黏质土	挺水植物,叶色油绿光亮而芳香,生势强健而又耐阴
细叶石菖蒲	*Acorus gramineus* Soland. var. *pusillus* Engl.	天南星科	与石菖蒲近似	与石菖蒲近似
金线石菖蒲	*Acorus gramineus* Soland. var. *variegatus* Hort.	天南星科	与石菖蒲近似	与石菖蒲近似
风车草	*Cyperus involucratus* Rottboell	莎草科	喜半阴,喜温暖湿润气候,忌旱,不耐寒,对土壤要求不严	草本,姿态轻盈,潇洒脱俗,宜配置于湖边水旁、水池等浅水处
芡实	*Euryale ferox* Salisb. ex Koniget Sims	睡莲科	喜温暖阳光充足的环境,在深水、浅水中均能生长,不畏高温,耐寒	浮水类花卉,生势强健,适应性强,叶形、花托奇特
千屈菜	*Lythrum salicaria* L.	千屈菜科	喜光,喜温暖至凉爽气候,耐寒,喜生于浅水中,喜肥沃、深厚的土壤	湿生草本,姿态娟秀整齐,花色艳丽醒目,可成片配置于湖岸等浅水处
荷花	*Nelumbo nucifera* Gaertn.	睡莲科	喜阳光充足和温暖环境,喜相对稳定的静水,要求微酸性黏质土壤	挺水类水生花卉,花叶清秀,花香四溢,可作各种水体的绿化美化
萍蓬草	*Nuphar pumila*（Timm.）DC	睡莲科	喜生于阳光充足,水质清洁的浅水处,对温度、土壤要求不严	叶色亮绿,叶形优美,花期长,可用于各种水体造景栽植
中华萍蓬草	*Nuphar sinense* Hand.-Mazz.	睡莲科	与上种近似	与上种近似
蓝睡莲	*Nymphaea caerulea* Savigny.	睡莲科	与睡莲近似,但不耐寒	与睡莲近似

续表

中　名	学　名	科　名	主要习性	观赏特性
黄花睡莲	*Nymphaea mexicana* Zucc.	睡莲科	与睡莲近似,但喜高温,不耐寒	与睡莲近似
红花睡莲	*Nymphaea rubra* Roxb.	睡莲科	与睡莲近似,但不耐寒	与睡莲近似
睡莲	*Nymphaea tetragona* Georgi	睡莲科	喜阳光充足,通风良好,水质清洁、温暖的静水环境,耐寒	花、叶俱美,是各类庭园中水景绿化美化的重要素材,应用广泛
芦苇	*Phragmites communis* (L.) Trin.	禾本科	喜光,喜温暖湿润气候,耐寒力稍差;喜湿,耐干旱	生势强健,耐湿耐旱,具有较强的保土、固堤、护坡的作用
香蒲	*Typha angustifolia* L.	香蒲科	喜光、温暖气候及深厚肥沃的泥土,耐寒,宜生长在浅水湖塘或池沼内	叶丛细长如剑,色泽光洁淡雅,花形似蜡烛,宜与芦苇一起相配置
王莲	*Victoria amazonica* (Poepp.) Sowerby	睡莲科	喜高温、阳光充足、水质清洁的静水环境及腐殖质丰富、肥沃的黏性土壤	叶形巨大而奇特,花大色艳,漂浮水面,十分壮观

附表 13　常用草坪与地被植物类简介

中　名	学　名	科　名	主要习性	观赏特性
匍匐剪股颖	Agrostis stolonifera	禾本科	喜潮湿,耐阴,耐寒;不耐旱及盐碱	冷地型草。秆平卧,具匍匐枝,低矮整齐,耐践踏
海芋	*Alocasia macrorrhiza* (L.) Schott	天南星科	喜半阴,喜高温至温暖、高湿气候,不择土壤	地被。植株高大,叶色翠绿,叶形奇特,富自然野趣和热带气氛
大叶红草	*Alternanthera dentata* 'Ruliginosa'	苋科	与红绿草近似	地被。观赏特性与红绿草近似,但植株较大
红绿草	*Alternanthera ficoides* (L.) Pal. 'Bettzickiana'	苋科	喜高温、湿润、光照充足的环境,稍耐阴,不耐寒,对土壤要求不严	地被。植株矮小,叶色富季相变化,可作各类绿地的地被
蔓花生	*Arachis duranensis* Kraoov. et W. C. Gregory	蝶形花科	喜光,耐阴;能耐寒、耐热。喜排水良好、肥沃之沙质壤土	地被。生性强健,分枝多,茎节易发根,匍匐性强,可作地被
地毯草	*Axonopus compressus* (Swartz) Pal.	禾本科	喜半阴,耐炎热,不耐霜冻,不耐干旱和瘠薄	暖地型草。匍匐茎枝蔓延迅速,再生力强,耐践踏

续表

中　名	学　名	科　名	主要习性	观赏特性
小檗	*Berberis thunbergii* DC	小檗科	喜光,耐寒、耐旱,适应性强	低矮灌木,枝叶浓密,叶黄绿色。有紫叶、银叶品种
野牛草	*Buchloe dactyloides*（Nutt.）Engelm.	禾本科	喜光,稍耐阴,耐热也耐寒,较耐干旱,稍耐盐碱	暖地型草。叶片纤细,生长迅速,适应性强
羊胡子草	*Carex regenscens*	莎草科	喜光,耐寒,耐旱,耐割刈	冷地型草。株叶低矮平整,丛生状,绿叶期长
彩叶草	*Coleus hybridus* Voss	唇形科	喜光;喜高温多湿,不耐寒,不耐旱,忌积水	地被。叶色丰富,鲜艳亮丽,生势健旺,为优良的彩叶植物
艳锦密花竹芋	*Ctenanthe oppenheimiana*（Merr.）Schum 'Quadricolor'	竹芋科	喜半阴,忌阳光直射,不耐寒,喜排水良好的腐殖质土或沙质壤土	地被。叶色鲜明艳丽,生长密集,为优良的彩叶植物
大叶仙茅	*Curculigo capitulata*（Lour.）O. Kuntze	仙茅科	喜半阴,耐阴,不宜暴晒;较耐寒,喜湿润、肥沃、疏松的土壤。	地被。株丛密集,叶片挺拔,叶色浓绿,且耐阴性强
仙茅	*Curculigo orchioides* Gaertn.	仙茅科	与上种近似	与上种近似
双花狗牙根	*Cynodon dactylon*（L.）Pars. var. biflorus Merino	禾本科	与上种近似	与上种近似
狗牙根	*Cynodon dactylon*（L.）Pers.	禾本科	喜光,不耐阴,耐旱,耐热,稍耐寒,对土壤要求不严	暖地型草。植株低矮,枝叶稠密,耐践踏,生命力旺盛
天堂草	*Cynodon dactylon* ×C. transvadlensis	禾本科	与上种近似	与上种近似
马蹄金	*Dichondra micrantha* Urban	旋花科	喜光,耐热、耐寒,喜肥沃疏松土壤,稍耐旱	地被。叶肾形,有光泽,植株低矮平伏,稍耐踏
蛇莓	*Duchesnea indica*（Andr.）Focke	蔷薇科	喜半阴、湿润环境,耐寒性强,稍耐干瘠	地被。具匍匐茎,花白色,果红色
蜈蚣草	*Eremochloa ciliaris*（L.）Merr.	禾本科	适应性强,喜光,耐热,稍耐寒,耐干瘠,耐踏	暖地型草。具匍匐茎,株高 10～30 cm,不够整齐
假俭草	*Eremochloa ophiuroides*（Munro）Hack.	禾本科	喜光,稍耐半阴,不耐寒,耐瘠薄,抗污染	暖地型草。生势强健,抗逆性较强,较耐践踏

续表

中 名	学 名	科 名	主要习性	观赏特性
羊茅	*Festuca ovina*	禾本科	喜光,不耐阴,不耐热,耐干瘠,耐踏,耐修剪	冷地型草。植株丛状,低矮浓密
紫羊茅	*Festuca rubra* L.	禾本科	喜冷凉湿润气候,耐寒、旱、阴,不耐炎热	冷地型草。草丛低矮、密集,生势强健,抗逆性较强
黄花马缨丹	*Lantana lilacina* Desf.	马鞭草科	与蔓马缨丹近似	直立矮灌木,观赏特性与蔓马缨丹近似
蔓马缨丹	*Lantana montevidensis* (Spreng.) Briq.	马鞭草科	喜温暖、湿润、阳光充足的环境,较耐旱,不耐寒	茎枝披散匍匐,枝叶浓密,花期长,适应性强,是优良的地被植物
黑麦草	*Lolium perenne* L.	禾本科	喜温暖湿润气候,耐严寒不耐炎热,不耐干旱瘠薄	冷地型草,叶色翠绿,草质柔软,常作牧草或边坡固土栽培
石蒜	*Lycoris radiata* Herb.	石蒜科	喜半阴、温暖湿润环境,稍耐寒,喜疏松肥沃土壤	地被。鳞茎丛生,叶剑形,灰绿色。花橙黄色
龟背竹	*Monstera deliciosa* Liebm.	天南星科	喜半阴,不耐旱、寒,喜肥沃、富含有机质、潮湿和排水良好的土壤	地被。叶形奇特,极似龟背,气生根长而下垂,为著名的观叶植物
沿阶草	*Ophiopogon bodinieri* Lévl.	百合科	耐阴性强,稍耐日晒。耐炎热、寒,喜富疏松、肥沃、湿润的沙质壤土	生势强健,植株低矮而整齐,终年常绿,是常用的地被植物
假银丝马尾	*Ophiopogon jaburan* (Sieb.) Lodd. var. *argenteus-vittatus*	百合科	与上种近似	与上种近似,但叶表面灰绿色,有白色条纹
麦冬	*Ophiopogon japonicus* (L. f.) Ker-Gawl.	百合科	与上种近似	与上种近似
阔叶沿阶草	*Ophiopogon platyphyllu* Merr. et Chen	百合科	与上种近似	与上种近似
红花酢浆草	*Oxalis debilis* kunth	酢浆草科	喜光,稍耐阴,不耐寒。要求疏松肥沃湿润土壤	地被。具块茎,叶基生,掌状三裂。花多,粉红色
双穗雀稗	*Paspalum distichum*	禾本科	喜光,耐热,耐水湿,不耐干旱。耐践踏	暖地型草。具匍匐茎,直立茎丛生,不甚整齐

续表

中　名	学　名	科　名	主要习性	观赏特性
百喜草	*Paspalum notatum* Flugge	禾本科	喜温暖湿润,不耐寒。最适于在贫瘠土壤环境,耐水淹,抗旱	暖地型草。匍匐茎发达,覆盖度高,生势强健,基生叶多而又耐践踏
花叶荨麻	*Pilea cadierei* Gagn. et Guill.	荨麻科	喜半阴,耐阴,不耐烈日。不耐寒,不耐旱和瘠薄	地被。株型低矮,枝叶茂密,叶具白斑,甚是优美,生势健旺
细叶早熟禾	*Poa angustifolia* L.	禾本科	与草地早熟禾近似	与草地早熟禾近似
加拿大早熟禾	*Poa compressa* L.	禾本科	与草地早熟禾近似	与草地早熟禾近似
草地早熟禾	*Poa pratensis* L.	禾本科	喜光,稍耐阴,耐寒,不耐炎热。对土壤的适应性较强,耐旱	冷地型草。叶色鲜绿,质地柔软有光泽,基部叶片稠密,草坪均匀整齐
半支莲	*Portulaca grandiflora*	马齿苋科	喜充足光照、温暖湿润条件,较耐干旱	地被。茎叶肉质,茎枝紫红,叶绿色,株矮花多。花期夏秋
吉祥草	*Reineckea carnea*（Andr.）Kunth	百合科	喜温暖、湿润、半阴环境,耐阴,忌烈日。对土壤要求不严,不耐旱	地被。株型秀美,叶色浓绿,耐阴性强
钝叶草	*Stenotaphrum helferi* Munro ex Hook. f.	禾本科	喜光,耐阴、炎热,不耐寒。喜湿润、肥沃土壤,耐瘠薄	暖地型草。植株矮贴,叶色美观,生势强健,是优良的草坪植物
合果芋	*Syngonium podophyllum* Schott	天南星科	喜半阴,喜高温高湿,不耐寒、旱,抗大气污染	藤本。生性强健,叶色翠绿,广泛应用于各类城市园林绿地
白蝶合果芋	*Syngonium podophyllum* Schott 'White Butterfly'	天南星科	与上种近似	与上种近似
络石	*Trachelosperm-um jasmi-noides*	夹竹桃科	喜温暖、潮湿环境,耐阴、耐旱	附生藤本,常攀附岩石或他物表面。枝叶浓密
蚌花	*Tradescantia discolor* L'Hérit.	鸭趾草科	喜半阴,喜高温多湿,不耐旱和瘠薄	地被。株低矮,茎直立丛生;叶表面深绿,背面紫红色。花总苞闭合
小蚌花	*Tradescantia discolor* L'Hérit. 'Compacta'	鸭趾草科	与上种近似	与上种近似

续表

中 名	学 名	科 名	主要习性	观赏特性
白三叶草	*Trifolium repens*	蝶形花科	喜温暖、湿润环境、稍耐阴,不耐旱	具匍匐枝,多萌芽,植丛低矮。头状花序,花淡红色
三裂叶蟛蜞菊	*Wedelia trilobata* (L.) Hitchc.	菊科	喜高温至温暖、湿润、光照充足的环境;不耐寒	地被。枝叶浓密,花期长,生势强健,管理容易
吊竹梅	*Zebrina pendula* Schnizl.	鸭跖草科	喜温暖、湿润、半阴环境,不耐寒,喜疏松、湿润、肥沃的土壤	地被。植株匍匐,枝叶茂密,叶色优美,四季常艳,为优美的彩叶植物
紫吊竹梅	*Zebrina pendula* Schnizl. 'Purpusii'	鸭跖草科	与上种近似	与上种近似
结缕草	*Zoysia japonica* Steud.	禾本科	既耐热也耐寒,耐阴性也较强	与大穗结缕草近似
大穗结缕草	*Zoysia macrostachya*	禾本科	喜充足光照,不耐阴,耐寒,耐盐碱,耐旱瘠	暖地草。具匍匐茎,株丛低矮平整,叶稍宽而柔软。果穗较长
马尼拉草	*Zoysia matrella* (L.) Merr.	禾本科	与上种近似	与上种近似
中华结缕草	*Zoysia sinica* Hance	禾本科	喜光,耐高温,较耐寒,对土壤的适应性较强	暖地草,植株低矮,茎叶密集且生长整齐,是优良的草坪植物
细叶结缕草	*Zoysia tenuifolia* Willd. ex Trin.	禾本科	与上种近似	与上种近似

附表14　常用室内观赏植物类简介

中 名	学 名	科 名	主要习性	观赏特性
光萼荷	*Aechmea chantinii* (Carr.) Baker	凤梨科	与美叶光萼荷近似	叶开展,橄榄绿色,具横条纹,总状花序,苞片橙红色,花黄色
美叶光萼荷	*Aechmea fasciata* (Lindl.) Baker	凤梨科	喜明亮散射光、温热湿润的环境;忌暴晒。不耐寒,可耐旱	植株飘逸,叶色秀丽,花期长久,作各种室内摆设
心叶粗肋草	*Aglaonema costatum* N. E. Br. Foxii Engel. var. *immaculatum*	天南星科	与广东万年青近似	地下茎匍匐生长,叶色浓绿,中肋为明显的乳白色

续表

中　名	学　名	科　名	主要习性	观赏特性
广东万年青	*Aglaonema modestum* Schott	天南星科	耐阴性强,忌阳光直射;土壤以肥沃微酸性土壤为宜。	茎秆直立青绿,竹节状。叶浓绿色,有光泽,叶脉清晰。
银王亮丝草	*Aglaonema roebelinii* 'Silver King'	天南星科	喜温暖、湿润、半阴环境,生长适温 20～26 ℃,耐 3 ℃低温	叶片灰绿而亮丽,耐阴性强,作室内观赏
银后粗肋草	*Aglaonema roebelinii* 'Silver Queen'	天南星科	耐阴性较强,耐湿、耐旱,不耐寒	茎直立,叶片密簇,长椭圆形,叶面银灰色
箭叶观音莲	*Alocasia longiloba* Miq.	天南星科	喜高温、高湿、半阴环境,不耐强光直射	叶片长箭形,表面深绿色,背面红褐色,叶脉绿白色
美叶观音莲	*Alocasia sanderiana* Bull.	天南星科	与上种近似	叶聚生茎顶,叶面墨绿色,背面褐紫色,表面叶脉淡白色
海虎兰	*Aloe delaetoe* Radl.	百合科	与芦荟近似	植株较矮小;叶莲座状排列,边缘刺状齿疏而细、不明显
库拉索芦荟	*Aloe ferox* Mill.	百合科	与芦荟近似	与芦荟近似
羊角掌	*Aloe vera* L.	百合科	与芦荟近似	与芦荟近似
芦荟	*Aloe vera* L. var. *chinensis* (Haw.) Berger	百合科	喜温热、通风而稍干燥的环境。喜光,耐半阴、炎热,极耐旱	株形优美,叶肉质,粉绿色,适应性较强,常作盆栽室内观赏
艳山姜	*Alpinia zerumbet* (Pers.) Burtt. et Smith.	姜科	喜高温多湿的环境,不耐寒,喜肥沃、湿润、排水良好的土壤	姿态优美,适应性强,生命力旺盛,为一美丽的观赏植物
花叶艳山姜	*Alpinia zerumbet* (Pers.) Burtt. et Smith. 'Variegata'	姜科	与上种近似	株型较矮,叶片有横向的黄色条纹
斑叶红凤梨	*Ananas bracteatus* (Lindl.) Schult. var. *striatus* M. D. Foster	凤梨科	与艳凤梨近似	叶革质扁平,中央铜绿色,近叶缘处有纵向条纹,苞片及果鲜红色
艳凤梨	*Ananas comosus* 'Variegatus' Hort.	凤梨科	喜光,喜高温至温暖湿润、通风的环境。耐炎热,不耐寒,耐干旱。	生势强健,株型优美,叶果艳丽,常年可供观赏
花烛	*Anthurium andreanum* Lindl. ex Andre	天南星科	喜温热、高湿、通爽而半阴的环境,不宜强光直射,不耐寒,忌炎热	茎粗壮,叶聚生茎顶,革质,佛焰苞平展,鲜红色或橙红色

续表

中　名	学　名	科　名	主要习性	观赏特性
红花烛	*Anthurium andreanum* Lindl. ex Andre var. *alrosanguineum*	天南星科	与上种近似	佛焰苞猩红色,有亮光,佛焰苞中等大
玫红花烛	*Anthurium andreanum* Lindl. ex Andre var. *reidii*	天南星科	与上种近似	佛焰苞片中等大,玫红色
三角花烛	*Anthurium andreanum* Lindl. ex Andre var. *rhodochlorum* Andre	天南星科	与上种近似	佛焰苞大,三角状卵形,玫红色,基部两侧裂片带绿色
水晶花烛	*Anthurium crystallinum* Lind. et Andre	天南星科	与上种近似	叶面有丝绒般光泽,叶背淡玫红色,叶脉银白色。佛焰苞黄绿色
火鹤花	*Anthurium scherzerianum* Schott	天南星科	与上种近似	茎粗短。叶聚生茎顶,革质,佛焰苞鲜红色
深裂花烛	*Anthurium variabile* Kunth	天南星科	与上种近似	攀援植物,节间伸长。叶掌状分裂,佛焰花序绿色,反卷
金脉单药花	*Aphelandra squarrosa* Nees 'Dania'	爵床科	喜半阴,忌阳光直射,忌炎热、畏严寒,喜肥沃疏松的酸性土壤	茎稍肉质,叶上面墨绿色,与中、侧脉对比明显,苞片金黄色
银脉单药花	*Aphelandra squarrosa* Nees 'Louisae'	爵床科	与上种近似	叶中脉和侧脉银白色
朱砂根	*Ardisia crenata* Sims.	紫金牛科	喜温暖、湿润、半阴、通风环境,适温 16~28 ℃,稍耐寒	灌木,枝叶浓密,果鲜红而持久。室内观叶观果
虎舌红	*Ardisia mamillata* Hance	紫金牛科	喜温暖、潮湿、半阴环境,耐阴性强。要求肥沃土壤	叶紫红色,果鲜红艳丽。室内观叶观果
文竹	*Asparagus plumosus* Baker	百合科	喜温暖、湿润、半阴环境,不耐寒,忌干旱	茎直立或攀援状,枝纤细呈叶状,平展。叶退化成鳞片状。果紫黑色
矮文竹	*Asparagus plumosus* Baker var. *nanus* Nichols.	百合科	与上种近似	直立,不攀缘,羽状分枝;叶密生如绒毛

续表

中　名	学　名	科　名	主要习性	观赏特性
蜘蛛抱蛋	*Aspidistra elatior* Blumea	百合科	耐阴,忌烈日。较耐寒,要求肥沃的沙质壤土,耐旱	根状茎粗壮,叶单生茎节上,深绿色,叶脉明显,纵向平行脉多数
花叶蜘蛛抱蛋	*Aspidistra elatior* Blumea 'Variegata'	百合科	与上种近似	叶片上有纵向条状斑纹或斑块
洒金蜘蛛抱蛋	*Aspidistra elatior* Blumea var. *minor* Hort.	百合科	与上种近似	叶片满布金黄色斑点
卵叶蜘蛛抱蛋	*Aspidistra typica* Baill.	百合科	与上种近似	叶片卵状披针形或卵形,具稀疏黄色斑点
银星秋海棠	*Begonia* × *argente-guttata* Lem.	秋海棠科	喜温暖、湿润、半阴环境,不耐寒。喜疏松肥沃土壤	茎竹状,叶具白色斑点。聚伞花序,花红色
铁十字秋海棠	*Begonia massoniana* 'Lron Cross'	秋海棠科	喜温暖湿润、半阴环境,适温22~25℃,忌闷热,忌积水	具根状茎。叶近心形,叶具泡状突起,中央有十字形紫褐色斑纹
水塔花	*Billbergia pyramidalis* Lindl.	凤梨科	附生。喜明亮散射光,喜温暖湿润,稍耐寒	叶基叠生成筒状。总状花序密生成头状,高出叶筒,苞片红色
星叶罗伞树	Brassaia actinophylla Endl.	五加科	灌木。耐阴又耐阳,喜高温高湿环境,稍耐寒	掌状复叶,小叶7~9枚,先端锐尖,有光泽
花叶芋	*Caladium bicolor*（Ait.）Vent.	天南星科	喜高温、高湿、半阴,要求疏松、肥沃、排水良好的土壤	具块茎,叶暗绿色,叶面有红、白或淡黄等各色透明或不透明的斑点
孔雀花叶芋	*Caladium hortulanum* Birdsey	天南星科	与上种近似	叶面有大面积连片的红色斑纹或斑块;网状脉,叶脉淡白色或绿色
银斑芋	*Caladium humboldtii* Schott.	天南星科	与上种近似	株形矮小,叶面有灰色或银白色斑块
孔雀竹芋	*Calathea makoyana* Nichols.	竹芋科	与绒叶肖竹芋近似	叶面黄绿色,有孔雀尾羽状的深绿色椭圆状斑纹,叶背颜色富变化
肖竹芋	*Calathea ornata* Koern.	竹芋科	与绒叶肖竹芋近似	叶面绿色,有红色条纹,叶背颜色富变化

续表

中　名	学　名	科　名	主要习性	观赏特性
彩红竹芋	*Calathea roseo-picta* Regel.	竹芋科	与绒叶肖竹芋近似	叶面翠绿色有光泽,中脉浅黄色,两侧有黄绿条状斑纹,极为美丽
绒叶肖竹芋	*Calathea zebrina*（Sims）Lindl.	竹芋科	喜温暖、湿润、半阴环境,忌日晒。要求疏松、湿润、肥沃的轻质壤土	叶面深绿色,有天鹅绒光泽间以横向条纹,叶背颜色富变化
双线竹芋	Calathea ornata 'Roseo-lineata'	竹芋科	喜半阴、温暖湿润环境,适温 20～25 ℃,畏寒,不耐旱	具根状茎。叶丛生,具长柄,叶面沿侧脉具成对出现的玫红色条纹
环纹竹芋	Calathea picturata 'Argentea'	竹芋科	与上种近似	叶较小,叶面近叶缘及沿中脉具银白色斑纹,叶背紫红色
吊兰	*Chlorophytum comosum*（Thunb.）Jacq.	百合科	喜温暖、湿润及半阴的环境,不耐寒,喜疏松、肥沃的沙质壤土,稍耐旱	株形优美,叶色翠绿,匍匐茎上生小植株,十分可爱
金边吊兰	*Chlorophytum comosum*（Thunb.）Jacq. 'Marginatum'	百合科	与上种近似	与上种近似,且叶缘金黄色
银边吊兰	*Chlorophytum comosum*（Thunb.）Jacq. 'Variegata'	百合科	与上种近似	与上种近似,且叶缘白色
新西兰朱蕉	*Cordyline australis*（Forster f.）Endl.	龙舌兰科	与朱蕉近似	灌木。叶无柄,剑状条形,厚革质,花淡紫色,有香味
朱蕉	*Cordyline fruticosa*（L.）Goeppert	龙舌兰科	喜半阴,喜高温、湿润的环境,稍耐寒,对土壤要求不严,忌积水	叶聚生茎顶,绿色或紫红色,花淡红色至紫红色
剑叶铁树	*Cordyline stricta* Endl.	龙舌兰科	与上种近似	叶边缘紫红色;总状花序,花淡蓝色
姬凤梨	*Cryptanthus acaulis* Beer.	凤梨科	地生。喜半阴,耐日晒,适温 22～30 ℃,不耐寒	株型小,叶莲座状,绿色,边缘有细锯齿。花小
双带姬凤梨	*Crytanthus bivittatus* Regel	凤梨科	与上种近似	叶平展,条状披针形,具红褐色纵条纹,边缘具刺状齿

续表

中　名	学　名	科　名	主要习性	观赏特性
银斑竹芋	*Ctenanthe oppenheimiana* K. Schum.	竹芋科	与上种近似	具根状茎。叶片披针形,表面有银白色羽状斑纹,叶背紫红色
花叶万年青	*Dieffenbachia sequine* (Jacq.) Schott.	天南星科	喜高温、多湿、半阴环境,忌烈日。不耐寒,不耐旱,稍耐水湿	叶暗绿色,有光泽,有多数不规则的、白或黄绿色的斑块或斑点,佛焰苞绿或白绿色
万寿竹	*Disporum cantoniense* (Lour) Merr.	百合科	喜温暖湿润气候,耐阴,忌烈日,对土壤要求不严	具根状茎,茎纤细如竹状。伞形花序生叶腋
密叶龙血树	*Dracaena deremensis* Engl. 'Compacta'	龙舌兰科	与香龙血树近似	茎粗壮绿色,叶剑状披针形,圆锥花序顶生,花淡绿色
香龙血树	*Dracaena fragrans* (L.) Ker-Gaul.	龙舌兰科	喜高温多湿的环境。喜半阴,耐阴。不耐寒,喜疏松、肥沃、湿润的土壤	有明显叶痕,叶革质,绿色或有时有条状斑纹,花有香味
缟纹龙血树	*Dracaena fragrans* (L.) Ker-Gaul. 'Massangeana'	龙舌兰科	与上种近似	叶绿色,中央有黄色、较宽、纵向的带状条纹
白纹香龙血树	*Dracaena fragrans* (L.) Ker-Gaul. var. *lindeniana* Hort.	龙舌兰科	与上种近似	叶片有乳白色纵向条纹,老叶时条纹呈黄绿色
花叶香龙血树	*Dracaena fragrans* (L.) Ker-Gaul. var. *victoria* Hort.	龙舌兰科	与上种近似	叶绿色,有黄的宽边,中央间有纵向银灰色的线状条纹
星点木	*Dracaena godseffiana* Baker	龙舌兰科	与上种近似	矮小,无主茎,轮状分枝,叶面具多数黄色或乳白色小斑点
虎斑龙血树	*Dracaena goldieana* Bull.	龙舌兰科	与上种近似	叶面具绿和银灰相间的斑点及不规横纹,虎斑状,叶背紫红色,花白色
白边龙血树	*Dracaena sanderiana* Sander.	龙舌兰科	喜高温多湿气候,耐阴,不耐寒。对土壤要求不严	有根状茎,茎如竹状,叶柄鞘状抱茎,叶有白色宽边,中央间有银灰色条纹
绿萝	*Epipremnum aureum* (Linden et Andre) Bunting	天南星科	喜高温、高湿、明亮散光,耐阴,忌烈日暴晒。稍耐寒,耐水湿	大型藤本,叶片绿色,有光泽,有不规则的黄色斑块

续表

中　名	学　名	科　名	主要习性	观赏特性
麒麟叶	*Epipremnum pinnatum* (L.) Engl.	天南星科	与上种近似	叶薄革质,幼叶披针状矩圆形,全缘,老叶轮廓为宽矩圆形
八角金盘	*Fatsia japonica* (Thunb.) Decne. et Planch.	五加科	喜温暖至冷凉湿润环境,极耐阴。怕干旱、酷热,忌烈日	株丛茂密,叶形优美,耐阴性强,是优良的观叶植物
深红网纹草	*Fittonia verschaffeltii* (Lemaire) Van Houtte	爵床科	喜高温多湿半阴,忌干燥、直射强光,不耐寒、旱	茎匍匐状,叶纸质,叶面暗绿色,叶脉深红色,宜作小型盆栽
红网纹草	*Fittonia verschaffeltii* (Lemaire) Van Houtte var. *pearcei* Nichols	爵床科	与上种近似	网脉红色
小叶白网纹草	*Fittonia verschaffeltii* Coem. 'Minima'	爵床科	与上种近似	叶小,网脉银白色
果子曼	*Guzmania lingulata* (L.) Mez.	凤梨科	喜半阴,不宜暴晒,不耐寒,要求排水良好、富含腐殖质和粗纤维的基质	叶莲座状基生,革质,有光泽,花红色
大果子曼	*Guzmania lingulata* (L.) Mez. 'Major'	凤梨科	与上种近似	株型高大,叶片剑形
小果子曼	*Guzmania lingulata* (L.) Mez. var. *magnifica* Hort.	凤梨科	与上种近似	株型较小,开花时中央一轮苞片中部以下红色,先端绿色
红叶果子曼	*Guzmania sanguinea* (Andre) Ande ex Mez.	凤梨科	与上种近似	叶片上半部呈染红色,开花时中央一轮苞片全部红色
鹅掌藤	*Heptapleurum arboricola* Hayata	五加科	性强健,喜光,稍耐阴。要求疏松、肥沃土壤	灌木。掌状复叶,小叶6—8枚,有光泽
锦袍木	*Hoffmannia refulgens*	茜草科	喜高温、潮湿、半阴环境,适温25~32℃,喜肥,忌积水	亚灌木。叶对生,较大,管肉质,密披紫红色绒毛,有绒光
玉簪	*Hosta plantaginea* (Lam.) Aschers.	百合科	性强健,耐寒冷,喜阴湿,畏强光	具根状茎。叶丛生,卵形。总状花序直立,花白色,芳香
红脉竹芋	*Maranta leuconeura* var. *massangeana*	竹芋科	喜半阴、温暖、潮湿环境,不耐寒、忌干旱	株矮小,具直立茎。中脉及侧脉红色,脉间具紫黑色斑块

续表

中 名	学 名	科 名	主要习性	观赏特性
龟背竹	*Monstera deliciosa* Liehn.	天南星科	常附生。喜温暖、潮湿,喜阴稍耐晒	藤本。叶大型,幼叶无孔,老叶具穿孔
酒瓶兰	*Nolina recurvata*(Lem.)Hemsl.	龙舌兰科	喜光,耐阴;喜高温湿润、耐旱、寒。喜肥沃的沙质壤土	植株状如酒瓶,叶细条形,薄革质,柔软下垂,浅绿色。花白色
瓜栗	*Pachira aquatica* Aublet.	木棉科	喜高温多湿,耐阴、耐日晒。不畏炎热,稍耐寒、旱,忌积水	树冠圆锥形,树姿挺拔,叶形优美,叶色终年翠绿,茎基膨大而奇特
西瓜皮椒草	*Peperomia argyreia* C. J. Morren	胡椒科	喜高温、湿润及半阴,忌日晒。不耐寒,喜肥沃、疏松土壤,忌积水	叶卵圆形,表面具绿白相间的斑纹,如西瓜皮状,可作小型盆栽
皱叶椒草	*Peperomia caperata* Yuncker	胡椒科	与上种近似	叶卵圆形,叶面泡状皱缩,表面浓绿色,背面灰绿色,叶柄红褐色
斑叶豆瓣绿	*Peperomia maculosa*(L.)Hook.	胡椒科	与上种近似	叶肉质,卵状披针形,叶片上有淡红色或淡黄色的斑纹
圆叶椒草	*Peperomia obtusifolia*(L.)A. Dietr.	胡椒科	与上种近似	叶肉质,倒卵状圆形,花绿白色,总花梗紫红色
红柄喜林芋	*Philodendron erubescens* Koch. et Aug.	天南星科	喜高温、多湿、半阴,忌强光。喜肥沃、疏松、排水良好的微酸性土壤	藤本,叶三角状箭头形,嫩叶淡红色,老叶表面绿色,背面淡红褐色
心叶喜林芋	*Philodendron escandens* C. Koch. et Sello	天南星科	与上种近似	叶心状卵形,表面墨绿色,有亮光,背面灰绿色,绿白色或淡红色
琴叶喜林芋	*Philodendron pandurae forme*(HBK.)Kunth	天南星科	与上种近似	叶5浅裂,呈提琴形,黄绿色
箭叶喜林芋	*Philodendron sagittifo-lium* Liebm.	天南星科	与上种近似	半直立性大型藤本,佛焰苞外面绿色,有小红点,内面紫红色
春羽	*Philodendron bipinnatifidum* C. Koch	天南星科	性强健,适应性强,不耐寒	大型藤本。叶大,羽状深裂。佛焰苞肉质、长披针形,肉穗花序粗壮

续表

中 名	学 名	科 名	主要习性	观赏特性
圆叶南洋参	*Polyscias balfouriana* (Hort. ex Sander) Bailey	五加科	喜温暖、湿润、有明亮散射光的环境,忌暴晒,不耐寒,忌积水	枝圆柱形青铜色,杂以灰白色斑纹。三出复叶互生,有灰白色斑点
南洋参	*Polyscias fruticosa* (L.) Harms	五加科	与上种近似	小叶狭卵形或长圆状披针形,伞形花序组成大型圆锥花序
银边南洋参	*Polyscias guilfoylei* Bailey var. *lancinata* Bailey	五加科	与上种近似	干粗壮,枝柔软下垂;羽状复叶互生,由伞形花序组成圆锥花序
火炬凤梨	Quesnelia hybrida	凤梨科	附生性。喜半阴、通风环境,不耐寒	株型高大,叶有光泽。花序远高于叶,花橙红色,呈螺旋状排列而呈头状
金脉爵床	Sanchezia nobilis Hook. f.	爵床科	性强健,喜明亮光照,忌强光。喜湿润、肥沃土壤	灌木。叶脉金黄色。圆锥花序顶生,花橙红色
孔雀木	*Schefflera elegantissima* (Veitch. ex Mast.) Lowry et Frodin	五加科	喜半阴,忌强光;喜高温至温暖、多湿,不耐寒,忌积水	树冠伞形,树姿优美,叶形、叶色也颇为奇特
白鹤芋	*Spathiphyllum floribundum* (Lind. et Andre) N. E. Brown	天南星科	喜温热、多湿、半阴环境极耐阴,忌烈日,稍耐寒不耐旱	具短根状茎,叶有光泽,长椭圆形或长圆状披针形,佛焰苞白色
绿巨人	*Spathiphyllum floribundum* (Lind. et Andre) N. E. Brown 'Sensation'	天南星科	与上种近似	大型,叶脉粗壮,表面下陷成浅槽状,佛焰苞较大,白色
红背爵床	Strobilanthes dyerianus Mast.	爵床科	喜半阴,忌曝晒,不耐寒。要求疏松、肥沃土壤	亚灌木。叶纸质,表面绿色,背面紫红色
红背卧花竹芋	*Stromanthe sanguinea* Sonder	竹芋科	喜温热、湿润、半阴的环境,较耐热,稍耐寒,不耐旱,忌积水	根状茎匍匐,叶面绿色,光亮,叶背紫红色
紫花凤梨	Tillandsia cyanea Linden ex C. Koch	凤梨科	附生性。喜半阴、温暖、湿润条件	株型小。叶线状披针形,边缘有细锯齿。花序扁平如球拍状,花紫红色
彩苞凤梨	*Vriesea poelmannii* Hort.	凤梨科	与虎纹凤梨近似	叶绿色,有光泽,弯垂,苞片鲜红色,花黄绿色

续表

中　名	学　名	科　名	主要习性	观赏特性
虎纹凤梨	*Vriesea splendens* (Brongn.) Lem.	凤梨科	喜半阴,不耐寒,要求排水良好、富含腐殖质和粗纤维的基质	叶莲座状基生,有灰绿色和紫黑色相间的虎斑状横纹,苞片红色
巨丝兰	*Yucca elephantipes* Hort. ex A. Regel	龙舌兰科	喜通风而稍干爽的环境,喜光,耐半阴,忌烈日暴晒,较耐寒	生性强健,适应性强,株形优美,叶色浓绿,是优良的室内及庭园观赏植物
凤尾丝兰	*Yucca gloriosa* L.	龙舌兰科	与上种近似	叶螺旋状聚生枝顶,坚硬而挺直,花下垂,白色或淡黄白色
金钱树	*Zamioculcas zamiifolia* (Lodd.) Engl.	天南星科	喜半阴、温暖、湿润环境。要求疏松透气、肥沃土壤,忌积水,稍耐旱	具块茎。叶基生,羽状复叶,小叶亮绿,近肉质

附表15　特色植物类简介
表15.1　常用观赏蕨类简介

中　名	学　名	科　名	主要习性	观赏特性
铁线蕨	*Adiantum capillus veneris* L.	铁线蕨科	喜温暖湿润、半阴环境,对土壤要求不严,钙质土指示植物。耐旱	植株小,直立披散。叶丛生,小叶疏生,圆扇形,初生叶常淡红色,老叶绿色
团叶铁线蕨	*Adiantum capillus-junoni* Rupr.	铁线蕨科	与上近似	植株较上种矮小,根状茎直立。叶丛生,羽状复叶近膜质,小叶团扇形
鞭叶铁线蕨	*Adiantum caudatum* L.	铁线蕨科	与上近似	根状茎直立。羽状复叶,丛生;小叶斜棱形,上缘深裂,下缘全缘
扇叶铁线蕨	*Adiantum flabellulatum* L.	铁线蕨科	与上近似	根状茎直立、簇生,小叶扇形或斜方形,外缘浅裂
桫椤	*Alsophila spinulosa* (Wall. ex Hook.) Tryon	桫椤科	喜半阴、高温湿润环境,耐寒;忌干燥和通风不良	树干圆柱形,黑褐色,树上不分枝。叶顶生,丛状;叶片大,纸质
福建观音座莲	*Angiopteris fokiensis* Hieron.	莲座蕨科	喜半阴、温暖湿润的环境,尤喜高的空气湿度	大型蕨类,阔卵形叶簇生,叶柄粗壮,基部似观音的底座
海金沙	*Lygodium japonicum* (Thunb.) Swartz	海金沙科	喜温暖、湿润,喜半阴,稍耐寒。酸性土壤指示植物	常绿缠绕型陆生蕨类,根状茎长而横走。叶多数,绿色,对生于茎上短枝两侧

续表

中　名	学　名	科　名	主要习性	观赏特性
小叶海金沙	*Lygodium scandens*（L.）Swartz	海金沙科	与上种近似	茎(叶轴)纤细,不育叶矩圆形,单数羽状,能育叶,小羽片卵状三角形
海南海金沙	*Lygodium conforme* C. Chr.	海金沙科	与上种近似	茎(叶轴)粗可达3 mm,叶厚纸质,不育叶掌状深裂,裂片披针形;能育叶二叉掌状深裂,裂片披针形
巢蕨	*Neottopteris nidus*（L.）J. Sm.	铁角蕨科	喜温暖潮湿、半阴环境,忌日晒。不耐寒。根系不耐积水,需高空气湿度	附生蕨类。长条状倒披针形叶放射状丛生于根状茎顶部,中间无叶空如鸟巢状
狭翅巢蕨	*Neottopteris antrophyoides*（Christ）Ching	铁角蕨科	与上种近似	狭倒披针形叶辐射状丛生根状茎顶部,中空如鸟巢状
肾蕨	*Nephrolepis auriculata*（L.）Trimen	骨碎补科	喜半阴、温暖潮湿环境;耐烈日直射。喜疏松透水腐殖质丰富的土壤	附生或地生。羽状复叶簇生于主轴上,小叶条状披针形
高大肾蕨	*Nephrolepis exaltata* Schott.	骨碎补科	与上种近似	植株强健而直立。叶较上种长
碎叶肾蕨	*Nephrolepis exaltata* Schott. var. *scottii* Schott.	骨碎补科	与上种近似	叶多而短,二回羽状复叶;羽片互生而密集,内旋或外曲
细叶肾蕨	*Nephrolepis exaltata* Schott. var. *marshallii* Hort.	骨碎补科	与上种近似	3回羽状复叶,整叶呈短三角状,叶细而分裂
波士顿蕨	*Nephrolepis exaltata* Schott. 'Bostoniensis'	骨碎补科	与上种近似	主茎匍匐,叶丛茂密,淡绿色,羽状复叶,先端下垂,有光泽
鹿角蕨	*Platycerium bifurcatum*（Cav.）C. Christensen	水龙骨科	喜温暖潮湿、半阴环境。耐旱;相对湿度80%以上生长最好	大型附生蕨类。植株灰绿色,被星状柔毛。叶2型,裸叶圆盾状,实叶丛生,形似鹿角
大叶鹿角蕨	*Platycerium bifurcatum*（Cav.）C. Christensen var. *majus*	水龙骨科	与上种近似	叶片深绿色,中央叶片厚而直立,甚美丽

续表

中 名	学 名	科 名	主要习性	观赏特性
三角叶鹿角蕨	*Platycerium stemaria* （Beauvaux）Desvaux	水龙骨科	与上种近似	实叶直立,基部呈阔三角形,边缘波状,网脉明显
井栏边草	*Pteris multifida* Poir.	凤尾蕨科	喜温暖湿润和半阴环境,钙质土指示植物。喜肥沃、排水良好的土壤	细瘦草本蕨类植物,根状茎短而直立,叶2型,多数密而簇生
银白凤尾蕨	*Pteris multifida* Poir. 'Veriegata'	凤尾蕨科	与上种近似	小叶宽线形或长椭圆形,在淡绿色的羽片中央有银灰色白斑
翠云草	*Selaginella uncinata* （Desv. ex Poiret）Spring	卷柏科	喜半阴、温暖多湿环境,忌强阳光直射和干旱,喜湿润、肥沃疏松壤土	植丛密似层云,叶片蓝绿色,宜在半阴和潮湿处作地被
卷柏	*Selaginella tamariscina* （Beauv.）Spring	卷柏科	与上种近似	主茎直立,顶端丛生小枝,小枝扇形分叉,辐射开展,干时内卷如拳;叶异型
笔筒树	*Sphaeropteris lepifera* （J. Sm ex Hook）Tryon	桫椤科	喜半阴,喜高温湿润的气候,不耐寒;忌干燥和通风不良	树干直立而挺拔,树姿优美,叶色鲜绿、柔软、飘逸

表15.2 常用兰花类简介

中 名	学 名	主要习性	观赏特性
多花脆兰	*Acampe multiflora* Lindl.	附生兰。喜温暖湿润气候,不耐寒,不耐积水	叶肉质;花多,黄色有红褐斑纹,无香气
多花指甲兰	*Aerides multiflora* Roxb.	附生兰。喜温热气候,不耐寒;易栽培	叶肉质。花序下垂,花白色,有紫色斑点,芳香
花叶开唇兰	*Anoectochilus roxburghii* （Wall.）Lindl.	附生兰。喜阴湿环境,不耐燥热,稍耐寒	叶黑紫色,有绒光,具金黄色脉纹。花序顶生,花小,白色
豹斑兰	*Ansellia gigantea*	附生兰。喜高温多湿环境,不耐寒,喜半阴,可耐直射光。较喜肥	假鳞茎丛生,高60 cm以上。花序顶生,长达1 m;花淡黄色
蜘蛛兰	*Arachnis clarkeri* （Rchb. f.）J. J. Sw.	附生兰。喜明亮散射光。不耐寒。要求通风,好肥	茎直立,叶厚。总状花序与叶对生,花黄色具棕色斑纹,形似蜘蛛
鸟舌兰	*Ascocentrum ampullaceum* （Roxb.）Schltr.	附生兰。喜高温、湿度大、半阴而通风环境。需肥较少	植株粗壮,叶厚。花序生基部叶腋,花密集,玫红色

中　名	学　名	主要习性	观赏特性
密花石豆兰	*Bulbophyllum odoratissimum* Lindl.	附生兰。喜阴湿、通风良好环境，稍耐寒。不喜肥	假鳞茎球形；叶1枚顶生。总状花序生于鳞茎基部。花密而淡黄色
虾脊兰	*Calanthe discolor* Lindl.	地生兰。喜半阴、湿润环境，喜疏松肥沃排水良好的土壤。稍耐寒	假鳞茎不明显；叶2～3枚近基生。花序直立，花密，白色或玫红色
卡特兰	*Cattleya labiata* Lindl.	附生兰。喜温暖、湿润、通风而有明亮散射光的环境，忌阳光直射，较耐干燥	假鳞茎丛生，叶常1枚顶生，花大型生于茎顶，紫红、白、淡黄色而具紫红色唇瓣
美花卷瓣兰	*Cirrhopetalum medusae*	附生兰，喜生树干上。喜温暖湿润，喜保湿而透气好的基质	假鳞茎卵圆形，顶生1叶。伞形花序直立；花大，紫红色，侧萼长而流苏状
流苏贝母兰	*Coelogyne fimbriata* Lindl.	生岩石或树干上，稍耐寒，需肥不多	假鳞茎卵形，顶生2叶。花葶顶生，花白色或淡黄色
吻兰	*Collabium chinensis* (Roxb.) Tang et Wang	地生兰。喜阴湿环境，要求较高湿度，忌积水	具根状茎，假鳞茎圆柱状，顶生1叶。花序侧生茎基，花淡绿色
冬凤兰	*Cymbidium dayanum* Rchb. f.	地生兰。喜半阴、通风环境，喜腐殖质丰富而疏透的土壤	假鳞茎丛生，具5～6叶。花序弯垂，花多密生，淡玫红色，有清香
建兰	*Cymbidium ensifolium* (L.) Sw.	地生兰。喜温暖、湿润、通风良好、遮光度70%～80%的环境，不耐炎热	假鳞茎椭圆形，叶2～6枚丛生，总状花序，花葶直立，花浅黄绿色，有清香
春兰	*Cymbidium goeringii* (Rchb.) Rchb. f.	地生兰。生态习性与建兰相似，但较建兰耐寒	假鳞茎集生成丛，球形，叶4～6枚丛生花单生，浅黄绿色，有清香味
春剑	*Cymbidium goeringii* (Rchb.) Rchb. f. var. longibracteatum Y. S. Wu et S. C. Chen	与上种近似	叶直立性强，花茎直立，花瓣侧瓣较长
线叶春兰	*Cymbidium goeringii* (Rchb.) Rchb. f. var. serratum (Schltr.) Y. S. Wu et S. C. Chen	与上种近似	叶狭线形，背面叶脉上有细锯齿，花深绿色
苗粟素心兰	*Cymbidium goeringii* (Rchb.) Rchb. f. var. tortisepalum Y. S. Wu et S. C. Chen	与上种近似	与春剑相似，不同点在于花2～4朵，萼片扭曲翻转，花被白色

续表

中　名	学　名	主要习性	观赏特性
寒兰	*Cymbidium kanran* Makino	地生兰。生态习性与建兰相近，但较耐寒、耐阴	假鳞茎椭圆状卵形，叶 3 ~ 7 枚丛生，花色多变，有浅绿、紫红、褐紫等，有浓香气味
春剑	*Cymbidium longibracteatum* Y. S. Wu et S. C. Chen	地生兰。喜湿润、半阴、通风环境，喜腐殖质丰富、疏松土壤	假鳞茎卵形，叶剑状条形，5 ~ 7 片丛生。花序侧生，花 2 ~ 5 朵，浓香
台兰	*Cymbidium pumilum* Rolfe	岩生或地生。喜温暖、湿润、半阴环境，喜疏透土壤，忌积水	假鳞茎扁卵形，具叶 5 ~ 7 片。花序长 40 cm 以上，花多、褐紫色
硬叶吊兰	*Cymbidium simulans* Rolfe.	与上种近似	叶厚而坚硬，先端歪斜。花序弯垂，花多、淡白色，具紫色斑点
墨兰	*Cymbidium sinense*（Andr.）Willd.	地生兰。生态习性、栽培与建兰相似，但耐寒性稍差	假鳞茎卵状椭圆形，叶 2 ~ 5 枚丛生，总状花序，具数朵至 20 余朵花，芳香
杓兰	*Cypripedium calceolus* L.	地生兰。喜湿润、凉爽、半阴条件，忌高温高湿。栽培较难	具根状茎，叶 3 ~ 4 枚生茎上部。花常单生，唇瓣内折呈勺状
鼓槌石斛	*Dendrobium chrysotoxum* Lindl.	与石斛兰近似	茎呈卵状纺锤形，叶革质顶生，总状花近顶生，具多数花，花黄色
迭鞘石斛	*Dendrobium denneanum* Kerr.	与石斛兰近似	茎圆柱形，叶互生，总状花序直立，近顶生，疏生 2 ~ 7 朵花，花黄色
密花石斛	*Dendrobium densiflorum* Lindl. ex Wall.	附生兰。喜温暖湿润通风环境，忌积水	假鳞茎棒状，具四棱。总状花序下垂，花密生，金黄色
石斛兰	*Dendrobium nobile* Lindl.	附生兰。喜半阴，忌阳光直射。喜高温至温暖湿润气候	有根状茎；叶互生，总状花序具 1 ~ 4 朵花，花大型，白色或淡玫红色
蝶花石斛	*Dendrobium phalaenopsis* Fitzg.	与上种近似	茎丛生，叶生于茎的上部，总状花序生于近茎顶，花蝶形
美冠兰	*Eulophia sinensis* Miq.	地生兰。喜温暖湿润通风环境，要求疏松土壤	具地下块茎。叶 2 枚。花序高达 70 cm，花黄色具红纹
红人兰	*Habenaria rhodoc heila* Hance	岩生兰。喜阴暗、潮湿环境，喜温暖、忌严寒	块茎圆形。叶 3 ~ 5 枚。花序侧生，具花 2 ~ 10 朵，橙红色
云南羊耳蒜	*Liparis dislans*	附生兰。喜阴湿通风环境，不耐寒、忌积水	假鳞茎圆柱状，叶 2 枚顶生。花序直立，花数朵，浅黄色

续表

中 名	学 名	主要习性	观赏特性
大花瘤瓣兰	*Oncidium ampliatum* Lindl.	附生兰。喜半阴、凉爽环境，忌闷热，不耐寒	假鳞茎卵圆形，丛生，叶2枚。花茎下垂，花径达10 cm，黄色或棕褐色
蝴蝶瘤瓣兰	*Oncidium papilio*	附生。与上种近，稍耐热	假鳞茎扁卵形。花序直立，平展，花红色有黄色横纹
文心兰	*Oncidium sphacelatum* Lindl.	附生兰，喜高温、高湿、通风而半阴的环境，较耐热，不耐寒	根状茎横生；假鳞茎扁卵形，叶4～5枚，圆锥花序，花小，黄色
虎斑瘤瓣兰	*Oncidium tigrinum* Liave. & Lex.	与上种近似，但不耐热	假鳞茎扁卵形，叶2～3枚，总状花序，花较大，红褐色
鹤顶兰	*Phaius tankervilliae* (Aiton) Bl.	地生兰。喜温暖、湿润和半阴的环境。不畏炎热，不耐寒，忌积水	假鳞茎圆锥状卵形，叶2～6枚，总状花序具多数花，花大
蝴蝶兰	*Phalaenopsis amabilis* Bl.	地生兰。喜温暖、潮湿、通风良好而半阴的环境，不耐寒，忌积水	假鳞茎圆锥状卵形，叶2～6枚，总状花序具多数花，花大
爱神蝴蝶兰	*Phalaenopsis aphrodite* Rchb. f.	与上种近似	与蝴蝶兰十分相似，但花稍小，唇瓣上有深红色的斑点
红花蝴蝶兰	*Phalaenopsis equestris* Rchb. f.	与上种近似	叶片椭圆形，肉质，花序长约30 cm，密生10～15朵花；花淡玫红色
大蝴蝶兰	*Phalaenopsis gigantea*	与上种近似	植株较大的一种，株高可达1 m，花白色有紫红色或深紫红色的斑点
石仙桃	*Pholidota chinensis* Lindl.	附生。喜生岩石、枯木或枯叶上，稍耐寒	具根状茎，假鳞茎卵形。叶2枚。花序侧生，花白色，芳香
钻喙兰	*Rhynchostylis retusa* Blumae	附生兰。喜半阴，喜高湿，忌闷热，不耐寒	茎粗壮。叶厚，带状。花序长而下垂，花白色有紫斑，芳香
大叶寄树兰	*Robiquetia spethulata*	附生树干上，要求通风好、高温高湿环境	叶互生，质厚。花序与叶对生，花橙黄色，具紫斑及条纹
象牙色老虎兰	*Stanhopea eburnea*	附生兰。喜高温高湿、通风条件，不耐寒	假鳞茎卵形，叶1枚。花序下垂，花大型，象牙白色，芳香
大花万带兰	*Vanda coerulea* Griff. ex Lindl.	附生兰。喜高温、高湿、通风好、较强的散射光的环境，较耐热，不耐寒	根状茎短，叶2列，总状花序腋生，花大，膜质，淡蓝色至深蓝色
白花万带兰	*Vanda denisoniana* Benson. et Rchb. f.	与上种近似	与大花万带兰近似，茎较短，叶片较小，花白色

续表

中 名	学 名	主要习性	观赏特性
桑德利阿万带兰	*Vanda sanderiana*	与上种近似	植株高可达1.5 m。叶长条形,总状花序腋生,具10~15朵花;花大型
棒叶万带兰	*Vanda teres* Lindl.	与上种近似	攀援状附生,茎木质化,叶肉质,总状花序与叶对生,花大型
香夹兰	*Vanila planifolia* Andrews.	半附生性。喜湿度大、半阴、通风、温暖环境,不耐寒	茎攀援。叶肉质。伞房花序与叶对生,花较大,淡绿色,芳香。蒴果圆柱形,甚香

附录 2 植物拉丁学名索引

附录3　植物汉语拼音索引

368

参考文献

［1］广东省林业局,广东省林学会.广东省城市林业优良树种及栽培技术［M］.广东:广东科技出版社,2005.

［2］中国科学院华南植物研究所.广东植物志［M］.广州:广东科技出版社,2003.

［3］中国科学院植物志编委会.中国植物志［M］.13卷1分册,棕榈科.北京:科学出版社,1991.

［4］中国科学院植物研究所.中国高等植物图鉴［M］.1～5册.北京:科学技术出版社,1972—1976.

［5］中国科学院植物研究所.新编拉汉英植物名称［M］.北京:航空工业出版社,1996.

［6］王忠.植物生理学［M］.北京:中国农业出版社,2000.

［7］王晓俊.风景园林设计［M］.南京:江苏科学技术出版社,1993.

［8］北京林业大学园林系花卉教研室.花卉学［M］.北京:中国林业出版社,1990.

［9］刘燕.园林花卉学［M］.北京:中国林业出版社,2003.

［10］庄雪影.园林树木学［M］.广东:华南理工大学出版社,2002.

［11］吴应详.中国兰花［M］.北京:中国林业出版社,1991.

［12］吴泽民.园林树木栽培学［M］.北京:中国农业出版社,2003.

［13］苏雪痕.植物造景［M］.北京:中国林业出版社,1998.

［14］陈有民.园林树木学［M］.北京:中国林业出版社,1994.

［15］陈俊愉,程绪珂.中国花经［M］.上海:文化出版社,1990.

［16］陈植.观赏树木学［M］.北京:中国林业出版社,1984.

［17］诺曼K.布思,曹礼昆,曹德鲲.风景园林设计要素［M］.北京:中国林业出版社,1991.

［18］深圳市人民政府城市管理办公室.深圳园林植物［M］.北京:中国林业出版社,1998.

［19］深圳市南山区园林绿化公司.园林绿化ISO9001质量体系与操作实务［M］.北京:中国林业出版社,2000.

［20］鲁涤非.花卉学［M］.北京:中国农业出版社,1998.

［21］熊济华,等.观赏树木学［M］.北京:中国农业出版社,1998.

［22］薛聪贤.景观植物实用图鉴［M］.1～14册.沈阳:百通集团,1999.

［23］A. Bernatzdy. Tree Ecology and Preservation［M］. Lsevier Scientific Publishing Company,1978.

［24］Brian Clouston. Landscape Design with Plants［M］. Van Nostrand Reinhold Company,1984.

［25］Richard W. Harris：illustrations by Vera M. Harris. Arboriculture：Integrated Management of Landscape trees, shrubs, and vines-3rd ed. by Prentice-Hall, Inc. ,1999.